民航维修可靠性管理

（机队医典）

主　编／李志明

副主编／李上保　陈　昱　谭海凭
叶　羽　金　波　林依琼

西南交通大学出版社
·成　都·

图书在版编目（CIP）数据

民航维修可靠性管理：机队医典 / 李志明主编. —成都：西南交通大学出版社，2022.11
ISBN 978-7-5643-9042-6

Ⅰ. ①民… Ⅱ. ①李… Ⅲ. ①民用飞机 - 维修 - 可靠性管理 Ⅳ. ①V267

中国版本图书馆 CIP 数据核字（2022）第 228402 号

Minhang Weixiu Kekaoxing Guanli (Jidui Yidian)

民航维修可靠性管理（机队医典）

主编 李志明

责任编辑	黄淑文
封面设计	原谋书装
出版发行	西南交通大学出版社 （四川省成都市金牛区二环路北一段 111 号 西南交通大学创新大厦 21 楼）
发行部电话	028-87600564　028-87600533
邮政编码	610031
网　　址	http://www.xnjdcbs.com
印　　刷	四川玖艺呈现印刷有限公司
成品尺寸	185 mm × 260 mm
印　　张	24.25
字　　数	558 千
版　　次	2022 年 11 月第 1 版
印　　次	2022 年 11 月第 1 次
书　　号	ISBN 978-7-5643-9042-6
定　　价	108.00 元

课件咨询电话：028-81435775
图书如有印装质量问题　本社负责退换

《民航维修可靠性管理（机队医典）》编委会

PREFACE

前 言

1957年10月5日，周恩来总理在民航局《关于中缅通航一周年的总结报告》上批示，“保证安全第一，改善服务工作，争取飞行正常。”这份批示，高度概括了民航工作的主要内容，深刻阐明了民航工作的基本要求，60多年来始终是指导民航工作的总方针。

作为承担民航安全、服务和运行重要职责的机务维修人，不断思考总理的批示精神，不断尝试各种方法手段，《民航维修可靠性管理（机队医典）》就是思考的成果之一。

本书是数十位维修工程师以飞机在运行中系统和结构发生的不安全事件、使用困难报告（SDR）、重要故障、重复故障、多发故障、运行中断等1719起事件为基础数据，对上述事件进行系统的工程调查，分析故障类别、制订管控措施。本书的付梓凝聚了集体的智慧，有利于民航维修工作持续健康发展。

本书的编写原则是依据故障风险分级和故障处置结果分级，首先根据飞机故障对机组或飞机的影响来决定故障风险类别，然后依据工程措施的有效性对故障处置结果分级，运用不同的颜色加以区分，绘制机队故障风险地图，实现故障风险的可视化、直观化与具体化，便于及时运用工程力量解决各机型的典型“病症”。本书已经确定A320S、A330、A350、A380、B737NG、B777、B787、ARJ21共8个机型的301个故障类别，按机型和专业绘制完成各机型的“故障风险地图”，在附录中供读者参考。

在本书编写过程中，很多领导、同事提出了宝贵的指导与建议，提供了珍贵的材料，在此一并表示感谢！

展望未来，面对新机型、新技术、新设备，以及运行中不断出现的新问题，《民航维修可靠性管理（机队医典）》还将持续更新和完善，也期望各位读者不吝赐教，一起携手共创美好的明天。

《民航维修可靠性管理（机队医典）》编委会

2022年6月

CONTENTS

目 录

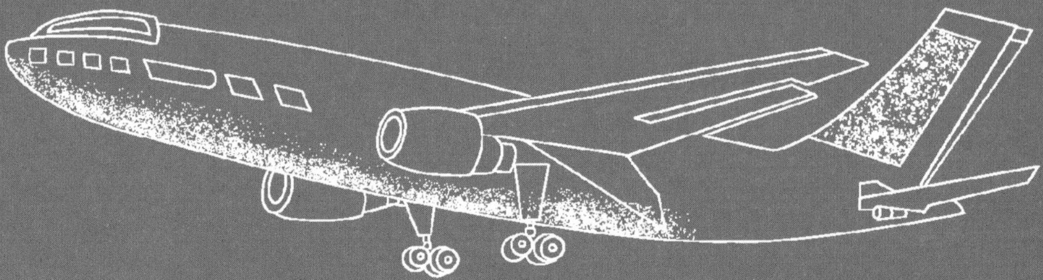

第一章

A320S 机队医典

第一节　ATA21 空调系统

类别一　电子舱蒙皮空气进口或出口活门故障

一、故障现象

某航 A320 飞机起飞后，机组反映出现 ECAM 警告信息：“VENT SKIN VALVE FAULT”（蒙皮活门故障），空中机组复位系统无效，后飞机返航。地面检查发现下 ECAM 系统页面蒙皮出口活门显示 XX，进一步检查发现蒙皮出口活门卡阻，测量相应线路正常，依据排故手册更换蒙皮出口活门及 AEVC。

二、风险等级

较大风险

三、原因分析

蒙皮进口和出口活门打开，电子舱风扇强迫外界空气流经各电子设备，为电子设备提供冷却。蒙皮活门故障的原因总结如下：

1. 蒙皮进口或出口活门的位置与 AEVC 计算机的指令不一致，会出现相应的活门警告。

2. 蒙皮出口活门卡阻在开位，起飞后会导致座舱无法达到预设的压力。

3. 内部的微动电门失效，蒙皮活门会指示琥珀色 XX。

4. 蒙皮活门与 AEVC 计算机的配合问题，例如“电涌”造成 AEVC 锁死。

四、工程措施

1. 通过 MCDU 操作检查电子设备通风系统。间隔：3000 FH。

2. 翻修蒙皮进口活门。间隔：18 000 FH 或 120 MO。

3. 翻修件号为 VFT300A1 的蒙皮出口活门。间隔：12 000 FH 或 80 MO。

4. 翻修件号为 VFT300B00 的蒙皮出口活门。间隔：18 000 FH 或 120 MO。

5. 使用起飞构型电门替代推油门的方式关闭蒙皮活门，从而避免飞机返航/备降/中断起飞。

五、参考报告

《A320-21-20200612 电子舱蒙皮空气进口或出口活门故障工程调查》。

类别二　电子舱通风故障

一、故障现象

某航 A320 飞机执行航班时，短停滑出后上 ECAM 显示：“VENT AVNCS SYS FAULT”（电子舱通风）警告信息，机组复位系统无效，在与当地机务、签派联系后，最终决策飞机滑回原机位，进行详细检查。后续地面根据排故手册，依次更换电子设备通风计算机、电子舱鼓风扇，测试正常，系统恢复正常，飞机放行。

二、风险等级

较大风险

三、原因分析

地面温度较高时，蒙皮进口活门打开，鼓风扇吸取外界空气，经气滤过滤后为电子舱设备提供冷却空气，升温后的空气经蒙皮出口活门排除机外。

短停时大雨，机组未超控排气扇电门、关闭蒙皮活门，造成管路积水。初步分析由于管路内积水较多，空气不能正常流通，引起管路内气压下降，最终导致故障警告。经检查电子舱排水系统正常。

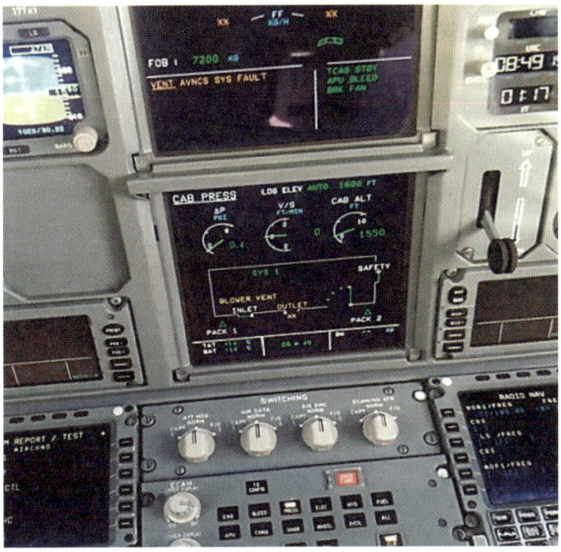

四、工程措施

在飞行机组操作手册 FCOM 中已有要求，在空地交流时提醒机组在大雨时按 FCOM 执行。

五、参考报告

《A320-21-20200805 飞机电子舱通风故障工程调查》。

类别三　客舱异常增压故障

一、故障现象

某航 A320 飞机机组登机后报告飞机自动增压，发现时座舱内外压差达到 5.2 PSI，机组及旅客有压耳感觉，ECAM 无任何警告信息出现，四个客舱门余压灯闪烁。机组人工操作外流活门进行释压，释压完成后，飞机恢复正常。随后机务上飞机，通过机组所拍照片和视频确认，飞机自动增压时外流活门、电子舱通风进口、出口活门处于关闭位置（当时环境温度 30 °C，外流活门、电子舱通风蒙皮进口活门、电子舱通风蒙皮出口活门应该处于打开位置）。该机停场排故，更换水上迫降电门、外流活门、客舱余压控制组件，与其他飞机对调 CPC，地面测试正常。

二、风险等级

较大风险

三、原因分析

CPC 接收各个计算机、电门及各活门位置等信息，通过控制外流活门的开度控制座舱压力。当水上迫降电门接通时，外流活门、蒙皮进口活门、蒙皮出口活门和 FCV 等都处于关闭位。

本次水上迫降电门 B 触点粘连会导致其给出外流活门、蒙皮进口活门和蒙皮出口活门信号；而其他触点正常脱开，导致空调系统能够正常工作。

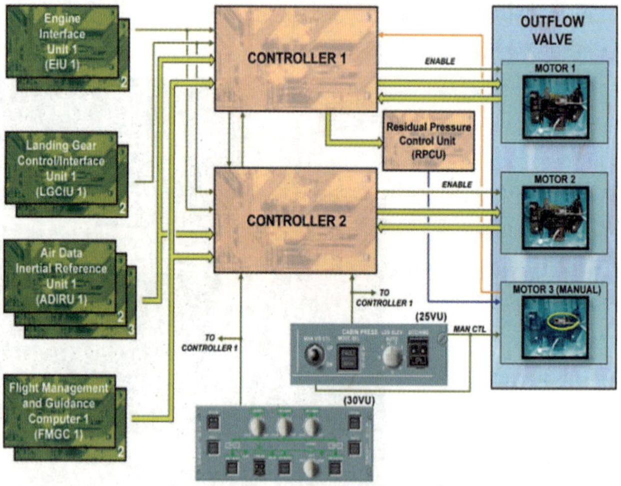

四、工程措施

1. 通过 MCDU 操作检查压力控制和监控系统。间隔：108 MO 或 12 000 FH。
2. 操作检查溢流活门在水上迫降构型时关闭。间隔：24 000 FH 或 180 MO。

五、参考报告

《A320-21-20200813 客舱异常增压故障工程调查》。

类别四　空调组件调节故障

一、故障现象

某航 A320 飞机爬升阶段，当达到高度 14000 英尺时，机组观察到出现 ECAM 警告信息：“AIR PACK1 REGUL FAULT”（空调组件 1 调节故障）。飞行员执行 ECAM 动作后，故障仍然存在。机组综合判断，决定继续飞行，后正常落地。航后地面排故，本机对调 ACSC，测试正常。

二、风险等级

低风险

三、原因分析

旁通活门、冲压空气进口作动器、压气机出口温度故障或流量控制活门处于备用模式、混合传感器故障、组件流量不一致都会造成“组件调节故障”。

本次译码发现出现故障时空调组件 1 的流量控制活门切换到备用模式，因此触发组件调节故障。ACSC 和流量传感器的瞬时故障都会引起该故障。

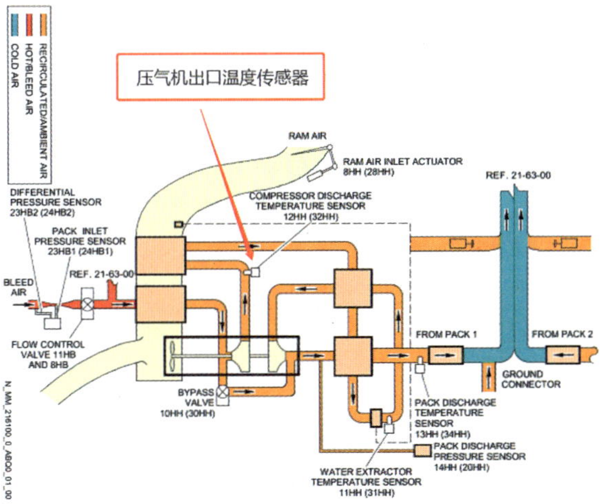

四、工程措施

1. VSB 1303-21-03 和 1303-21-06，升级 1303 系列 FCV，结合送修执行。

2. VSB 1806A-21-01、1806A-21-02、1806B-21-01 和 1806B-21-03，升级 1806 系列 FCV，结合送修执行。

五、参考报告

《A320-21-20200815 空中机组报告座舱压力升降率有波动工程调查》。

类别五　组件超温故障

一、故障现象

某航 A320 飞机执行航班时，地面监控到有警告信息“AIR PACK 1 REGUL FAULT”（组件 1 调节故障）和“AIR PACK 1 OVHT”（组件 1 过热故障），并且关联“P1 RAM AIR IN ACTUATOR”（组件 1 冲压空气进口作动筒）和“P1 COMP OVERHEAT”（组件 1 压气机过热）故障信息。在该飞机落地后，机务联系机组确认故障现象，进一步检查发现 PACK1 风门开度较小，综合判断为风门作动器故障。

二、风险等级

低风险

三、原因分析

冲压空气进口作动器控制着冲压空气进口挡板的开度，从而控制了经过热交换器的外界冷空气气量。当该作动器失效，冲压空气进口挡板开度过小时，空调组件无法得到足够的外界冷却空气，导致组件超温。

通过译码，发现组件 1 的冲压门开度没有随压气机出口温度的升高做出相应的调整，而是一直停留在较小的开度上，最终导致压气机出口温度超限，组件 1 保护性关断。根据上述现象判断为冲压空气进口作动器故障。

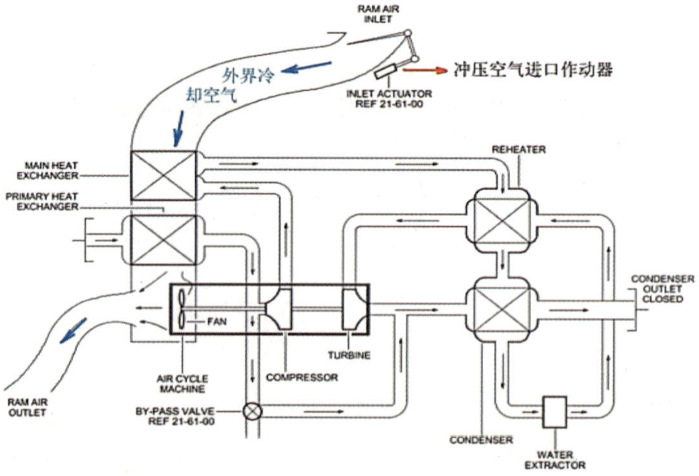

四、工程措施

VSB 1809A-21-05：件号为 1809A0000-01 Amdt ABC 的冲压门作动器可靠性低，重新引入件号为 1809A0000-01 Amdt AB 的作动器。

五、参考报告

《A320-21-20210506 飞机空调组件超温故障工程调查》。

类别六　空调配平空气系统故障

一、故障现象

某航 A320 飞机滑出后，机组报告 ECAM 出现警告：“COND TRIM AIR SYS FAULT”（空调配平空气系统故障）。评估对机组操作无影响，飞机正常起飞。起飞后在高度约 2000 英尺，机组再次报告出现 ECAM 警告：“AIR PACK 2 OFF”（组件 2 关断），机组观察空调系统各参数正常，机组评估没有影响后继续执行航班。航后更换空调配平活门气滤，测试正常，因出现 AIR PACK 2 OFF 警告，更换右 PACK 控制电门，测试正常。

二、风险等级

低风险

三、原因分析

空调空气经组件冷却后经混合室进入供气管道；未经组件的热空气经掺混活门后与冷空气混合，得到进入客舱的合适空气温度。在该系统中，冷空气的温度和气量基本不变，通过调节热空气的气量来控制进入客舱的空气温度。

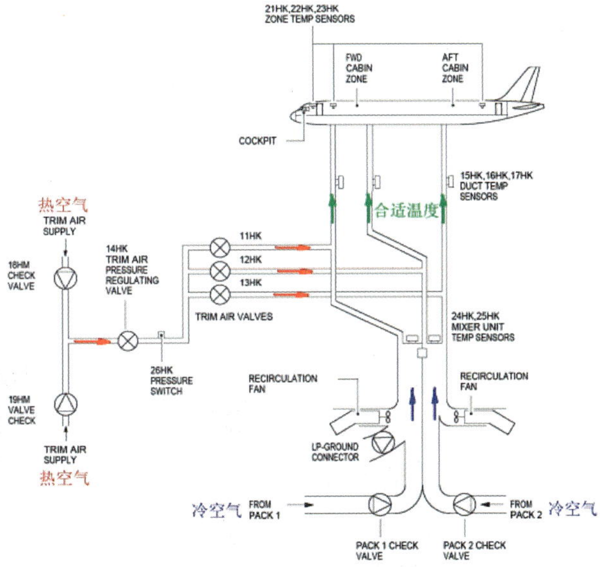

本次空调配平空气系统故障，系统记录到配平活门下游压力过高，关闭了该活门。判断为配平空气调节活门气滤堵塞，更换该气滤后正常。QAR 记录组件 2 关闭，组件 2 实际工作正常，判断为开关电门内部触点损坏，更换后正常。

四、工程措施

拆下并恢复或报废配平空气压力调节活门气滤。间隔 3000 FH 或 80 MO。

五、参考报告

《A320-21-20210506 空调配平空气系统故障工程调查》。

第二节　ATA22 自动驾驶

类别一　FAC 故障

一、故障现象

某航 A320 飞机执行航班时，机组反映近进时，ECAM 上出现“AUTO FLT RUD TRV LIM”（自动飞行　方向舵行程限制系统故障）信息，机组综合判断后决定复飞。飞机落地后，地面扫描记录有 FAC2 故障信息，更换 FAC2 后测试正常，航后预防性维护将该机 FAC1 与另一架飞机 FAC2 对调，系统测试正常。

二、风险等级

重大风险

三、原因分析

飞行增稳计算机主要有两个功能：一是方向舵控制功能，包括偏航阻尼、方向舵配平、方向舵行程限制。正常情况下，1 号飞行增稳计算机主用，控制相应的作动筒，2 号飞行增稳计算机备份；另一个是包线保护功能，包括性能速度计算、迎角平台探测、风切变探测、低能量警告。此时飞行增稳计算机不分主、从关系，独立工作。

本次故障落地后地面扫描记录 2 号飞行增稳计算机，更换该部件，并更换方向舵行程限制器上的电子模盒，测试均正常。

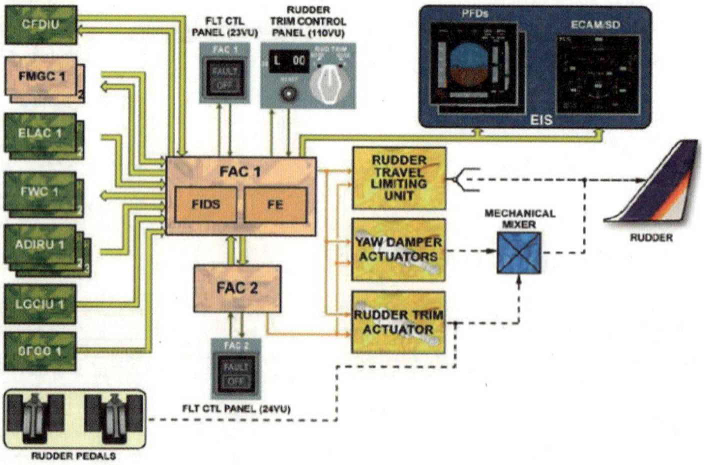

四、工程措施

1. 升级飞行增稳计算机件号到最新件号 B397BAM0624。
2. 操作检查自动转换电门（AFS 测试）。间隔：750 FH 或 6 MO。

五、参考报告

《A320-22-20200408 飞行增稳计算机故障工程调查》。

类别二　FMGC 故障

一、故障现象

某航 A320 飞机在进近期间出现 ECAM：“AP 1 OFF，A/THR OFF”（自动驾驶 1 关断，自动油门关断）信息，左侧盲降信号消失，机组判断为 FMGC1 故障，随后决策重新选择 FMGC1 后，飞机恢复正常。随即再次进近，飞机正常落地，联系地面进一步检查排故。

二、风险等级

较大风险

三、原因分析

本次 MCDU 空中回到主页面，FMGC1 的 FM 部分负责导航和无线电的管理/飞行计划管理/性能预测和优化/显示功能，因此机组空中判断是 FMGC1 故障，机组没有复位 FMGC1 跳开关，按照对应的 FCOM 手册，只是等待一段时间后重新尝试在 MCDU 上选择了 FMGC1，因为 FM 功能可以在空中自动复位，重新选择后 FMGC1 恢复正常。空中机组按照程序执行操作后，故障消失；后续航班正常；测试均正常；航后预防性更换 FMGC1。

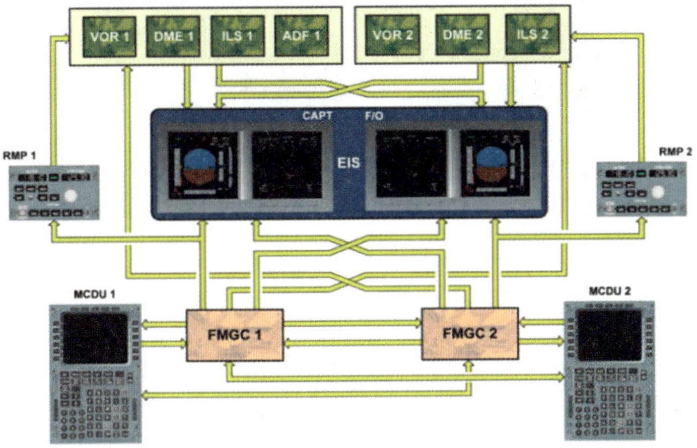

四、工程措施

件号为 C13042BA08 的 FMGC 部件，按照服务通告 A320-22-1547 编写的 EO 执行升级工作。

五、参考报告

《A320-22-20200905 FMGC 故障工程调查》。

类别三　FCU 高度选择旋钮断裂故障

一、故障现象

某航 A320 飞机在下降阶段，右座 PF 飞行员执行高度窗标准操作，转动旋钮却发现无法改变高度窗显示，机组检查后发现旋钮已经断裂，后续机组人工操纵飞行正常落地。落地后，立即联系地面机务进一步检查处理。

二、风险等级

较大风险

三、原因分析

本次故障原因明确，是飞行控制组件上高度选择旋钮断裂。高度开关金属杆内部存在有安装弹簧卡扣的金属槽，金属杆在受到较大的横向外力时可能会从金属槽部位折断。高度开关属于高价精密元器件，应避免受横向外力造成损伤。

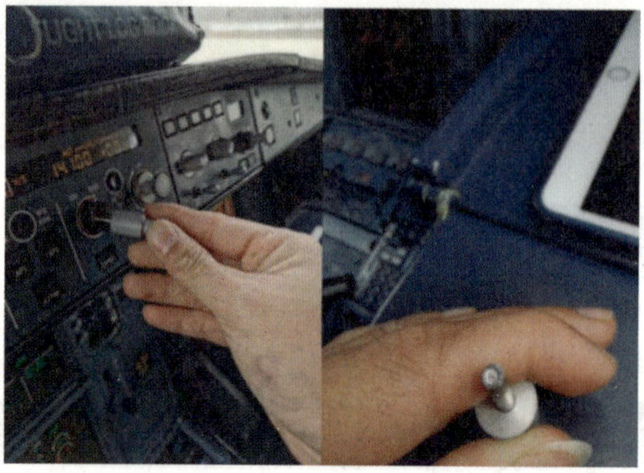

四、工程措施

为节约维修成本，厂家推出 SIL-1381 和 SIL-1304，结合部件送修，一次性更换多个旋钮和开关（未包含此高度旋钮），避免短时间再次返厂维修。

五、参考报告

《A320-22-20210116 FCU 高度选择旋钮断裂故障工程调查》。

第三节　ATA23 通信系统

类别一　前客舱旅客广播故障

一、故障现象

某航 A320 飞机在执行航前工作时，机务工作者检查发现 FAP 面板告诫灯亮，随即复位 CIDS 系统，但是无效。进一步结合排故手册检查与判断故障，将前、后客舱话筒对调后，故障依旧，随后将本机 CIDS 指令器 1 和 2 对调，系统测试正常，检查旅客广播工作正常。

二、风险等级

一般风险

三、原因分析

本次故障确认为 DEU-B 引起。维修厂家执行检测和修理报告：高温测试发现板件 CPU 有时故障，更换了 CPU 集成片，预防性修理又换了板件之间的两个接线插头，再做高温测试工作正常。

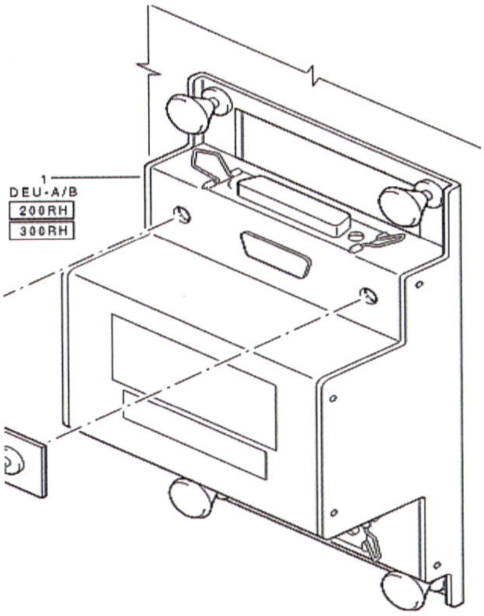

四、工程措施

操作检查客舱内部数据通信系统。间隔：180 MO 或 22 500 FH。

五、参考报告

《A320-23-20200512 前客舱旅客广播故障工程调查》。

类别二　PTT 卡阻故障

一、故障现象

某航 A320 飞机航班执行完后，机组在飞行记录本上反馈空中有 PTT 卡阻警告，ECAM 警告信息为“COM SINGLE PTT STUCK”(通讯 单个 PTT 卡阻)，FIADA 也远程监控到该警告。飞机落地后与机组电话联系，询问故障出现时具体情况，机务隔离测试，判断为副驾侧杆 PTT 电门卡阻，更换副驾侧杆 PTT 电门，测试正常。

二、风险等级

较大风险

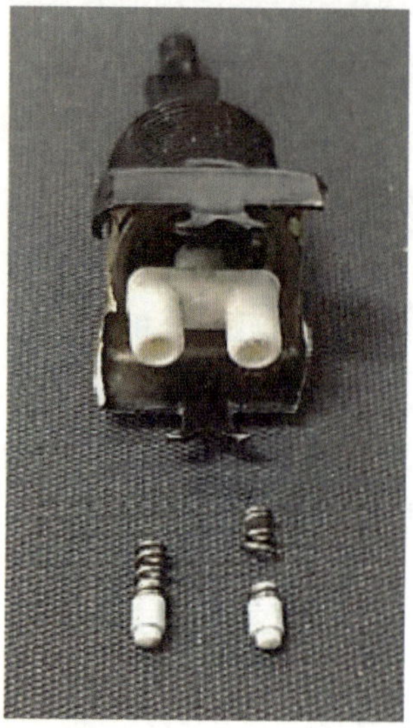

三、原因分析

造成本次故障的原因为 PTT 电门卡阻，具体原因为 PTT 电门部分功能失效。对以往故障拆下的 PTT 电门进行了多次分解，发现这些电门存在共性问题：初步分解后发现负责提供回弹力的两个弹簧柱中有一个稍短；后续将弹簧柱拔出后发现：内部弹簧断裂。内部弹簧断裂造成弹簧柱一长一短。弹簧柱内的弹簧断裂，无法为 PTT 电门提供足够的回弹力，无法使内部触点分开，导致了卡阻及空地通话异常。

四、工程措施

侧杆组件-对老构型侧杆 PTT 电门进行回弹力检查。间隔：750 FH。

五、参考报告

《A320-23--20210812 COM SINGLE PTT STUCK 故障工程调查》。

第四节　ATA24 电源系统

类别一　发电机控制组件故障

一、故障现象

某航 A320 飞机起飞后出现 ECAM 警告：“ELEC GEN 2 FAULT”（电气 2 号发电机故障）信息。机组按程序复位 2 号发电机不成功，后启动 APU 给飞机供电，经综合评估后继续飞往目的地，落地正常。地面排故更换 2 号发电机控制组件，试车供电及转换正常。

二、风险等级

一般风险

三、原因分析

A320 飞机的交流电由发动机驱动的 IDG、地面供电、APU 供电和应急发电机提供，所有的这些电源都由各自系统的 GCU 控制，提供调压、调频、控制和保护电网以及发电机并提供指示和自检加监控功能。每个 GCU 控制一个 IDG，以保证向用电客户提供符合要求的电源。

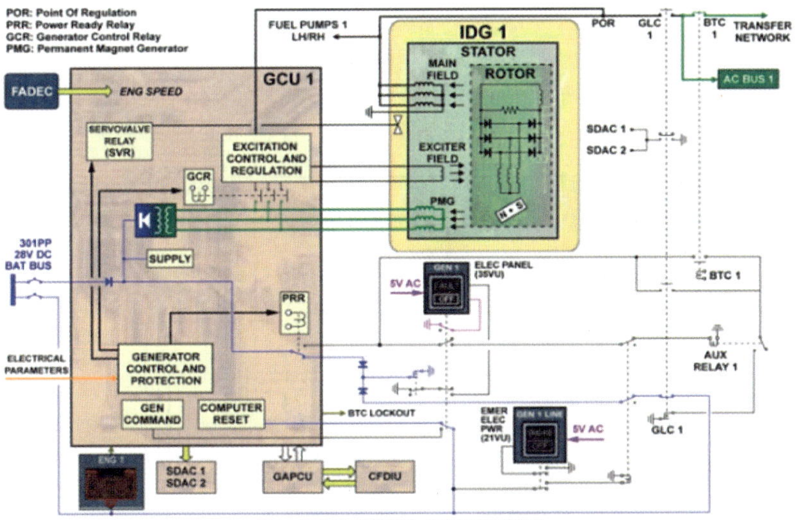

IDG ... GLC/BTC CONTROL AND MONITORING

本次更换 GCU 2，试车供电及转换正常。同时查询故障件的履历信息，认为该件近期被多次更换，属于流氓件。

四、工程措施

通过 CFDS 操作检查应急发电机控制组件（GCU）。

五、参考报告

《A320-24-20200422 ELEC GEN 2 FAULT 故障工程调查》。

类别二　应急汇流条故障

一、故障现象

某航 A320 飞机落地滑跑时出现“ELEC AC ESS BUS FAULT”（电气直流重要汇流条故障）警告，电源面板 AC ESS FEED 电门上 FAULT 灯亮，下 ECAM 电源页面显示 AC ESS BUS 无电（下方有 SHED 字样）（见图 1）。地面人员上机后按压 AC ESS FEED 电门后，AC ESS BUS 可以由 AC BUS 2 供电，再次按压 AC ESS FEED 电门，故障仍在。飞机整机断电后，电源系统构型恢复正常。测量 3XC 的 B 接头 K、L 间的线圈供电电压正常，测量 3XC 的 B 接头 L 线路接地正常，上述线路绝缘性检查正常；更换 3XC 接触器和 15XE、12XE，2XE 继电器，更换 2407VT4 接线块；与另一架飞机对换件应急发电机控制组件 1XE 和电门 11XC，测试均正常。

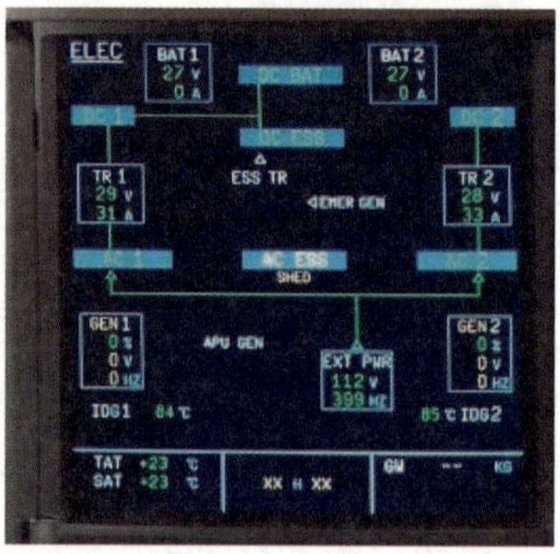

图 1

二、风险等级

一般风险

三、原因分析

AC ESS BUS 的自动转换前提是 AC BUS 1 无电，但查看本机的电源页及译码，AC BUS 1 始终有电（见图 2）。分析如下原因：GCU1 存在瞬时扰动或者控制线路中部件存在瞬时动作（例如继电器的吸合力），在地面整机断电后恢复正常的现象也支持以上判断。

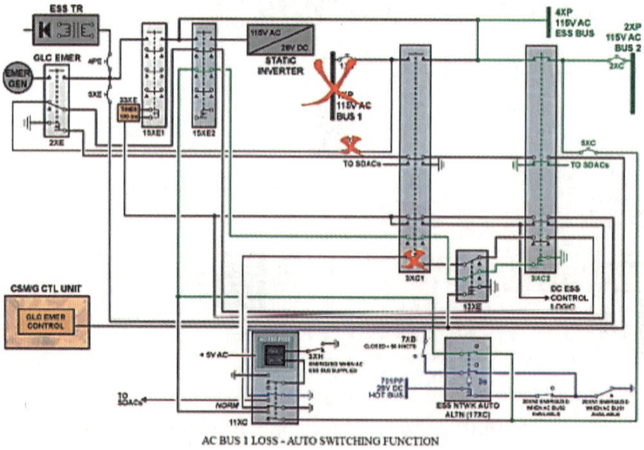

图 2

四、工程措施

操作检查交流基本供电转换。间隔：7500 FH 或 72 MO。

五、参考报告

《A320-24-20210223 飞机 ELEC AC ESS BUS FAULT 故障工程调查》。

类别三　电瓶充电限制器故障

一、故障现象

某航 A320 飞机在进近区域出现 ECAM 信息：“ELEC BCL 2 FAULT”（电气 2 号电瓶充电限制器故障）警告，综合评估对后续飞行无影响，机组决定继续进近，后续正常。航后排故，预防性更换 7PB2 电瓶电门，将 BCL2 与另一架飞机的 BCL2 对换，测试正常。

二、风险等级

低风险

三、原因分析

每架飞机安装两个电瓶，每个电瓶额定容量 23 A • h，电瓶主要用于起动 APU 和应急构型时向飞机供电。每个电瓶由对应的 BCL 自动控制，BCL 监控电瓶状态，在电瓶电门处于 ON 位时，控制电瓶接触器的闭合和断开。

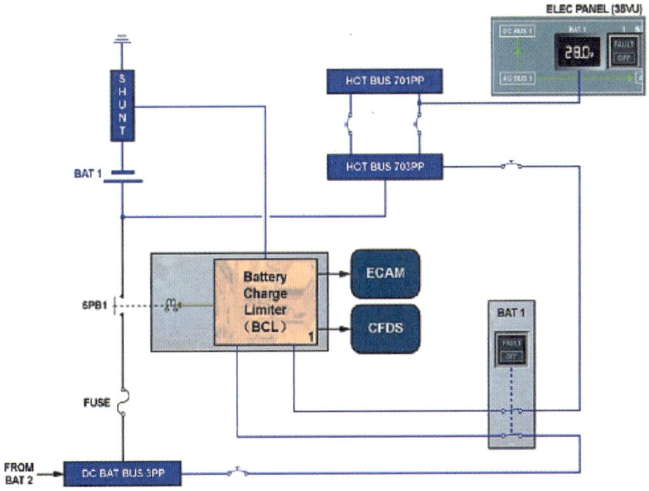

本次更换 BCL 2，测试正常，并结合故障逻辑图，2 号电瓶电门的性能状态也会影响该故障，为彻底排除故障将其更换。

四、工程措施

1. 旧件号 BCL 无法通过改装，升级至最新件号，提高可靠性。
2. 通过 CFDS 操作检查电池充电限制器 1 和 2，间隔：750 FH 或 6 MO。

五、参考报告

《A320-24-20210216 ELEC BCL 2 故障调查报告》。

第五节　ATA25 设备设施

类别一　ELT 天线断裂故障

一、故障现象

某航 A320 飞机短停地面发现 ELT 天线断裂丢失（见图 1），因该飞机只装备有一部固定式 ELT（天线丢失）及一部便携式 ELT，无法按 MEL 保留放行，后续航班取消，维修基地派人带航材更换 ELT 天线后，测试正常。

图 1

二、风险等级

较大风险

三、原因分析

固定式 ELT 天线安装在机身外表面上部 FR 64 和 FR 65 之间（见图 2），用来发射固定式 ELT 的信号，此天线通过 6 个螺栓进行固定。

此次故障的 ELT 天线为原装机件，根据实物分析，此次故障源为 ELT 天线腐蚀或开胶断裂。

四、工程措施

1. 空客 ISI 25.65.00042，已接到多起件号为 2632-82 的 ELT 天线腐蚀断裂报告，大部分发生在温暖和潮湿地区，典型的失效时间为使用 5～7 年。空客计划 2023 年在 A320neo 飞机上使用 ELT-DT 天线替代件号为 2632-82 的 ELT 天线。

2. 应急定位发射机（后机身）一般目视检查外部天线，间隔：36MO。

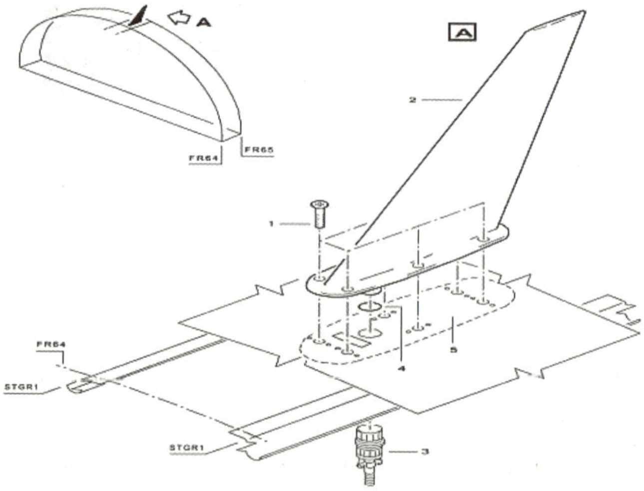

图 2

五、参考报告

《A320-25-20200819 ELT 天线断裂故障工程调查》。

第六节　ATA26 防火系统

类别一　洗手间烟雾报警

一、故障现象

某航 A320 飞机在空中飞行时，洗手间烟雾报警持续响 5 s，洗手间外部指示灯并无显示。乘务组和安全员排查洗手间未发现有人员吸烟和其他异常，机组判断为假警报，后续正常。后续过站地面检查正常，飞机放行。

二、风险等级

低风险

三、原因分析

厕所烟雾探测器为光电式烟雾探测器，包含一个光学探测腔和一个电子器件。光学探测腔探测烟雾是基于散射光原理。无烟雾时，光接收器接收不到光线，当有烟雾时，光发射器发出的光经烟雾中的颗粒散射，到达光接收器，产生信号。

本次根据故障发生时的状况分析，是由于洗手间产生了一些由于使用香水或其他除臭喷雾一类的雾化喷剂而产生的烟雾，导致烟雾探测器触发烟雾警告。

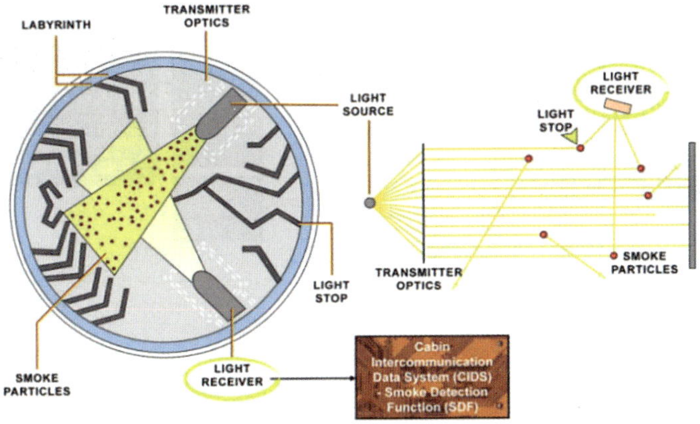

四、工程措施

1. 用 CFDS 操作检查厕所烟雾探测器以确证警告信息可以显示。间隔：36 MO 或 3000 FH。

2. 拆下烟雾探测器进行清洁。间隔：108 MO 或 12 000 FH。

五、参考报告

《A320-26-20210113 空中洗手间烟雾报警持续 5 秒的调查报告》。

类别二　发动机火警环路故障

一、故障现象

某航 A320 飞机起飞后，在爬升阶段出现两次 ECAM 警告信息：“ENG 1 FIRE LOOP A FAULT”（1 发火警探测环路 A 失效），机组按程序处置，后续信息消失。落地后，机务立即对左发进行检查，排故更换左发 AGB 火警探测线。

二、风险等级

低风险

三、原因分析

PW1100G 发动机在吊架区域、附件齿轮箱区域和后核心机区域有 A、B 火警探测双环路，由一个 FDU 的 A、B 通道进行监控。每个探测环路的探测元件阻值不同、并联连接。当环路不正常时 FDU 向 FWC 和 CFDIU 发送故障或警告信号，在 ECAM 上显示。

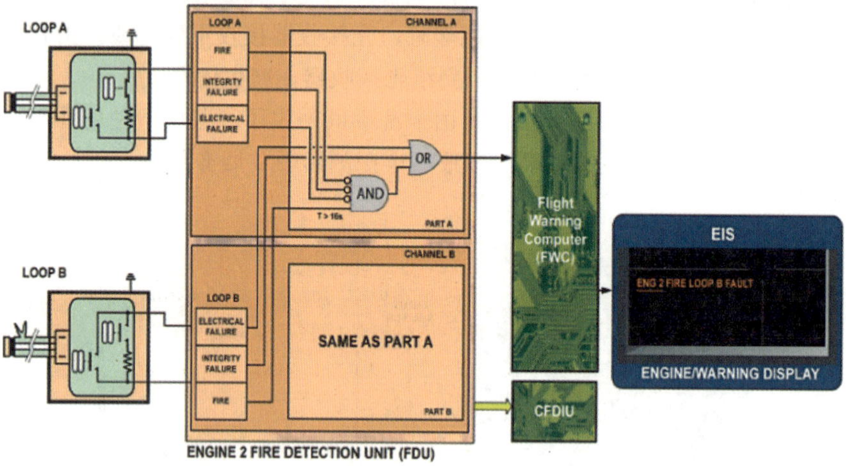

本次测量左发火警 A 环路探测线阻值 1720 Ω 左右，超出正常范围，更换左发 AGB 火警 A 环路探测线后测量总线阻值为 1485 Ω。执行 FDU 自检测试正常。根据排故过程，原因分析为 AGB 探测环路故障。

四、工程措施

1. 发动机火警和过热探测--操作检查环路/爆炸帽。间隔：12 MO 或 1000 FH。

2. SB A320-26-1112 纠正了 AGB 与后核心机探测元件阻值，避免了 FDU 与核心机探测元件故障定位不一致的问题。

五、参考报告

《A320-26-20210619 ENG 1FIRE LOOP A FAULT 故障工程调查》。

类别三 发动机虚假火警信息故障

一、故障现象

某航 A320 飞机爬升时，触发 ECAM 警告信息："ENG 2 FIRE"（2 发火警），随后机组将相关情况告知乘务组，要求其观察发动机情况，乘务组观察后告知机组发动机无烟无火，一切正常。安全返航落地后，机务检查右发无火情迹象。航班换机执行。检查右发附件、核心机外部相关管路及部件均正常，飞机停场排故。

二、风险等级

较大风险

三、原因分析

V2500 发动机火警探测系统由多个探测元件（包括风扇区域探测元件、核心机区域探测元件、吊架区域探测元件）分别组成 A/B 两个探测环路。探测环路将探测信号传递到 FDU1（2）的 A/B 通道，由 FDU 判断当前状态，并输出信号控制火警面板灯以及 ECAM 警告。火警探测元件可以探测两种火情：超温和过热。

本次排故历经 2 次慢车、4 次大车和试车验证和双发比对，结果均正常。并综合 QAR 译码数据与 IAE、空客的技术答复，判断为火警探测或指示系统造成的假火警。

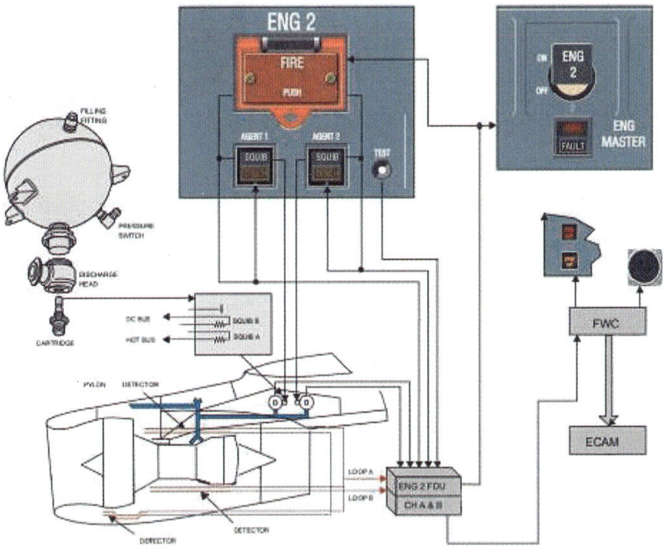

四、工程措施

1. 操作检查环路/爆炸帽。间隔：12 MO 或 1000 FH。

2. ISI 26.00.00001 介绍了两起双发与 APU 假火警的事件，一起因接地点腐蚀严重，一起因 FDU 与飞机结构间的高电阻值。

五、参考报告

《A320-26-20210628 右发火警信息故障工程调查》。

第七节　ATA27 飞行操纵

类别一　机体抖动

一、故障现象

某航 A320 飞机巡航阶段，机组和乘务组感觉机体有振动感。机组加减油门后振动仍持续。随后告知管制并申请改变高度，下降到 8100 m 后振动消失，后正常落地。联系机长，反馈如下：是横向抖动较强烈，在驾驶舱、前服务台和后服务台可感觉到明显振动；抖动期间没有脱开自动驾驶；抖动主要发生在 9500～10 100 m 高度，下降到 8400 m 后无明显抖动；观察了抖动发生时的发动机振动值，最大 2.1。

二、风险等级

低风险

三、原因分析

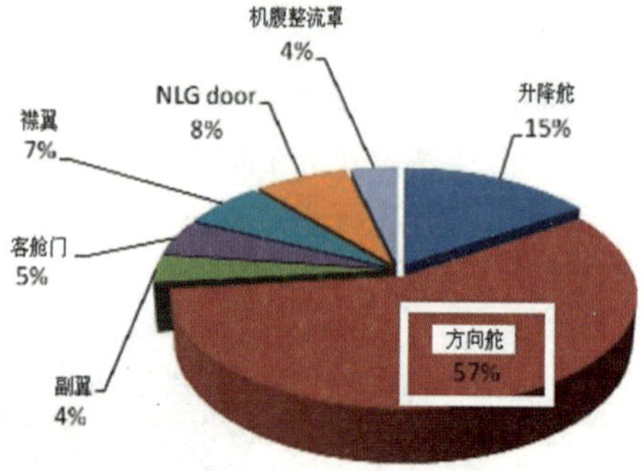

对引起飞机抖动的根源统计表明，方向舵、升降舵、机腹整流罩、前起落架舱门、襟翼、客舱门、副翼都是造成抖动的因素。其中三个主操纵面引起的抖动占总数的 76%。这三个主操纵面的抖动基本是由舵面连接处磨损而产生的舵面间隙造成的，这些磨损发生于伺服控制轴承、伺服控制连接件、舵面铰链轴承和连接件。

本次利用抖动报告单填写决策表，判断方向舵为最大可能抖动源。对方向舵的铰链处铰链轴承，衬套更换后，再测其游隙合格，并通过十个航班飞行观察未再有反映抖动，故障排除。

四、工程措施

1. 检查副翼伺服控制和铰接轴承的状况及间隙是否超标。间隔：2000 FH 或 4 YE。

2. 检查方向舵伺服控制和铰接轴承的状况及间隙是否超标。间隔：2000 FH 或 4 YE。

3. 检查升降舵伺服控制和铰链轴承的状态及其间隙是否超标。间隔：24 MO 或 12 000 FH。

4. 空客 SB A320-27-1223，升降舵伺服控制连接舵面一侧的杆端头轴承做了改进，以增强轴承的抗磨性能。

5. 建议在抖动发生时对机身外表、襟缝翼和舱门做一次目视检查。

五、参考报告

《A320-27-20210120 巡航阶段机组报告机体抖动调查报告》。

类别二　襟翼卡阻

一、故障现象

某航 A320 飞机在下降阶段放襟翼过程中，ECAM 出现“F/CTL FLAPS FAULT”（飞行控制 襟翼故障）警告信息，同时机组反映空中襟翼卡阻。CFDS 记录“FLP 1 SYSTEM JAM CHECK FLP MECH DRIVE”（1 号襟翼系统卡阻 检查襟翼机械驱动）和“FLP 2 SYSTEM JAM CHECK FLP MECH DRIVE”（2 号襟翼系统卡阻 检查襟翼机械驱动）。

二、风险等级

较大风险

三、原因分析

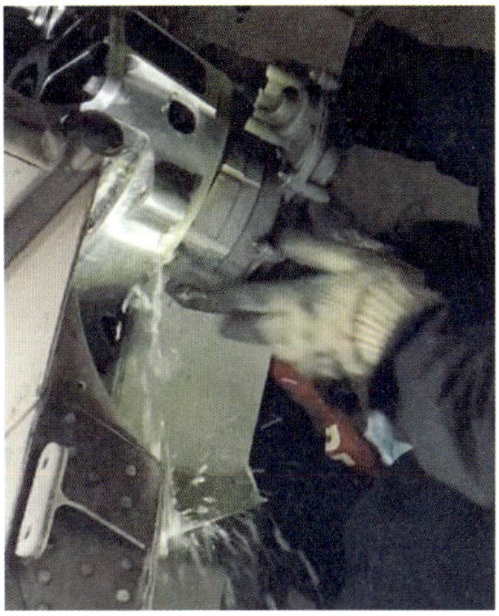

SFCC 监控襟翼系统是否出现卡阻，当两部 SFCC 都探测到襟翼系统运动速度低于正常速度的 2%超过 4 s 时，襟翼被视为卡阻，“F/CTL FLAPS FAULT”ECAM 警告将会被触发。

排故更换左、右两侧襟翼 1 号旋转作动器过程中，拆下右侧 1 号旋转作动筒时，有较多水流出，拆下左侧 1 号旋转作动筒时，有少量粘稠液体滴出，疑为水汽与润滑脂的混合物，判断本次为水汽入侵所致。

四、工程措施

1. ISI 27.51.00052，对于发生在巡航阶段末期的襟翼卡阻，在地面操作测试时未发现异常，单液压系统收放襟翼速度正常，无襟翼旋转作动器扭力限制指示销弹出的飞机，主要考虑水汽进入襟翼旋转作动器内部，水在低温下冻结导致旋转作动器无法正常工作。

2. 排放和再注并用半流体冲洗襟翼作动筒组件。间隔：72 MO 或 24 000 FH。

五、参考报告

《A320-27-20211017 襟翼卡阻故障工程调查报告》。

类别三　翼尖刹车故障

一、故障现象

某航 A320 飞机执行航班，巡航期间多次出现 ECAM 警告信息：“F/CTL SLAT WING TIP BRK FAUTL”（飞行操作　缝翼翼尖刹车失效）。随后均消失，无处置动作，且对飞机性能无影响。与随机机务沟通了解到，该飞机出现多次该故障，观察维护中，不影响航班放行，余正常。

二、风险等级

低风险

三、原因分析

SFCC 持续监控各位置传感器的位置数据，当探测到不对称、失控、非指令移动、超速故障情况时发出指令，使相应的 WTB 电磁阀断电，从而锁定翼尖刹车。

排故发现 SFCC1 到左缝翼蓝液压系统 WTB 电磁阀之间的导线断路，导致 SFCC1 探测到故障，触发“F/CTL SLAT TIP BRK FAULT”（飞行控制　缝翼翼尖刹车故障）警告。

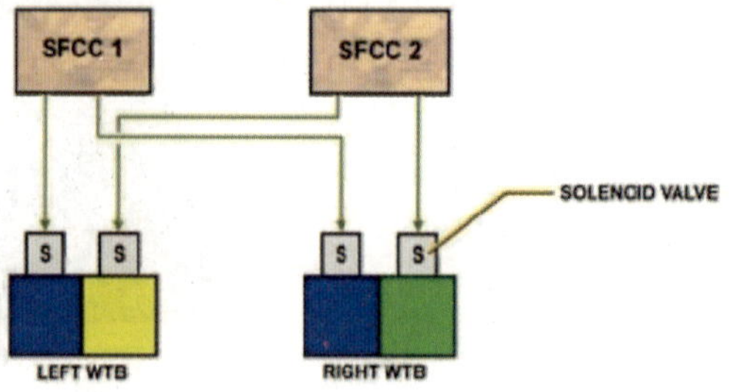

四、工程措施

1. 操作检查襟翼翼尖制动器/压力制动（WTB/POB）。间隔：12 000 FH 或 108 MO。
2. 操作测试 WTB。间隔：12 000 FH 或 48 MO。
3. 空客 ISI 92.00.00001 机翼前缘和后缘导线导轨线路标准施工和维护建议。

五、参考报告

《A320-27-20200325 飞机翼尖刹车故障工程调查》。

类别四　缝翼卡阻

一、故障现象

某航 A320 飞机执行航班，机组反馈下降阶段缝翼卡阻在零位无法放出，ECAM 指示缝翼琥珀色。地面检查发现右大翼 4 号缝翼内侧旋转作动器（6087CM）扭力限制器指示销弹出，复位指示销后反馈收放正常；为防止故障复发，更换该旋转作动器（6087CM），测试正常，拆下件使用胶袋密封送原厂检测。此部件为原装机件，使用 19 596 飞行小时。

二、风险等级

较大风险

三、原因分析

运行环境方面，这起故障是由南方飞往北方；起飞前当地均曾下雨；着陆地的气温均低于 0 °C。缝翼旋转作动器的部件构型方面，这个故障部件都是利勃海尔生产的 830D 系列作动筒，是免维护作动器，日常不需要进行润滑等维护工作。上述迹象，符合空客 TFU 27.80.00023“由缝翼旋转作动器导致的缝翼系统卡阻”的文件描述。空客 TFU 提及，2018 年以来，空客收到较多的缝翼旋转作动器引起的缝翼系统卡阻的故障报告，故障主要发生在 4 号和 5 号缝翼（缝翼旋转作动器 7#、8#、9#），受影响件号主要为 830D 系列作动筒，部分故障地面无法重现。空客调查显示，故障主要原因为旋转作动器内部有水汽聚集，水汽在低温下冻结成冰晶，卡在内部齿轮之间，造成作动器无法正常工作，导致缝翼卡阻。

四、工程措施

1. 已根据 TFU 27.80.00023 编发维护提示：MT-3202784-001_R00，对 A320 系列飞机由于缝翼旋转作动器故障导致的缝翼卡阻原因进行解释，并对排故及后续的送修进行指导。目前此故障的排故周期已明显缩短。

2. 进行空地交流，向机组介绍此类故障的起因、故障表征及容易发生的时段，建议机组如遇到类似情形的缝翼卡阻，在条件允许时先接通大翼防冰，若干分钟后再尝试收放襟缝翼。

3. 对 MSN 大于 6000 飞机的 7、8、9 号缝翼旋转作动器进行检查，拨开通风孔挡片，检查通气孔位置是否有水汽，全程跟进检查进度及结果，采取纠正措施。

五、参考报告

《A320-27-20211016 飞机 FCTL SLATS FAULT 故障工程调查》。

类别五 绿液压系统方向舵作动筒漏油

一、故障现象

某航 A320 飞机空中出现 EVAM 警告信息："HYD G RSVR LO LVL"（液压 绿系统油箱低油量），机组执行 ECAM 动作，1 min 内关闭左发 EDP 和 PTU，下 ECAM 液压系统页面显示油量位于琥珀色框之上。机组重力放起落架落地后正常滑行至机位。

二、风险等级

重大风险

三、原因分析

方向舵由三个作动筒操作控制，三个作动筒分别由绿、蓝和黄液压系统提供作动压力，绿系统方向舵作动筒位于三个作动筒的下方。绿系统油箱内的浮子组件电门感受低油面信息。当油面在 2.6～3.4 L 之间时发出低油面信号。

经过对故障现象的分析，判断该起漏油故障是由于堵头发生松动，保险丝断裂，封圈支撑环在液压压力作用下被挤出，封圈失去密封作用后导致漏油。

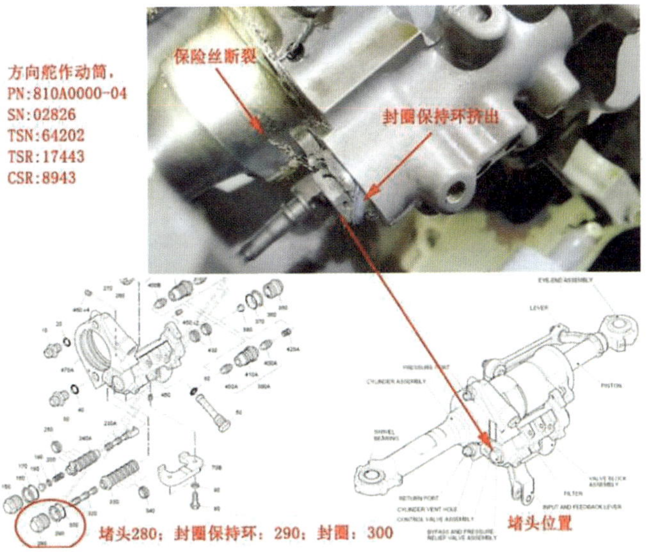

四、工程措施

油液渗漏方案中目视检查方向舵作动筒是否漏油。间隔：11 000 FH 或 6000 FC 或 36 MO。

五、参考报告

《A320-27-20201126 绿液压系统方向舵作动筒漏油故障工程调查》。

类别六　THS 配平手轮刻度盘指示与 SD 页面指示不一致

一、故障现象

某航 A320 飞机短停时，机组反映水平安定面配平手轮的刻度与 SD 系统页面上的指示刻度在零位时有偏差，参考 TSM 执行测试，测试正常，偏差在手册允许范围内，放行飞机。回基地后排故工作：拆除客舱地板，调节 THS 控制钢索，测试 THS 配平手轮上的刻度和 SD 页面指示一致，完成 THS 校装，测试正常，水平安定面所有位置指示均正常，故障排除。

二、风险等级

一般风险

三、原因分析

可配平的水平安定面安装在机身后部，用于飞机的俯仰配平控制。根据 TSM，只要 THS 配平手轮上的刻度和 SD 页面上的指示在零位时不超过±0.3°，就在手册允许范围内，飞机可以正常放行。

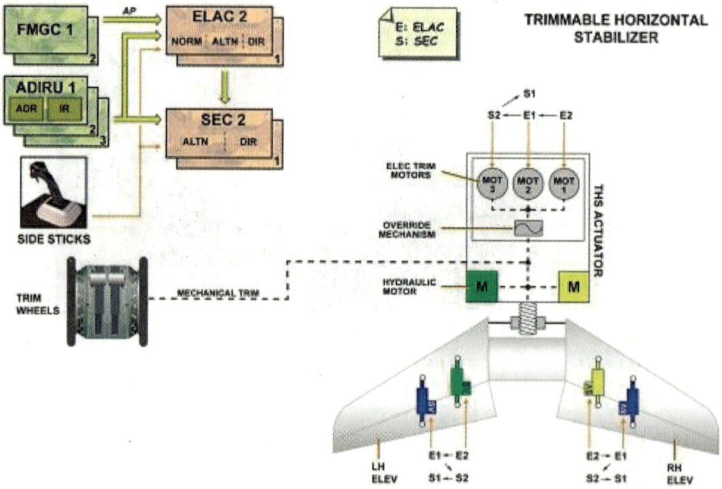

航后检查发现 THS 零位校装孔错位，校装销无法正常插入。调节 THS 控制钢索，测试 THS 配平手轮上的刻度和 SD 页面指示一致，零位校装孔正常，销子可以正常插入。分析本次故障是由配平手轮控制钢索张力变化所导致。

四、工程措施

可配平水平安定面配平操纵钢索张力补偿器：功能检查张力补偿器刻度盘指针（在限制范围内）。间隔：40 MO。

五、参考报告

《A320-27-20210426 THS 配平手轮刻度盘指示与 SD 页面指示不一致故障工程调查》。

类别七 扰流板故障

一、故障现象

某航 A320 飞机滑出后，机组报告出现 ECAM 警告信息：“F/CTL SPLR FAULT”（飞行控制 扰流板故障），观察到左右五号扰流板指示琥珀色。指导机组复位电门和跳开关无效，飞机滑回排故。

飞机滑到机位关车后警告消失，地面打压后警告再现，复位 SEC2 电门警告消失，操作侧杆故障再次出现，更换 SEC2 计算机故障依旧，本机对串 SEC1 和 SEC2 故障未转移。更换左侧五号扰流板作动筒，测试正常。

二、风险等级

较大风险

三、原因分析

每个扰流板由一个液压动作筒作动，如果系统掉电或者监控到系统故障，扰流板自动收回。左右侧五号扰流板都由 SEC2 计算机控制，绿液压系统进行作动，当一侧故障时，另外一侧会自动被抑制。所以观察到左右五号扰流板指示均为琥珀色。本次依据量线和换件情况，分析是扰流板作动器伺服活门故障所导致。

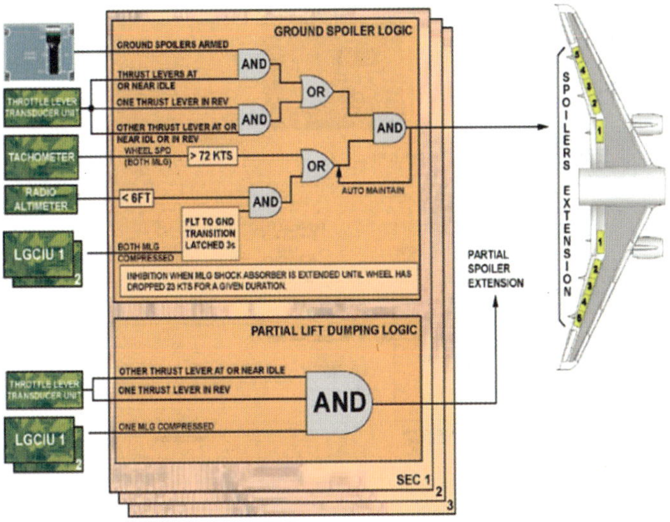

四、工程措施

1. 电气飞行控制系统操作测试中有相关的测试要求。间隔：400 FH 或 80 DY。
2. 结合送修执行 VSB 31077-27-16，将部件件号升级为 31077-211，以提高部件可靠性。

五、参考报告

《A320-27-20200617 飞机五号扰流板故障分析报告》。

类别八　地面踩脚蹬转弯偏紧

一、故障现象

某航 A320 飞机短停落地后，机组反应踩脚蹬转弯偏紧。跟机同事和机组协商，继续执行回程航班，航后参考 TSM 手册检查方向舵传动机构。排故按照 TSM 的指引，对机构、附件或者线路等进行隔离检查，以此排除该系统中其他还有可能引起故障的因素。随后一个不带电磁阀的 AFU 到件，装机后通过了地面的 AFU 操作测试，而且在试飞中验证了系统恢复正常，验证了脚蹬偏紧的现象彻底排除。

二、风险等级

一般风险

三、原因分析

方向舵的感觉力和配平机构包括脚蹬组件、扇形盘机构、钢索、滚轮、人工力感觉和配平组件、解锁电磁阀和作动机构等，AFU 通过解锁电磁阀控制自动驾驶的接通与脱开，解锁电磁阀通电时自动驾驶接通，断电时自动驾驶脱开。

从系统原理及排故过程分析，判定导致本次脚蹬偏紧的故障部件为 AFU，AFU 导致脚蹬偏紧的具体机理应结合修理报告进行分析。

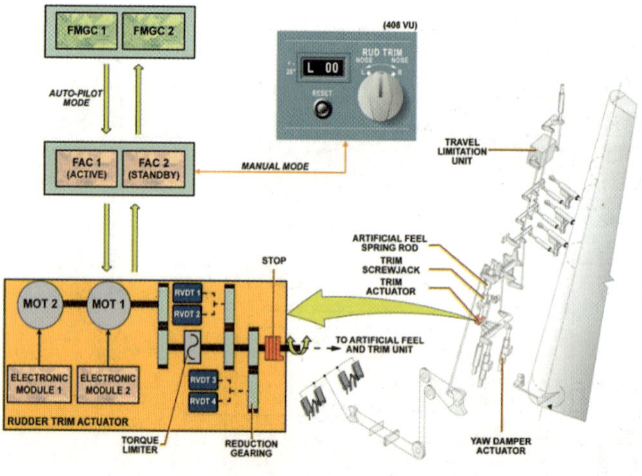

四、工程措施

空客曾于 TFU 27.23.00.005 介绍了由于 AFU 内部的弹簧导向装置问题导致的升降舵脚蹬僵硬。部分导向装置的外径由于水汽侵蚀而发生卡阻；部分导向装置由于弯曲外力的作用与轴心发生了偏离。对于所有已经发生过的相关事件，可以通过在脚蹬上增加输入力量来克服脚蹬僵硬，并且脚蹬僵硬不会造成对脚蹬移动的限制。

五、参考报告

《A320-27-20210520 在地面踩脚蹬转弯偏紧工程调查》。

类别九　升降舵伺服故障

一、故障现象

某航 A320 飞机短停起动发动机后，出现 ECAM 警告信息："F/CTL ELEV SERVO FAULT"（飞行控制 升降舵伺服故障），飞机停场排故，后续航班换机执行。按工程方案完成相关线路测量，更换 SEC1 后故障依旧，更换升降舵伺服作动器后故障消失，试车测试正常。

二、风险等级

一般风险

三、原因分析

4 台计算机控制 4 个升降舵作动器（左内、右内，左外，右外），每个作动器与两个 ELAC 和两个 SEC 相连接，每个作动器包含一个伺服活门和两个电磁活门。单个 ELAC 控制出现故障时会出现 ELAC 俯仰故障，单个 SEC 控制出现故障时会出现飞控维护信息，当两路计算机控制都出现问题时，会出现升降舵伺服故障。

根据排故过程，分析是左外侧升降舵伺服作动器故障，同时该故障被 ELAC 和 SEC 都探测到，进而触发升降舵伺服故障。

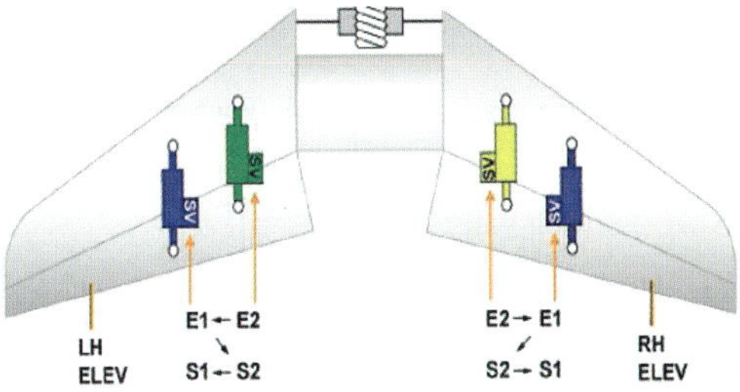

四、工程措施

1. 电气飞行控制系统操作测试：逻辑作动的 ELAC1、ELAC2 和 SEC1 备用电源供应；确认 SEC1 和 SEC2 进行俯仰控制的能力；确认侧杆的优先权功能。间隔：400 FH 或 80 DY。

2. A320 系列飞机升降舵伺服控制伺服活门故障预防的维护提示。

3. 对升降舵俯仰故障及相关故障做了排故提示。

五、参考报告

《A320-27-20210501 升降舵伺服故障调查报告》。

类别十 扰流板升降舵计算机故障

一、故障现象

某航 A320 飞机进近阶段，出现 ECAM 故障警戒信息“FLT CTL/SEC1 FAULT”（飞行控制 扰流板升降舵计算机 1 故障）。机组判断此故障影响飞机着陆性能，执行复飞动作并加入标准复飞程序。复飞后机组按 ECAM 要求执行 ECAM 动作，程序完成后，故障消失，机组按管制指挥再次进近，后续落地正常。

二、风险等级

较大风险

三、原因分析

SEC 是 EFCS 的子系统，它控制扰流板并作为备份控制俯仰控制舵面。SEC 的作用是根据来自横滚和俯仰传感器、加速度计、减速板控制手柄等飞机作动信息，将飞行员输入转换为控制舵面运动。每架飞机有三部 SEC 计算机，用来实现横滚、地面扰流板、速度刹车、升降舵和 THS 控制。

根据故障信息以及对串 SEC 后故障转移，可以判断本次故障是由 SEC1 计算机故障导致。

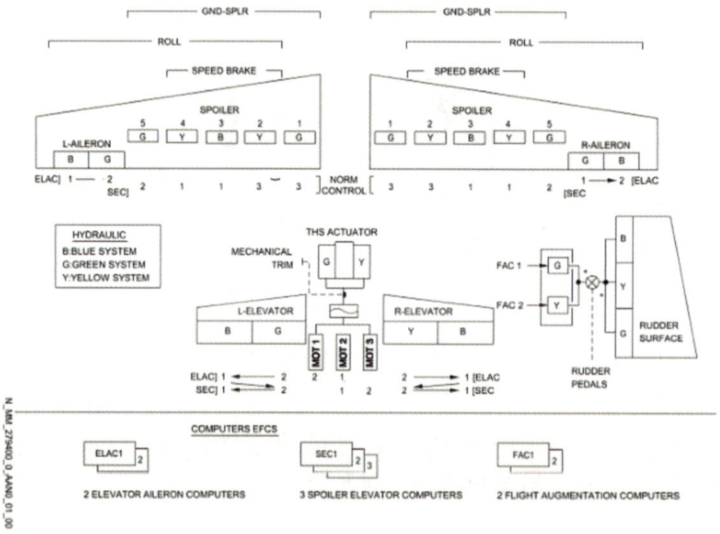

四、工程措施

电气飞行控制系统操作测试：逻辑作动的 ELAC1、ELAC2 和 SEC1 备用电源供应；确认 SEC1 和 SEC2 进行俯仰控制的能力；确认侧杆的优先权功能。间隔：400 FH 或 80 DY。

五、参考报告

《A320-27-20210711 SEC1 故障工程调查》。

第八节 ATA28 燃油系统

类别一 低压燃油活门故障

一、故障现象

某航 A320 飞机起动左发时，右发出现 ECAM 警告信息：“ENG 2 FAIL”（发动机失效），右发自动停车。机组联系地面签派与机务，后飞机被拖回机位，执行检查与排故工作，后续航班更换另一架飞机执行。

二、风险等级

重大风险

三、原因分析

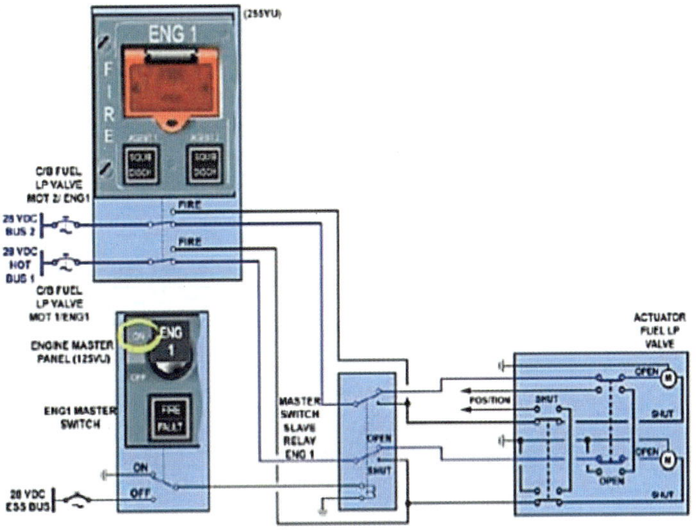

根据译码，当双发主电门都在 ON 位情况下，右发低压燃油活门一直是在非全开位，且燃油流量在开始起动至 N1 转速 18%、N2 转速 53%时，管路余油逐渐耗尽，燃油流量持续下降到零，导致出现了发动机失效警告。

测量右发低压燃油活门发现，2 号马达在关位和开位的阻值都是无穷大；1 号马达在关位时通路，在开位时的阻值为无穷大。因此，在故障发生时，2 号马达已经处于失效状态，1 号马达打开电路无法接通，导致低压燃油活门没有打开。

四、工程措施

1. 操作测试发动机低压关断活门及它们的控制，确保在选择关闭时没有燃油流过。间隔：15 000 FH 或 108 MO。

2. 使用单独的马达对发动机低压燃油活门进行操作检查。间隔：24 000 FH 或 180 MO。

五、参考报告

《A320-28-20200313 低压燃油活门故障工程调查》。

类别二 燃油泵低压故障

一、故障现象

某航 A320 飞机起飞过程中，推油门至 EPR1.05，触发 ECAM 警告“FUEL L TK PULP 1 LOW PRESSURE”（燃油 左油箱泵 1 低压），机组收油门，机组综合评估后，申请滑回，在脱离跑道过程中故障消失，机组经与机务沟通确认可以正常放行，机组再次进入跑道执行航班。

二、风险等级

一般风险

三、原因分析

主燃油泵系统负责给发动机供油。两侧油箱和中央油箱各有 2 个离心式增压泵。正常情况下，汇流条通过接触器为左大翼油箱 1 号泵供电。接触器受驾驶舱左大翼 1 号泵按钮电门控制。左大翼 1 号泵压力电门监控油泵出口压力。SDAC1 和 SDAC2 收集来自压力电门和接触器的信号。

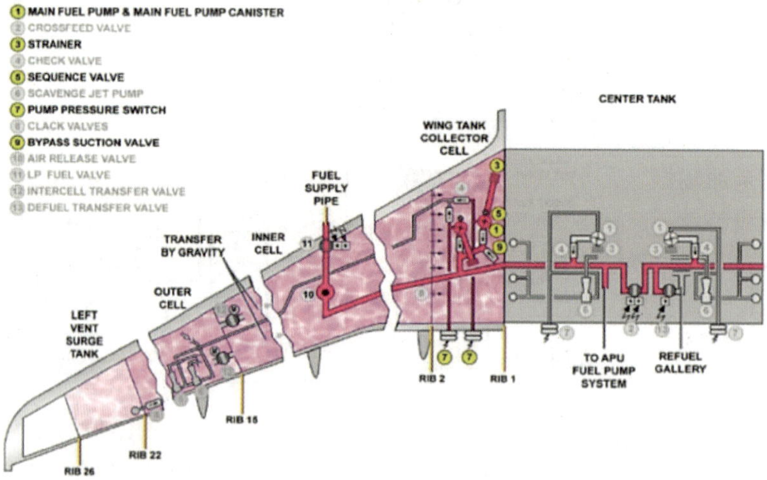

译码可知接触器失去信号长达 75 s，且译码显示同时出现左油箱 1 号泵低压。判断当时确实存在左油箱 1 号泵短时停止工作的情况。经分析，左油箱 1 号泵停止工作的原因可能与左油箱 1 号泵控制接触器有关。将左大翼 1 号泵电门和右大翼 2 号泵电门对调，继电器对调，测试正常，飞机后续运行均正常，综上分析为接触器短时偶发故障。

四、工程措施

MEL 允许一个大翼燃油泵失效，FCOM 中有针对此故障的相关操作程序。

五、参考报告

《A320-28-20200918 燃油左油箱泵 1 低压故障工程调查》。

类别三　发动机余油口漏燃油

一、故障现象

某航 A320 飞机 2 左发发动机余油口漏燃油，拆管检查发现吊架区域的油口有漏油，1 min 1～2 滴。经排故隔离发现供油管内部渗漏。当地机务尝试更换该管路内部封圈，并完成管路离位渗漏测试。后由于空客不建议对管路封圈更换，从总部调件更换管路，测试正常。

二、风险等级

低风险

三、原因分析

在余油口发现渗漏，拆管检查发现吊架区域的油口有漏油，1 min 1～2 滴。参照手册对相关管路进行隔离，检查 WING FUEL DRAIN HOSE 和 PYLON FUEL DRAIN HOSE，发现后者有油液漏出。

进一步隔离后，最终确定漏油的管路为吊架中的下半段燃油供油管，更换了管路接头处的封圈，渗漏依旧，故分析内外管路结合处或内管本身有渗漏。

四、工程措施

1. 发动机余油管和包皮下部无油液漏出。间隔：短停/航后。
2. 发动机吊架无损伤，吊架余油管无油液漏出。间隔：短停/航后。
3. 开动增压泵和低压活门打开位置，目视检查油箱外部的管子、接箍和低压活门，从前梁一直到断开盖板，看是否有泄漏。间隔：12 000 FH 或 108 MO。

五、参考报告

《A320-28-20200918 燃油左油箱泵 1 低压故障工程调查》。

类别四 中央油箱传输故障

一、故障现象

某航 A321 飞机发动机启动后，出现了中央油箱传输故障，机组按程序处置，起飞过程中，后续再次弹出此警告，机组综合判断无影响，继续执行航班，后续正常。落地后，机组联系基地机务，并在飞行记录本上记录该故障信息。

二、风险等级

低风险

三、原因分析

该机属于中央油箱无燃油泵的构型，靠两个引射泵实现中央油箱向两侧大翼燃油箱的燃油传输。当天执飞航班时，中央油箱处于无油状态，无需从中央油箱向大翼燃油箱传输燃油，故障出现时中央油箱内无燃油，落地后燃油传输功能正常，地面执行主传输系统操作测试，结果正常。

故障出现并没有被飞亚达所监控到，后续译码发现中央油箱右传输活门在自动控制模式下，发动机启动好后出现活门未完全关闭的现象，进而触发传输故障警告，机组驾驶舱关闭右传输电门，信息消失，后续警告再现，机组松出模式选择电门到人工位，信息消失，航班后续正常，符合机组描述。

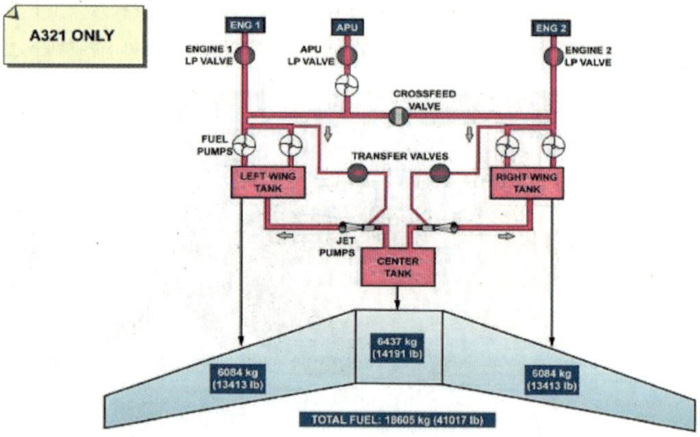

SYSTEM OVERVIEW - A321

四、工程措施

TFU28.26.00.008，在中央油箱为空时，模式电门在自动位，传输活门电门按入时，该类警告信息容易触发，不会造成影响。空客认为造成这种问题的原因为，电路“润湿电流”过低，这可能导致继电器触点的氧化，这种氧化会导致断续接触，产生虚假的故障信息。

五、参考报告

《A321-28-20210307 中央油箱传输故障信息工程调查》。

类别五　燃油箱高温警告信息

一、故障现象

某航 A320 飞机在下降阶段出现 ECAM 警告信息："FUEL R OUTER TK HI TEMP"（燃油 右外侧油箱高温），机组按程序等待油箱温度冷却，约 1 min 后信息消失，燃油页面外侧油箱温度指示正常。落地后与当地机务联系，由于是无过站航班，机务建议先正常由机组放行飞机，回程正常。

二、风险等级

低风险

三、原因分析

左右大翼内外格燃油箱各有一个温度传感器，送信号给燃油量指示计算机 FQIC，经 FWC 和 DMC 在 ECAM 燃油页显示各格油箱的燃油温度，并在温度超过设定值时触发对应燃油箱高温度咨询/警告（阀值不同）信息。

监控显示警告信息，而无故障信息；经向机组了解，未采取任何措施，约 1 min 后信息消失，燃油页面右外侧油箱温度指示正常。航后自检 FQIC 正常，后续航班未见异常。综合判断，此次信息为受 HF 影响造成的假故障。

四、工程措施

TFU28.42.00.044，描述的 A320 系列飞机内外格燃油箱高温虚假故障与此次故障现象相似，根本原因为 FQIC 在读取数据时正好受高频电磁信号干扰，这种虚假警告会在 1 min 后消失。

五、参考报告

《A320-28-20210510 飞机下降阶段出现右外侧油箱高温信息工程调查》。

类别六　燃油使用量与 FOB 不一致

一、故障现象

某航 A320 飞机起飞后，机组观察上 ECAM 出现了燃油使用量/FOB 不一致警告，提示检查燃油渗漏，观察机载燃油量 FOB 指示从 10 t 多降至 9 t 多，随后机组将飞机改平，燃油量恢复至 10 t 多，但不久后再次下降并重复上述过程（指示波动），随后机组决策备降。

二、风险等级

较大风险

三、原因分析

燃油使用量/FOB 不一致警告的目的为探测油箱渗漏，通过公式计算所得差值：初始 FOB-（当前 FOB+燃油耗量），与设定的门限值进行比较，如果差值大于门限值的时间超过 120 s，FWC 就会触发该 ECAM 警告。

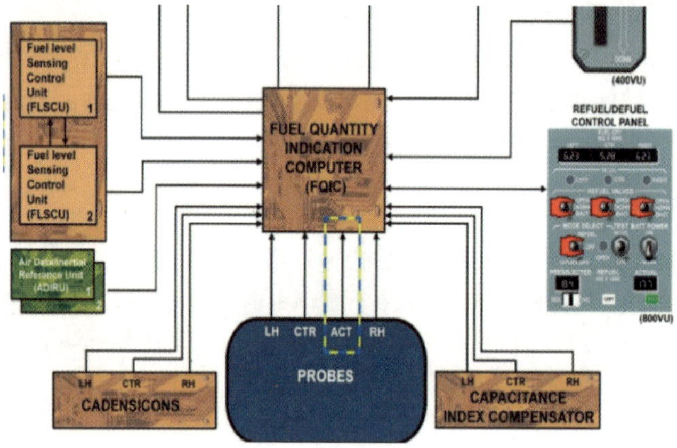

根据译码，该机起飞前，机载燃油量为 11 950 kg，出现警告时间为运行 21 min 后，当时机载燃油量约为 9916 kg。警告共持续 1.5 min，警告存在阶段初始油量与（当前 FOB+F.UESD）差值最大为 895 kg。出现警告前 2 min 起这个差值就已经大于警告触发的门限值，满足了警告触发的判断时间，因此触发了警告信息。

从技术角度分析，双发 FF 没有明显增加，且 F.UESD 没有快速的变化，两侧油箱的机载油量都有波动，这种情况通常为机载燃油量指示问题。落地后检查 FIQC 无任何故障信息，所有记录参数无异常。综合判断为 FQIC 瞬时指示问题。

四、工程措施

通过 QAR 提供机载燃油量及燃油耗量的数据，建立数学模型进行更好的监控。

五、参考报告

《A320-28-20210719 燃油使用量与 FOB 不一致信息工程调查》。

类别七　大翼燃油泵渗漏

一、故障现象

某航 A320 飞机执行航班后，正常落地滑行到机位后，机务过站绕机检查时，报告左大翼 2#泵（FIN：25QA）漏燃油，经评估飞机需停场排故。总部机务赴当地支援，更换左大翼 2#油泵，测试正常无渗漏，飞机放行。

二、风险等级

重大风险

三、原因分析

燃油泵为电动泵，由一个转子组件、一个叶轮组件、一个导流器组件、一根轴和三个热敏电门组成。泵的元件垂直组装，转子组件位于顶部，叶轮位于中央，导流器位于底部，由轴将三个组件连接在一起。

由原理图得知，转轴自锁螺帽向图 1 绿色区域所示的转动部件提供夹紧力，整个转动部件是靠这个螺帽夹紧的。当夹紧力丧失时，转动部件会下沉与端盖接触。转子在马达驱动下旋转，可以将端盖磨穿。

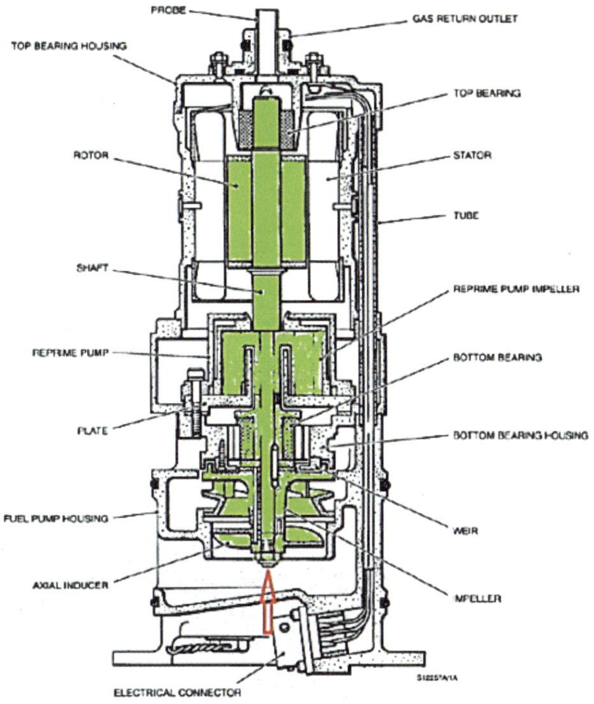

图 1

四、工程措施

修订 CMM，引入一个专用工具，用于复查自锁螺帽的正确安装。按此版及之后发布的 CMM 完成燃油泵转动部件的组装，可以避免此类问题的发生。

五、参考报告

《A320-28-20210902 左翼 2#泵燃油渗漏调查》。

第九节　ATA29 液压系统

类别一　液压软管破损故障

一、故障现象

某航 A320 飞机起飞后，机组反映出现蓝液压系统低压、低油量警告信息，并且右 2 号门出现烟雾并有焦糊味，经公司评估，决策立即返航。该机落地后滑行到机位后，机务上机检查发现蓝液压系统油量为 0，后厨房地板和 APU 尾舱地板有液压油迹。

二、风险等级

重大风险

三、原因分析

排故打开后货舱侧壁板，进入检查发现有大量油迹沿着机腹桁条走向渗漏，系统增压后发现方向舵蓝系统供压管 2099GM 漏油，进一步检查发现该管路编织层断丝，更换管路、勤务蓝系统后测试正常。

液压软管爆裂的主要原因是管路外表的金属编织层在腐蚀或者外力的作用下出现金属丝断裂。金属编织层的断丝区域丧失对于该区域管路形态的保持能力，编织层内部非金属管体在高压力作用下从断丝区域向管外突出，进而发生破损。基于上述分析的原因，破损管路的金属编织层表面出现金属丝向外突出的现象。

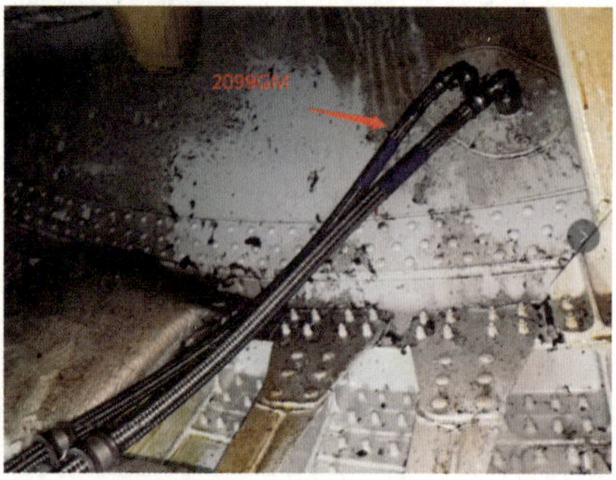

四、工程措施

对于液压软管，检查软管有无渗漏、相磨、扭曲、金属网断丝。检查时要求使用不起毛的抹布在管路上反复擦拭，观察是否有断丝刮到抹布，视需采用强光源或反光镜。

五、参考报告

《A320-29-20200518 液压软管破损故障工程调查》。

类别二　EDP 低压故障

一、故障现象

某航 A320 飞机在飞行 06 段触发 ECAM 警告信息“HYD Y ENG 2 PUMP LO PR”（液压 右发黄系统泵低压）。根据 MEL，此故障真警告不放行，后续决策起用热备份飞机执行后续航班。地面排故，冷转右发，确认 ECAM 黄系统压力指示正常，测量右发液压低压电门阻值，发现阻值异常。紧急求援右发液压驱动泵低压电门，更换后试车测试正常。

二、风险等级

低风险

三、原因分析

位于 EDP 出口下游的压力电门监控 EDP 和蓝系统电动泵的工作状态，当压力电门探测部件低压时，压力电门会控制头顶面板的 EDP 电门的 FAULT 灯亮，同时通过 SDAC、FWC 分别向上下 ECAM 提供故障显示。

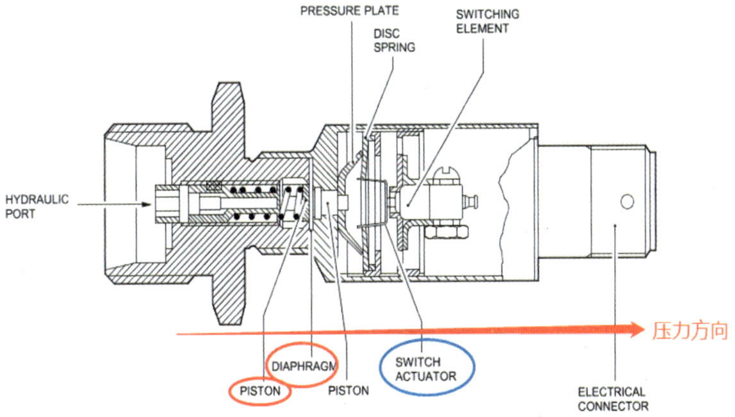

由原理图得知，系统高压时活塞在压力作用下克服弹簧力通过膜片等相关部件触发电门芯内部微动电门，从而实现 2 号、3 号插钉线路接通，此时 1 号和 2 号插钉之间线路处于断路状态；当液压压力低于阈值时，活塞在电门内部弹簧力的作用下向远离膜片的方向移动，微动电门复位，1 号和 2 号插钉之间线路处于通路，从而触发警告。本事件是由于电门内部作动部件故障导致微动电门持续处于复位状态。

四、工程措施

已编制 A320S 系列飞机液压系统压力相关故障，结合空地交流等时机与机组做好沟通和交流。

五、参考报告

《A320-29-20200616 右发黄液压驱动泵低压故障工程调查》。

类别三　LEAP 发动机液压管路裂纹故障

一、故障现象

近期国内某些航空公司先后发生 3 起由于液压管路（件号：D29020838000）裂纹而导致的漏油事件，华东局发布民航明传电报建议各航空公司执行普查工作。

受影响件号：D29020831000（Pre mod.），D29020838000（Post mod.）。

受影响机型：安装有 LEAP 发动机的 NEO 飞机。

二、风险等级

重大风险

三、原因分析

该液压管路位于发动机吊架区域，用于连接风扇机匣和吊架之间隔板接头的 EDP 供压液压管路。

按照 TFU29.11.00.018 的描述，件号为 D29020831000 的液压管路在生产过程中由于衬套与管路接触在管路表面形成划痕，该划痕在飞机的运行过程中由于应力的作用逐步演变成裂纹，从而导致漏油事件，因此空客发布改装将该管路升级为 D29020838000。

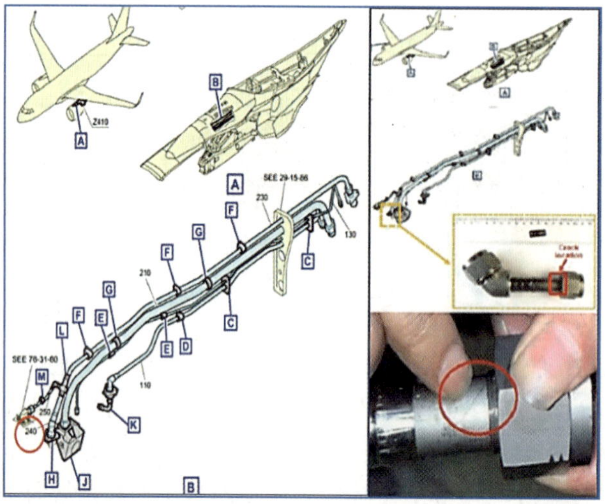

四、工程措施

在油液渗漏方案中增设定期检查任务——特别详细检查 LEAP 发动机吊架区域液压管路。间隔：400 FH。

五、参考报告

《A320-29-20200803 发动机液压管路裂纹故障工程调查》。

类别四　液压系统储压器故障

一、故障现象

某航 A320 飞机执行航班时，FIADA 系统监控到飞机出现 ECAM 警告信息“HYD B SYS LO PR”（液压 蓝系统低压）。立即联系机组，反映只闪现几秒后警告消失，恢复正常。短停时检查发现左轮舱门后方盖板排水孔漏液压油。

二、风险等级

一般风险

三、原因分析

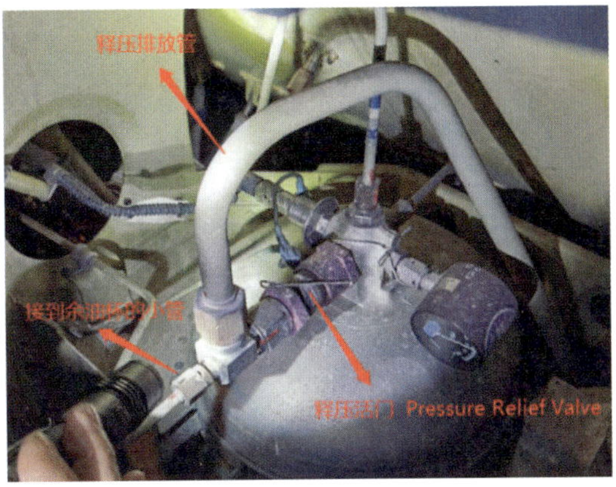

排故打开盖板检查发现，液压油是通过蓝系统液压油箱的释压活门连接的排放管路排放出来的，进一步检查确认其他管路及部件无渗漏，蓝系统储压器压力指示表压力指示为零，判断故障源为蓝液压系统储压器内漏。

本次故障中，当气囊破损时储压器内原预充氮气进入液压系统并向液压系统下游传递，而储压器上游系统油液需要尽快填补氮气瞬时释放和移动所产生的低压空间，因此流经低压电门的液压压力瞬时下降并触发系统低压警告。由于电动泵持续工作，系统管路出现的低压空间在极短的时间内被电动泵输出的液压油液填补，因此低压警告持续几秒钟后消失。另一方面，由气囊释放出的氮气经由储压器下游管路最终进入液压油箱，高压氮气进入油箱会推动油箱油量瞬时升高，油箱上部空气压力瞬时增大。多余的油液和空气最终经由油箱上部空气释压活门排出机外。

四、工程措施

检查液压蓄压器氮气的充气压力。间隔：600 FH 或 6 MO。

五、参考报告

《A320-29-20210312 蓝液压系统储压器故障工程调查》。

类别五　液压系统低油量与低压警告

一、故障现象

某航 A320 飞机执行航班时，地面监控有 ECAM 警告“HYD G RSVR LO LVL”（液压 绿系统油箱低油量）、“HYD G SYS LO PR”（液压 绿系统低压）、“HYD G ENG 1 PUMP LO PR”（液压 左发驱动泵低压）信息。

二、风险等级

一般风险

三、原因分析

由于上述警告几乎同时出现，初步分析飞机绿液压系统存在真实渗漏，落地后增压检查，发现 PTU 到绿系统 PTU 总管之间隔框管路接头呈线状漏油，重新对管路接头螺帽打力矩，打力矩时发现螺帽拧紧大约 1/4 圈，打压测试正常，检查无渗漏。该管路为连接 PTU 与绿系统 PTU 总管之间的管路，查询近期无该处的相关维修记录，查询 AMM 对于拆装 PTU 和绿系统 PTU 总管也无须拆装该处，分析该处为偶发性螺帽松动导致漏油。

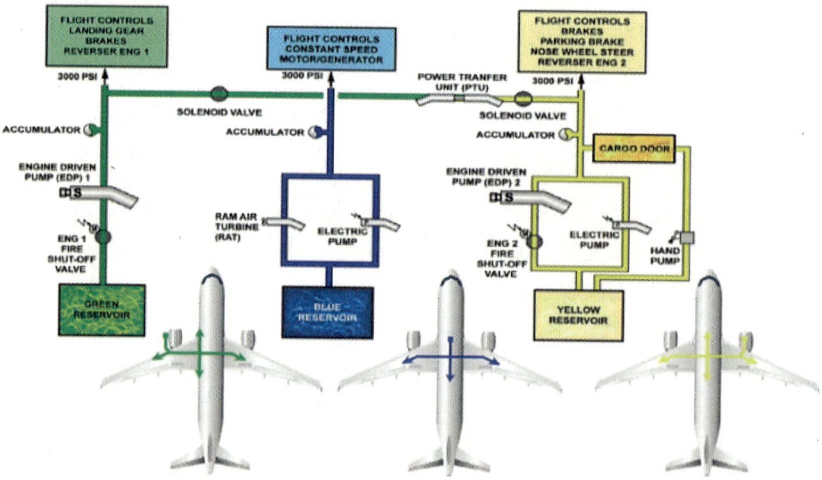

进一步译码发现，当飞机离地完成起落架收上后，绿系统液压油量就逐渐下降，当油量下降到 2.88 L 时，出现低油面警告，机组执行 ECAM 动作，关闭 PTU、左发 EDP，此时油量上升到 3.5 L，低油量警告消失，飞机正常降落；译码显示落地后油量 6.25 L，对比起飞前油量降低了 6 L。

四、工程措施

检查主起落架舱设备无损伤，各部件和管路无渗漏。目视检查起落架及门无损坏。间隔：每日。

五、参考报告

《A320-29-20210801 绿系统低压低油量警告工程调查》。

类别六 液压系统电动泵故障

一、故障现象

某航 A320 飞机空中巡航阶段出现 ECAM 警告信息“HYD B ELEC PUMP OVHT”（液压蓝系统电动泵过热），机组根据 ECAM 操作提示关闭蓝电动泵，十几分钟后过热警告信息消失，机组重新接通蓝泵后正常。1 h15 min 后出现信息“HYD B RSVR LO LVL”（液压 蓝系统油箱低油量），机组根据提示关闭蓝电动泵。

二、风险等级

较大风险

三、原因分析

根据蓝系统液压油量的译码数据来分析，空中巡航阶段在出现蓝电动泵过热警告之前蓝系统液压油量减少约 500 mL，判断此时蓝系统电动泵内部存在渗漏情况。由于电动泵内部故障导致马达出现超温现象，当蓝电动泵马达温度超过 162 °C 时，内置温度电门闭合，提供接地信号给 SDAC，触发蓝电动泵超温警告。

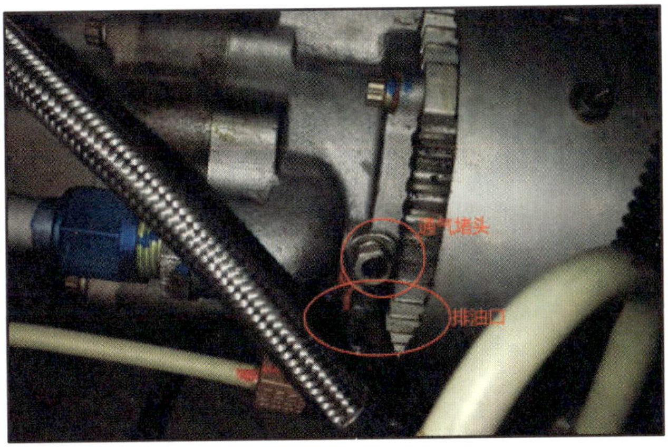

关闭蓝电动泵后，马达温度下降，警告信息消失。重新接通蓝电动泵后，蓝电动泵漏油明显，直到油量减少到 2.1 L 时触发了低油面警告，再次关断了蓝电动泵。

落地检查发现蓝电动泵本体漏油，蓝系统油量剩余约 2.5 L，三个油滤指示销正常。更换蓝系统电动泵，检查和更换壳体油滤，勤务液压油，蓝系统电动泵增压测试正常。

四、工程措施

油液渗漏方案——检查电动泵有无渗漏。间隔：400 FH。

五、参考报告

《A320-29-20200826 蓝系统电动泵故障工程调查》。

类别七　液压系统指示低压

一、故障现象

某航 A320 飞机航前起动发动机后出现绿系统低压警告信息，机组复位无效。在绿系统压力低警告出现时，机组查看 ECAM 液压页面：绿系统液压油量正常，绿系统液压压力指示正常（3000PSI），判断为指示故障，查看 MEL 手册，对于液压系统压力低警告，无论是否为虚假警告，均为不放行信息，飞机停场排故。

二、风险等级

一般风险

三、原因分析

液压系统由压力电门和压力传感器来监控液压系统状态并向液压页面相关参数提供实时指示。

本次事件中，当出现绿系统压力低警告时，机组反馈 ECAM 液压页面的绿系统液压油量正常，绿系统液压压力指示正常（3000PSI），因此判断本次故障为压力电门故障而导致的低压虚假故障。

四、工程措施

空客 ISI29.10.00056：为了防止运行中断，当低压电门故障而触发液压系统低压警告时，可以将故障电门与蓝系统电动泵出口低压电门进行对调，将系统的低压故障转移到蓝电动泵的指示故障进行故障保留，从而临时放行飞机。

五、参考报告

《A320-29-20210622 绿系统指示低压工程调查》。

类别八　液压油箱过热警告

一、故障现象

某航 A320 飞机空中出现 ECAM 警告信息“HYD B RSVR OVHT”（液压 蓝系统油箱过热），机组按程序处置后决定继续飞往目的地，在进近期间机组检查警告信息消失，按照程序接通蓝系统电动泵，故障信息再次出现，飞机正常落地。

二、风险等级

较大风险

三、原因分析

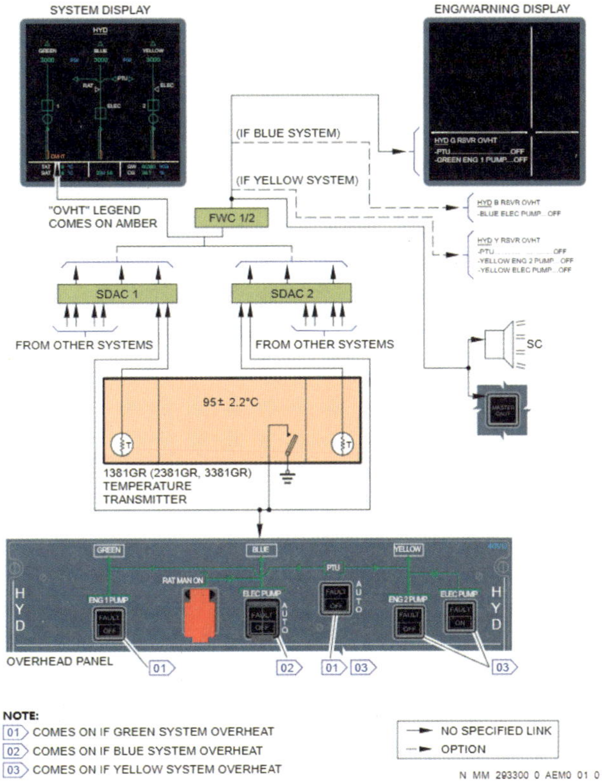

温度传感器监测回油管路中液压油的温度。当温度达到 92.8 °C 时，温度传感器发送一个模拟信号，ECAM 上显示琥珀色“OVHT”。当温度高于 95 °C 时，传感器中的热敏开关闭合，发出一个离散的信号通过 SDAC 到 FWC 显示警告。

译码可知，温度出现了突变，判断蓝系统超温为虚假超温，同时 PFR 记录了 SDAC1 故障信息，综合分析认为是 SDAC1 故障导致输出了错误的温度。

四、工程措施

空客 SB A320-31-1483，是针对减少虚假警告信息“HYD–G/Y/B RSVR OVHT”（液压 绿/黄/蓝油箱过热）的改进，已经发布相关 EO 执行。

五、参考报告

《A320-29-20210930 蓝系统储液箱过热警告工程调查》。

第十节　ATA30 防冰防雨

类别一　皮托管加温故障

一、故障现象

某航 A320 飞机起飞后，出现 ECAM 警告信息“ANTI ICE CAPT PITOT”（防冰 机长皮托管加温故障），机组按照程序处置，后在正常落地。飞机航后，地面排故更换了 1 号皮托管，测试正常。

二、风险等级

较大风险

三、原因分析

A320 系列飞机大气数据探头加温系统有三个相互独立的通道，分别为机长位、副驾位和备用位，每个 PHC 分别监控各自通道探头的加温情况。飞机探头加温有两种工作方式：自动控制模式，只要一台发动机启动运转，探头加温将自动开启；或者可以使用探头/窗户加温按钮人工开启加温工作。对于皮托管探头，其加温功率有两档：在地面半功率加温，空中全功率加温。用万用表测量拆下的皮托管插钉 B、C 之间加温电阻丝电阻，为断路状态。综上所述，本次故障为皮托管故障引起。

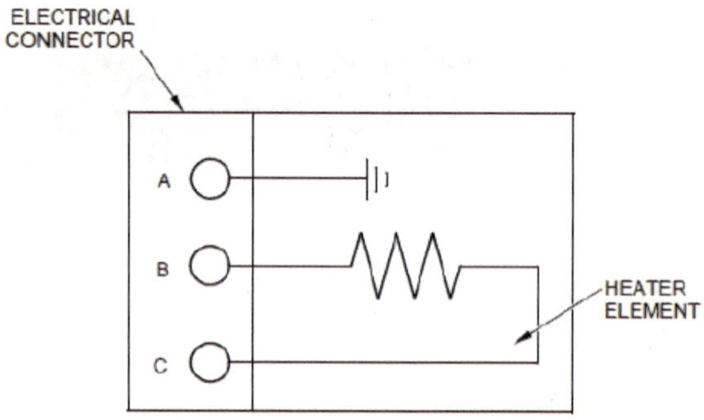

四、工程措施

皮托管探头加温绝缘电阻功能测试。间隔：24 MO。

五、参考报告

《A320-30-20210218 ANTI ICE CAPT PITOT 故障工程调查》。

类别二　WHC 故障

一、故障现象

某航 A320 飞机执行航班时，出现左风挡警告，记录 WHC1 信息。当地机务复位及整机断电均无法消除故障信息。由于办理 MEL 保留要求航路无结冰条件，报总部签派放行席位评估不能放行，需要停场排故。后续换飞机执行航班。

二、风险等级

低风险

三、原因分析

A320S 飞机驾驶舱共有 6 个窗户，由两个风挡、两个滑动窗和两个固定窗组成。其中 WHC1 控制左侧的风挡、滑动窗和固定窗的加温和防雾功能，WHC2 控制右侧的风挡、滑动窗和固定窗的加温和防雾功能。只要有一发启动，WHC 就会自动工作。WHC 有控制温度、监控系统和保护设备安全的功能。WHC 对风挡有两个加热功率，空中为高功率，地面为低功率。风挡、滑动窗和固定窗根据构型不同有三组或两组温度传感器监控加温，当正常位失效也可跳线至备用位。

本次对调 WHC1 和 WHC2，故障转移，排故确定此次故障为 WHC1 计算机故障，更换后，测试正常。

四、工程措施

1. 详细检查驾驶舱活动窗导线束。间隔：12 个月。
2. 清洁安装在前电子舱内的导线交联系统（仅对污染的导线）。间隔：48 个月。

五、参考报告

《A320-30-20210310 WHC1 故障工程调查》。

类别三　PHC 故障

一、故障现象

某航 A320 飞机在管制区域爬升至高度 600 m 时，飞机出现 ECAM 警告信息：“ANTI ICE F/O R STAT”（防冰 副驾驶静压孔故障）。机组执行 ECAM 动作后，故障仍然存在。综合判断后，机组决定继续飞往目的地。

二、风险等级

低风险

三、原因分析

静压孔、皮托管、AOA、TAT 使用电加温来防止结冰情况。机长、副驾驶和第三观察员的加温系统是各自独立的，PHC 进行相应的探头加温及状态监控的逻辑控制。任一发动机运转或加温超控电门放在 ON 位时，探头开始加温。飞机在地面状态时，PHC 控制 TAT 不加温，皮托管部分加温。PHC 监控上述提及探头内的加温电流，超过特定的门限后，PHC 将切断该探头的加温功能。当某一个探头加温出现故障后，PHC 发送一个离散信号至相应的 ADIRU，并由其编码后发送至 FWC 产生相应的警告信息。

该机先前有空中闪现机长侧皮托管加温故障，后续正常，地面测试正常。为判断故障，将 PHC1&PHC2 对调，后出现副驾驶侧静压孔加温信息，故障转移，确认故障件是 PHC。

四、工程措施

空客 TFU 30.31.00.028 介绍了有些飞机在发动机启动阶段（02 段），曾有“ANTI ICE xxx STAT”（防冰 静压孔）、“ANTI ICE xxx PITOT（防冰 皮托管）、“ANTI ICE xxx AOA”（防冰 攻角探头）等 ECAM 警告的发生，可以通过重置跳开关清除故障，如故障继续可参考 TSM 排故。

五、参考报告

《A320-30-20210915 PHC 故障工程调查》。

第十一节　ATA31 指示记录

类别一　DU 黑屏故障

一、故障现象

某航 A320 飞机执行航班，起飞后 2700 m 平飞时机组发现 SD（系统显示）黑屏，机组按程序处置后恢复显示，1 min 后又再次黑屏，机组再次处置后恢复显示，后续正常。机组将故障情况填写飞行记录本。回程航班，起飞后多次再出现 SD（系统显示）黑屏，机组按程序处置后恢复显示，继续飞往目的地。

二、风险等级

低风险

三、原因分析

显示部件 DU 是电子仪表系统的部件，用来显现电子飞行仪表系统 EFIS 和电子集成飞机监控系统/ECAM 的参数，每架飞机有 6 个 DU。

该机落地后地面检查无相关维护信息，清洁出风口，通电检查正常。更换相应侧显示器，测试正常。分析认为故障原因是 DU 内部部件间歇性失效导致。

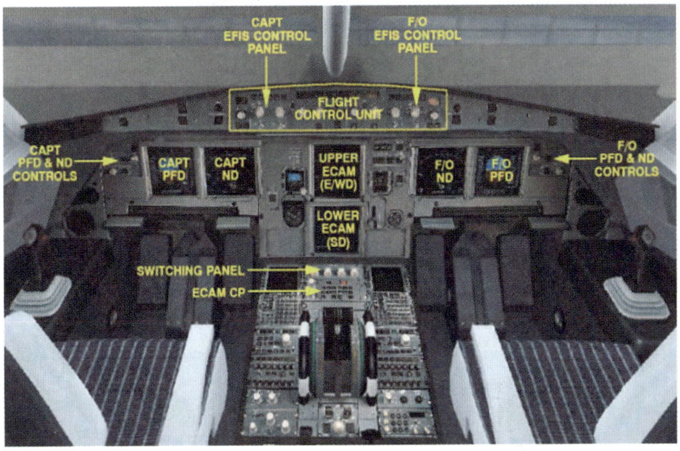

四、工程措施

1. 单一的显示器故障或黑屏，可以通过串件和转换，办理 MEL 放行飞机。

2. 关于显示器故障或黑屏时机组的操作，已经编写《关于驾驶舱显示器故障的操作提示》。

五、参考报告

《A320-31-20200610 飞机 DU 黑屏故障分析报告》。

第十二节　ATA32 起落架系统

类别一　正常刹车故障

一、故障现象

某航 A320 飞机机组报告，飞机滑出时出现 ECAM 警告信息：“BRAKES NORM BRK FAULT”（刹车 正常刹车故障），机组复位刹车系统无效，地面测试正常刹车系统，打印 BSCU 故障代码为 0002，机务检查起落架舱门区域有油迹，飞机拖回机位。当地机务详细检查发现正常刹车压力传感器漏油，飞机停场排故。

二、风险等级

一般风险

三、原因分析

根据航后报告和故障代码 002 分析，该故障为正常刹车故障，可能的故障部件是 ABCU、正常刹车压力传感器、正常刹车选择活门、BSCU 等部件或线路故障。

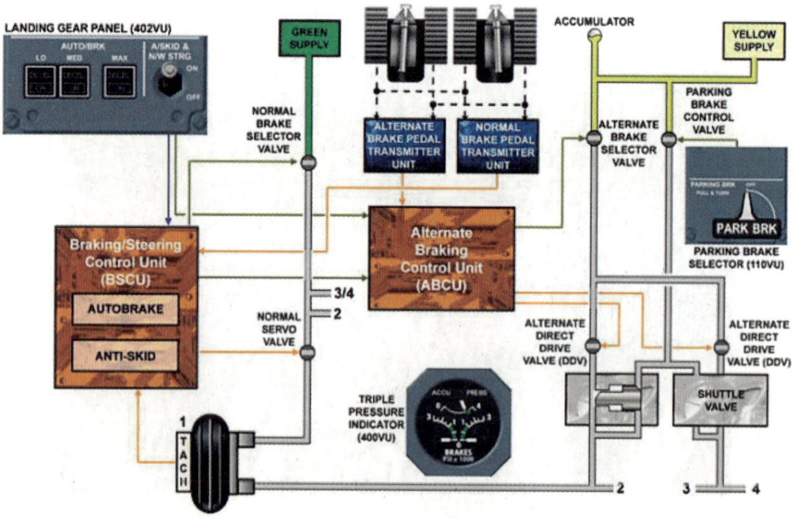

根据故障现象和系统原理初步分析可能原因为：

1. 漏油导致油液污染电插头或导致传感器压力不正确，使传感器给 ABCU 和 BSCU 提供错误压力信号，触发正常刹车系统故障。

2. 或者刹车系统中正常刹车压力传感器、ABCU、正常刹车选择活门当中某个部件存在故障。

最终排故发现压力传感器本体漏油，具体渗漏位置在本体电插头区域，并非传感器安装封圈漏油。

四、工程措施

液压系统检查，要求对轮舱所有部件进行一般目视检查。间隔：3000 FH。

五、参考报告

《A320-32-20200616 正常刹车故障工程调查报告》。

类别二　备用刹车故障

一、故障现象

某航 A320 飞机航前出现备用刹车故障，使用刹车储压器踩刹车后，左右侧三针表没有压力，刹车不作动，航班改由另一架飞机执行。该机在之前曾出现相同的故障，根据 TSM 更换了备用刹车选择活门，执行备用刹车操作测试和备用刹车功能测试自动起动的操作检查，测试均正常。

二、风险等级

一般风险

三、原因分析

备用刹车选择活门是电控液动，控制黄液压系统增压备用刹车系统。由 ABCU 控制活门通电打开，断电关闭。

本次故障 TSD 和三针表指示都显示备用刹车选择活门没有打开，备用刹车系统没有压力，可能的故障部件包括：备用刹车选择活门、ABCU、线路。TSD 显示左右侧备用刹车压力分别为 72PSI 和 64PSI，根据 TSM，如果两侧刹车压力都低于 435PSI，首先更换备用刹车选择活门。4 月 5 日，更换了备用刹车选择活门，测试均正常。4 月 6 日航前故障再次出现，量线后发现线路有短路，修复线路后正常。由于线路故障的断续出现使得系统故障变得较为复杂。

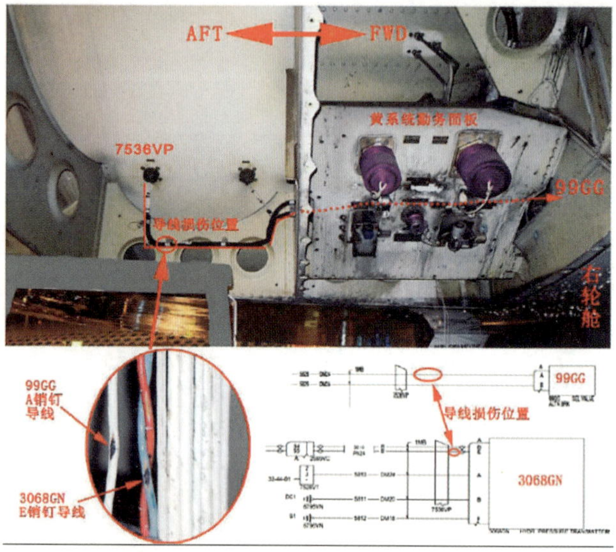

四、工程措施

操作检查备用刹车系统，间隔：12 000 FH 或 108 MO。

五、参考报告

《A320-32-20200414 备用刹车故障工程调查》。

类别三　LGCIU 故障

一、故障现象

某航 A320 飞机进近放起落架后出现 ECAM 警告信息“L/G LGCIU 1 FAULT”（起落架 LGCIU1 故障），故障信息“R LG DOOR OPEN PROXSNSR/LGCIU1”（右起落架舱门全开位接近传感器/LGCIU1），机轮页面一个通道起落架指示琥珀色 XX，起落架灯光指示面板上显示起落架放下锁定正常。

二、风险等级

较大风险

三、原因分析

主起落架舱门的正常开关是由 LGCIU 电气控制的，两套系统（LGCIU1、LGCIU2）相互独立。LGCIU 将舱门位置数据进行处理后，通过 ECAM 给机组提供起落架舱门的位置指示。并在舱门系统发生故障时，通过飞行警告系统给机组提供目视和音响警告。

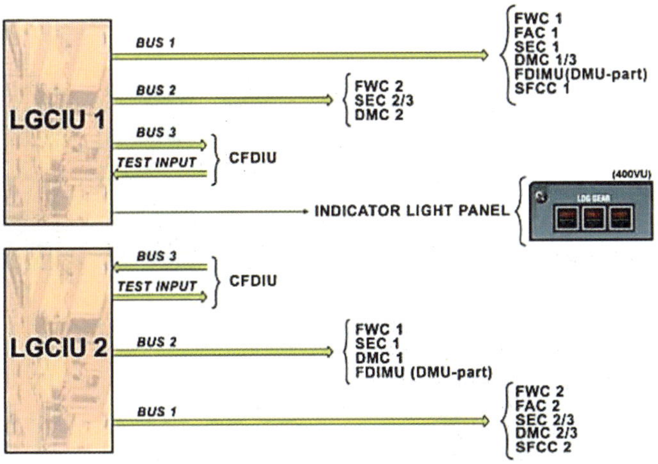

本次故障代码显示右主起舱门全开位接近传感器的线路开路。译码显示，起落架手柄放下后，右轮舱门全开位接近传感器提供 LGCIU1 通道一个全开位的信号，这个信号是一个错误信号，随后 1 s 出现 LGCIU1 故障，LGCIU1 的数据被抑制。排故检查接近传感器销钉比较脏，分析本起故障是电插头销钉接触问题导致的故障。

四、工程措施

利用多用途控制和显示组件进行起落架控制组件自检。间隔：4000 FH 或 36 MO。

五、参考报告

《A320-32-20200417 LGCIU1 故障工程调查》。

类别四　起落架手柄故障

一、故障现象

某航 A320 飞机执行航班，在目的地进近时有 LGCIU 警告信息，机组依据程序，使用重力放起落架落地。当地机务排故更换起落架手柄 6GA，并与另一架飞机对串两部 LGCIU。拆下的起落架控制手柄组件使用情况：3851FH/1875FC。

二、风险等级

重大风险

三、原因分析

起落架手柄（6GA）将起落架的收放指令传递给 LGCIU，LGCIU 接收到来自 6GA 的控制指令后执行起落架的收放程序。A320 飞机安装有两台 LGCIU 计算机，两台计算机独立工作，一台处于主用模式，另一台处于备用模式，两台计算机在起落架手柄抬起时或者主用计算机故障时，备用计算机会自动转换到主用模式。本次故障 LGCIU 未发现问题。此架飞机起落架控制手柄因装机时间较短，送原厂调查，确认该件本体故障。

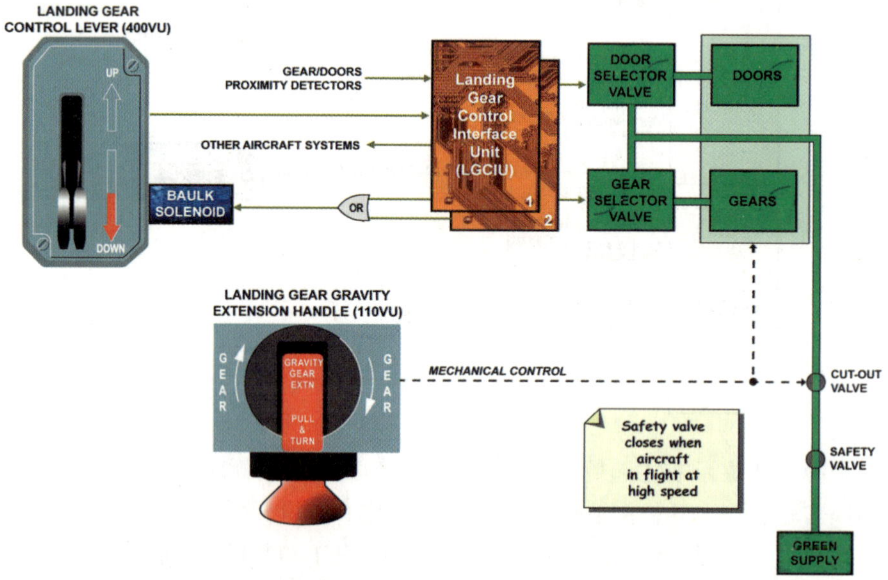

四、工程措施

1. 利用多用途控制和显示组件进行起落架手柄自检。间隔：4000 FH 或 36 MO。

2. 参照 SB A320-32-1450/1451 完成起落架手柄跳线改装 B32032137R0，以减少 2 台 LGCIU 同时故障的可能性。

五、参考报告

《A320-32-20200507 飞机 6GA 故障工程调查》。

类别五　起落架收放选择活门故障

一、故障现象

某航 A320 飞机执行航班时，机组发现，在飞行 05 段触发 ECAM 警告信息：“L/G LGCIU 1 FAULT”（起落架 LGCIU1 故障），记录故障信息为“LGCIU1 05GA1/L/G SEL VALVE 40GA”（LGCIU1 或起落架收放选择活门）。地面排故，检查发现起落架收放选择活门 40GA 的 B 插头 B 钉发生了缩钉现象。

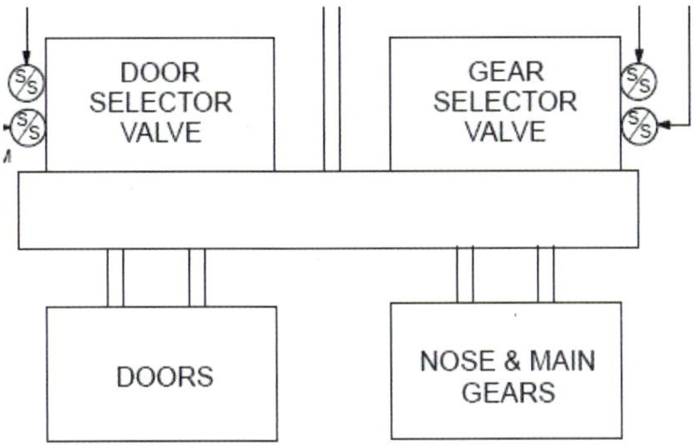

二、风险等级

低风险

三、原因分析

地面根据 TSM 和 AMM 对起落架收放选择活门 40GA 进行操作检查测试；LGCIU 地面扫描结果正常。初步判断，空中 LGCIU1 存在突发故障，导致触发警告。同时根据地面检查的结果，起落架收放选择活门 40GA 的 B 插头的 B 钉存在缩钉现象。根据 ASM 可知，40GA 的 A 插头是连到 LGCIU1 的，40GA 的 B 插头是连到 LGCIU2 的。再更换 40GA 后，地面扫描测试正常。

四、工程措施

利用多用途控制和显示组件进行起落架控制组件自检。间隔：4000 FH 或 36 MO。

五、参考报告

《A320-32-20200618 起落架收放选择活门 40GA 故障分析报告》。

类别六　前轮转弯故障

一、故障现象

某航 A320 飞机执行航班时，机组反映飞机离地后有前轮转弯故障信息，机组按 FCOM 手册评估决定继续执行航班。短停落地后机组复位防滞刹车/前轮转弯电门后故障依旧，当地机务安排牵引车将飞机拖至停机位。查阅 BSCU 存储的故障实时数据，故障代码为 745；进行 BSCU 自检测试未通过，更换 BSCU 后 MCDU 测试无故障信息，打压操作脚蹬前轮随动正常无故障信息，操作手轮前轮随动正常无故障信息，后续量线正常，更换前轮转弯电气-液压组件 6GC 后测试正常。

二、风险等级

较大风险

三、原因分析

BSCU 接收“方向舵脚蹬”或“转弯手轮”的转弯请求，并发出控制指令给“前轮转弯控制组件”，利用伺服活门控制 6GC 内部液压油路走向来控制供向“前轮转弯作动筒”的液压油流向，驱动前起落架转弯套筒实现前轮转弯功能，同时“前轮转弯角度传感器”将角度信号实时反馈给 BSCU，完成闭环控制和监控。前起落架上还装有一个“前轮转弯电子盒 5GC”，用于飞机拖拽时解除前轮转弯系统。

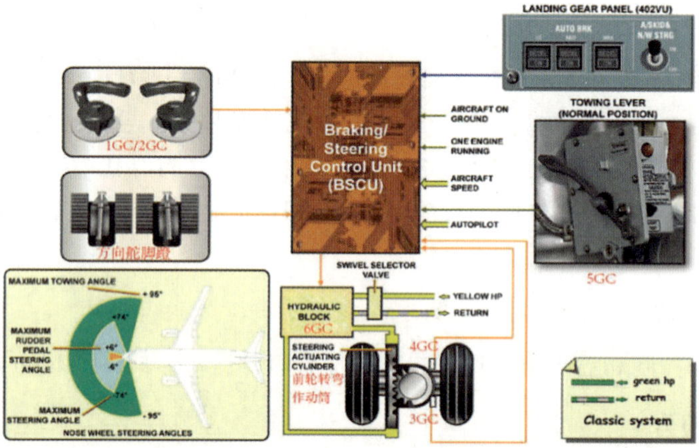

伺服活门安装在 6GC 本体的上端，负责前轮转弯的液压控制，属于 6GC 的电控部件，6GC 本体为机械液压部件，因此伺服活门相对 6GC 本体可靠性较低。随着使用时间的增加，受到温度、震动等因素的影响，伺服活门会出现内部传感器线圈短匝、LVDT 失效、弹簧管损坏及封严老化引起的液压油内漏等现象，这些问题最终导致伺服活门失效。

四、工程措施

将伺服活门设定为时控件，定期翻修伺服活门。间隔：10 000 FH。

五、参考报告

《A320-32-20200607 前轮转弯故障工程调查。

类别七 起落架无法收上故障

一、故障现象

某航 A320 飞机起飞后出现 ECAM 警告信息："L/G GEAR NOT UPLOCKED"（起落架无法上锁），后决策返航。飞机正常落地滑行到位，地面联系机组，飞行员反映在空中操作了 2 次起落架手柄，三个起落架和舱门都没有作动，一直显示绿色状态。

二、风险等级

重大风险

三、原因分析

起落架隔离安全活门是一个双活塞式活门，其作用是飞机速度达到 260 节时将起落架液压输入与液压绿系统隔离，避免此刻放出起落架导致起落架舱门结构损伤，此时内部线圈为断电状态。

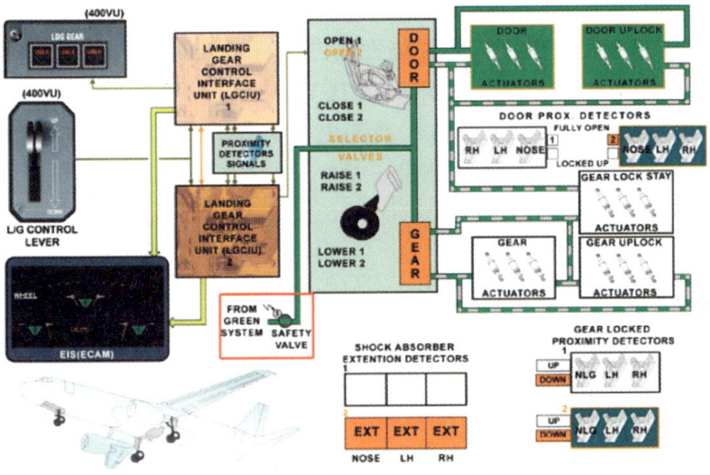

RETRACTION - DOOR OPENING

根据 TSM 制定排故方案，发现安全活门内电磁活门线圈阻值测量为 0.6 Ω（正常约 48 Ω），已呈短路状态，可以判断内部二极管击穿，线圈此时已经无法作动活门内的阀芯去克服弹簧力打开液压通路，安全活门一直处在隔离关闭位，造成下游无液压压力作动舱门解锁和放下等后续一系列动作，这是造成该起故障的根本原因。

四、工程措施

1. 功能测试起落架安全活门电磁阀。间隔：12MO。
2. 操作检查确保在 260 节时安全活门闭合。间隔：15 000 FH 或 72 MO。

五、参考报告

《A320-32-20200909 起落架无法收上故障工程调查》。

类别八　起落架系统不一致故障

一、故障现象

某航 A320 飞机执行航班时，空中出现 ECAM 警告信息：“L L/G DOOR CLOSED PROX SNSR”（左主起轮舱门关闭位临近电门）。该机落地后，又出现警告信息：“L/G SYS DISAGREE”（起落架系统不一致）。地面排故，复位 LGCIU1 跳开关信息消失，测试 LGCIU1 正常。

二、风险等级

低风险

三、原因分析

临近电门系统是 LGCIU 主要输入信号，包括起落架收上/放下锁好电门、起落架伸/缩位置电门、起落架舱门电门、货舱门电门等。LGCIU 通过临近电门系统的信号，来监控起落架以及舱门的位置状态，进而实现系统的闭环控制。

本次航后检查左主起轮舱门关闭位临近电门 27GA，发现临近电门 B 销钉有烧蚀发黑痕迹，电插头销钉也有磨损痕迹，脱开 LGCIU1 计算机，测量临近电门电感，晃动电插头电感值有变动。更换临近电门 27GA 及其电插头的销钉，将 LGCIU1 与另一架飞机 LGCIU2 对串，起落架舱门模拟收放测试正常。

四、工程措施

1. 检查前起落架接近传感器 24GA、25GA 和目标之间的间隙。间隔：11 000 FH 或 6000 FC 或 36 MO。

2. 检查 26GA/27GA/28GA/29GA 临近电门的标靶。间隔：3000 FH。

3. 检查并清洁主起落架舱门收上锁临近电门插头及插座。间隔：750 FH。

五、参考报告

《A320-32-202005080 飞机起落架系统不一致故障工程调查》。

类别九　刹车过热

一、故障现象

某航 A320 飞机滑跑速度达到 40 节时，机组反映 ECAM 出现警告信息“BRAKE HOT DELAY T.O”（刹车过热延迟起飞）。随即该机中断起飞，飞机滑回机位。地面检查发现 20 min 后所有主轮温度下降至绿区范围，再次申请滑出，起飞正常，后续落地正常。

二、风险等级

较大风险

三、原因分析

每个刹车温度传感器与 BTMU 连接，刹车温度监控组件处理信号并补偿热电偶冷端，BSCU 为指示系统提供四个刹车中的任何一个温度和刹车过热的警告。当一个刹车温度超过 300 °C 时就会触发该警戒。当最高的刹车温度低于 290 °C 时该警戒会消失。

分析本次事件主要原因是飞机设计构型的原因，由于本架飞机在出厂时没有安装刹车冷却风扇，该构型的飞机在场温较高、滑行距离较长且繁忙的机场（排队等待起飞）运行时，容易出现刹车过热的现象。

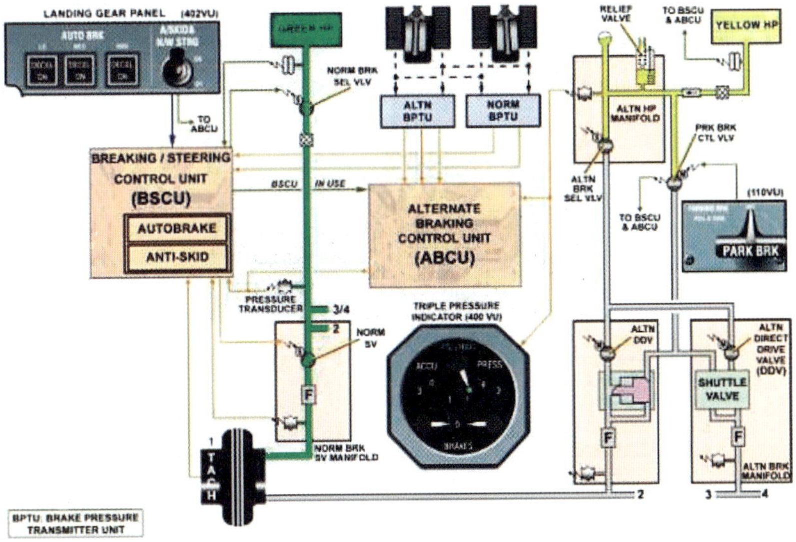

四、工程措施

1. 建议机组在驾驶该类构型的飞机时，注意 ECAM 上的刹车温度指示，避免因起飞前出现刹车温度过高。

2. 可以使用红外温度枪实测刹车组件温度，如果实测值在 300 °C 以下，判断为假警告；如果实测值在 300 °C 以上，判断为真警告。

五、参考报告

《A320-32-20200910 飞机刹车过热故障工程调查》。

第十三节　ATA34 导航系统

类别一　气象雷达控制面板失效

一、故障现象

某航 A320 飞机滑出后机组反映气象雷达故障，在 ECAM 上显示“WXR CTL PNL”（雷达控制面板）警告信息，因航路不满足要求后滑回。该机滑回机位后，机务地面测试有雷达控制面板故障信息，更换雷达收发组和控制面板，测试正常。

二、风险等级

较大风险

三、原因分析

气象雷达主要部件包括收发组、控制盒和天线驱动组件。雷达通过探测飞机前方气象信息，接收天线扫描区域内的大气扰动。

本次故障时，在 ECAM 上显示“WXR CTL PNL”故障信息，ND 上无回波显示，指导机组复位不成功。故障信息和 TSD 代码查询，指向为控制盒故障引起，更换后测试正常。

四、工程措施

1. 清洁气象雷达收发组通风管。间隔：4 年。
2. 拆下气象雷达收发机安装架过滤器进行清洁。间隔：每年夏季之前。
3. 为节约维修成本，对 320 机队雷达系统控制盒制定了软时限 7000 FH，到达时限部件进场维修时，执行多个开关/电门的更换。

五、参考报告

《A320-34-20200413 气象雷达故障工程调查》。

类别二　气象雷达显示异常

一、故障现象

某航 A320 落地后机组反映雷达在没有气象信息的情况下，ND 上 40～80 海里内显示一直有回波，在飞亚达系统上查询无雷达系统相关警告及故障息。根据机组提供照片，显示雷达在 ND 上显示有较严重的地面杂波。

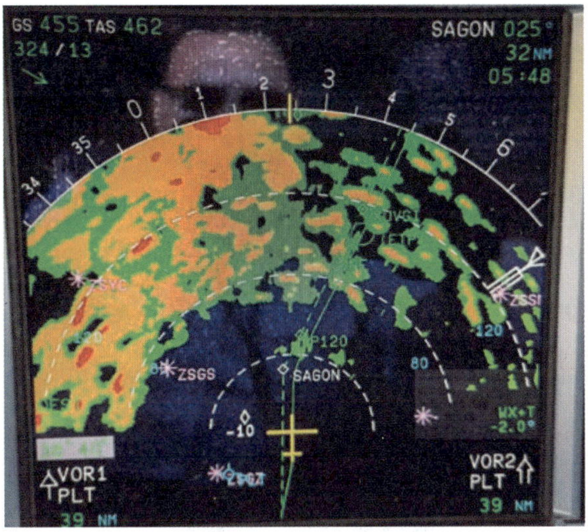

二、风险等级

一般风险

三、原因分析

根据雷达系统工作原理，雷达收发组及天线驱动组故障可能会造成雷达输出信号异常及天线倾斜角控制不准确、雷达罩进水或损伤造成雷达回波异常，从而导致雷达显示与实际天气情况不一致。航后地面扫描 TSD 有 88020000 代码，更换雷达天线驱动组件和雷达天线后测试正常。

四、工程措施

1. 持续跟踪监控对雷达系统主要部件的拆换和修理情况。
2. 对控制盒的送修给出时控件更换的建议。
3. 建立天线驱动组件的单机档案，结合部件送修完成相应检查、更换工作。
4. 工程部门制定了 TSD 查询系统，解决气象雷达系统虚假故障难以甄别问题。
5. 发布维护提示气象雷达系统排故指导，避免出现虚假信息产生换件和延误。

五、参考报告

《A320-34-20211016 气象雷达显示异常故障工程调查》。

类别三　TCAS 天线故障

一、故障现象

某航 A320 飞机航前出现 TCAS 警告信息，复位后故障未消失，执行 TCAS 操作测试，记录上天线故障信息，飞机不放行，航班换飞机执行。航班改由另一架飞机执行。地面排故，复位跳开关及整机断电后故障依旧，做 TCAS 测试记录，测量发现 J4 插头阻值不正常，拆下天线后发现固定螺钉及封圈处有水汽，清洁水汽并更换 TCAS 上天线后测试正常。

二、风险等级

重大风险

三、原因分析

TCAS 测试记录“TCAS TOP ANTENNA”（TCAS 上天线），故障源可锁定在计算机、上天线和连接的同轴电缆上。测量发现 J4 插头阻值不正常，拆下天线后发现固定螺钉及封圈处有水汽，清洁水汽并更换 TCAS 上天线后测试正常。

四、工程措施

1. 短停及航后，执行 TCAS 天线外观检查。

2. 根据空客 ISI 34.00.00096 的建议编写维护提示，避免天线或连接馈线出现水汽进而导致故障的发生。

五、参考报告

《A320-34-20200506 飞机 TCAS 故障工程调查》。

类别四 飞机空速不一致故障

一、故障现象

某航 A320 飞机机组向地面反映有超速现象，经了解，机组反映飞机爬升过程中左座有超速警告，实际速度正常，爬升和收放形态时出警告，决定返航。译码发现 ADR1 空速数据与 ADR2 和 ADR3 空速数据差异较大，CFDS 记录有“空速不一致”警告。

二、风险等级

重大风险

三、原因分析

相应的 ADM 将皮托管和静压孔的气压转换为数字信号并发送给相应的 ADR，ADR 经过计算，为飞机其他系统提供空速和气压高度。

译码发现 ADR1 空速数据与 ADR2 和 ADR3 空速数据差异较大，CFDS 记录有“空速不一致”警告。起飞过程中机长侧空速快速增长超过副驾驶侧和备用侧，自动飞行系统和飞行控制系统均监控到该空速差异，导致该警告。当机长侧空速超过 350 节后，FWC 产生了超速警告。综合故障表现、DFDR 译码数据和后续排故工作结果，判断 ADM 故障导致本次事件。

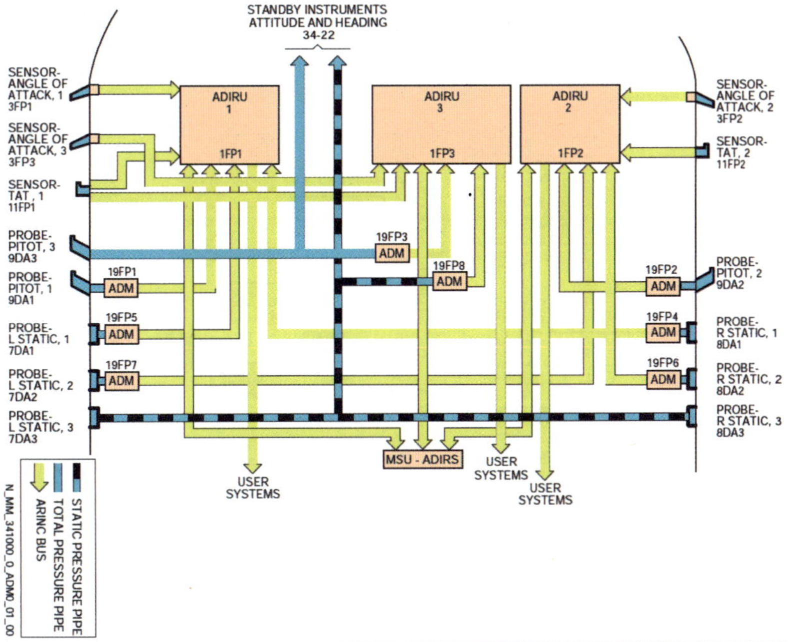

四、工程措施

功能测试 ADM 准确性。间隔：48 MO。

五、参考报告

《A320-34-20200626 飞机空速不一致故障分析报告》。

类别五　风切变探测故障故障

一、故障现象

某航 A320 飞机执行航班，在目的地 19 号盲降进近，高度约场高 100 英尺，出现故障信息“风切变探测故障”。机组继续进近，正常落地。脱离跑道后信息消失。到位后机组填写记录本。落地后地面检查发现无 ECAM 警告信息，后根据 PFR 上的故障信息按 TSM 手册排故，更换雷达收发机，后续正常。

二、风险等级

低风险

三、原因分析

气象雷达系统采用无线电回波原理。气象雷达收发器通过天线的 X 波段波导以电磁脉冲的形式产生微波能量。当这些脉冲截获一个合适的目标时，一部分能量被反射到气象雷达天线，然后再反射到收发机。收发机的电子电路测量波的传输和回波接收之间经过的时间，以确定目标距离。

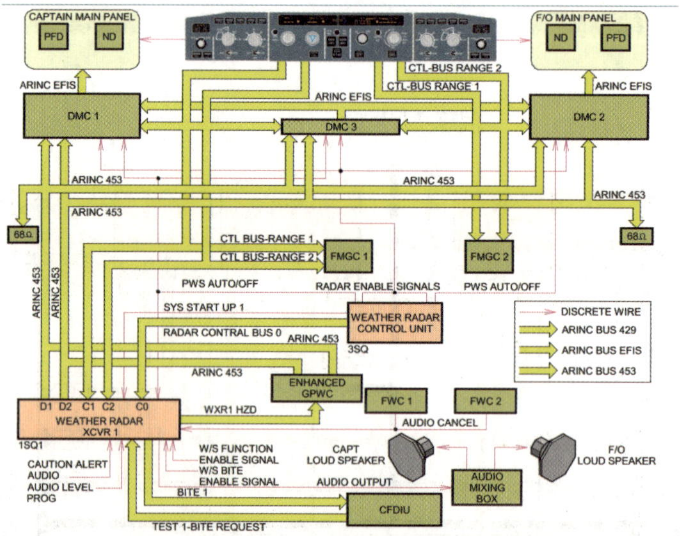

本次该机落地后无 ECAM 警告信息，后根据 PFR 上的故障信息按 TSM 排故，更换雷达收发机，测试正常，后续飞行正常。检查拆下的气象雷达收发机，为柯林斯厂家老一代产品，已经投入使用 10 年以上，部件老化。综上判断是收发机本体故障导致出现风切变探测故障信息。

四、工程措施

1. 清洁气象雷达收发组通风管路。间隔：4 YE 或 12 000 FH。
2. 拆下气象雷达收发机安装架过滤器进行清洁。间隔：每年夏季之前。

五、参考报告

《A320-34-20210515 ECAM 出现风切变探测故障工程调查》。

类别六 DDRMI 上出现 VOR1 和 VOR2 故障旗

一、故障现象

某航 A320 飞机执行航班时，起动双发后出现“VOR1+2”故障信息，机组复位不成功，后滑回机位。当地机务上机检查是 DDRMI 上的 VOR1 和 VOR2 指示旗故障（ND 上无 VOR 故障旗指示），办理 DDRIM 指示器 MEL 保留放行。航后更换 DDRMI 后，测试正常，关闭 MEL。

二、风险等级

低风险

三、原因分析

DDRMI 是一个备用导航设备，用来指示飞机的航向、距 DME 台的距离、ADF 方位和 VOR 方位。VOR/ADF 方位显示由指示器左下角和右下角的选择电门控制。

本次故障时 ND 上 DME 显示状态为“No Computed Data”（无计算数据），无 VOR 指针显示，但无故障旗，说明 VOR 接收机没有接收到 VOR 信号，是一种正常状态。而 DDRMI 上 VOR1 和 VOR2 故障旗同时显示，但有航向指示，说明 DDRMI 供电正常，VOR 接收机工作正常，可以确定是 DDRMI 内部故障。

四、工程措施

该部件总体可靠性较高，即使偶发故障，可按 MEL 保留放行。

五、参考报告

《A320-34-20200615 DDRMI 上出现 VOR1 和 VOR2 故障旗分析报告》。

类别七　应答机编码故障

一、故障现象

某航 A320 飞机起飞爬升过程中，当时机组使用 ATC2 号系统，空中应答机编码自动跳转至 3024（非塔台分配编号），备忘信息出现琥珀色“TCAS STBY”（空中防撞系统备用），随后管制员反映飞机雷达信号丢失。机组切换为 ATC1 并保持 3024 编码（按照空管要求）后，故障消失，后续飞行正常。

二、风险等级

低风险

三、原因分析

飞机的 ATC 系统主要包括一个控制面板，2 台 ATC 计算机和 4 个天线，主要作用是将飞机的基本信息发送给地面的 ATC 控制中心以及其他飞机讯问。机组在每次飞行前，由交通管制中心提供一个识别码，由机组在 ATC 控制面板上选择。该识别码用于标识本架飞机。

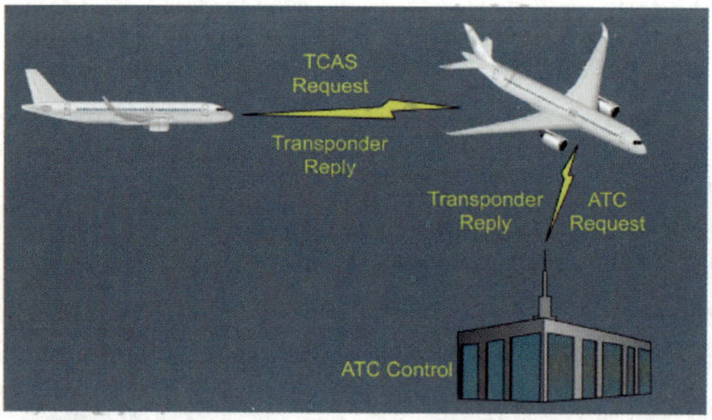

本次监控“ATC CTL PNL/ATC 2”（ATC 控制面板/ATC2）信息，为判断故障，将 ATC/TCAS 控制面板串至另一架飞机。此架机飞行中又监控到 ATC CTL PNL/ATC 2 信息，航后更换面板，测试正常。因此分析故障是由 ATC/TCAS 控制盒引起。

四、工程措施

1. 功能检查 ATC 应答机高度报告。间隔：24 MO。
2. ATC 应答机功能测试。间隔：24 MO。

五、参考报告

《A320-34-20210330 飞机应答机编码故障》。

类别八　左侧 PFD 无下滑道和航向道指示

一、故障现象

某航 A320 飞机执行航班，使用 RNAV 进场 07 号盲降程序，在四边下高度 2800 英尺时，机组预位 APPR，发现左侧 PFD 无下滑道和航向道指示，右侧有。飞机 NAV 方式按程序飞至五边，航道，下滑道都没能截获，机组中止进近。管制指挥加入 RNAV 07 号进近，落地正常。过站机务排故，反应 MMR1 故障。进行 MMR1 复位，测试正常，放行飞机。后续航班正常。

二、风险等级

低风险

三、原因分析

MMR 的主要功能是接收和处理 ILS 和 GPS 的信号。ILS 功能是为机组人员和机载系统用户提供由地面站台发送的相关进近 ILS 无线电波束横向（LOC）和垂直（G/S）偏差信号。CAPT 主飞行显示器和 F/O 导航显示器显示来自 ILS1 的偏差。F/O PFD 和 CAPT ND 显示来自 ILS2 的偏差。

本次航后报告有 MMR1 信息，随机保障放行人员对 MMR1 复位后，信息消失，测试正常。后续使用正常。判断此次故障为 MMR1 计算机故障所导致。

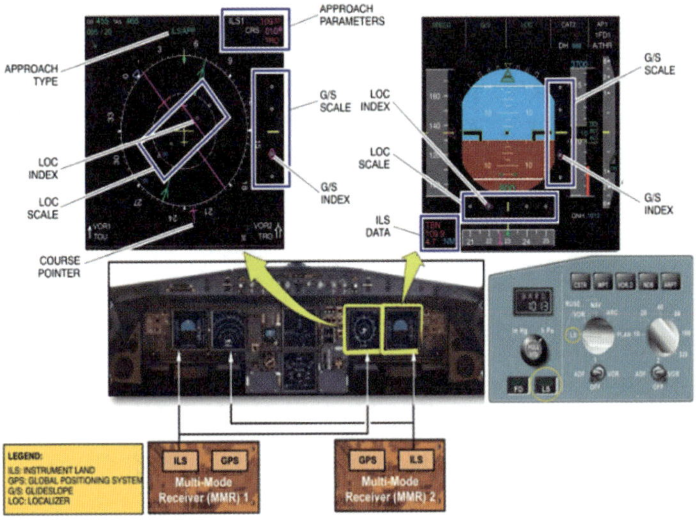

四、工程措施

该部件总体可靠性较高，即使偶发故障，可按 MEL 保留放行。

五、参考报告

《A320-34-20210330 左侧 PFD 无下滑道和航向道指示工程调查》。

第十四节　ATA35 氧气系统

类别一　座舱高度压力电门故障

一、故障现象

某航 A319 飞机执行航班，在座舱高度 14 000 英尺左右，高海拔着陆按钮接通时，机组发现旅客氧气面罩脱落，机组将旅客氧气面罩置于收上位，整机断电对旅客氧气系统进行复位，飞机重新上电后旅客氧气面罩再次掉落。更换座舱高度压力电门后，测试正常，故障排除。

二、风险等级

重大风险

三、原因分析

座舱高度电门负责监控客舱的高度。当客舱高度达到限定值时，电门接通，客舱氧气面罩掉落。

调查发现原因为高度电门中的 16000FT 电门突发故障，在没有任何有效操作或较大震动的情况下，由正常的断开状态变为故障的闭合状态，引发氧气面罩掉落。

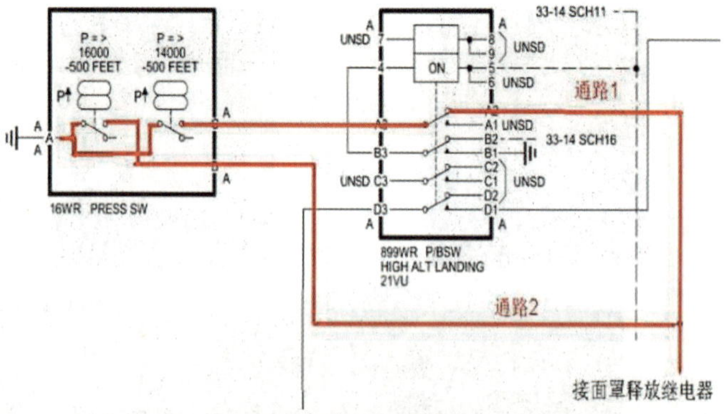

四、工程措施

1. 功能检查自动面罩释放，详细检查面罩和目视检查化学氧气发生器。间隔：24 000 FH 或 72 MO。注：适用于装有化学氧气发生器的飞机。

2. 功能检查高度压力电门和详细检查氧气面罩组件。间隔：24 000 FH 或 72 MO。注：适用于装有气态氧气的飞机。

五、参考报告

《A320-35-20210727 座舱高度电门可靠性工程调查》。

第十五节 ATA36 引气系统

类别一 发动机引气故障

一、故障现象

1. 某航 A320 执行航班，在基地航前，滑出时出现左发引气不正常压力信息，同时机组反映闪现右发引气不正常压力信息，飞机滑回检查。排故更换双发 CTS。

2. 某航 A320 飞机执行航班，记录到左发引气故障信息，译码右发引气曾出现瞬时高压，航班延误。排故更换双发 CTS、左发 PRV 和 OPV。

二、风险等级

较大风险

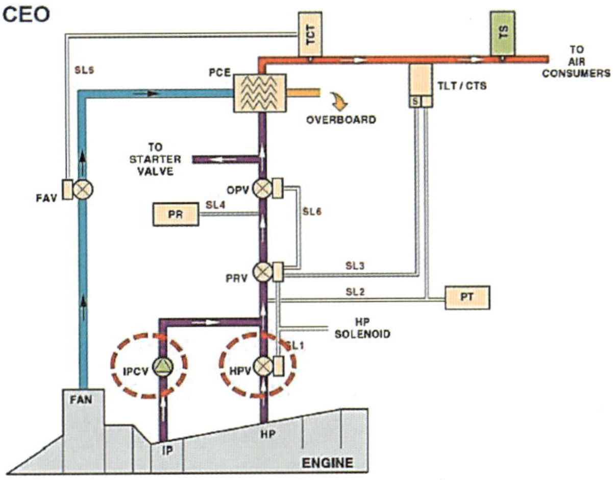

三、原因分析

发动机引气系统将来自发动机高压压气机的气源调节到一定温度和压力以供下游用户使用。

1. 事件一的原因是使用时间较长的 CTS 内部存在污染、磨损、老化等问题，加上长时间的停场及水汽侵入等问题，导致部件内部作动出现问题进而触发故障。

2. 事件二的原因是飞机起飞时 PRV 响应慢瞬时调压过高。同时部分故障中 OPV 可能存在关闭和打开阀值降低等问题，该问题会导致起飞时 OPV 非正常关闭形成压力锁从而关断 PRV，以及压力下降时 OPV 仍无法正常打开，从而无法使引气系统快速恢复正常。

四、工程措施

1. 检查中间压力引气单向活门的状况（CFM）。间隔：5500 FH。
2. 功能检查超压活门。间隔：24 MO。
3. 检查中间压力引气单向活门的状况（IAE）。间隔：6000 FH。
4. 拆下恒温器气滤清洁。间隔：12 MO。
5. 检查测量发动机引气系统引气电门电阻值。间隔：36 MO。
6. 健康检查发动机引气系统温度控制功能。间隔：24 MO。
7. 健康检查发动机引气系统压力调节功能。间隔：12 MO。
8. 健康检查发动机引气系统压力控制功能。间隔：12 MO。
9. 详细检查发动机引气系统引气管和感压管。间隔：24 MO。

五、参考报告

《A320-36-20200316 发动机引气故障工程调查》。

类别二　引气温度警告

一、故障现象

某航 A320 飞机巡航时，机组检查发现 1 发引气温度低，进入云中机组接通大翼防冰、发动机防冰后跳出 ECAM 警告信息“AIR ENG1 BLEED LO TEMP”（空气 左发引气低温），机组增加推力后引气温度低琥珀色消失，显示绿色。机翼防冰关后，引气温度低再次出现并维持到 110 °C 左右，落地后信息消失。

二、风险等级

低风险

三、原因分析

发动机引气系统包含三个子系统：气源转换子系统、压力调节子系统、温度调节子系统。BMC 对引气系统进行监控。

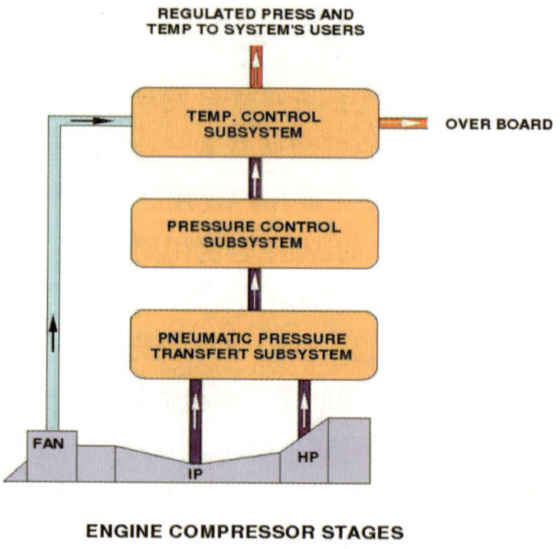

本次通过译码可见左发引气温度持续偏低，未接通大翼与发动机防冰时，引气温度只有 118 °C，左发 FAV 在全开位。接通防冰后，由于发动机功率增加，引气温度略有升高，但还是偏低。可初步判断为温度调节子系统有故障，可能故障部件有预冷器、TCT 或者 FAV。航后更换风扇活门恒温器，高功率试车验证正常。综上判断为 TCT 故障，导致 FAV 在低温时不关闭，导致引气温度低。

四、工程措施

1. 健康检查发动机引气系统温度控制功能。间隔：24 MO。

2. 拆下风扇空气活门温度控制恒温器气滤清洁。间隔：12 MO。

3. 更换发动机引气风扇活门控制恒温器和压力调节活门控制电磁阀封圈。间隔：每年 3 月 1 日到 5 月 31 日之间执行。

五、参考报告

《A320-36-20210629 左发引气低温警告工程调查》。

类别三　双发 HPV 故障

一、故障现象

某航 A320 飞机之前因左发引气故障，办理了 MEL，将左发的 HPV 锁定到了关闭位置。后在执行航班时，地面监控出现 ECAM 警告信息“AIR ENG 2 BLEED FAULT”（空气 右发引气故障）。机组空中复位引气电门后，右发引气恢复正常。

二、风险等级

重大风险

三、原因分析

对于 LEAP-1A 发动机，引气来自高压 4 级与高压 10 级。来自 HP4 级的引气通过 IPCV 进入 EBAS，来自 HP10 级的引气通过 HPV 进入 EBAS。EBAS 主要包含 3 个子系统：引气压力转换子系统、引气压力控制子系统与温度控制子系统。正常使用 IP 端口，经过 IPCV 向系统供气。当 IP 端口压力或温度不足时，HPV 电磁阀根据 BMC 指令打开 HPV，自动引入 HP 端口引气。

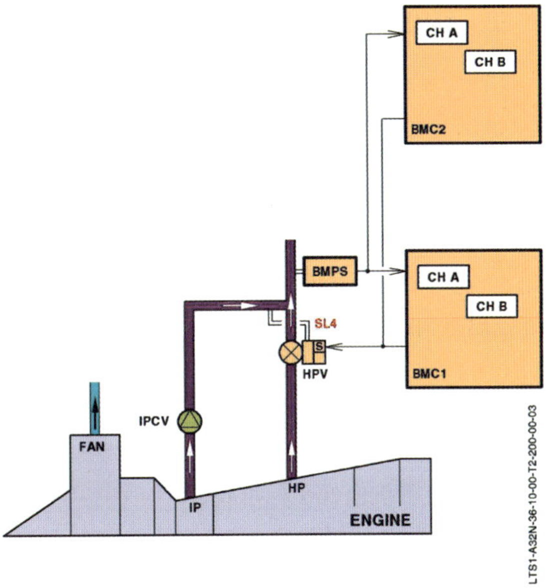

本次译码发现，在发动机功率下降时左发 HPV 不能及时打开（参数 FAULT 为 HPV 打开），导致左发引气压力低。而对于后续航班，右发转换压力最高达到 181PSI，HPV 并未关闭，BMC 判定 HPV 失效在开位，使 PRV 关闭。目前 HPV 主要的原因分析为内部污染导致 HPV 无法打开。利勃海尔已经出版了 VSB，解决材料污染的问题。

四、工程措施

1. 结合送修执行 VSB 70645-36-01，对 HPV 进行升级。
2. 功能测试高压引气活门。间隔：48 MO。

五、参考报告

《A320-36-20211031 双发 HPV 故障工程调查》。

类别四　发动机引气渗漏故障

一、故障现象

某航飞机执行航班，ACARS 监控到 06 段有 ECAM 警告信息“AIR ENG 2 BLEED LEAK”（右发引气渗漏），落地后 BMC2 测试正常，地面接通 APU 引气测试，无“ENG 2 PYLON LEAK”（右发吊架渗漏）信息，且右发引气电门 FAULT 灯无点亮。接通 APU 引气，检查本体和底座，均无漏气。参考 TSM 手册，测量探测线绝缘性阻值远大于手册标准。预防性更换探测线和 BMC2，测试正常。

二、风险等级

低风险

三、原因分析

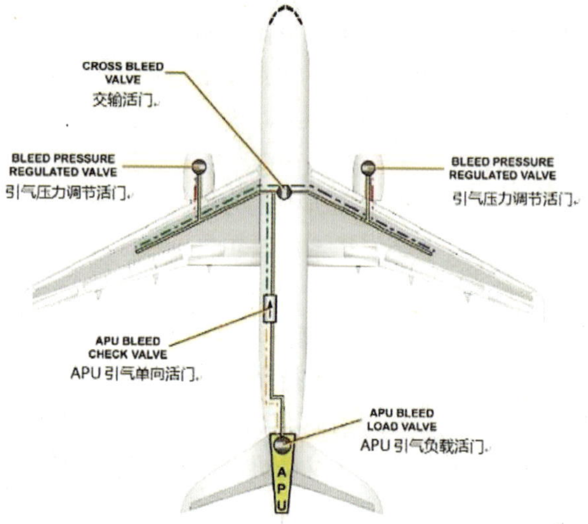

A320 系列飞机引气渗漏探测系统监控飞机发动机吊架、大翼/机身内的热空气管路，以防止引气渗漏或管道破裂损伤热空气管道附近的结构和附件。当飞机探测系统探测到周围环境温度达到警告温度时，系统阻抗值下降并将信号传递给 BMC，最终触发相应区域的警告信息。飞机探测系统除了会探测到真实漏气故障外，如果自身阻抗值低于标准值，也会触发虚假漏气故障。

本次落地后 BMC2 测试正常，地面接通 APU 引气测试，无“ENG 2 PYLON LEAK”（右发吊架渗漏）信息，且右发引气电门 FAULT 灯无点亮，排故发现是虚假漏气故障。综合分析是探测元件高温下性能衰减、阻抗值下降或 BMC 的问题。

四、参考报告

《A320-36-20201107 发动机引气渗漏故障工程调查》。

类别五　大翼引气渗漏故障

一、故障现象

某航 A320 飞机执行航班，在通过高度 6600 m 时，机组发现出现 ECAM 警告信息“AIR L WING LEAK”（空气 左大翼渗漏）。随即机组按程序处置，综合评估油量及性能，申请巡航高度 8400 m 继续飞行至落地。

二、风险等级

低风险

三、原因分析

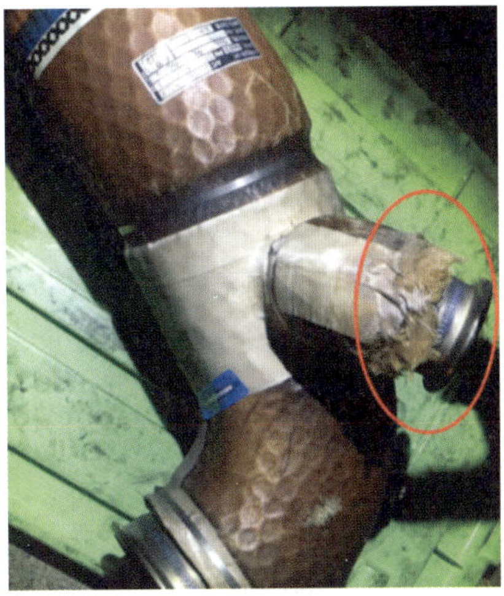

大翼环路分为 A 和 B 两个环路，BMC1 监控 A 环路，BMC2 监控 B 环路，同时两部 BMC 进行数据交换。探测元件由外壳、内芯以及两者之间填充的共晶盐组成，正常情况下外壳与内芯之间的绝缘性阻值在 10 kΩ 以上，当探测元件遇高温时，阻值会发生突变，导致绝缘性阻值变小，阻值 1 kΩ 以下。当 A 和 B 环路同时出现阻值变小的时候，BMC1 和 BMC2 会确认该区域出现热空气渗漏情况，从而触发警告。

根据温度贴定位，本次警告故障源是左大翼的三通管区域。柔性管两端的隔热罩破损较为严重，端口密封失效。同时三通管隔热罩内部的隔热棉存在老化情况，导致隔热棉分布不均。因此判断本次引气渗漏故障是由于热空气管路的热辐射导致。

四、工程措施

1. 出版维护提示，详细介绍了引气渗漏故障预防性措施和维护建议。
2. 出版维护提示，给出发动机引气渗漏/大翼环路信息的排故建议。

五、参考报告

《A320-36-20210703 AIR L WING LEAK 警告工程调查》。

第十六节 ATA38 水和污水

类别一 左一门附近噪音大

一、故障现象

某航 A320 飞机执行航班，从基地起飞后，机组报左一门附近噪音大，机组决策返场。落地后，地面机务检查前舱门封严正常，在增压测试中发现 LA 厕所洗手盆下水活门啸叫，更换了洗手盆的下水活门，测试正常。

二、风险等级

较大风险

三、原因分析

经调查，该机发生异响区域为左前门附近，此处通常为门封严异响或 LA 厕所下水活门异响。航后进一步调查，检查左前门封严、结构均正常，增压测试无声音，初步排除左前门封严漏气可能性，进一步检查，增压测试中发现 LA 厕所洗手盆下水活门啸叫，更换了洗手盆的下水活门，测试正常，判断为下水活门故障，活门内部隔膜损坏或卡组，客舱和管道外之间的压差较大，使得空气快速地从活门流入管路内，产生较大的异响或比较尖锐刺耳的声音。

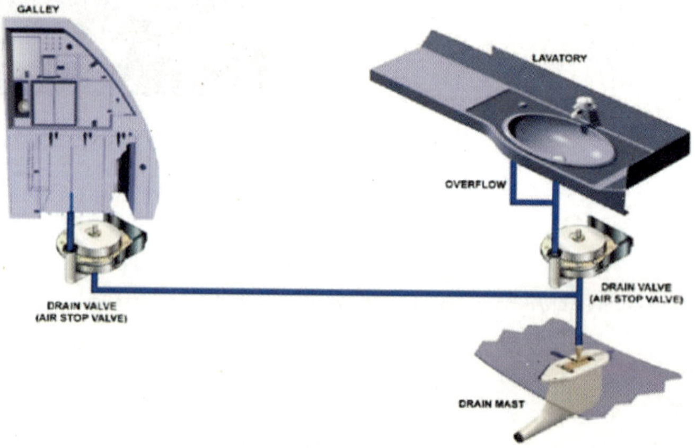

四、工程措施

清洗洗手盆排放活门的滤芯。该任务针对下水活门上游的洗手盆排放活门滤芯，有间接地清洁下水活门的作用。间隔 1500 FH 或 12 MO。

五、参考报告

《A320-38-20200806 起飞后左一门附近噪音大工程调查》。

第十七节 ATA52 门系统

类别一 驾驶舱门锁故障

一、故障现象

某航 A320 飞机执行航班，上客时机组反映驾驶舱上门锁和中门锁故障，地面机务上机复位跳开关和门锁电门无效，飞机停场排故，后续航班换另一架飞机执行，造成航班延误。地面排故更换上、中两个门锁后，测试正常。

二、风险等级

低风险

三、原因分析

驾驶舱门上有三个联动的手动锁机构（LATCH MECHANISM），每个锁机构上各一个弹簧力保持伸出的锁销（TENON）；当驾驶舱门关上时，三个锁机构与安装在厕所壁板里上部、中部和下部的电磁锁（ELECTRICAL RELEASE STRIKES）配合，保持驾驶舱门在关闭位。

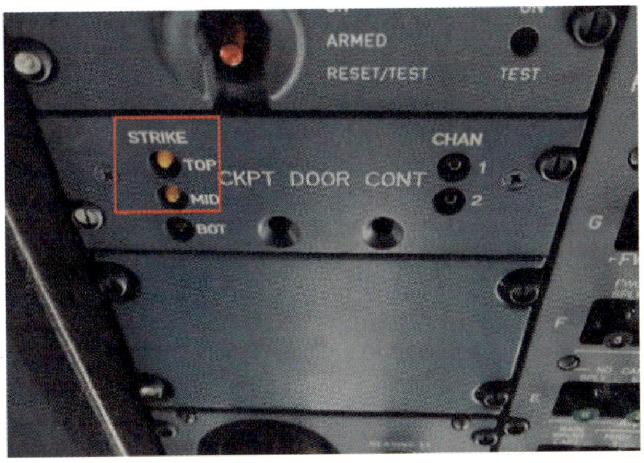

本次拨动门锁开关在正常位时，上部电磁锁和中部电磁锁故障灯亮，下部电磁锁正常。为判断故障，与其他飞机对调门锁控制组件，故障依旧。更换上部电磁锁和中部电磁锁正常。更换两个电磁锁时，发现上部和中部电磁锁通电后锁舌伸出力不足，判断为上部和中部电磁锁部件故障。

四、工程措施

功能检查驾驶舱门，电动打开栓和锁机构的调节是否良好。间隔：6 MO 或 2000 FH。

五、参考报告

《A320-52-20200512 飞机驾驶舱门锁故障工程调查》。

类别二　货舱门未关闭故障

一、故障现象

某航 A320 飞机执行航班，飞机滑出后，机组反映出现前货舱门未关闭信息，三亚远程监控到 02 段记录“DOOR FWD CARGO”（前货舱门）信息，机组决策滑回，滑回后当地机务检查前货舱门关闭正常，依据 MEL 办理保留放行。后续航段均正常。航后排故，检查 28WV、30WV 电门间隙在手册范围内，预防性更换 30WV 接近电门，LGCIU1 与其他飞机对调。

二、风险等级

一般风险

三、原因分析

前货舱门的开关信号由位于货舱门手柄的接近电门和位于货舱门隔框上的接近电门共同探测，并将位置信息送给 LGCIU1 计算机，通过 LGCIU1 计算机将信号输送到飞机显示和警告系统。本次故障为飞机滑出后计算机探测到货舱门开的信号，航后更换电门后故障消失。由此判断故障源为：两个接近电门故障或接近电门与标靶的间隙超标。

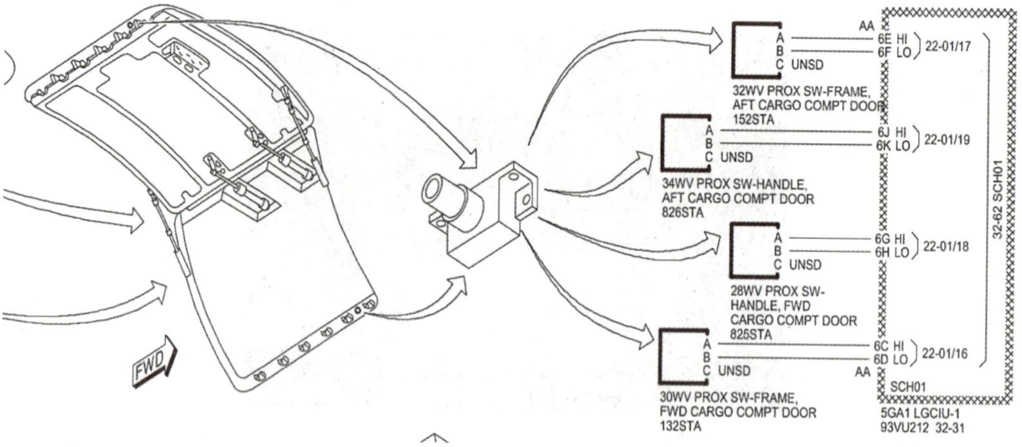

四、工程措施

检查前后货舱门临近传感器 28WV、34WV、30WV、32WV 与其标耙间隙在手册规定的范围内，要求对相关接近传感器进行检查。间隔：600 FH。

五、参考报告

《A320-52-20200628 飞机出现前货舱门未关闭故障工程调查》。

类别三　货舱门选择活门卡阻导致的液压系统过热

一、故障现象

某航 A320 飞机执行航班，短停时机组反映有黄液压系统过热信息，当地机务检查发现前货舱选择电门开关没有回弹导致黄电动泵持续工作，复位后信息消失，正常放行。飞机回基地后，航后检查发现前货舱门选择活门打在开位后容易卡阻在开位，导致黄电动泵持续工作，更换前货舱选择活门，测试正常。

二、风险等级

一般风险

三、原因分析

正常情况下，对于 A320 飞机黄系统为货舱门操作提供动力。当前货舱选择活门开关卡滞时，人工选择活门内的电门会给黄系统电动泵一个电信号，使得黄系统电动泵一致工作，当黄电动泵一直工作时，黄系统过热信息就会出现。

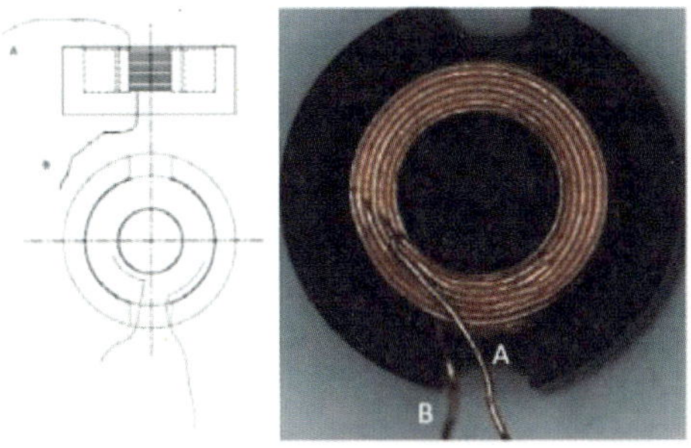

Pre-installation

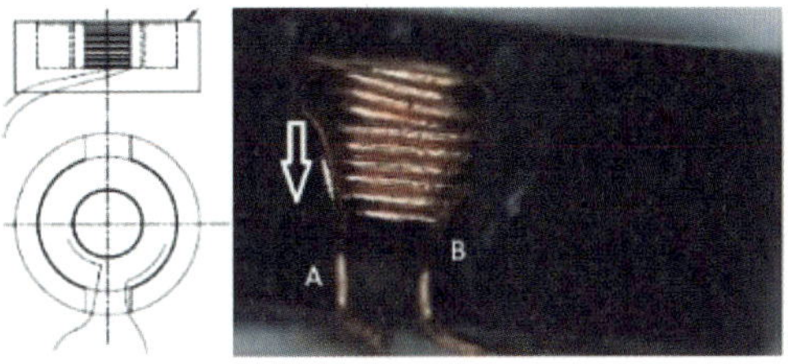

Post-installation

空客 TFU 52.36.00006 指出，货舱门人工选择活门的接近电门是造成黄系统电动泵误作动的原因；由于该电门内部线圈安装间隙，会导致接近电门绕线断开。改进措施为：布置接近电门线圈线安装时，线端用胶粘，避免任何间隙和断线。

四、工程措施

1. 功能检查前货舱门，要求对前货舱门进行功能测试。间隔：24 000 FC 或 72 MO。
2. 功能检查后货舱门，要求对后货舱门进行功能测试。间隔：24 000 FC 或 72 MO。

五、参考报告

《A320-52-20210711 货舱门选择活门卡阻导致的黄液压系统过热工程调查》。

类别四　货舱门封严部分缺失导致的客舱啸叫声

一、故障现象

某 A321 飞机执行国际航班，某航站短停机组反映，在空中头等舱及高端舱有啸叫声。检查发现前货舱门封严部分缺失，更换前货舱门封严后测试正常。航班延误 13 min。

二、风险等级

一般风险

三、原因分析

此次故障原因是在货舱增压时，舱内气体通过封严内侧通气圆孔进入舱门环形封严，由于封严部分区域老化严重，引起封严破损，造成前货舱门漏气，并伴随啸叫声。临近封严缺失区域上部出现矩形孔的原因为封严漏气引起振动，且封严因老化而变形量较大，致使封严与门框上对应的（9 个）螺栓头部相磨而形成的。根本原因除橡胶正常老化失效之外，更主要的是由于擦碰而引起的擦伤、割伤、破孔损伤，使机身增压区的密封性下降，对飞机增压造成影响。

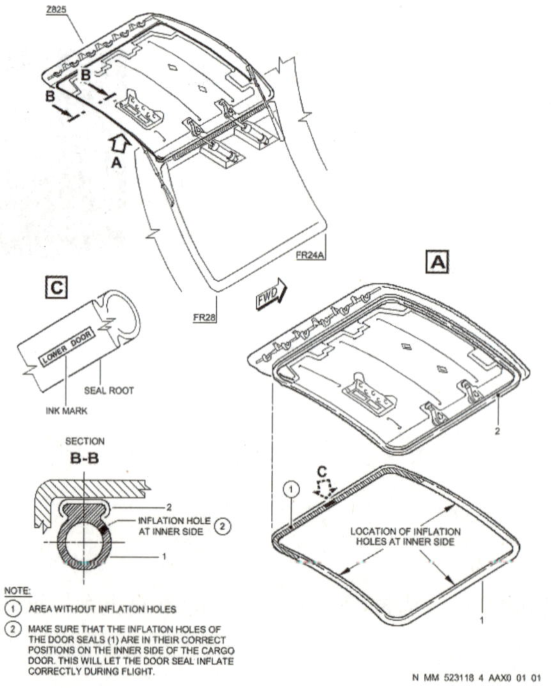

四、工程措施

新增维修任务，详细目视检查前货舱门、后货舱门和散装货舱门的封严。间隔：1500 FH。

五、参考报告

《A320-52-2020-01-10 货舱门封严工程调查》。

第十八节　ATA53 机身

类别一　机腹 T 型支撑梁腐蚀

一、故障现象

某 A321 飞机在浦东航前检查时发现机腹下部 147AB 盖板有轻微鼓起，拆下盖板后发现 T 形支撑梁腐蚀，需要更换相关的两个 T 形支撑梁。

二、风险等级

一般风险

三、原因分析

T 形支撑梁所处的位置及工作环境和整流罩盖板的材质，造成了其容易汇集冷凝水或雨水及水汽或油液长期聚集的特点，且该区域无法有效清洁，导致本区域长期处于高温潮湿环境中。

本区域的防腐涂层在运行过程中容易受到液体污染物的侵蚀，往往不能保持持久的良好效果，当铝合金材质的 T 形支撑梁失去防腐涂层的保护后，更容易产生腐蚀。

调查发现部分维修单位维护标准不高，部分工作者为了节省时间违章操作，使用错误的紧固件安装托板螺帽，造成 T 形支撑梁和错误紧固件之间电位差较高，在紧固件镀层被液体污染物破坏后更容易造成电化学腐蚀。

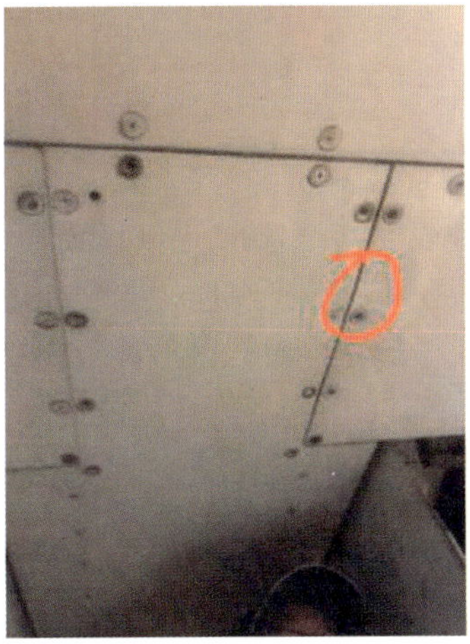

四、工程措施

新增 MRS 任务，一般目视检查机腹整流罩下部的整流罩支撑结构。间隔：3YE。

五、参考报告

《A320-53-20200724 B-6683 飞机机腹 T 形支撑梁腐蚀工程调查》。

类别二　APU 进气口前部机身蒙皮腐蚀

一、故障现象

某 A319 飞机在执行 A 检时发现 APU 进气口前部蒙皮（FR77 位置蒙皮）腐蚀超标，飞机停场执行结构修理。历史记录反映，在本区域至少有过 3 次腐蚀超标报空客的记录。

二、风险等级

一般风险

三、原因分析

腐蚀区域位于 314AR 盖板前方的机身后部尾椎上的 311 至 312 区域，其位于 APU 舱门前方，整体上前低后高，其后部紧邻 APU 进气口和 314AR 盖板前缘，APU 进气口边缘高于机身蒙皮，与机身外表结构形成一个直角槽，FR77 位置后部为该蒙皮与后部尾椎结构的接缝，有明显的缝隙存在，该区域易存水。

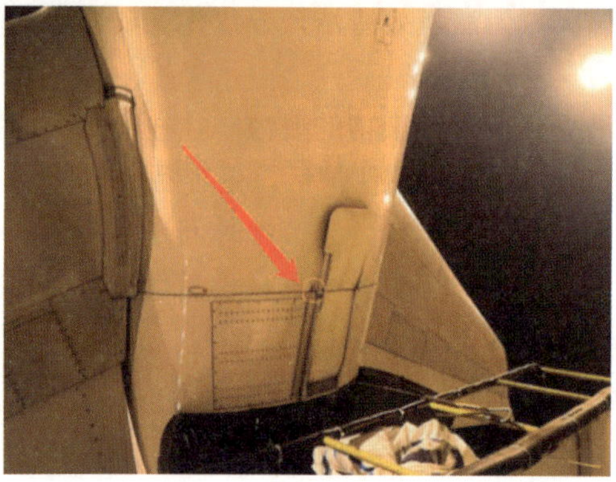

图 1

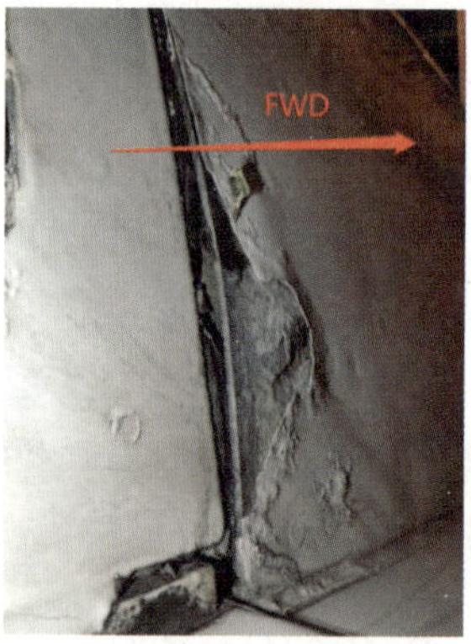

图 2

从尾椎及升降舵方向舵流下来的雨水等液体沿着机身外表尤其是 APU 进气口边缘与机身外表结构之间形成的直角槽流向机身前部更低区域，进入该蒙皮与后部尾椎结构的接缝，渗入蒙皮内表面与其他部件的接合缝隙中并长期聚集于此，同时该区域位于 APU 进气口周围区域，可能会有冷凝水形成造成湿度较高，且 APU 工作产生热量使该区域温度上升，造成该区域长期处于高温高湿环境中，因此，外来水汽和高温高湿环境综合作用是该处蒙皮发生腐蚀的根本原因。

四、工程措施

新增 MRS 任务，详细检查后部机身 FR77 位置 STGR28RH 和 STGR33RH 之间的机身蒙皮。间隔：36 M。

五、参考报告

《A320-53-20210228 B-6200 FR77 蒙皮腐蚀工程调查》。

第十九节　ATA54 短舱 吊架

类别一　V2500 发动机进气道金属丝网分层损伤

一、故障现象

A320s 飞机 V2500 系列发动机的进气道金属丝网在运营中经常发现 6 点钟位置有分层损伤。

二、风险等级

一般风险

三、原因分析

此损伤为 V2500 进气道典型损伤，由多种因素造成，如水的沉积及维护期间缺少防护。此外，还高度取决于环境因素，如温度、湿度、灰尘、砂砾等。

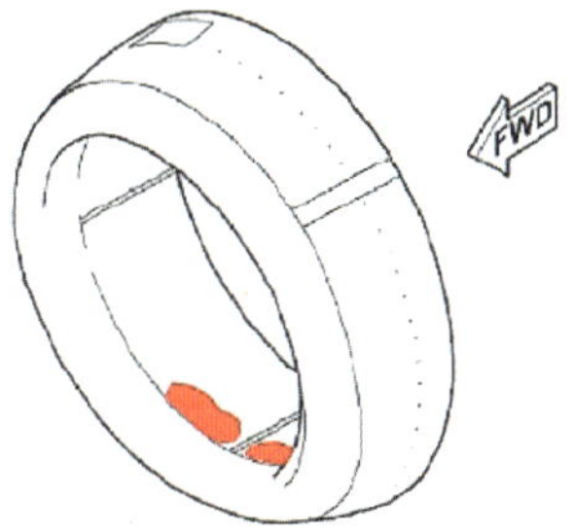

四、工程措施

1. 提高进气道的在翼修理能力。对于较小的损伤应及时按照 SRM 手册程序进行修理，避免损伤面积进一步扩展；对于较大的损伤可报给厂家一事一议，进行放行和修理评估。此外，工程师已制作《检查规范》和《修理规范》，可在施工时参考。

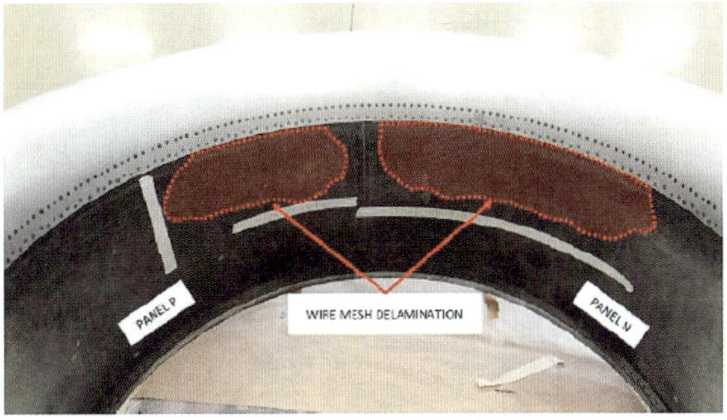

2. 开展进气道健康检查工作。工程师通过机队数据梳理，总结出了高风险进气道特征和数据，已制定计划，对这些进气道结合 C 检依次进行检查。

3. 开发新型修理方案。该损伤修理难度较大，耗时较长。将与 Collins 和 Airbus 讨论开发更科学的修理方案。

五、参考报告

《ISI 54.10.00.002 V2500 -进气道-金属丝网分层》。

类别二　V2500 发动机尾喷防火护板材料缺失损伤

一、故障现象

机队发生多起 V2500 尾喷防火护板材料缺失的典型损伤，发生于有防火护板构型的尾喷前端 11 点和 1 点钟两个位置。

二、风险等级

低风险

三、原因分析

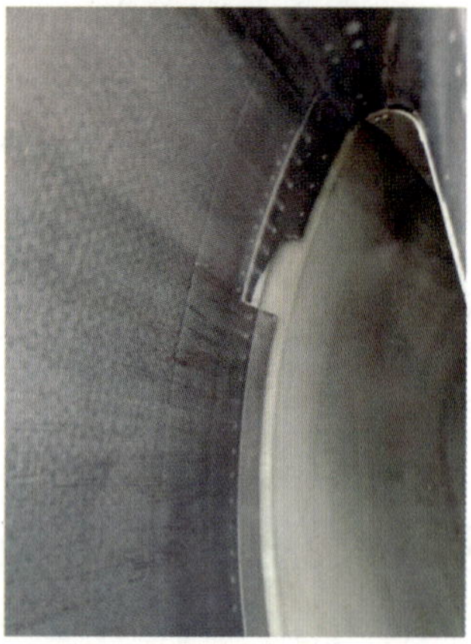

1. 高周疲劳。反推作动时尾喷与平移门之间发生摩擦，防火护板会周期性受到平移门挤压带来的外力。

2. 设计缺陷。厂家反馈 2002 年发布 SB 70-0792，推出无防火护板、一片式整流罩新型尾喷，可直接规避防火护板相关损伤。现机队仅旧构型（有防火护板）尾喷在防火护板处出现过材料缺失损伤，未发现新型尾喷一片式整流罩出现同种损伤。

3. 裂纹检查困难。V2500 发动机尾喷防火护板在定检工卡的检查间隔为 750 FH 或 500 FC。初始裂纹可能会比较细小，难以检查。因此，可能存在因不易接近、未清洁而没有检查到的情况，最终导致防火护板彻底失效断裂。

四、工程措施

1. 优化工卡。工程师已对工卡中检查防火护板内容进行修订，增加清洁、使用放大镜及反光镜的检查步骤，明确了检查的损伤类型为裂纹、铆钉松动、材料变形或材料缺失，明确检查重点，提高检查效果。防火护板受损后，可按 CMM 手册完成更换修理工作。

2. 尝试改装尾喷、调节尾喷防磨块填隙片。现有技术文件没有旧构型尾喷（有防火护板）改装为新构型（无防火护板）尾喷和调节防磨块填隙片的程序。在确保经济性的前提下，尝试研究将尾喷改装为无防火护板的构型，并尝试研究调节防磨块填隙片，以缓解防磨块与平移门之间的过度摩擦。

五、参考报告

《SB V2500_NAC_70-0792》《SB V2500-NAC-78-0242》《V2500 A1/A5 CMM》。

类别三　CFM56-5B 发动机反推折流门 KPA 裂纹损伤

一、故障现象

反推折流门 KPA 裂纹损伤是 CFM56-5B 发动机短舱的最常见损伤之一，曾在 2021 年年初造成过多架飞机的停场修理。同时，统计历年 C 检飞机该处损伤和修理的数据，平均每架该型飞机 C 检期间需更换 1.89 片 KPA 角片。

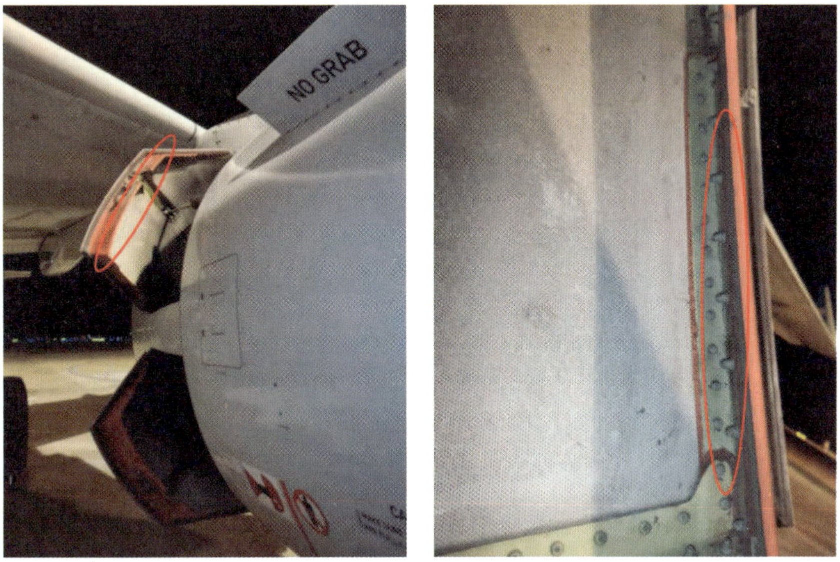

图 1　CFM56-5B 发动机反推折流门 KPA 裂纹损伤

二、风险等级

低风险

三、原因分析

1. 高周疲劳。裙板和内蒙皮为复合材料结构，复合材料结构本身对疲劳损伤不敏感，而 KPA 角材的材料为铝合金 2024T42。因此，相比较相邻的复合材料和类似材料的结构件，KPA 角材更容易产生裂纹损伤。

2. 结构设计缺陷。经实际对比发现：上下两扇折流门在外形轮廓和表面结构上基本相同且呈对称布局，但下折流门比上折流门多出 2 个支架（GUSSET），且下折流门的 KPA 角材稍厚一些。两扇折流门结构类似、布局对称，在反推运行过程中受力情况基本相同，但下折流门 KPA 角材裂纹损伤较少。推测损伤数量的不同主要是由于设计上的差异。如果上侧角材也采取类似设计，也可以大幅降低损伤数量。

四、工程措施

1. 优化现有工卡（间隔：24 MO）的检查区域和检查重点，改善工卡执行效果。

2. 下发一次性普查 EO B32078C024，对机队的存量缺陷 KPA 做一次摸底和统一修复。

3. 分析历史损伤数据，发现例行检查工卡的 24 个月间隔期间仍有 KPA 超标损伤情况出现。因此，工程师编写 EO B32078C026 以 750 FH 为间隔，重复监控该区域。

4. 提高 KPA 角材在翼修理/更换能力。工程师根据实际修理经验制作了 CFM56-5B 折流门 KPA 角材更换演示，已发送各执管单位，可在更换过程中予以参考。

5. 与厂家沟通制定改装方法。工程师已经与厂家针对该问题进行了沟通。厂家认为如果发现较长裂纹可以按照 CMM 进行更换，保障机队运行，且该处为次要结构，安全性要求较低，无须改装。但考虑到该处损伤发生量太大，工程师后续将继续针对该问题与厂家保持沟通，寻求改装方案。

五、参考报告

《Collins SB SB RA32078-139》。

第二章

A330 机队医典

第一节　ATA21 空调系统

类别一　空调组件出口波纹管破损漏气

一、故障现象

某航一架 A330 飞机执行深圳—虹桥航班，数据显示，该航班 18 时 34 分～18 时 39 分垂直高度一直保持在 10 088.88 m 的水平上。18 时 40 分，垂直高度下降至 9616.44 m；18 时 47 分，垂直高度下降至 3611.88 m，下降过程不到 10 min。在空中出现失压，座舱高度达到 9800 ft，机组发出 7700（紧急代码），备降南昌，排故检查发现 PACK1 出口波纹管破损漏气，更换后增压测试正常。

二、风险等级

重大风险

三、原因分析

此次事件，检查发现左空调组件波纹管破损漏气，导致左组件无法提供正常的增压，但系统无法探测到此情况，因此正常的右空调组件不会自动转换到高流量位，双组件仍处于低流量位；而机组在座舱高度超过 8800 ft 时，未将空调组件人工设置在高流量位，从而导致失压。

根据 FCOM 非正常和紧急程序，在座舱高度达到 9800 ft 时，ECAM 会有咨询信息“CAB ALT”（客舱高度），提醒机组将空调流量人工设置在高流量位。此次事件机组未将空调组件人工设置在高流量位，从而导致失压。

四、工程措施

1. 普查机队该波纹管情况，并视情更换。
2. 增定期任务：目视检查-空调组件出口波纹管及其卡箍，间隔为 12 MO。
3. 制作课件提醒机组，当 ECAM 出现咨询信息“CAB ALT”（客舱高度）时，按 FCOM 程序将空调组件流量设置在高流量位。

五、参考报告

《A330-21-20191114 空调组件出口波纹管工程调查》。

类别二　FCV 故障

一、故障现象

某架 A330 飞机启动一发后，出现“PACK VALVE 1 FAULT”（组件活门 1 故障）警告信息，引气页面显示 FCV1 打开，无法关闭，多次复位无效，办理保留，锁定 FCV1 在关闭位后放行飞机。航后更换 FCV 测试正常。航班延误 222 min。

二、风险等级

一般风险

三、原因分析

A330 飞机有两套相互独立的空调组件，由各自的 PC（Pack Controller）来进行控制，为飞机座舱提供温度和流量可控的空气。流量控制活门（FCV）作为空调组件的入口，通过开度大小的改变来实现空调组件引气流量的调节。

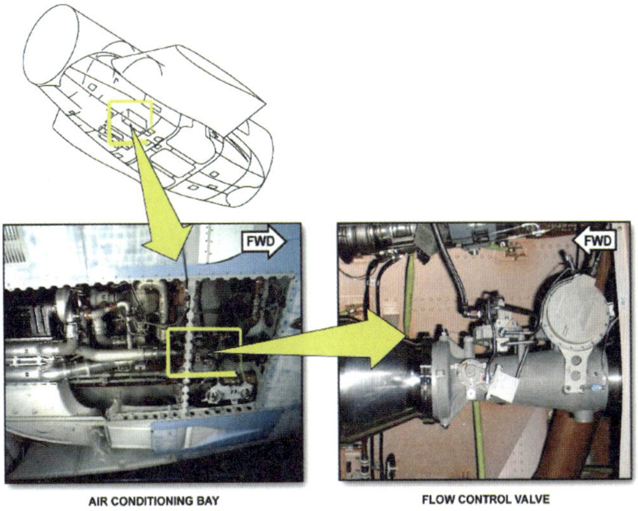

本次故障 FCV 异常卡滞在开位，PC 无法对其进行控制，更换 FCV 后空调组件恢复正常。

空客发布 SB 21-3038，指出由于环境污染，空调组件 FCV 经常失效，为了防止 FCV 内部污染，推出改装在引气调节管路上安装气滤，FCV 件号由 964A0000-05 升级为 964F0000-01。升级后按照 MPD 要求，每 2400 FC 报废流量控制活门气滤。

四、工程措施

1. 报废流量控制活门气滤。飞机注：适用于安装件号为 964F0000-01 的流量控制活门的飞机。间隔：2400 FC。

2. 由于执行改装之后，-01 件号可靠性并未得到提升，同时需要定期报废气滤，增加了维护成本。暂停结合送修执行的 SB 21-3080。

3. FCV 控制空调系统流量，如果失效则该侧空调组件视为失效，对飞机空调系统与增压影响较大。计划开发软件监控 FCV、外流活门开度，通过提前发现可能的卡阻或失效来避免恶性事件。

五、参考报告

《A330-21-G-20210519 FCV 故障工程调查》。

类别三　空调短暂出现灰尘

一、故障现象

某航 A330 执行北京—长沙航班，飞机离开 8400 m 开始下降，高压引气活门作动后，驾驶舱和客舱空调短期内吹出白色尘状物，有灰尘味道，几分钟内逐渐消失，无灼烧气味。落地后飞行记录本反馈：飞机下降初期空调产生可见尘状物，PACK2 流量活门（FCV）位置琥珀色 xx。地面查看 PFR 有 PACK2 FLOW SENSOR（514HB）信息，观察 SD BLEED 页面，PACK2 FCV 位置琥珀色 xx。复位组件控制器后，PACK2 FCV 位置指示正常。

二、风险等级

一般风险

三、原因分析

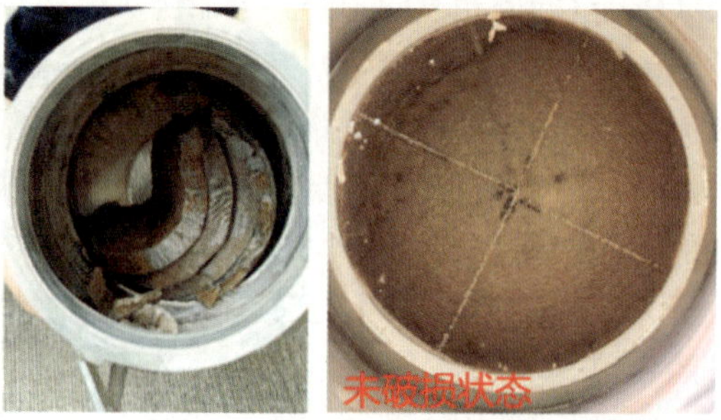

空客 TR 81063347 确认收到过几起中国航司的类似事件报告，经分析认为是杨柳絮在臭氧转换器内芯进口积累，逐步堵塞进口，流经内芯的空气量减小并增加内芯承受的负载，导致内芯破裂。

春末夏初（四月至五月）为北京杨柳絮多发季节，此架飞机自 4 月 9 日至 4 月 29 日处于停放状态，需定期使用 APU 供空调用于客舱通风除湿。与发动机引气相比，APU（离心式压气机）的引气温度远低于发动机（轴流式压气机）的引气温度，且其引气不经过预冷器，直接到达臭氧转换器，会增加絮状物堆积在臭氧转换器进口的可能性。经检查破裂的臭氧转换器内芯有杨柳絮状残留物，可以确认与空客的分析相符合。客舱中的白色粉尘应该是来源于内芯积存的杨柳絮和破损后产生的其他灰尘，流经 ACM 高温加热后产生的粉尘，因此无异味。

四、工程措施

1. 拆下臭氧转换器进行功能检查。间隔：8000 FH。
2. 在飞机解封工卡中增加对 FCV 上游臭氧转换器的检查工作。

五、参考报告

《A330-21-S-20220518 空调短暂出现灰尘故障工程调查》。

第二节　ATA22 自动驾驶

类别一　FMGEC 故障

一、故障现象

某架 A330 飞机执行成都—长沙航班，在成都短停起动时出现 AUTO FLT FM2 FAULT 信息，复位无效，飞机滑回，按 MEL 保留放行。航班延误 99 min。后更换 FMGEC，测试正常。

二、风险等级

较大风险

三、原因分析

空客对 TSD 译码发现部分故障来自对 AP 指令的监控。在地面，这个监控包括检查 AP 指令与飞控舵面位置的一致性。空客在模拟机上重现了这种故障模式，失去 FMGEC 是因为 THS 的初始位置与 FMGEC 的指令不一致。当从 PRIM 来的 THS 位置信息无效时，在 FMGEC 指令通道中的位置将锁定在一个不同的数值。这时对 AP 指令的监控就会触发 FMGEC 故障。

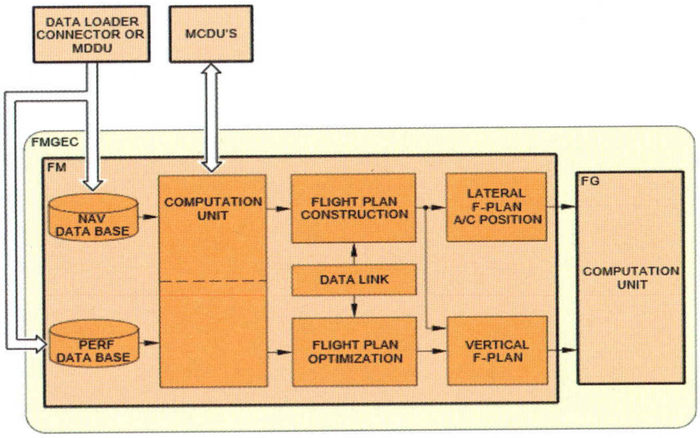

修理报告显示 FM KIT 电池电压低，无其他故障。FM 模块中有两个电池，用于在 FM 断电时保持 SRAM 数据。当电池的电压降低到一定程度时，会无法通过安全测试而导致故障。

对于人工复位不成功的问题，空客做了不同的模拟实验，以测试不同的人工复位的方法所带来的结果。从而注意到同时使用 FMGEC 及 FM 的 C/B 进行复位，会导致 FM FAULT，或者会妨碍对部件的恢复。QRH 中的 System Reset Table 已修订，不允许同时操作 FM 及 FMGEC C/B 进行复位。空客也在考虑抑制 FM Reset C/B 的工作。

四、工程措施

1. 发布维护提示，说明相关的故障模式和复位方法，减少 FMGEC 的 NFF 数量。

2. 发布维护提示，在出现“AFS FMGEC”（自动飞行系统飞行管理引导包络计算机）故障信息时，通过进行 AFS 测试，提取数据，判断是否是因为 FM 电池电压低的问题，并在合适的时间换下 FMGEC 去更换 FM 电池，以避免后续因 FM 电池问题影响运行。

五、参考报告

《A330-22-20201027 飞行管理引导包络计算机故障工程调查》。

第三节　ATA23 通讯系统

类别一　驾驶舱侧杆 PTT 电门卡阻

一、故障现象

某架 A330 飞机在起飞滑跑过程中，PTT 卡阻，管制提醒后，机组 30 节左右中断起飞。管制指挥该机沿 P1 退出跑道，滑回检查完毕后重新正常起飞。ECAM 未出现警告信息，航后机组反应右座侧杆 PTT 电门弹性不好，扳机粘滞。

二、风险等级

较大风险

三、原因分析

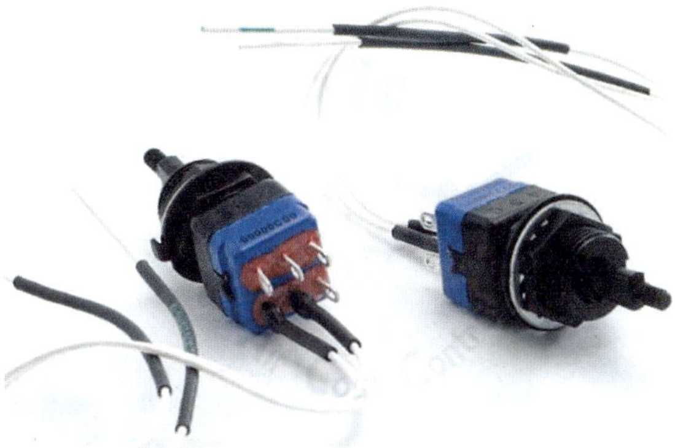

A330 飞机左右侧杆上各有一个按压发话电门（PTT），按压时可发话，松开后电门在弹簧力的作用下回到初始位置，即断开发射状态。在机组的手持麦克风及 ACP 面板上也分别有 PTT 发话电门。

侧杆 PTT 电门内部的复位弹簧，经过大量的作动后，会因疲劳而弹力不足或弹簧断裂，导致性能下降或卡阻，脏物污染也会造成粘连或卡阻。从译码数据及机组报告看，应为右座侧杆 PTT 间歇性卡阻。

四、工程措施

1. 编写机组提示（COT），发现在并没有操作发射 VHF/HF 超过时限的情况下，有出现过“COM VHF1（2）（3）HF1（2）EMITTING”（1 号甚高频通讯 2 或 3，1 号高频 2 发射）ECAM 警告，或者感觉 PTT 电门有松动、粘连或卡阻的迹象，报给机务及时更换 PTT 电门，以免性能继续恶化导致卡阻。

2. 增加 MRS 任务，每 2A 检（1600 FH）检查旧型侧杆 PTT 电门的安装情况，包括电门和扳机的安装，以及扳机的回弹力检查，并视需更换。

3. PTT 电门采用接线管形式连线，无须接近侧杆底座，可大大减少 PTT 电门故障保留时实施（M）维护程序的时间以及拆换时间。发布 EO，在合适的时间，将安装旧型侧杆的 A330 飞机 PTT 电门改为接线管连线方式。

五、参考报告

《A330-23-20200427 驾驶舱侧杆 PTT 电门卡阻工程调查》。

类别二　VHF 故障

一、故障现象

某架 A330 飞机执行上海—深圳航班，在深圳短停机组报告“VHF 1 空中间断无法发射”。在深圳更换 VHF1 收发机，测试正常。后续航班延误 163 min。13 日航后再次更换 VHF1 天线，测试正常。

二、风险等级

一般风险

三、原因分析

地面做 VHF BITE，出现维护信息 VHF1 ANTENNA（4RC1）/COAX。按照 TSM 23-12-810-813-A（Failure of VHF 1 antenna 1 circuit），更换 VHF1 收发机和天线。

拆下的 VHF 收发机 S/N：4C24V，检测发现 NVM 中记录“TX power low/antenna VSWR”，自测试间歇性故障。更换 A1 射频电路卡后测试正常。

天线为非修理件，将该拆下天线送车间检测其驻波比 VSWR，118～156 MHz 的驻波比大于 5，远超过≤2 的标准。驻波比过大，使得发射功率降低，且高频能量会在天线中产生反射波，反射功率会返回收发机，严重时会导致烧坏收发机射频器件。

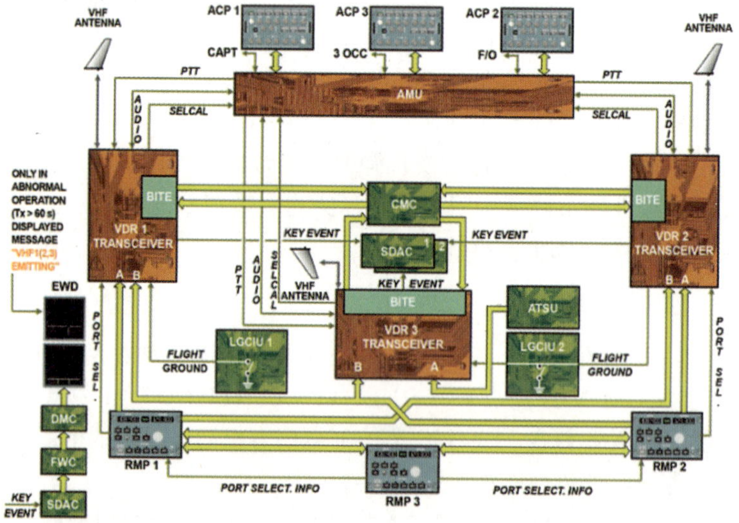

综上分析，本次为 VHF1 收发机故障，同时 VHF1 天线性能下降，驻波比高，导致发射功率低，VHF 发射间歇性故障。

四、工程措施

1. 异地运行，导致排故不够彻底。对于异地运行的飞机，加强对故障的管控，尤其是对于重复性故障。对于航后报告中的维护信息，应该及时进行检查及处理。

2. 评估是否可建立天线驻波比的航线或定检的检测能力，在排故时可尽早发现性能下降的天线，避免进一步的恶化导致更严重的后果。

五、参考报告

《A330-23-20200817 VHF 故障工程调查》。

第四节 ATA24 电源系统

类别一 GCU 故障

一、故障现象

事件 1：某架 A330 飞机在成都短停滑出后，出现右发发电机的故障信息，由于已有 APU 的保留，滑回检查排故。复位后信息消失，EPGS（Electrical Power Generation System）测试正常。原地起动右发故障依旧，更换 GCU2，测试正常。

事件 2：另一架 A330 飞机在三亚短停，机组反映前段启动滑出时有 GEN1 故障，复位正常。三亚机务地面检查无故障信息，测试正常，飞机放行。延误 21 min。

二、风险等级

低风险

三、原因分析

两次事件确认为 GCU 故障导致。另因短停期间执行 EPGS BITE 测试，要求断电使用地面电源供电，导致延误。后确认如仅对 GCU 进行测试，可在 APU 供电的情况执行，不必非得使用地面电源。

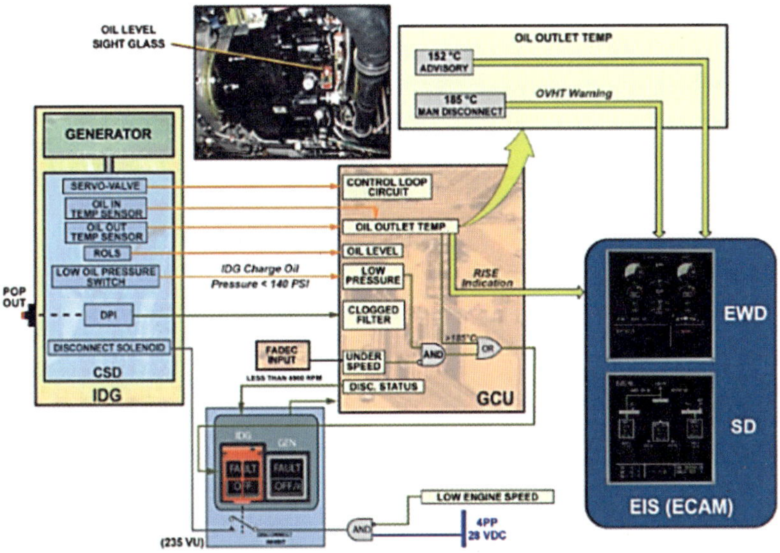

车间修理发现，GCU 的 NFF 率较高，GCU 内部故障源较多集中在 A4 电路板。

2016 年空客发布 SB A330-24-3053 推荐升级 GCU 软件至 5.3 标准，以提升其性能，件号从 767584K 升级至 767584L。原厂 UTC 于 2017 年发布 VSB 90EGS31G-24-16 R0，2019 年发布 R1 修订版，适用件号 767584F/G/H/J/K/L，受影响范围包括 AAAY015907 及之前的序号。介绍部分电容由于在 A4 电路板安装过程中发生弯曲变形和在振动下，导致开裂和短路。通过更换 3 个新件号的电容可避免这种情况。

四、工程措施

1. 建议编写维护提示，仅对 GCU 进行测试时，可在 APU 供电情况下，执行 EPGS BITE 测试，避免延误。

2. 评估 VSB 90EGS31G-24-16。

五、参考报告

《A330-24-20200827 GCU 故障工程调查》。

类别二 Trent700 IDG 滑油出口温度高

一、故障现象

某 A330 飞机下降阶段出现“IDG1 TEMPERATURE”（1 号整体驱动发电机温度）和“IDG2 TEMPERATURE”（2 号整体驱动发电机温度）咨询信息，伴有“IDG1 OIL OUT TEMP SENSE/GCU1”（1 号整体驱动发电机滑油出口温度传感器/发电机控制组件 1）故障信息，左发 IDG 滑油温度 178 °C，右发 IDG 滑油温度 168 °C，机组卸载厨房电源，右发 IDG 滑油温度开始下降，左发 IDG 滑油温度上升至 187 °C 后开始下降，后续温度均正常。地面检查正常，地面检查双发 IDG 油量正常，压差指示销未弹出，放行飞机，延误 46 min。

二、风险等级

一般风险

三、原因分析

译码发现，本次事件与 TFU24.21.00.051 描述的一致：飞机开始下降时，外界气温-55 °C，此时 IDG 滑油温度已经处于一个较低的水平，滑油黏度增大，释压活门打开，滑油处于旁通状态。此时一小部分滑油停留在 ACOC 滑油冷却器内，另外大部分滑油循环给 IDG 散热用。对于循环散热用的滑油，由于不能与空气热交换，滑油温度逐渐上升至约 150 °C，出现咨询信息，机组按 FCOM 操作要求，卸载厨房用电。这时 IDG 负载减少，滑油温度下降，后续恢复正常。

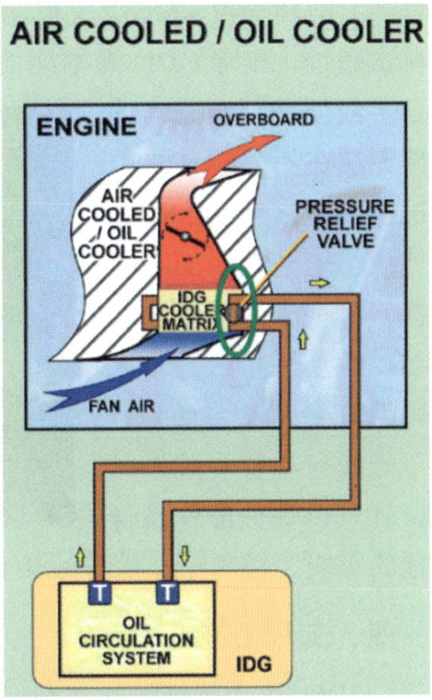

空客答复滑油温度未达到 190 °C，所以未触发过热警告。

空客认为飞机处于下降初期，外界寒冷的天气是引起本次事件的原因。

四、工程措施

编发维护提示，提醒一线排故注意事项，以减少不必要的航班不正常事件。

五、参考报告

《A330-24-M-20201218 Trent700 IDG 滑油出口温度高工程调查》。

类别三　IDG 故障

一、故障现象

某航 A330 执行（上海浦东—三亚）航班时，在三亚区域高度 8400 m 巡航，下降前出现“GEN1 FAULT（1 号发电机故障），FM 1 FAULT（飞行管理计算机 1 失效）”信息，自动驾驶 1 断开。机组接通自动驾驶 2，执行 ECAM 动作，复位 1 号发电机不成功，启动 APU，完成 ECAM 程序后继续飞往三亚，正常落地。当天航后完成更换 GCU1，测试正常。第二天航前，再次反映 ELEC GEN 1 FAULT（1 号发电机故障），航后更换左发 IDG 和导线束 4561KS，试车正常。

二、风险等级

一般风险

三、原因分析

基于上述 QAR 译码推测分析，判断 FM 1 FAULT 警告是“GEN1 FAULT（1 号发电机故障）故障导致 FMGEC1 电源中断而引起的瞬时故障。跟踪拆下部件送修情况，GCU 预测试通过，排除 GCU 为本次故障原因；IDG 预检测试不发电，进一步发现是由于转子内部主线圈断路造成，该断路无法在不分解 IDG 的情况下测量出来；4561KS 导线束与卡子接触面存在磨损，目视未见露出内部线芯。综上分析认为本次故障为 IDG 失效导致，但由于导线束屏蔽层破损超标，且难以评估部件自身功能的影响，故暂不排除导线束损伤对本次故障的贡献。

四、工程措施

1. IDG 每次航班运行都会使用，且其导致的 GEN1（2）FAULT 故障一般可以参考 MEL 保留，基于其对航班运行影响较小，部件可靠性较好，因此，暂不新增工程措施。

2. ELEC GEN1 FAULT 警告无相应故障信息，故无法找到对应的 TSM 程序，空客答复可以使用 TSD 信息作为 Troubleshooting FAULT 信息入口查找 TSM 程序，并将与技术数据部门研究创建无故障信息的 GEN1 FAULT 警告排故入口。

五、参考报告

《A330-24-S-20220221 GEN1 FAULT 和 FM1 FAULT 警告工程调查》。

第五节　ATA25 设备设施

类别一　作动筒欠阻尼模式故障

一、故障现象

某架 A330 飞机出港前后货舱门无法电动关闭，随机机务人工操作关闭后货舱门后放行。航班延误 11 min。航后操作检查后货舱第二个门槛组件锁钩有卡滞，润滑后货舱所有 4 个门槛锁扣组件后，操作测试正常，货舱门电控开关正常。

二、风险等级

低风险

三、原因分析

前后货舱门槛位置安装有门槛锁扣组件（Door Sill Latches，DSL），其中包括防止 ULD（集装装置）在装卸货时滚出的防滚出安全装置（Anti Roll-Out，ARO）。DSL 内部安装有一个微动电门，感受 YZ 锁钩的位置。如果锁钩在竖起位置，抑制货舱装载系统的工作；如果锁钩在放下位，抑制货舱门电动关闭，以避免锁钩在放下位时误关货舱门导致其内衬损伤。前后货舱门由 DSCS（舱门滑梯控制系统）控制，黄系统液压作动，货舱门槛 YZ 锁上的微动开关串联后连到 PSCU（临近电门控制组件），PSCU 输出信号激活或抑制货舱门电控操作。

排故分析，本次故障是由于锁扣污染卡阻，无法完全竖起到位正确触发其内部微动电门，导致货舱门电动关闭被抑制。

四、工程措施

1. 一般目视检查门槛锁扣。间隔：1000 FH。
2. 执行 VSB 479100-25-001 升级。
3. 在锁钩定期检查任务工卡中增加清洁步骤。
4. 将该故障的处理经验增加到《A330 快速排故指南》。

五、参考报告

《A330-25-G-20210209 货舱门槛锁扣组件故障工程调查》。

第六节　ATA26 防火系统

类别一　发动机火警探测故障

一、故障现象

某架 A330 飞机多次出现 ENG 2 FIRE LOOP B FAULT 故障信息，导致重复故障。故障首次出现后，通过多轮排故，最终确认了故障源为探测环路连接导线束 4405KS，从备发串件，更换故障线束后测试正常，后续航班正常。拆下导线束件号 B71527504，原装机件，TSN：10310FH。

二、风险等级

低风险

三、原因分析

故障现象为 5 月 28 日起每个航班的 06 段出现 ENG2 FIRE LOOP B FAULT 警告，记录 ENG2 FIRE LOOP B/FDU2（1WD2）故障信。排故指向导线束 4405KS，拆下检查外观初步检查正常，简单分解线束后，发现一处卡子安装胶套下有一根蓝线上有压痕，通过胶套和蓝线上的压痕分析，断路的原因是厂家固定卡子施工质量不高，挤压导线，在发动机持续震动因素下导致导线断裂。由于故障源隐蔽，导致正常的在位目视检查难以发现卡子安装套下导线的情况，所以导致了重复故障。

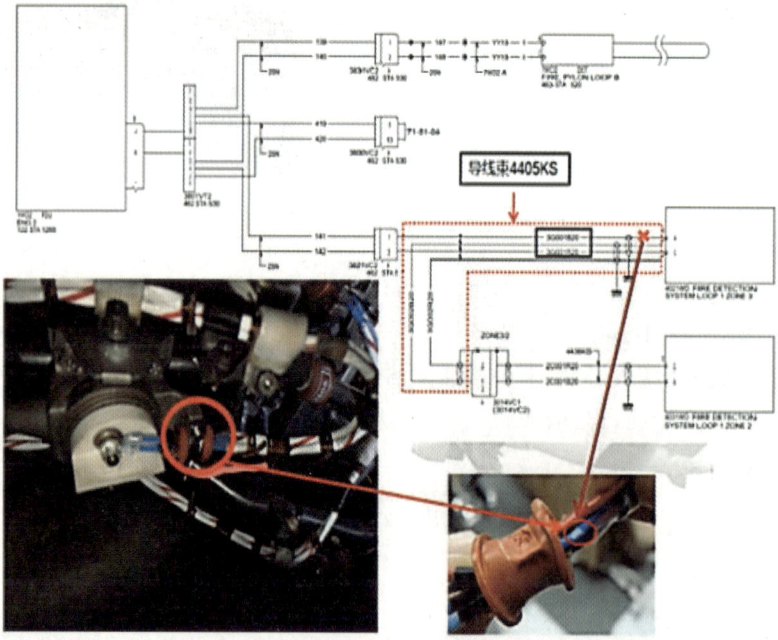

空客 TFU 26.12.00.047：针对有用户报告出现虚假发动机火警警告的情况，在 2001 年启动了相关调查，最先怀疑是由于环路响应器受水气影响导致，后未确认。在 2008 年

推出了新件号 3711-00 作为终结措施，预期可以解决虚假火警警告，并通过引入 35 s 延时来减少间歇性的环路故障所触发的故障信息。从可靠性数据来看，此改装并不成功。

四、工程措施

1. 发布维护提示，提醒排故时注意检查环路和相关导线，必要时进行跳线定位故障。

2. 对于 FDU 非计划拆换高 NFF 率，建议严格按 TSM 排故，出现火警探测故障但地面测试正常时，对 ENG FDU 可以采取对调到 APU FDU 的方式进行排故，以减少误拆换。

五、参考报告

《A330-26-20200609 发动机火警探测故障工程调查》。

第七节　ATA27 飞行操纵

类别一　SFCC 故障

一、故障现象

事件 1：某架 A330 飞机机组反映深圳落地时出现两次襟翼系统 1 故障，关车前信息自动消失。地面检查 ECAM 无警告，航后报告无信息，SFCC1 和 SFCC2 测试正常。更换 SFCC1 计算机，测试正常；SFCC2 测试正常。无后果。

事件 2：另一架 A330 飞机在深圳短停，推出过程中出现缝翼系统 2 故障。复位跳开关故障依旧，飞机拖回检查。参考 MEL27-81-02A 办理保留，继续执行航班。航后更换 SFCC2（22CV），测试正常，关闭保留。

二、风险等级

一般风险

三、原因分析

系统在 09 段记录“POWER SUPPLY INTERRUPT”（电源供应中断）信息。确认是在飞机电源转换时导致了出现 SFCC 警告，可以通过驾驶舱的跳开关进行复位，消除虚假警告。

SFCC 主要更换原因：“F/CTL FLAP（SLAT）SYS 1（2）FAULT”（飞行操纵襟缝翼系统 1 或 2 故障）或 SFCC 故障。车间修理主要问题是离散输出测试不通过，更换的部件包括：继电器、电容等，无集中。

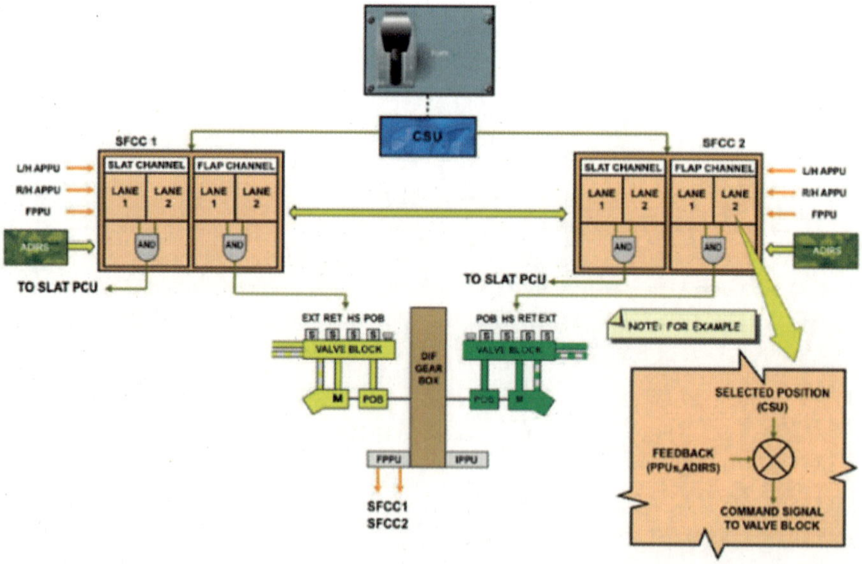

四、工程措施

1. 发布维护提示：在电源转换时出现襟/缝翼故障信息，可以通过复位跳开关来消除，故障消除后无需换件。

2. 件号 84333-00-0305 修理质量较差，提交质量部门跟进处理。

3. 件号 065-50000-0509 装机数少，但是反复拆换，部件剩余价值不高，建议置换处理。

五、参考报告

《A330-27-20200529 R0 A330 SFCC 故障工程调查》。

类别二　FCLT SENSOR FAULT

一、故障现象

某架 A330 飞机执行浦东—西安航班，在浦东航前，滑出后机组反映出现 F/CTL SENSOR FAULT 信息，指导机组复位后信息消失，继续执行航班。西安短停机组反映故障再现，办理 MEL 保留放行。航后更换 SSTU（侧杆）后测试正常，后续航班正常。

二、风险等级

一般风险

三、原因分析

本次故障空中出现 ECAM 警告信息“F/CTL SENSOR FAULT”，故障信息“FCPC3/SSTU PITCH CTL FO”，机组空中复位不成功。查看系统数据，该机于 5 月 29 日出现 ECAM 警告信息“F/CTL SENSOR FAULT”，故障信息“FCPC3（2CE3）/SSTU PITCH CTL FO（4CE4/100CE2）”，更换 FCPC3 计算机；6 月 1 日故障再现，更换侧杆传感器 SSTU 后正常。根据排故结果，此次故障应为 SSTU 故障导致。

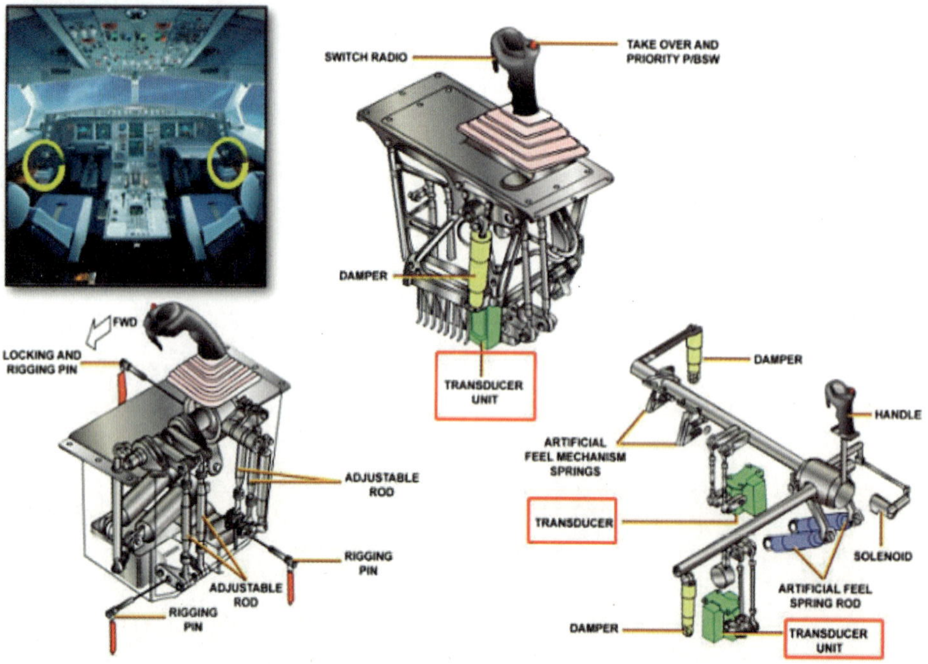

TFU 27.92.41.002：空客和厂家调查认为 SSTU 电位计内部轨道与滑动片之间的油脂退化导致触点电阻的增加是故障的主要原因。虽然故障已被确认，但是很难在实验室重现。空客在 2018-2019 年进行了很多附加测试（温度、湿度、震动、电磁干扰等），但没有明确的故障重现，无法得出内部电位计重新设计和更改的依据。

在 2019 年 12 月 19 日更新的 TFU 中，空客认为虽然目前 SSTU 确认有技术问题，但其可靠性较高，同时高于 GMTBUR。因此空客决定在 2020 年第一季度末停止 VSIL FB4F2-27-002 FOC 支持政策。从 2020 年 4 月起，所有项目都要收费，但空客仍建议航空公司预防性更换四个电位计或者至少更换受影响的电位计。

四、工程措施

要求 SSTU 的故障件均送原厂修理并更换 4 个电位计。

五、参考报告

《A330-27-G-20210615 R0 FCLT SENSOR FAULT 工程调查》。

类别三　PRIM X FAULT

一、故障现象

事件 1：某架 A330 飞机执行三亚—上海浦东航班，爬升阶段，高度 1000 ft 左右，触发 F/CLT PRIM 1 FAULT（飞行操纵主计算机 1 故障）ECAM 警告信息，机组按程序复位成功，后续正常。26 日更换 FCPC1，测试正常。无航班正常性影响。

事件 2：另一架 A330 飞机执行北京大兴—海口航班，巡航期间，飞机出现“F/CTL PRIM 1 FAULT（飞行操纵主计算机 1 失效）”ECAM 信息，伴随故障信息 FCPC1（2CE1）。机组按照 ECAM 程序执行复位不成功后关闭 PRIM1，继续飞往目的地，后续正常。在北京更换飞控计算机 FCPC1 和 PRIM1 电门开关，测试正常，后续航段均正常。无航班正常性影响。

二、风险等级

较大风险

三、原因分析

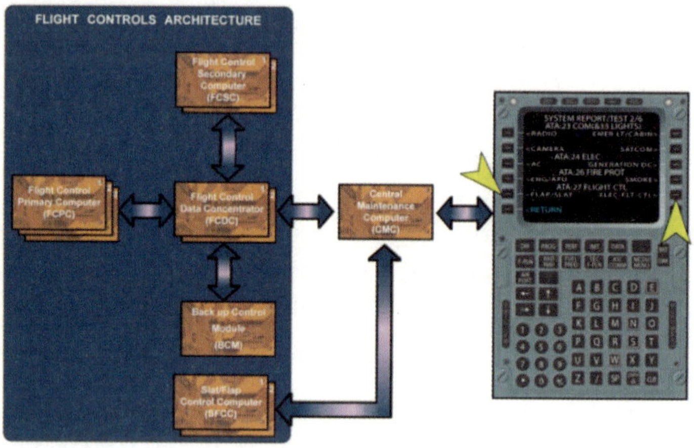

空中触发“F/CLT PRIM X FAULT”（飞控主计算机 X 失效）警告的主要原因有：单粒子翻转现象引起的虚假警告、FCPC 计算机故障、PRIM X 电门故障。

A330 机队发生因“F/CLT PRIM X FAULT”（飞控主计算机 X 失效）故障导致的航班不正常事件共 10 起，其中 6 起复位或对串计算机解决，4 起更换 FCPC。

其中一家修理厂家修理量占比 25.6%，修后使用时间均小于 1000 FH，平均 TSR 283.6 FH，低于其他修理厂家平均值（TSR 7568 FH）。

四、工程措施

1. 针对“F/CLT PRIM X FAULT”故障，发布维护提示，指导工作者排故。

2. 由于 FCPC 控制主要飞行舵面，涉及部件较多，对排故造成一定程度困难。空客可以提供 EFCS 系统排故课程，组织工程师参加该课程，提高排故能力。

3. 针对 FCPC 修理问题，提交质量部门处理。

五、参考报告

《A330-27-P-20210622 R3 PRIM X FAULT 工程调查》。

第八节 ATA28 燃油系统

类别一 右大翼外侧油箱加不进油

一、故障现象

某架 A330 飞机执行广州—西宁航班，在广州航前，反映右大翼外侧油箱加不进油。更换右外侧油箱进口活门作动器，测试正常。航班延误 107 min。

二、风险等级

一般风险

三、原因分析

A330 燃油箱加油系统，通过加油隔离活门向加油总管供油，然后通过连接到加油总管两侧的内侧油箱进口活门和外侧油箱进口活门，分别给内侧油箱和外侧油箱加油。

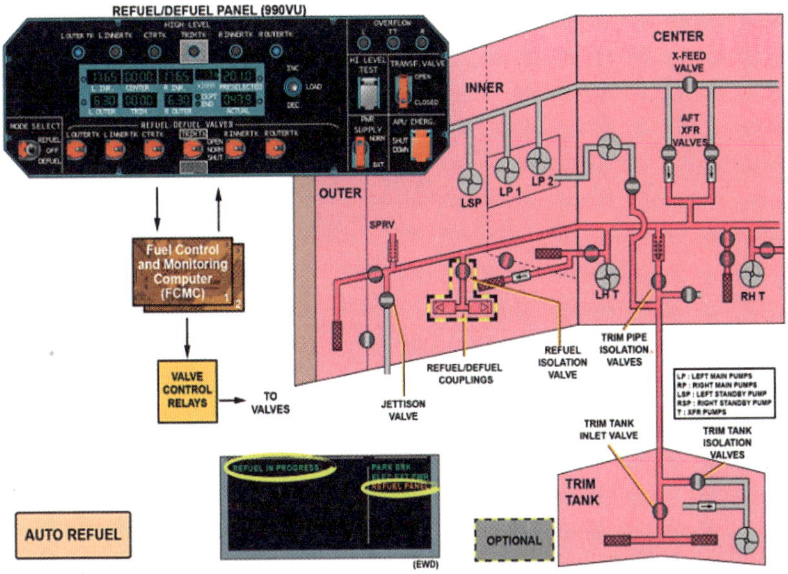

各油箱进口活门、隔离活门和传输活门都分别连接着一个单马达作动器，由单马达作动器负责驱动活门打开或关闭。本次故障是由于右大翼外侧油箱进口活门的单马达作动器故障导致。油箱进口活门按 MEL 保留时需要安装活门锁定工具，而安装锁定工具时需要拆下单马达作动器，因此按 MEL 安装锁定工具和排故更换单马达作动器所需的时间基本相同，两种方案都无法避免本次航班延误。

厂家 Zodiac 引入新件号 D97C00-664 和 D97C00-682 的单马达作动器，以提高其可靠性。

四、工程措施

将左、右大翼内外侧油箱进口活门和传输活门作动器（603QL1，603QL2，500QU1，500QU2，601QL1，601QL2）、配平油箱进口活门和隔离活门作动器（705QN，702QN）共 8 个关键位置的作动器改装为新件号 D97C00-664 或 D97C00-682。

五、参考报告

《A330-28-G-20210723 右大翼外侧油箱加不进油故障工程调查》。

类别二　加油面板溢油灯亮

一、故障现象

某架 A330 飞机执行深圳—三亚航班，航前打开加油面板后，发现面板上的左大翼溢油灯亮，无法自动加油。与其他飞机对换 FCMC2 后故障依旧，按 MEL28-46-05A 保留，人工加油后执行航班，航班延误 32 min。

二、风险等级

一般风险

三、原因分析

对 FCMC1 和 FCMC2 分别执行 FUEL SENSE TEST，FCMC1 测试正常，FCMC2 测试记录“FUEL SURGE TK SNSR1（24QJ1）”信息，同时在 MCDU 查看两部 FCMC 监控的传感器状态，可以发现 24QJ1（左大翼通风油箱溢油传感器）在 FCMC1 中为“1（干）”，在 FCMC2 中为“0（湿）”。

根据 FUEL SURGE TK SNSR1（24QJ1）信息，按照对应的 TSM 28-46-00-810-802-A 要求，检查 FCMC2 到 FCMC1 之间左大翼通风油箱溢油信号，发现 FCMC1 AC 插座 5C 插钉松脱，导致 12QJ1 左大翼溢油控制继电器断电，加油面板左大翼溢油灯点亮，同时因为 FCMC1 上电或内部瞬时故障等原因此时为 FCMC2 主控，而 FCMC2 由于 5C 插钉掉落，接收到 FCMC1 传来的左大翼通风油箱溢油传感器状态为“0（湿）”，抑制油箱加油操作。

驾驶舱属于低振动区，相关区域近期没有进行过工作，同时根据排故人员反馈，FCMC 插钉和插座无明显损伤，5C 导线布线正常，没有张力过大的现象，因此怀疑是插座本身缺陷，或生产线安装错误导致其损坏，已将相关情况反馈空客。

四、工程措施

1. 一般目视检查电子舱。间隔：6 年。

2. 驾驶属于低振动区，相关区域近期没有进行过工作，FCMC 插钉和插座无明显损伤，5C 导线布线正常，没有张力过大的现象，怀疑是插座本身缺陷，或生产线安装错误导致其损坏，已将相关情况反馈空客。

五、参考报告

《A330-28-20201019 R0 A330 加油面板溢油灯亮故障工程调查》。

第九节　ATA29 液压系统

类别一　液压系统高压总管盲堵漏油

一、故障现象

另一架 A330 飞机执行杭州—深圳航班，飞机起飞后约半小时，地面监控到 HYD B RSVR LO LVL、HYD B SYS LO PR 警告信息和 HSMU（1JG）DISCRETE INPUT CMP2 故障信息。通过卫星电话联系机组，确认蓝系统油箱油量指示在低位。机组按 ECAM 动作操作，关断了蓝系统 EDP 和蓝系统电动泵，其余系统无异常，决策继续飞往深圳。深圳正常落地并滑行到停机位。地面检查发现蓝系统高压总管 6103JM 盲堵头松动渗漏，封圈被挤出。

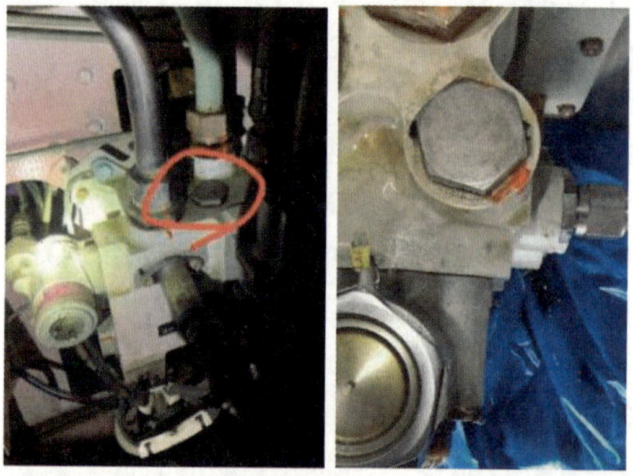

二、风险等级

较大风险

三、原因分析

地面检查发现为蓝系统高压总管上一个堵头松动、封圈损坏，导致液压油渗漏。

针对高压总管上盲堵漏油，空客 TFU 29.10.00.052 跟踪：由于 MOD 58345 后的飞机取消了地面勤务总管，高压总管上原来连接地面勤务总管的管路更换为堵盖，在运行中发现油液渗漏事件，主要发生在蓝系统和黄系统上。漏油主要发生在总管和接头的结合面，封圈存在损坏的情况。空客调查认为原来的堵头是由接头和堵盖组成，对安装力矩和安装过程施工要求较高，容易造成漏油。因此空客在线上 MSN 1802 以后的飞机执行 MOD 改装，同时发布 SB 29-3135，改装蓝系统和黄系统高压总管的盲堵，改装后件号 AS5169J10。同时空客在 ISI 29.00.00150 中对液压系统的封圈安装及接头油迹检查给出了较为详细的检查方法。

四、工程措施

1. 对于黄系统和蓝系统高压总管和液压管路，已有每 400 FH 的定期检查任务，根据机队普查的结果，新增定期目视检查绿液压系统高压总管（5103M）和液压管路的维修任务。间隔：400 FH。

2. 细化检查工卡，要求检查高压总管及其相关管路或接头有无渗漏迹象，接头周围没有黑色沉积物，接头和总管上的红色标记线对齐；同时修订工卡中相关配图。

五、参考报告

《A330-29-P-20210317 黄系统高压总管盲堵漏油工程调查》。

类别二　A330 重力放起落架事件调查

一、故障现象

某架 A330 执行深圳—昆明航班，监控到空中出现绿系统泵低压，绿系统渗漏故障信息，与机组卫星电话确认绿系统液压油量下降，机组关断液压泵，飞机重力放起落架落地。昆明机务检查确认绿系统勤务总管组件漏油，高压总管绿系统油滤指示销弹出。更换绿系统勤务总管和高压油滤后双发慢车正常。后续航班调整飞机执行。

二、风险等级

重大风险

三、原因分析

系统记录，该机空中 06 段 19:59 出现 HYD G ENG1+2 PUMPS LO PR 和 HYD G SYS LO PR 信息，机组确认绿系统油量下降，关断 EDP，落地时重力放起落架，正常落地（21:05）。

地面检查油箱油量约 1/3，检查绿系统勤务总管右侧滴油，更换绿系统地面勤务总管组件和高压油滤并复位指示销，恢复起落架放下构型后进行慢车测试，绿系统工作正常，无渗漏。

拆下绿系统勤务总管组件发现右侧盲堵封圈损坏，部件在车间进行外漏测试组件壳体无漏油，确认本次故障由于盲堵封圈损坏漏油导致。

空客 ISI 29.00.00150（2020.5.29）中说明，MSN 001-100 的飞机液压系统和起落架系统总管/部件上使用的封圈质量不高，同时因为封圈随使用时间存在老化降级的可能，空客建议航空公司对以下位置每 24MO 重复检查。

四、工程措施

1. 结合最近的合适停场一次性更换地面勤务总管上所有接头和盲堵封圈，并进行渗漏测试，确保系统无漏油，同时安装后施加红色标记线。要求优先完成绿系统检查和封圈更换。
2. 定期目视检查主起落架舱和液压舱（EWIS）。间隔：6 MO。
3. 定期功能检查以监控绿系统的内部渗漏率。间隔：12 000 FH。
4. 定期功能检查监控在黄系统和蓝系统中的内部渗漏率。间隔：6 YE。

五、参考报告

《A330-29-20200725 重力放事件工程调查》。

类别三 主起落架上方大翼区域液压软管漏油故障

一、故障现象

事件 1：某架 A330 飞机执行上海—广州航班，在虹桥过站滑出后机组反映有绿液压系统低压的警告信息，拖回，右起落架区域漏液压油，航班换机执行。检查发现右起落架根部的绿系统正常刹车管路漏油，更换管路后完成绿系统勤务，试车验证正常，飞机放行。本次故障造成航班延误 290 min。

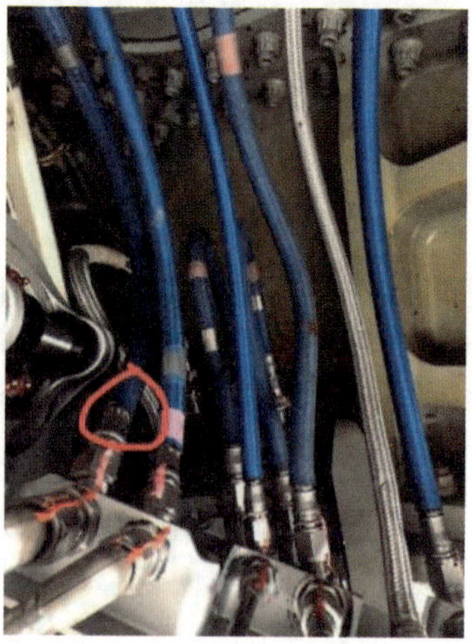

事件 2：另一架 A330 飞机在短停检查时发现右主起落架区域有液压油渗漏，航班换机执行。检查发现右起落架作动筒的回油管（P/N：29-2105215-00）漏油，更换回油管后测试正常，飞机放行。本次故障没有造成航班延误。

二、风险等级

较大风险

三、原因分析

高液压压力峰值和压力波动是造成上述液压软管漏油的主要原因。此外，这些柔性软管安装的区域属于高湿度区域，而且非常容易受到腐蚀性催化剂，如沙子、污垢、灰尘、盐和任何潜在的腐蚀性清洁剂的影响。

空客 ISI 32.00.00157 对 A330 起落架区域的液压软管给出了以下建议：

1. 软管件号 201042322 每 4 年更换，软管件号 201042197 和 201042198 每 6 年更换。
2. 其余起落架液压软管在起落架大修时更换。

四、工程措施

增加详细检查主起落架区域液压软管的维修任务。间隔 800 FH。

备注：左、右主起落架分开执行。检查范围包括左、右主起落架上部大翼区域的各 15 根软管和位于小车俯仰配平作动筒上的软管件号 201042197。

五、参考报告

《A330-29-20200619 主起落架上方大翼区域液压软管漏油故障工程调查》。

第十节　ATA30 防冰防雨

类别一　PW 发动机防冰活门故障

一、故障现象

事件 1：某架 A300 飞机执行深圳—三亚航班，深圳短停有左发防冰活门关闭的故障信息。因航路有结冰条件，不满足 MEL 放行条件。航班换机执行，延误 148 min。更换电磁阀 4507KS 和左发防冰活门，EEC 自测试正常，试车操作发动机防冰正常，飞机放行。

事件 2：另一架 A330 飞机在浦东航后，发现右发防冰活门关闭故障（A.ICE ENG 2 VALVE CLOSED），由于航路结冰条件，对串了 4507KS（防冰活门电磁阀）和 4506KS（短舱冷却活门电磁阀），短舱冷却活门故障无航路限制，办理 MEL75-26-02A 和 75-09-01A 放行飞机。

二、风险等级

一般风险

三、原因分析

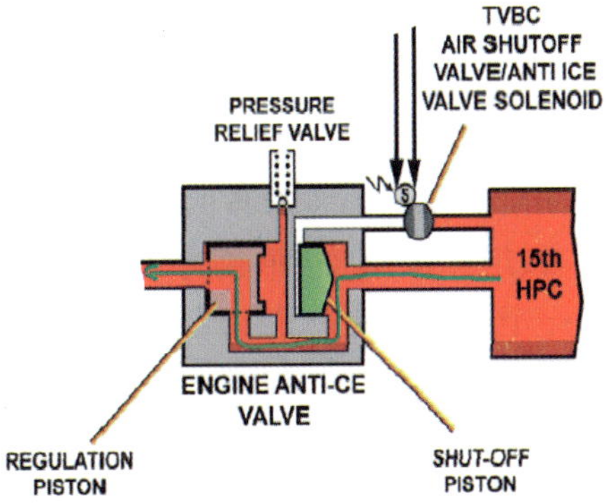

普惠发动机防冰活门是电控气动部件，发动机第 15 级 HP 压气机引气经发动机防冰活门调压后，输送稳定压力的空气到发动机进气环，以防止进气环结冰。活门的关断功能依靠 EEC 控制电磁阀实现。

2 起故障隔离确认为防冰活门电磁阀故障导致，防冰活门关闭故障因 MEL 不允许航路结冰条件，所以容易导致航班不正常事件。

四、工程措施

对 PW 发动机防冰活门关闭故障，没有区分活门内部故障源，直接按 MEL 30-21-01C 将活门人工锁定在关位进行保留，导致很容易因航路有结冰条件无法放行飞机。由于航线可以通过测试来判断活门故障源，不同的故障源可以应用不同的保留项目。空客同意修改 MMEL 的要求，新增保留要求使用两个防冰活门信号管堵头（P/N MS9314-06），为了配合新增 MMEL，在随机工具箱中增加这两个堵头。

五、参考报告

《A330-30-G-20210607 普惠发动机防冰活门故障工程调查》。

第十一节 ATA31 指示记录

类别一 FDIMU 故障

一、故障现象

某架 A330 飞机（A）在三亚过站上客时出现“RECORDER SYS FAULT”（记录系统失效不放行）信息，复位无效，从飞机（B）上串件更换 FDIMU，测试正常，继续执行航班，未造成延误。

A330 飞机（B）与飞机（A）对串 FDIMU 后，测试有 DFDR（1TU）和 DFDR PLAY（故障码 313355），更换 DFDR 故障依旧；再次与另一架飞机（C）对串 FDIMU，测试出现“RECORDER DFDR FAULT”DFDR 故障信息，更换 DFDR 后测试不通过，但无警告信息。经评估继续执行航班，但关门后再次出现警告信息，执行 FDIMU 软件装载（10TV1）不成功，决策从飞机（A）上将 FDIMU 串回来，串回后测试正常，继续执行航班，航班延误约 6 h。

二、风险等级

一般风险

三、原因分析

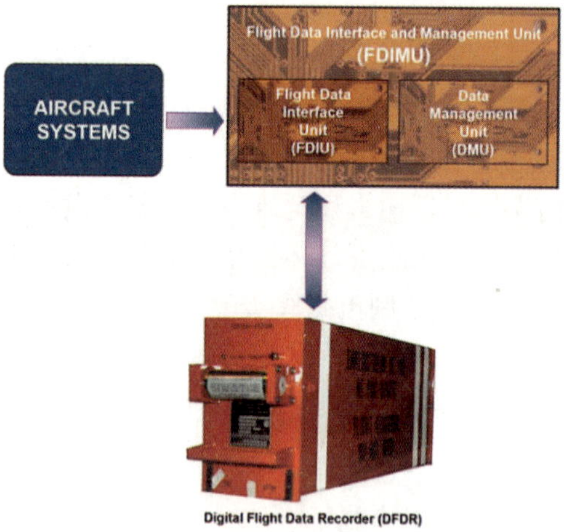

FDIMU 全称为飞行数据接口与管理组件，该组件具备两个单独的采集管理计算机，一个控制 FDIU（飞行数据接口组件）部分，由 DFDRS 软件（10TV1）控制，与 DFDRS（数字式飞行数据记录系统）相连；另外一个控制 DMU（数据管理组件）部分，由 ACMS 软件（10TV2）控制，与 ACMS（飞机状态监控系统）相连。

本次事件为 FDIMU 故障导致。根据 AMM 要求，无论构型是否相同，安装 FDIMU 之后都需要重新安装相应的 DFDR 软件及 ACMS 软件。在此事件过程中，多次遗漏更换 FDIMU 硬件后所必需的软件重装步骤。串件后未验证软件构型版本就直接测试并放行飞机，致使进一步出现“RECORDER DFDR FAULT”ECAM 警告及后续的一系列排故。

四、工程措施

发布维护提示，提醒更换 FDIMU 后需要按手册要求重装相应的 DFDR 及 ACMS 软件。

五、参考报告

《A330-31-20200511 FDIMU 故障工程调查》。

类别二　CMS 无法完成 FWS 自检

一、故障现象

某架 A330 飞机空中出现“FWC1 FAULT”（1 号飞行警告系统失效）警告信息，机组复位后正常。落地后机务无法通过 CMS 访问 FWS 测试，更换 FWC1 计算机，测试正常，延误 56 min。

二、风险等级

一般风险

三、原因分析

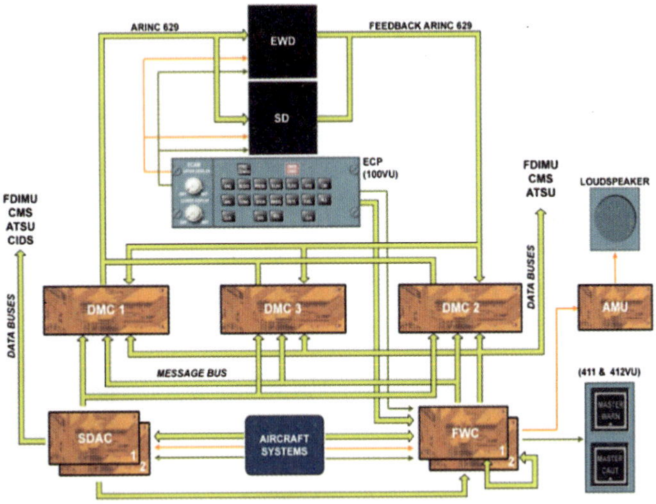

GENERAL - SDAC & FWC

飞行警告计算机 FWC 的主要功能是计算警告。按照警告优先级及飞行阶段顺序显示各类警告信息。每架飞机有 2 部 FWC。FWC 从飞机其他系统获取数据后进行计算，然后通过 DMC 显示在 ECAM 上，同时将音频警告发送到驾驶舱扬声器，点亮警告警戒灯。

巡航时出现“FWC1 FAULT”（1 号飞行警告系统失效）信息，复位跳开关后正常，落地后机务利用 CMS 访问 FWS 进行测试，发现 BITE 无法完成测试，更换 FWC1 计算机测试正常。因 FWC1 为 FWS 与 CMS 接口，FWC1 故障，FWS 将无法完成 BITE 自检。所以 FWC1 内部接口故障为本次故障原因。

四、工程措施

CMS 与 FWS 系统接口由 FWC 1 来完成，当地面无法通过 CMS 进入测试判断故障时，建议对调 FWC 计算机，利用工作正常的计算机在 1 号位与 CMS 连接，恢复系统测试，来判断 FWS 系统工作状态。如果测试正常，放行飞机；如果测试不正常，按照提示信息排故。对于正在运行的飞机，根据测试结果，可以参考 MEL 31-53-01 进行 FWC2 保留放行，避免航班不正常事件。

五、参考报告

《A330-31-G-20210323 CMS 无法完成 FWS 自检工程调查》。

第十二节　ATA32 起落架系统

类别一　起落架控制手柄故障

一、故障现象

某架 A330 飞机起飞后，机组反映提手柄收起落架后出现“L/G LGCIU1 FAULT”（起落架控制和接口组件失效）警告信息，同时三个起落架位置红色指示灯亮，机组决定返航。查阅 FIADA 记录有故障信息“CTL LEVER-L-G（6GA）/ LGCIU 1（5GA1）”。

排故时模拟空中构型完成了 8 次起落架手柄操作测试，测试正常。拆下起落架控制手柄，依据 CMM 对手柄量线，发现手柄输出端闪现虚接。咨询空客公司，建议隔离 LGCIU 1、手柄和相关线路。最后更换了起落架控制手柄（FIN：6GA）和 LGCIU 1（5GA1），测试正常。

二、风险等级

重大风险

三、原因分析

译码显示机组将起落架控制手柄置于“UP”位，此时手柄未能有效输出位置信号（既不在“UP”位，也不在“DOWN”位），起落架实际位置是放下锁定。二者位置不一致，故触发“LGCIU 1 FAULT”警告信息和三个起落架下锁位置红色指示灯常亮。

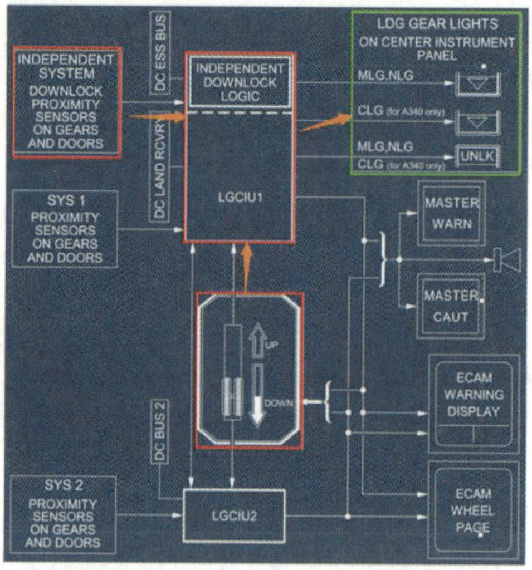

注：中央仪表板上起落架位置指示依旧由 LGCIU 1 提供，即使 LGCIU 2 控制起落架收放。

后续拆下的部件送车间检测，LGCIU 检测结果 NFF，手柄在测试过程中曾短暂出现 CR20 指示灯闪烁的情况，这个灯代表手柄的一条 DOWN 输出通道信号，但后续多次测试未再发现异常。

综合译码分析和车间测试，判断本次故障为手柄内部触点接触不良导致。

查阅历史修理报告，发现手柄主要更换部件是 S1 电门（P/N：367UN01）；另外部分件有胶杆断裂或脱落的情况，胶杆脱落有影响其他部件工作的风险，厂家反馈有收到过一起因胶杆脱落导致返航的事件。

四、工程措施

1. 正常放下和收上，操作检查收回抑制。间隔：6 YE。

2. 针对胶杆脱落风险，厂家于 2015 年发布过一份 VSB 215TS07Y-32-005，手柄在车间修理时可主动拆除胶杆以规避此风险。结合送修免费执行此 VSB。

3. 厂家和空客已启动对手柄故障调查，将跟进调查进展。

五、参考报告

《A330-32-20200120 起落架控制手柄故障工程调查》。

类别二　胎压转换器损伤故障

一、故障现象

某 A330 飞机航后发现 8 号主轮胎压传感器插头固定端断裂，造成刹车风扇支架、刹车风扇、胎压传感器、主轮大螺帽、8 号轮主起落架轮轴套、胎压转换器有损伤。更换胎压传感器、胎压转换器、主轮大螺帽、主轮刹车风扇组件、刹车风扇马达和衬套，执行相关测试检查正常，飞机放行。延误 160 min。

二、风险等级

较大风险

三、原因分析

在执行 8 号轮胎压指示 XX 保留排故工作时，拆下刹车风扇罩，发现胎压转换器上固定插头底座脱落，插头底座固定螺丝丢失。进一步检查发现胎压转换器内部轴承卡阻、轴承封盖磨损变形。胎压转换器不能转动，与风扇支架干涉，导致胎压转换器插头底座脱落，胎压传感器线路断开，刹车风扇组件、刹车风扇马达和衬套、主轮大螺帽均有擦伤，完成全部损伤的部件更换后，测试正常。

车间修理发现胎压转换器轴承封盖损坏脱出，胎压转换器轴承卡阻，无法转动；同时插头上的一颗螺钉剪切断，另一颗螺栓松动。

分析认为本次事件的主要原因是轴承失效卡阻，导致胎压转换器转子无法与轮子同步，轮压的插头部分与风扇支架干涉，支架断裂，插头损坏，导线撕裂。

四、工程措施

1. 定期拆下更换定子和转子轴承，以避免卡阻造成的部件损伤。间隔：每 8000 FC。

2. 由于换轮时间及环境影响，清洁执行效果不佳。在 C 检中增加拆下胎压转换器进行彻底清洁，同时进行相关检查，避免碳粉集聚造成的卡阻。

3. SB 4305890050-32-196 指出，16907 序号之前的部件可能存在插头螺钉不正确的安装，容易导致螺钉松动，导致插头掉落。建议检查并更换受影响的螺栓。发布 EO 执行该 SB，避免因螺栓松动丢失导致的部件打伤。

4. 发布维护提示，强调维护人员在执行换轮时，清洁碳粉并检查胎压转换器能够自由转动，尽可能减少因碳粉堆积而导致胎压转换器轴承过早出现卡阻造成损伤情况。

五、参考报告

《A330-32-20200214 胎压转换器损伤工程调查》。

类别三　备用刹车脚蹬软的故障

一、故障现象

某 A330 飞机短停反映有备用刹车故障，踩左脚蹬无刹车压力，停场排故。机务人员带相关器材前往排故，检查发现左侧备用刹车主作动筒 5422GG 有渗油、壳体变形，更换脚蹬主作动筒，勤务备用刹车系统后测试正常，飞机放行。

二、风险等级

一般风险

三、原因分析

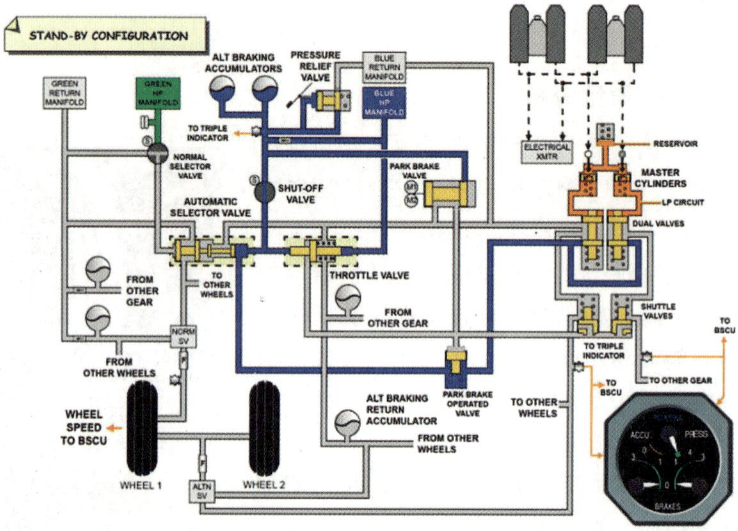

A330 刹车系统包含正常刹车和备用刹车，通过脚蹬的位移来引入飞机绿系统的液压压力，以达到飞机主论刹车使飞机减速的目的。正常方式与备用方式不同的地方，是传输脚蹬位移信号的功能件不一样。正常方式是通过刹车脚蹬传感组件（BRAKE PEDAL TRANSMITER UNIT），而备用刹车方式是通过脚蹬作动筒（MASTER CYLINDERS）。

本次故障短停反应有备用刹车故障，踩左脚蹬无刹车压力，检查发现脚蹬作动筒漏油。当脚蹬作动筒漏油时，无法正常输出液压压力，表现为刹车脚蹬软。车间修理发现作动筒壳体漏油，更换壳体、筒、封圈等，测试合格。

空客承认在 FCOM 的机组准备工作中执行检查，如果检查异常则会导致航班延误，同时空客也收到其他航司的反馈，在机组执行 FCOM 手册中备用刹车检查不通过，会导致航班延误事件。空客正在计划修订 MPD，增加相关检查任务。建议航司可参考 FCOM 程序的检查方法或参考 AMM32-43-00-710-801，对备用刹车系统执行检查。

四、工程措施

增加备用刹车系统操作检查。间隔：800 FH。

五、参考报告

《A330-32-20201110 备用刹车脚蹬软工程调查》。

类别四 前起落架减震支柱漏油故障

一、故障现象

事件 1：某架 A330 飞机在航前检查发现前起落架减震支柱有漏油痕迹，启用备用封圈后正常，飞机放行。本次航班延误 25 min。

事件 2：另一架 A330 飞机推出后发现前起落架漏油，拖回机位检查。航班换机执行，延误 172 min。地面启用前起落架减震支柱备用封圈，并对前起落架减震支柱进行油气勤务，检查正常。

二、风险等级

一般风险

三、原因分析

更换前起减震支柱封圈，检查发现主封圈损坏，因此确认是由于主封圈损坏导致漏油。

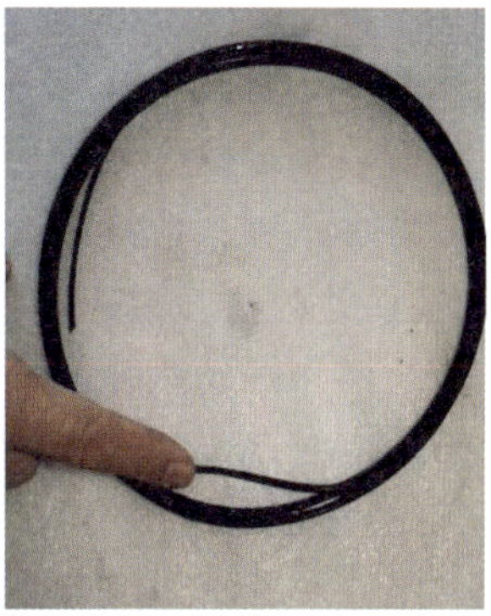

空客 ISI 32.21.00010 说明当用户发现前起减震支柱从下轴承漏油到镜面时，先根据备用封圈启动程序 AMM 32-21-13-860-801 中的子程序 AMM subtask 32-21-13-860-060 确认是否是主封圈漏油；如果确认是主封圈漏油，再启动备用封圈。启用备用封圈需要 15～20 min 时间。

备用封圈可视为是和主封圈完成等效的且全新的封圈。AMM 32-21-13-860-801 说明，如果确认是主封圈漏油，在启动备用封圈后，最晚必须在下次 C 检时更换封圈。

四、工程措施

1. 发布前起启用备用封圈的 APS 指南，以帮助工作者熟悉操作流程，减少航班延误。

2. 在确认启用前起备用封圈所需套筒的信息后，将要求在 A330 随机航材工具箱中配备相关的套筒，以保证在外站发生漏油后有工具启动备用封圈。

五、参考报告

《A330-32-G-20210813 前起落架减震支柱漏油故障工程调查》。

第十三节　ATA34 导航系统

类别一　气象雷达故障

一、故障现象

某架 A330 飞机执行航班时，空中机组反映气象雷达故障，因航路天气有雷雨备降长沙。更换气象雷达驱动组件，测试正常，延误 339 min。

二、风险等级

一般风险

三、原因分析

该机安装双套 Collins 的 WXR-2100 Multiscan 气象雷达，WXR-2100 Multiscan 雷达由 1 个控制组件、2 套收发机、1 个天线驱动组件和 1 个平板天线构成。

调查发现飞行中 CAPT ND 和 F/O ND 上显示警告信息“WXR ANT”（气象雷达天线），说明雷达天线失效。

使用 1 号雷达时，产生故障信息“WXR ANTENNA（11SQ）”（气象雷达天线），后切换至 2 号雷达，几分钟后再次产生“WXR ANTENNA（11SQ）”（气象雷达天线），根据故障代码情况，基本指向故障源天线驱动组件，更换驱动组件后，测试正常，故障排除。本次故障驱动组件为原装机件，装机时长 36420FH，本次拆下后发现左右转动锁死，只能上下转动，怀疑内部轴承磨损导致驱动组件卡死。

四、工程措施

1. 一般目视检查雷达罩，间隔：48 MO。

2. 厂家建议 5～6 年拆下驱动组件送厂保养，后续跟踪机队故障情况，评估是否定期拆下驱动组件送厂保养。

五、参考报告

《A330-34-20200727 A330 气象雷达故障导致备降工程调查》。

类别二　TCAS 天线故障

一、故障现象

某架 A330 飞机从北京飞至广州后，短停时突然出现 ECAM 警告信息“NAV TCAS FAULT”，更换 TCAS 计算机后故障依旧，根据 TSM 34-43-00-810-802-A 和 MT-3303443-001_R00 进行排故，更换 TCAS 系统上天线。后续航班换机执行，航班延误 113 min。

二、风险等级

较大风险

三、原因分析

TCAS 系统用于探测并显示附近区域的飞机，计算并显示潜在的相撞威胁，触发垂直速度指令，以防止相撞。该系统包括：一部 TCAS 计算机，2 个 TCAS 天线（上下各一个），2 个 S 模式 ATC 应答机和一个 ATC/TCAS 控制面板。

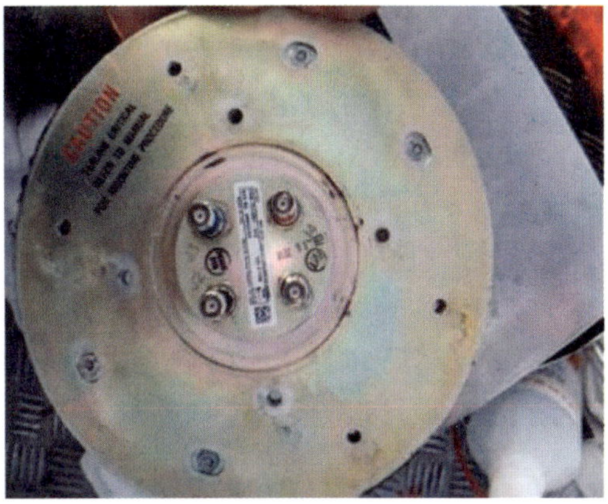

7 月 9 日，该机短停时发现 TCAS FAULT 信息，由于当时发动机处于 OFF 状态，故无 QAR 监控数据。查 2021 年 6 月至 9 月系统数据，无 TCAS 系统相关故障或信息。

TCAS BITE TEST 结果指向 TCAS 上天线，测量计算机和上天线端的连接头电阻值，阻值超标，本次故障为突发的 TCAS 上天线故障导致。

空客 ISI 34.00.00096 Antennas-Recommendations to avoid the water ingress phenomenon，给出 TCAS 天线水入侵情况的说明和判断方法。

四、工程措施

1. 根据空客 ISI 34.00.00096 发布维护提示，给出 TCAS 天线水入侵情况的说明和判断方法。
2. 功能测试 TCAS 天线。间隔：24 MO。
3. 一般目视检查 TCAS 天线。间隔：24 MO。
4. 功能检查 TCAS 天线（测量阻值）。间隔：24 MO。

五、参考报告

《A330-34-G-20210922 A330 飞机 TCAS 天线故障工程调查》。

类别三　双 VOR 无指针显示工程调查

一、故障现象

某航 A330 飞机浦东航前机务检查，发现左右 ND 上两部 VOR 无指针，无其他故障信息和现象。排故系统自检测试正常，将本机两 VOR 与其他飞机对串，故障转移。航班换机执行，出港航班延误。

二、风险等级

低风险

三、原因分析

飞机 VOR 接收机系统的信号接收，与飞机的高度以及飞机和地面 VOR 电台间的距离相关。飞机 VOR 接收机灵敏度降低，可能使飞机在地面无法接收到信号，但飞机距离 VOR 电台更近，飞机高度增加时，VOR 电台指示可恢复。

译码分析 B-5951 近期航班（均为浦东-台北-浦东航线），凡浦东出发的航班，只有在飞机离地后才有单侧或者两侧 VOR 角度输出的情况（对应 ND 有 VOR 指针指示），但对于台北出发的航班，两侧 VOR 均持续有角度值输出。两部 VOR 接收机送修后，车间检测发现灵敏度均为-88dB，偏低，主要原因部件 A4 电路板上中频混频器出现问题。VOR 接收机灵敏度，飞机系统的门限值与部件修理的门限值不同，部件灵敏度降低，但未超出系统门限值，所以导致 ND 无指针显示，但没有触发系统故障信息的情况。

综上，此次故障主要原因为两部 VOR 接收机灵敏度下降，其次浦东机场个别停机位会影响到地面 VOR 电台信号的接收。

四、工程措施

对于 VOR 系统在 ND 上无指针显示、系统自检测试正常的情况，可通过串件和使用前序航班的 QAR 译码数据，辅助判断 VOR 接收机灵敏度的情况。

五、参考报告

《A330-34-G-20220304 双 VOR 无指针显示工程调查》。

第十四节　ATA36 引气系统

类别一　“AIR ENG 1BLEED NOT CLSD”警告故障

一、故障现象

某架 A330 飞机落地关车后，出现警告信息“AIR ENG 1 BLEED NOT CLSD”（1 号发动机引气活门不在关闭位），故障信息“PRESS REG-V（E1-4001HA）/SOL（7HA1）”，SD 页面 PRV1 指示为琥珀色开位。

复位无效，开 C 涵道检查左发 PRV 本体指示销在靠近 CLOSE 位（如图），人工转动 PRV 驱动轴，SD 页面 PRV 指示仍在开位。检查电插头正常，本机对串 BMC1 和 BMC2，故障依旧。保留放行，航班延误 67 min。航后更换 PRV 后测试正常。

二、风险等级

一般风险

三、原因分析

本次故障是发动机关车后 PRV 未能在规定的 10 s 时间内回到关闭位，导致触发警告“AIR ENG1 BLEED NOT CLSD”（1 号发动机引气活门不在关闭位）。经过多次测试，PRV 的指示仍在打开位，导致需要参考 MEL 保留左发引气，造成航班延误。

根据译码回程航班，左发 PRV 按 MEL 的 M 程序锁定至关闭位后，在飞机起飞前仍然指示在开位，当 N1 转速增加到 50%后，PRV1 指示变为关闭，恢复正常。落地后左发 PRV 指示也是琥珀色关闭位，指示恢复正常。

拆下的 PRV 送修理车间检查，人工转动 PRV 驱动轴也没有发现卡阻，因此可以确认本次警告是由于 PRV 内部位置指示间歇性故障引起的。

空客 TFU 36.11.00.111 跟踪活门未关闭故障，认为是发动机关车时 PRV 关闭的时间超过了 BMC 的确认时间，认为 PRV 没有正常关闭，触发警告。建议在发动机关车前，开启 APU 引气和交输引气，确保 PRV 下游有足够压力；出现故障可尝试复位，复位成功则不需进一步工作；更换 PRV 前建议进行健康检查。

四、工程措施

1. 通过空地交流提醒机组按 FCOM 操作；
2. 发布维护提示要求一线工作者按 TFU 36.11.00.111 要求操作。
3. 对引气系统进行健康检查。间隔：12 MO。

五、参考报告

《A330-36-M-20210713 A330 的“AIR ENG 1BLEED NOT CLSD”警告工程调查》。

类别二　引气活门 PRV 故障

一、故障现象

某航司 A330 机队发生 4 起故障，其中 1 起发生在航后，1 起发生在飞机封存期间，最后 2 起都发生在起飞阶段，出现“AIR ENG 2 BLEED NOT CLSD”（2 号发动机引气活门未关闭）、“AIR ENG 2 BLEED FAULT”（2 号发动机引气失效）ECAM 警告，更换 PRV 后正常。

二、风险等级

一般风险

三、原因分析

PRV 故障主要表现为“AIR ENG BLEED NOT CLSD”和“AIR ENG BLEED FAULT”两种类型。

1. ECAM 显示“AIR ENG BLEED NOT CLSD”，故障原因：发动机关车时，如果 APU 没有引气，PRV 下游就没有足够的压力来关闭引气活门；PRV 反应慢；PRV 关闭时间超过 BMC 确认时间；BMC 对活门关闭的监控逻辑问题。

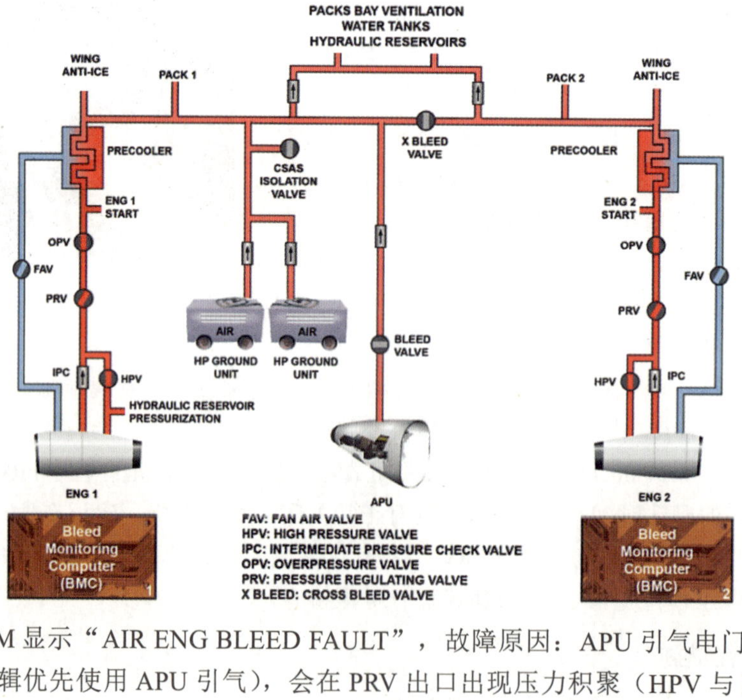

2. ECAM 显示“AIR ENG BLEED FAULT”，故障原因：APU 引气电门 ON 状态起飞（BMC 逻辑优先使用 APU 引气），会在 PRV 出口出现压力积聚（HPV 与 PRV 之间不同的内漏可能加剧这种压力积聚），由于 PRV 的高进口压力使得 PRV 锁在了关闭位，不能打开。

3. 车间检查发现部分 PRV 活门因长期停放，活塞和蝶阀轴承存在腐蚀，导致活门卡阻无法正常打开。空客 OIT 999.0037/20 介绍，有一些航空公司反馈，在飞机停场后，由于引气部件卡阻，造成飞机返航事件。引气系统部件在停场期间受湿气影响，存在腐蚀风险，易造成活门运动迟缓或者卡死，如果飞机停放在环境恶劣的地区，会加剧这种情况。为了降低飞机停场对引气系统部件的影响，重新“激活”活门，减少部件误拆换，空客建议缩短停放期间的慢车功率引气测试间隔，以及通过高功率测试引气系统确定引气故障。

四、工程措施

1. 加强空地交流，提醒机组按 FCOM 操作。

2. 编写维护提示，提醒一线工作者在试车时按要求操作。

3. 修订停场恢复工卡：PARKING 期间不同停场时间采取不同的引气测试，要求统一修订为大功率操作测试引气系统。

4. 为了减缓飞机 PARKING 期间引气活门腐蚀的进程，干燥引气部件，在飞机停放每 7 天进行地面检查工卡中增加步骤：慢车操作测试引气系统。

5. 在封存指导手册新增内容：

（1）针对未进入 PARKING 停场的飞机，为避免潮气对引气部件的影响，恢复运营前执行慢车测试引气系统；如期间还遭遇降雨，建议停雨后尽快执行一次慢车测试引气系统。在有条件的情况下，建议恢复运行前高功率测试引气系统，因为高功率可测试 PRV 的动态调压功能。

（2）在进行高功率测试引气系统时，建议循环两次推油门动作，目的是二次确认 PRV 在推油门期间动态调节引气压力功能正常。

（3）在测试期间如有引气故障，参考 OIT 999.0037/20 流程图排故。

五、参考报告

《A330-36-P-20210221 引气活门 PRV 故障工程调查》。

第十五节　ATA38 水和污水

类别一　水关断活门故障

一、故障现象

A330 飞机水关断活门发生多起非计划拆换，对航材运行造成较大压力，因此，展开针对该关断活门的专项工程调查。

二、风险等级

低风险

三、原因分析

非计划拆换原因主要表现为漏水（51%）、自动冲水（10%）、不工作（5%）等。车间报告该件分解发现脏，污染严重，结合面和封圈有肉眼可见的杂质。主要更换部件包括提升阀、柱塞、开口销、封圈等。

1. 漏水的原因有：柱塞与结合面封圈损坏、污物导致密封不良或失效、提升阀和柱塞连接销失效导致柱塞与结合面密封失效。

2. 自动冲水原因：电压输出不正常，一直在低电位，导致 FCM 认为水关断活门一直在开位，则 FCM 会每 45 s 执行冲水循环，马桶自动冲水。

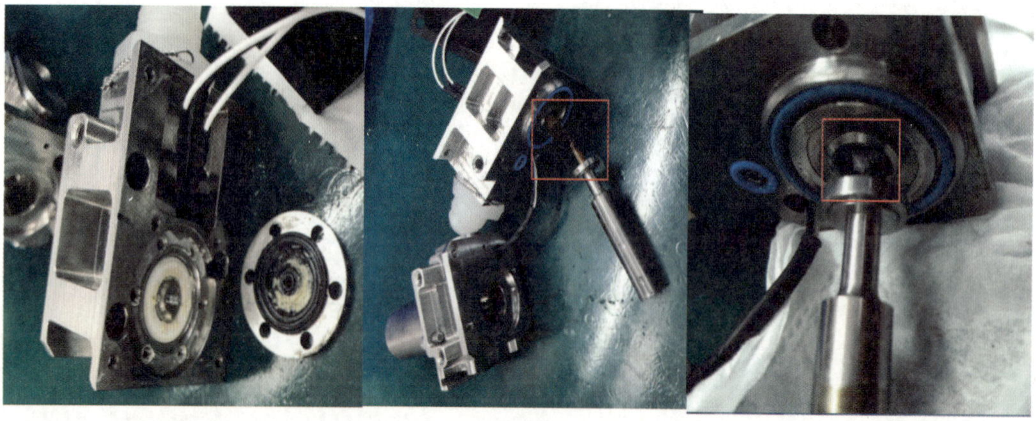

四、工程措施

将水关断活门定义为消耗件，故障拆换后不再送修。

五、参考报告

《A330-38-20200120 水关断活门 WV9135-01 工程调查》。

第十六节　ATA52 舱门系统

类别一　舱门位置探测故障

一、故障现象

某 A330 飞机执行杭州—深圳航关，杭州关门前发现 PSCU 的跳开关 P41 跳出，且 ECAM 有故障警告“DOOR POS DET 1+2 FAULT”（1 或 2 号舱门位置探测故障），同时系统页面所有的舱门指示 XX。复位 P41 跳开关后正常。关舱门后跳开关再次跳出，复位无效，重装计算机后完成 PSCU 和 ASPCU 测试正常。航班延误 124 min。

二、风险等级

一般风险

三、原因分析

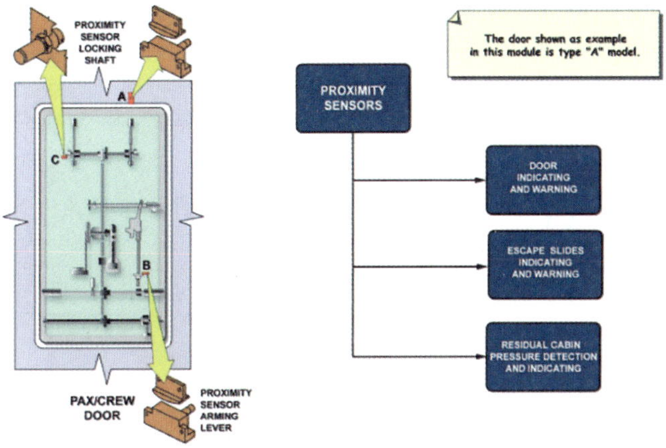

根据排故过程，杭州航前第一次按 TSM subtask 52-35-00-810-050-B 复位 721VU 和 722VU 上 2MJ、3MJ 跳开关无效。第二次按 TSM Subtask 52-35-00-810-097-B 脱开 PSCU 计算机复位成功。深圳预防性更换计算机。

根据故障现象，ECAM 有警告信息 DOOR POS DET 1+2 FAULT，门指示 XX，无相关故障信息，应参考 TSM 52-35-00-810-829-A 执行排故。本次排故第二次执行计算机脱开复位后故障消除。

空客 TFU 52.71.34.005 介绍，PSCU 的短路保护功能探测到瞬时的失电，会导致 PSCU 双通道被关闭，在 PSCU 每个通道的 28VDC 自动恢复时，出现双通道不一致，最后会导致计算机双通道故障。此故障可以通过复位解决。

四、工程措施

1. 厂家发布了 VSIL D1347-33-065，ASPSU 部分序号存在施工质量问题，对受影响的部件主动拆下送修。
2. 对自动备用电源组件（ASPSU）进行自检。间隔：6000 FH。
3. 检查自动备用电源组件（ASPSU）的电池容量。间隔：6000 FH。
4. 操作检查舱门警告系统。间隔：6 YE。

五、参考报告

《A330-52-G-20210208 舱门位置探测故障工程调查》。

类别二　飞机舱门区域噪声

一、故障现象

某 A330 飞机执行航班时，乘务员反映飞行中左 2 号门有啸叫声；短停做增压测试并检查渗漏情况，飞机放行；后续航班仍然出现啸叫声，航后对左 2 号门噪音大排故，增压测试发现左 2 号门封严板和附近部分紧固件漏气。

二、风险等级

一般风险

三、原因分析

噪声来源最可能是防磨板区域。防磨板组件是不锈钢材料，通过螺接方式固定在门框结构上，用来保护门框结构免造意外损伤。安装时，需要在接合面上施涂密封胶并使用真空袋方式加压，使之受力均衡、贴合紧密。

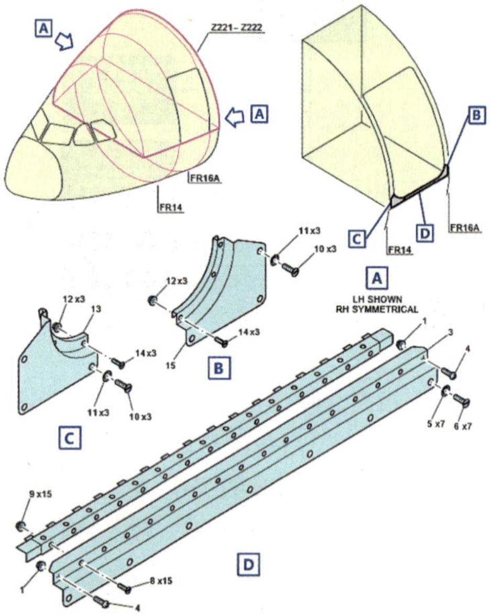

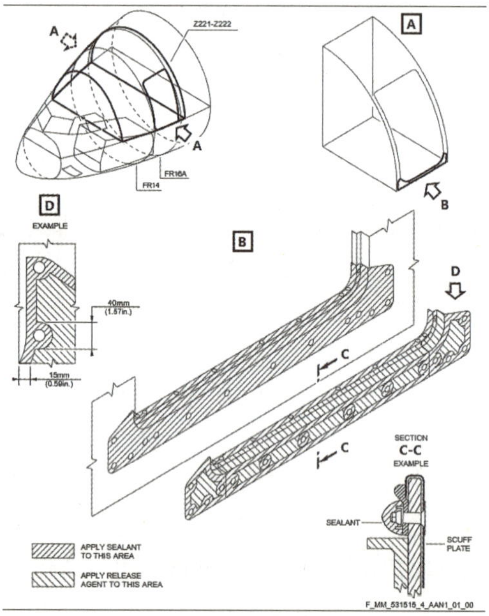

出现噪声的原因有以下几种：

1. 当防磨板没有严格按工艺标准进行安装时，不能保证密封性能，会导致漏气，继而产生噪声。

2. 当防磨板接合面的密封胶老化导致密封性能下降，以及防磨板受外力撞击产生一定松动或形变时，也会导致漏气，继而产生噪声。

四、工程措施

1. 对于该架飞机的修理，应重点关注防磨板区域的防磨板安装工艺标准。

2. 下发维护提示：

（1）提示舱门区域噪声产生的可能原因，包括防磨板原因；

（2）下发维护提示，提示在防磨板安装时，应严格遵守工艺标准，比如真空袋加压法。

五、参考报告

《A330-52-G-20210208 飞机舱门区域噪声的工程调查》。

第十七节　ATA54 短舱 吊挂

类别一　PW4170 机队反推滑轨整流罩及支架损伤

一、故障现象

A330 飞机 PW4000 系列发动机反推滑轨整流罩组件在运营中经常出现前整流罩和/或整流罩支架裂纹，造成飞机停场修理或必须拆除整流罩和支架，然后按 CDL 保留放行飞机。

二、风险等级

一般风险

三、原因分析

该反推滑轨整流罩组件安装在反推组件的 6 点和 12 点钟位，属于高震动区域；OEM 厂家设计制造的滑轨前整流罩和支架分别为 0.040inch 厚和 0.032inch 厚的铝合金材料，疲劳强度不够；原始安装的铆钉为 MS20615-5M*蒙乃尔材质，在安装成型过程中容易造成整流罩和支架上的紧固件孔膨胀而产生微裂纹；整流罩最前端迎风面受力较大，原厂家整流罩前端采用拉钉安装的方式紧固性能不足，拉钉容易松动造成整流罩从反推结构上剥离、撕裂。

四、工程措施

1. 加强过站/航后对反推整流罩的检查标准，尽早在基地发现问题并及时处理，避免大的运行影响。

2. 把前整流罩支架的材料改为 0.040inch 厚的 301CRES，增加此位置的结构支撑强度（结构强度将增加 169%）。

3. 把连接前整流罩和支架且容易产生裂纹位置的紧固件换成 MS20470D5-*铝合金铆钉，尽量减少整流罩修理安装过程中产生的微裂纹。

4. 延长原整流罩支架下方的垫片并安装修理紧固件，使得此处结构件叠加呈台阶状过渡，减少应力集中。同时可以减少整流罩上第一颗和第二颗紧固件之间的间距，以减少由于整流罩纵向受压时，因为紧固件间距过大而产生的鼓动和裂纹。

5. 对于频繁拆装紧固件后的反推平移罩上所有紧固件开孔，采用填入树脂胶和碎碳纤维混合物的方式进行修补，并视需在结构外表层安装湿铺层以增加紧固件孔周围结构的强度和提高抗疲劳性能。

6. 对于整流罩前端采用反面安装底座安装条、正面安装螺杆的方案，彻底解决了安装不牢靠的问题。（此方案已被普惠厂家认可和接受，且该方案将加入到以后的修理手册中。）

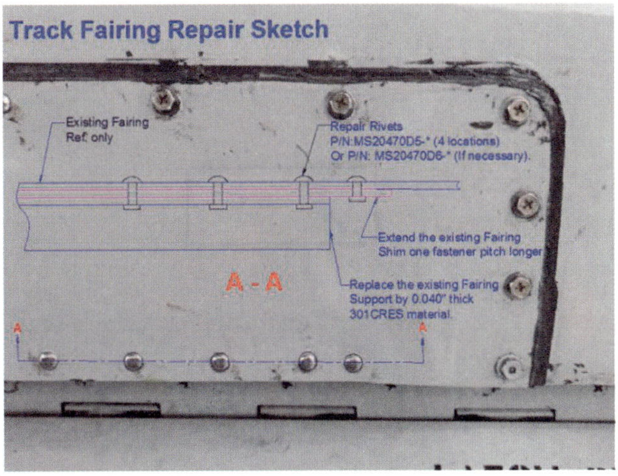

五、参考报告

《A330 PW4170 反推滑轨整流罩调查》。

第十八节　ATA57 大翼

类别一　缝翼止动装置损伤

一、故障现象

A330 缝翼止动装置的止动点磨损、断裂及相关的盖板断裂。

二、风险等级

一般风险

三、原因分析

缝翼止动装置，在缝翼收回时，减少巡航在和引起的缝翼变形，保证大翼前缘气动外形。B-6532（广州 A330，PW4000）执行 CZ3512（杭州—广州）航班，在杭州短停，发现左大翼 1 号缝翼止动缓冲块安装底座疑似有裂纹。检查发现止动螺杆头断，hold down pad 破损，更换 hold down pad，螺杆回广州处理。

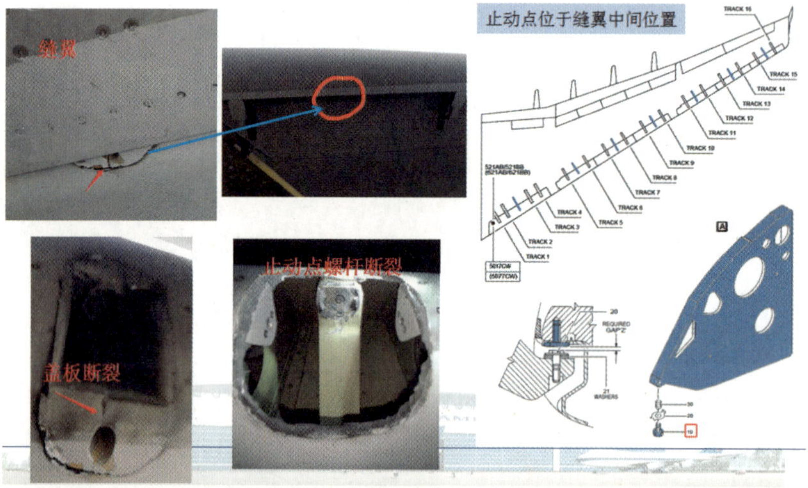

完成全机队 48 架飞机的普查，其中 15 架飞机有问题，涉及 49 个位置的止动点，相对较多的是 1#、3#、4#。

四、工程措施

缝翼止动方面的故障，日常维护并不容易主动发现，发布 EO 检查 A330 机队缝翼止动装置。间隔：结合最近的 A 检完成首次检查，以后每次 C 检进行重复。

五、参考报告

《TBG-ME57-201903960 A330 缝翼止动装置损伤调查》。

第三章

A350 机队医典

第一节　ATA21空调系统

类别一　空调组件管路松动

一、故障现象

空客通过AirTHM监控到一架A350飞机执行广州—昆明航班时，空调组件2出现异常，根据其运行经验，怀疑空调组件2有管路脱开，建议待飞机回主基地后执行目视检查。检查发现两根软管松动但没有脱开，重新拧紧卡箍后，测试无渗漏。本次事件无后果。

二、风险等级

一般风险

三、原因分析

地面检查发现两根软管松动，但没有脱开，重新拧紧卡箍后，测试无渗漏。

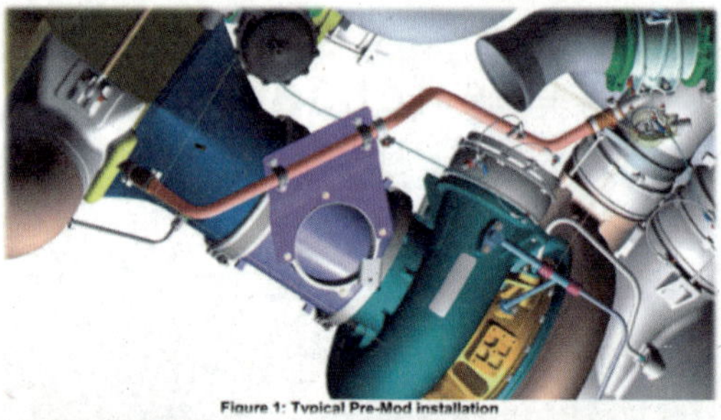

Figure 1: Typical Pre-Mod installation

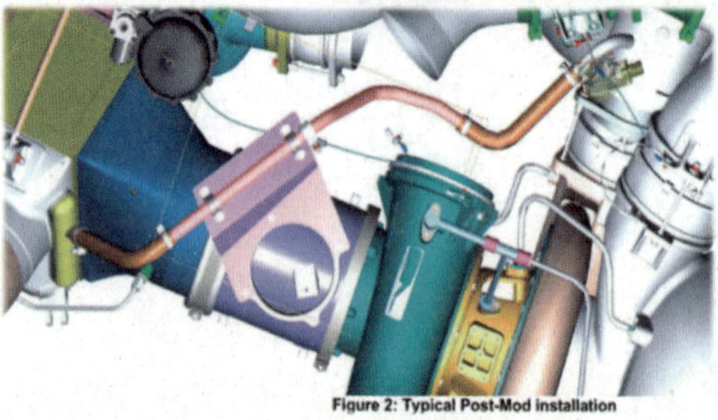

Figure 2: Typical Post-Mod installation

该管路（PN：67041956-1）位于空调组件ACM压气机出口管道和再加热器-冷凝器出口管道之间，通过引流压气机出口的热空气（180 °C/70PSI）为冷凝器提供防冰保护。在该管路断开的情况下，不会触发维护信息，因为产生的泄漏比较轻微。如果出现不太可能的严重渗漏，过热探测系统OHDS会触发“PACK1（2）LEAK”的放行信息。

空客曾对该管路进行改进，增加了柔性连接软管的长度，同时对软管进行预弯曲，更适应振动导致的位移，以期解决松脱的问题。但本次松脱的软管已经是改装后的软管。

四、工程措施

本次是新构型软管全球第一次出现松动，空客和厂家跟进调查。同时空客将持续进行监控，一旦发现异常会及时通知航司进行预防性维护，该服务是永久免费的。

五、参考报告

《A350-21-20201110 R0空调组件管路松动故障工程调查》。

第二节 ATA22 自动驾驶

类别一 EFIS 控制面板失效

一、故障现象

一架 A350 飞机执行广州—北京大兴航班，等待推出指令时出现 ECAM 信息“CAPT EFIS CONTROL PANEL FAULT（机长侧 EFIS 控制面板失效）”，机组按程序复位没有成功，将情况通报机务和签派，取消推出申请。按机务要求进行数次复位，均不成功，机务办理保留放行，机组收到签派新放行单后，重新申请推出开车，航班延误 1 h。后续更换 FCU 后 EFIS 控制功能测试正常。

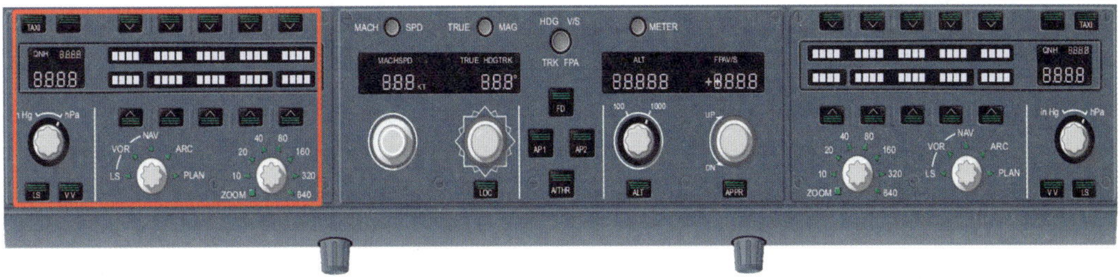

二、风险等级

低风险

三、原因分析

每个 EFIS CP 与同侧 PFD 和 ND 相连，分别提供机长和副驾驶与 EFIS 各种显示和功能互动，可使用 EFIS CP 显示 ND 上的天气、地形和交通信息。当 EFIS 面板单侧失效时，同侧的 MFD 可以开启 FCU 备用功能来实现备份，但 TAXI 和 ZOOM 方式无法使用。当 EFIS 面板双侧失效时，左右 MFD 均可作为备份，同时会造成机场导航功能和 BTV 的机场选择功能无法使用。

本次故障源指向明显，更换 FCU 后 EFIS 控制功能测试正常。

四、工程措施

FCU 已是最新构型，这是 A350 机队第一次故障，暂无其他建议。

五、参考报告

《A350-22-20201210 R0 EFIS 控制面板工程调查》。

第三节　ATA24 电源系统

类别一　VFG 滑油量低和脱开故障

一、故障现象

某架 A350 飞机滑入停稳后，机务第一时间插上了转弯销子，飞机出现了“ELEC DRIVE 2B OIL LEVEL MONITORING”（电驱动 2B 滑油水平监控）放行信息。在复位过程中，出现了“ELEC DRIVE 2B DISCONNECTED”（电驱动 2B 断开）故障信息，按 MEL 放行飞机，到达目的地后复位 VFG 2B，并做试车验证 VFG 2B 恢复供电正常。

执行下一个航班，落地单发工作滑行进停机坪时，出现了“ELEC DRIVE 2A OIL LEVEL MONITORING”（电驱动 2A 滑油水平监控）和“ELEC DRIVE 2B OIL LEVEL MONITORING”（电驱动 2B 滑油水平监控）放行信息，经复位，信息消失，正常放行飞机，回程航班未再出现相关信息。

二、风险等级

低风险

三、原因分析

低滑油量监控程序通过远程滑油水平传感器确定滑油量情况。当飞机落地且发动机关闭 6 min 后，ROLS 测量并传输滑油量数据。同时，为了避免牵引飞机的正仰角导致虚假的低滑油量警告，前起落架牵引锁销的在位会抑制低滑油量监控程序的工作。当满足低滑油量监控程序工作条件且传感器探测到低滑油量时，GCU 触发“ELEC DRIVE XX OIL LEVEL LOW”（电驱动 XX 滑油量低）放行信息。

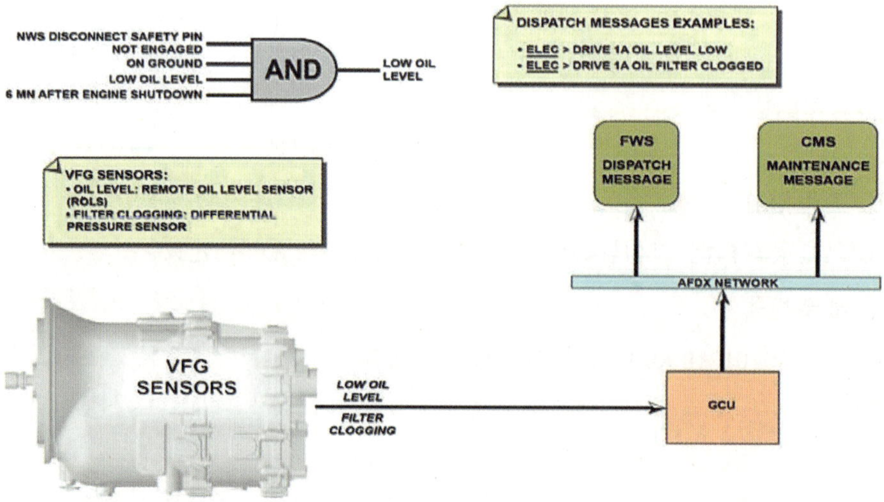

空客确认在 ROLS 测量传输数据过程中，如果发电机电门发生松出/按入循环操作，将触发至少一条“ELEC DRIVE XX OIL LEVEL MONITORING”放行信息。通过再次松

出/按入循环操作发电机电门，可复位重启低滑油量监控程序。根据空客对本次航班 CMS 数据包的解码分析确认，在复位重启低滑油量监控程序的过程中，“DRIVE”电门被按入，VFG 2B 被人工脱开，触发“ELEC DRIVE 2B DISCONNECTED”故障信息。

根据 TFU 24.22.00008，由于 ROLS 只有两种滑油量状态数据（正常和不正常），当飞机进行单发滑行时，飞机的运动引起滑油水平面的震荡变化，超出 ROLS 的测量范围，导致未运转发动机一侧的 ROLS 识别为错误的滑油量状态（不正常），触发虚假的“ELEC DRIVE XX OIL LEVEL MONITORING”放行信息。空客计划在 2021 年发布软件升级 FWS S7/2.0，在 PF02 和 PF12 阶段抑制“ELEC DRIVE XX OIL LEVEL MONITORING”放行信息的触发。

四、工程措施

1. 定期检查发动机 VFG 滑油量，并按需加油。间隔：7 DY。
2. 跟踪相关软件升级 SB 的发布，并评估 SB 的适用性和可执行性。

五、参考报告

《A350-24-G-20210228 R0 VFG 滑油量低和脱开故障工程调查》。

类别二　汇流条监控继电器故障

一、故障现象

某架 A350 飞机在成都起动发动机后出现“ELEC AC EMER 1 BUS 230V+115V FAULT”（交流电源紧急汇流条 1 230 伏+115 伏失效）警告和“ELEC BUS BAR”（电源汇流条）放行信息，机务更换 3XH1 继电器后测试正常。航班延误 122 min。

二、风险等级

一般风险

三、原因分析

EPDS（电源分配系统）包括两个 EPDC（电源分配中心），分别用于飞机两侧电源系统的控制和接口，包括一系列电气部件，如电路板、接触器、继电器等。3XH1 继电器连到 EMER BUS 1，分别给 FWC 和 EPDS 监控信号。继电器本身故障时，会触发相关的故障信息，不影响汇流条的正常工作。

飞机发动机起动后，出现“ELEC AC EMER 1 BUS 235V+115V FAULT”（FC：2454W010）和“ELEC BUSBAR”（FC：2454H011），滑回进行 EPDS 系统测试记录 RELAY-AC XH，1（3XH1）/EDIU-1（1405XZ）（FC：24X1F36E），更换继电器 3HX1 时发现其异常发热，更换后测试正常。

此次继电器 3XH1 故障属于 TFU 24.71.00.018 描述的故障模式，继电器线圈和二极管短路导致继电器跳开，属于继电器本身的质量原因。

四、工程措施

1. 编写维护提示，要求记录电源系统监控继电器故障信息。
2. 增加继电器备件。

五、参考报告

《A350-24-G-20210511 R0 汇流条监控继电器故障工程调查》。

第四节　ATA25 设施设备

类别一　ELT 误触发问题

一、故障现象

某航自 2018 年底开始使用 A350 飞机运行第一班国际长航线以来，共发生 4 起紧急定位发射机（ELT）因水汽入侵导致误触发问题。部分情况下，无法通过 ELT Reset 使其终止发射，只能拆除 ELT 并更换支架。另一家航司也已发生一起该事件。据了解，该问题在国外航空公司已发生过多起。

二、风险等级

一般风险

三、原因分析

空客发布 TFU 25.69.00.002，说明固定式 ELT 位于乘务员休息室顶板上方，当此区域有较多冷凝水存在时，会造成水汽进入 ELT 支架，导致电路板短路进而触发 ELT 信号误发射。

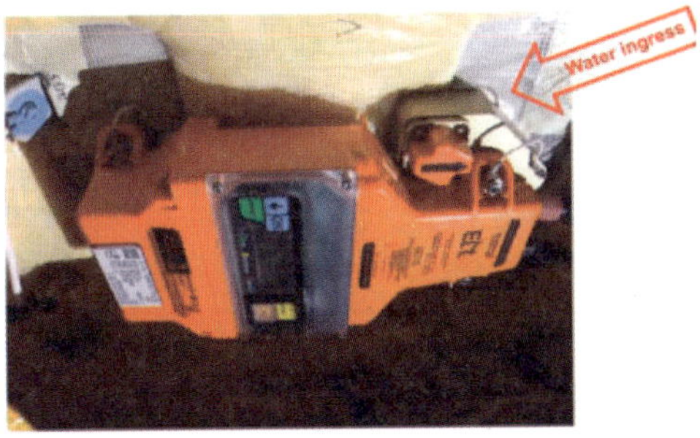

空客发布 SB A350-25-P154_R00，通过加装隔板和密封、更换防水插头等措施来隔绝水汽以保护 ELT 支架，并说明从 MSN 395 开始在生产线完成该改装方案。

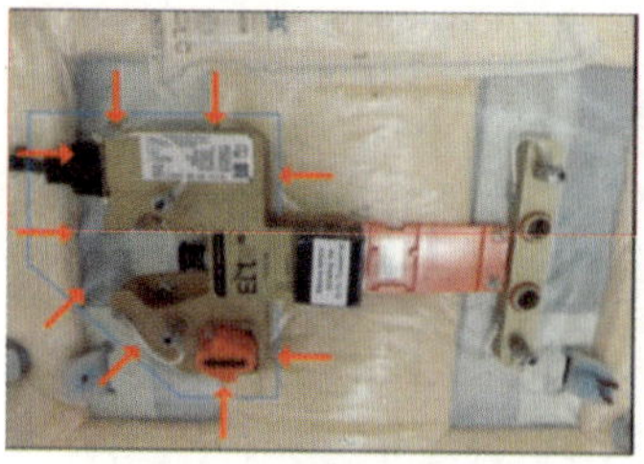

图 1　加装隔板

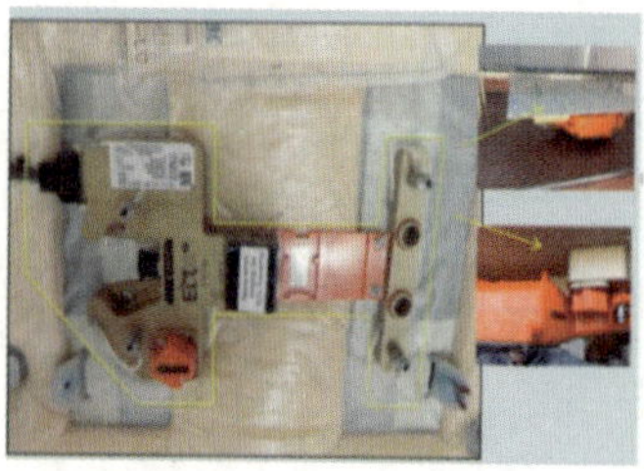

图 2　加装密封

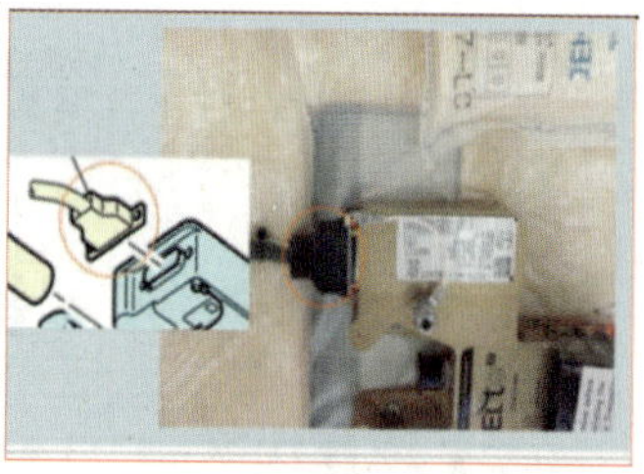

图 3　更换防水插头

四、工程措施

1. 一般目视检查自动固定式 ELT 系统的安装情况。间隔：12 MO。

2. 拆下自动固定式 ELT 支架送车间检查其加速度传感器。间隔：12 MO。

3. 操作检查自动固定式 ELT 系统。间隔：12 MO。

4. 对 ELT 区域进行检查，隔离乘务员休息室加湿系统，并对 ELT 支架进行封胶。

5. 执行 SB A350-25-P154-R00 改装。

6. 改装未完成期间，一旦发生 ELT 误触发事件，采取 TFU 所给出的临时措施进行处置：重置 ELT 终止信号发射（具体操作方法可参考 ECA AEROSPACE SIL 19Q20120A），如果无法重置则需更换 ELT 和 ELT 支架。若无可用备件，则可拆下 ELT 并向空客申请 TA（按 MEL 项目 25-69-01A）放行，后续可通过更换 ELT 支架排除故障。

五、参考报告

《A350-25-20191126 R3 ELT 误触发问题工程调查》。

第五节　ATA27 飞行操纵

类别一　外侧副翼黄系统伺服作动器故障

一、故障现象

某架 A350 飞机在短停检查时有“F/CTL L OUTR AILERON Y ACTUATOR”（飞控左副翼外侧黄系统作动筒）故障信息。办理保留时 M 程序测试不通过。对换 PRIM1 和 3，故障没有转移。更换左外黄系统副翼伺服电模块 FCRM，测试正常。延误 73 min。

二、风险等级

较大风险

三、原因分析

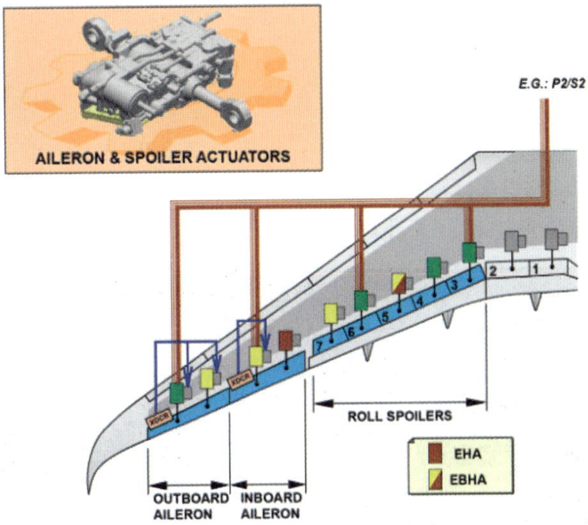

AIRMAN 监控到外侧副翼黄系统作动器故障的 DM 信息，并伴随有 FCRM 信息，外侧副翼黄系统作动器故障可按 MEL 保留，但在保留前需检查确认作动器的硬阻尼功能工作正常，根据维护程序顺序，系统先执行软阻尼功能测试，接着才能执行硬阻尼功能测试，本次在执行阻尼功能测试时发现软阻尼测试通不过，这是由于 FCRM 无法提供故障作动器和相邻的正常作动器之间的压力差值，由此也判断出 FCRM 故障，更换 FCRM 后测试系统正常，也证实了故障源。

TFU 27.00.00.093 说明，当 FCRM 故障时，无法执行阻尼功能的 BITE 测试，临时措施是建议增加备件，及在无件的情况下可以与 1 号扰流板位置的 FCRM 对换以满足 MEL 放行条件。最终措施可能是更改阻尼测试逻辑或 MEL，但还没有计划。

四、工程措施

1. 功能检查副翼作动器阻尼系数。间隔：12 000 FH。

2. 副翼、方向舵和升降舵伺服作动器故障保留时，如果阻尼测试通不过，在外站无备件的情况下建议参考 MP A350-A-27-XX-XX-A0001-921A-A，将故障的 FCRM 与 1 号扰流板位置的 FCRM 对串。

五、参考报告

《A350-27-202000601 R0 外侧副翼黄系统伺服作动器故障信息工程调查》。

类别二　缝翼系统 1 故障

一、故障现象

某架 A350 飞机执行广州—北京航班，在广州短停，推出启动后出现缝翼系统 1 故障。飞机拖回检查。参考 MEL 办理保留放行。延误 37 min。后续更换 FPPU 正常。

二、风险等级

一般风险

三、原因分析

查看有放行信息 F/CTL SLAT SYS 1 FC 2780H061 并伴随以下故障信息：

2780F5J7，SFCC-1（2CV1）/FPPU-SLAT（27CW）/WRG TO SFCC-1（2CV1）PIN AE14G

2780F5JG，SFCC-1（2CV1）/APPU-SLAT，LH（29CW）/WRG TO SFCC-1（2CV1）PIN AE14G

2780F5JL，SFCC-1（2CV1）/APPU-SLAT，RH（30CW）/WRG TO SFCC-1（2CV1）PIN AE14G

空客判断三个 PPU 当中的某一个 PPU 不正确的励磁干扰到另外两个 PPU，根据故障信息，首先出现的 FPPU 信息，建议先更换 FPPU，经对串 FPPU 上系统 1 和 2 的插头后，故障信息转移，因此判断 FPPU 故障导致缝翼系统 1 故障。

根据空客 TR 提供的信息和线路分析，当 FPPU（27CW）供电端存在短路时，会通过上游的共用接线块 5638VT001 影响相连的其他两个 APPU（29CW&30CW）的供电，导致 3 个 PPU 数据同时出现异常，触发缝翼系统 1 故障。

外观查看拆下的 FPPU，观察窗无明显水汽入侵迹象，但卡环有变形，位置指示在 0°。

四、工程措施

1. 目前 PPU 的可靠性较好，厂家无进一步措施，航材无备件，建议航材增加 1 个备件。
2. 总结本次排故逻辑，形成经验，避免误换件，减少故障确认时间。

五、参考报告

《A350-27-20201014 R0 缝翼系统 1 故障工程调查》。

类别三　襟翼抑制故障

一、故障现象

某架 A350 飞机出现“FLAP TIP BRK TEST REQUIRED”和“RETRACT INHIBIT”信息。经复位，测试正常。

二、风险等级

低风险

三、原因分析

襟翼放出时，会带动扰流板下垂，扰流板作动筒控制扰流板后缘与襟翼之间的间隙，使之达到最佳气动性能；扰流板在下垂位置发生故障，存在扰流板后缘与襟翼相互干扰的风险；PFCS 计算机检测到一些关键的扰流板故障，就会抑制襟翼收上，以避免这种干扰可能引起的潜在损伤。

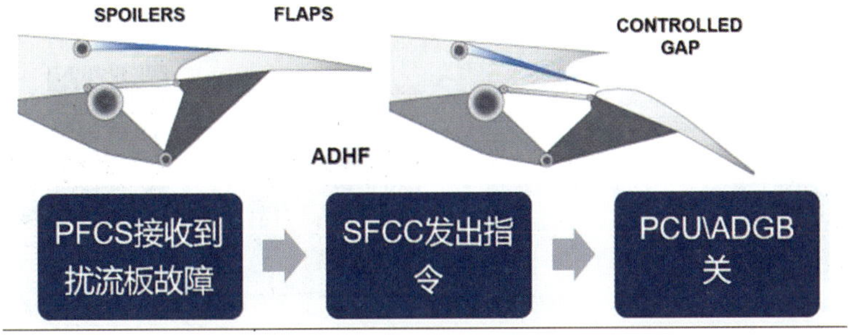

1. 真故障情况

驾驶舱效应：EWD 有相应的扰流板故障警戒；DM（Dispatch Message）页面有相关的扰流板放行信息；飞控页面相应扰流板显示琥珀色×；SFLM（Slat/Flap Limitation Memo）有“F RETRACT INHIBIT”（襟翼收回被抑制）信息。

2. 虚假信息情况

DFPPU（差动襟翼位置传感器，主要监控外侧襟翼位置）零度漂移，襟翼正确收上但 SFCC 监控仍是收上指令没有结束，自动的 WTB 测试就可能失败。

空客 TFU 27.50.00.023 已跟踪该故障，在 2020 年 2 季度推出主飞行控制系统 FCGS Standard X12 的升级。

四、工程措施

1. 执行空客发布的 FCGS 软件升级。
2. 编写维护提示，提高 A350 运行基地及外站机务学习故障处理能力。

五、参考报告

《A350-27-20200221 R0 襟翼抑制故障工程调查》。

类别四　作动筒欠阻尼模式故障

一、故障现象

全球 A350 机队发现一些不同作动筒（伺服作动筒和 EBHA）都出现欠阻尼模式，这会导致作动筒不能按指令转换到正常活动模式，从而导致 NOGO/GOIF 放行信息（根据作动筒的安装位置）。

二、风险等级

较大风险

三、原因分析

修理车间调查发现大部分原因是伺服电模块（FCRM）故障。

1. 对于电磁阀：

（1）一个故障的扰流板 EBHA 在车间发现电磁阀引线出口密封不良，湿气入侵，导致线圈开路。这是制造过程中的一个装配工艺问题导致的。

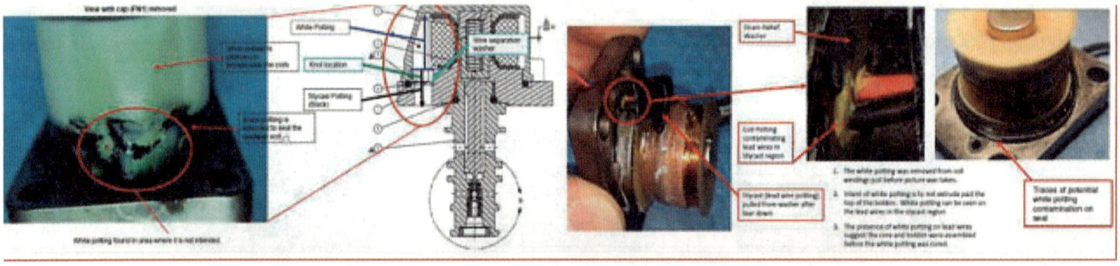

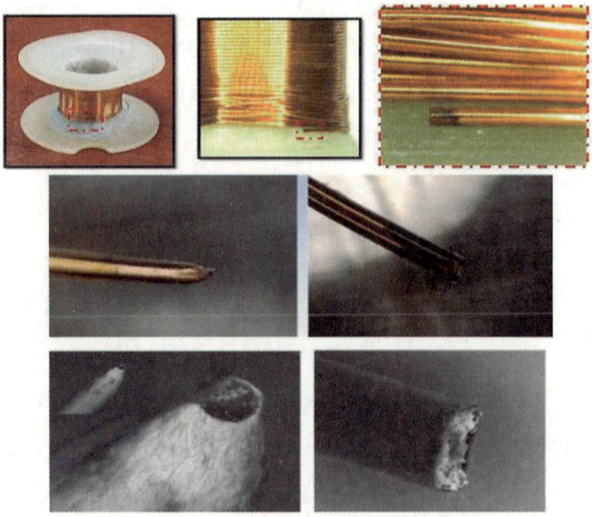

（2）另一个故障的扰流板 EBHA 故障的根本原因是线圈断裂。但是断裂面的特性说明电线可能是由于使用了金属工具如钳子或镊子而损坏的。这使电线变弱了，当在使用中受到热应力时，就会发生完全拉伸失效。这说明人工处理细电线的过程控制不佳。

2. 对于 FCRM：调查中发现的损坏部件有三极管、二极管、光电耦合器。二极管和三极管损坏是过电流导致的，光电耦合器损坏是电压瞬变导致的，但根本原因厂家还未确定。

四、工程措施

1. 功能检查内侧副翼和升降舵电-液作动筒阻尼系数。间隔：8000 FH。

2. 功能检查副翼作动筒阻尼系数。间隔：12 000 FH。

3. 功能检查升降舵作动筒阻尼系数。间隔：12 000 FH。

4. 功能检查方向舵作动筒阻尼系数。间隔：12 000 FH。

5. 操作检查电气模式下 PRIM 和 SEC5 号扰流板 EHBA 备用控制功能。间隔 12 000 FH。

6. 伺服作动筒主要是 FCRM 问题，故障保留时，如果阻尼测试通不过，在外站无备件的情况下，建议参考 MP A350-A-27-XX-XX-A0001-921A-A，将故障的 FCRM 与 1 号扰流板位置的 FCRM 对串。

五、参考报告

《A350-27-20201214 R0 作动筒欠阻尼模式故障工程调查》。

类别五 EHA 储压器低油量故障

一、故障现象

自 2017 年以来，由于储压器低油量而导致的运行中断和 EHA 拆换事件逐渐增加，目前这是空客 A350 运行中的主要问题之一。

二、风险等级

一般风险

三、原因分析

EHA 是电液作动器，在副翼、升降舵和方向舵都有安装。根据计算机的指令信号，作动器基于电动泵的旋转方向进行伸缩，使储压器中的油液加压。储压器只能在地面自动或手动加注，在飞行中与飞机高压液压系统隔离。

在飞行过程中，当 PRIM 探测到储压器压力低于“低油量”的阈值时，EHA 储压器将在下一次着陆时由飞控计算机自动加注。如果在着陆阶段后检测到油量低于阈值，则不启动自动加注，将触发“NO GO”放行信息。可以人工加注，如人工加注不成功，则需更换 EHA。

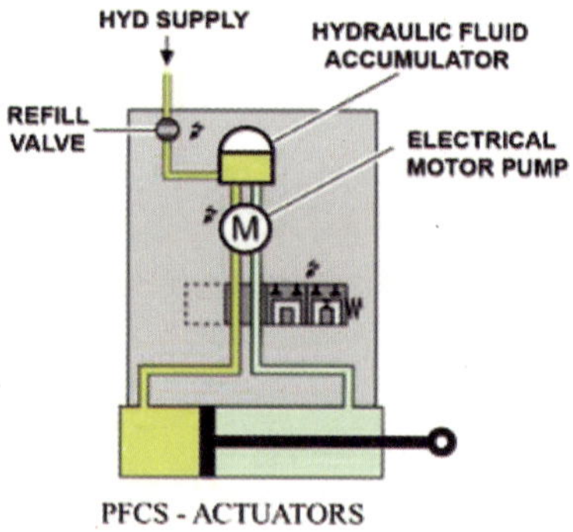

空客和厂家进行调查，对回油安全阀（RRV）进行了改进，提高了内部渗漏的稳定性，但之后还是有同样的问题。分解后发现了回油安全阀（RRV）上的封圈损坏，在实验室再现了损坏情况，但没有运行中那么严重。根本原因分析于 2020 年 2 月底重新启动，目前正在调查中。

四、工程措施

1. 操作检查副翼电-液作动筒低液面检测和再填充。间隔：36 000 FH。
2. 操作检查方向舵电-液作动筒低液面检测和再填充。间隔：36 000 FH。
3. 操作检查升降舵电-液作动筒低液面检测和再填充。间隔：36 000 FH。
4. 跟踪厂家调查结果及改进措施，同时关注空客监控 EHA 储压器自动加注频率异常情况，及时进行预防性维护。

五、参考报告

《A350-27-20201210 R0 EHA 储压器低油量故障工程调查》。

类别六　EBHA 电动马达速度监控故障工程调查

一、故障现象

空客监控到某航司一架 A350 飞机记录右侧五号扰流板故障，根据触发的故障代码（2796F6CT），判断故障为马达速度监控故障。建议更换故障的 EBHA（电动备用液压作动器）。航后更换故障 EBHA（FIN：5CL2）后测试正常。

二、风险等级

低风险

三、原因分析

EBHA 的电马达速度是通过其内部的一个编码器（encoder）来控制的，在液压和电动模式下都持续监控编码器信号。当探测到编码器信号故障时，EBHA 的电动模式将变为不可用，但正常的液压模式不受影响，因此没有 DM 信息显示，舵面的正常操作也不受影响。此故障对飞机放行没有直接的影响，因此触发的 FC 存储在 PFR“Faults with no effect”标签内。

空客对故障的编码器进行调查，发现有液压油污染的痕迹，早期认为是组装工艺不合格导致的，自 2017 年起在生产线上改进了组装和测试工艺。MOOG 已发布 VSB CA67002-27-06，更换有新涂层的编码器。

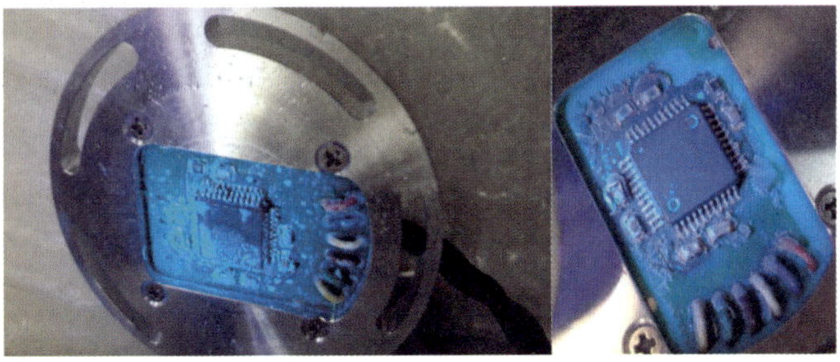

UV 灯下编码器电路板油液污染痕迹

四、工程措施

1. 空客计划在后续 FCGS 版本中对无效故障代码进行分类，过滤无后续影响的故障代码，有影响的故障代码（如速度马达监控故障）将正常出现在 PFR 中。

2. 航材部门要求厂家后续提供必须是执行过 VSB CA67002-27-06 的 EBHA。

3. 修订飞机停放每 7 天进行的地面检查工作工卡，增加增压黄系统至少 2 min 要求。

4. 在《封存指导手册》中增加操作建议：在飞机恢复运行之前操作扰流板，然后进行 FCGS BITE 测试是否记录相关故障代码。

五、参考报告

《A350-27-W-20210624R0 EBHA 电动马达速度监控故障工程调查》。

第六节　ATA28 燃油系统

类别一　发动机吊架燃油渗漏

一、故障现象

1. 某架 A350 飞机在推出启动发动机时，发现右发余油排放口的燃油管套口有渗漏。排故确认飞机右发吊架燃油管套（P/N V2821018900000）渗漏，停场完成封圈换件（P/N NSA8203-226），飞机数据为 2381：14FH 和 962FC。

2. 另一架 A350 飞机在地面检查发现右发余油排放口的燃油管套有渗漏。确认飞机右发吊架燃油管套（P/N V2821018900000）渗漏，停场完成封圈换件（P/N NSA8203-226），飞机数据为 2252：50FH 和 675FC。

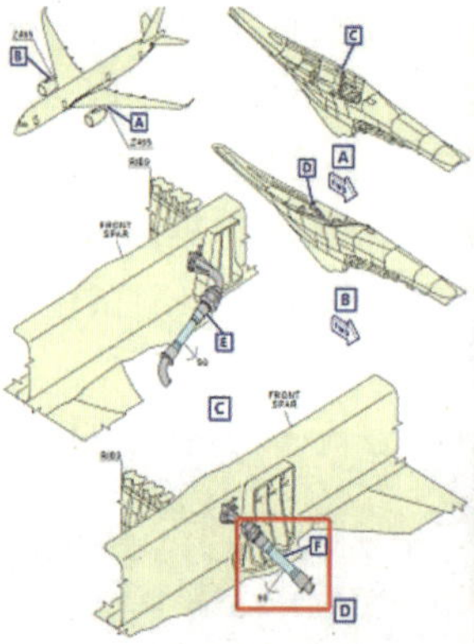

二、风险等级

较大风险

三、原因分析

套管两端内外表面与法兰盘内管外表面、外管内表面以安装封圈进行密封，吊架处承载高负荷与高震动，套管与法兰盘之间有相对运动，导致封圈有明显的扭结现象，引起燃油渗漏发生，事件一和事件二的故障件见下图。

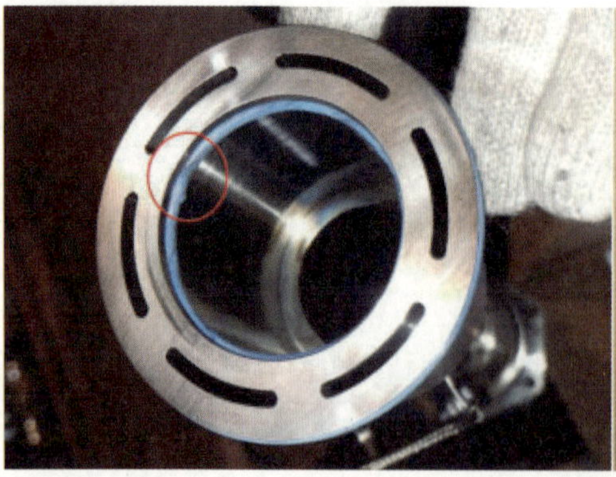
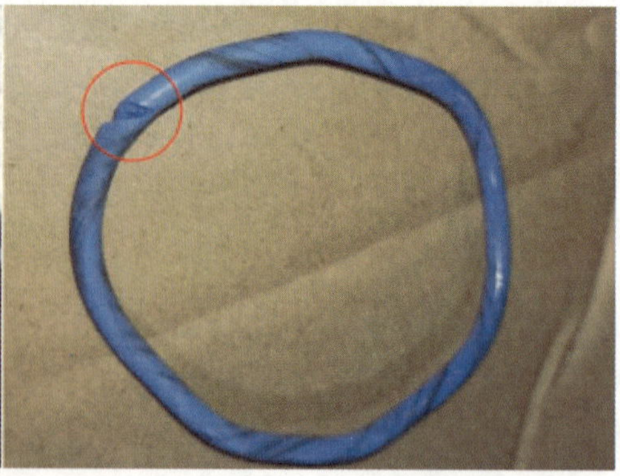

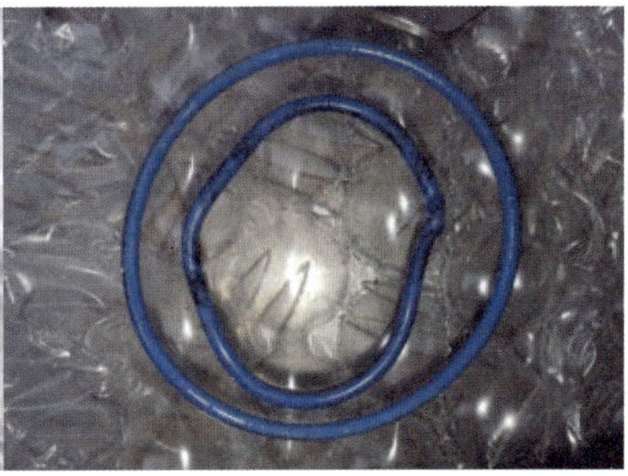

四、工程措施

1. 检查发动机区域和吊架余油管无油液渗漏。间隔为过站检查。

2. 要求空客提供世界机队故障详细记录和预防性措施建议，考虑增加定期更换任务。空客回复无故障发生数据规律（新交付的飞机和运营多年的飞机都曾发生），也无预防性措施可执行。

3. 对机队吊架燃油管套余油管（P/N：ABS1273PX8EA305）进行普查，处理异常情况。增加定期检查工作，间隔为 600 FH。

4. 增加封圈定期更换工作，间隔为 1800 FH。

五、参考报告

《AA350-28-20200728 R1 发动机吊架燃油渗漏工程调查》。

类别二　自动加油未停止

一、故障现象

某航飞机 A350 执行广州—胡志明航班。地面准备期间，机组输入计划燃油量 24.2 t 并开启自动加油。机组发现实际燃油量达到 24.1 t 时，REFUEL 电门 END 灯点亮，随后，机组在继续驾驶舱准备期间，发现实际燃油量显示为 24.9 t，机组立即关闭 REFUE 电门；最后，左大翼油箱燃油量 12.8 t，右大翼油箱燃油量 12.1 t。

二、风险等级

一般风险

三、原因分析

根据对事件飞机航班的 SAR28（CODE 5000）数据包译码，可以确认系统接收到的 PFQ 为 24.2 t，中央油箱无余油也无须进油，为了保持平衡，左右大翼油箱的目标燃油量应相同，为各 12.1 t。约在 UTC 16:03:35，右大翼油箱实际燃油量达到 12.1 t，右大翼油箱进油活门关闭，无进油；约在 UTC 16:07:47，左大翼油箱实际燃油量达到 12.144 t，左大翼油箱进油活门关闭，加油隔离活门关闭，进油未停止；

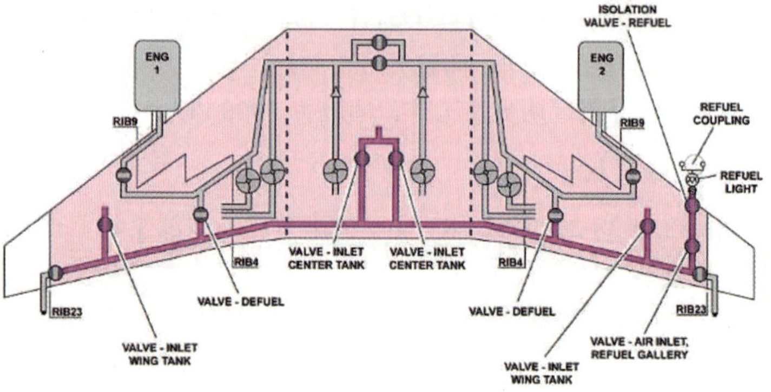

最后，实际总燃油量为 24.944 t，左右大翼油箱实际燃油量分别为 12.801 t 和 12.143 t。

机组和现场机务反馈无故障信息显示，在航后工作时，FQMS 自检出现 TWDC 信息，BITE 测试后信息消除，监控后续航段无相关信息出现。将事件航班的 CMS DUMP 数据包发送给空客译码，无任何故障记录，暂无法判定问题原因。

四、工程措施

对 SAR 和 CMS DUMP 数据包译码，无故障信息，监控后续航段也无相关信息出现，暂无法确定问题原因。

五、参考报告

《A350-28-P-20220522 自动加油未停止工程调查》。

第七节　ATA29 液压系统

类别一　EDP 脱开电门放行信息

一、故障现象

某航两架 A350 飞机同一天相继发生“HYD ENG PMP DISC SW”（发动机驱动泵断开电门）放行信息，都是通过干冷转发动机执行 EDP 释压的 BITE 测试消除了该放行信息，保障航班正常，无延误。

二、风险等级

低风险

三、原因分析

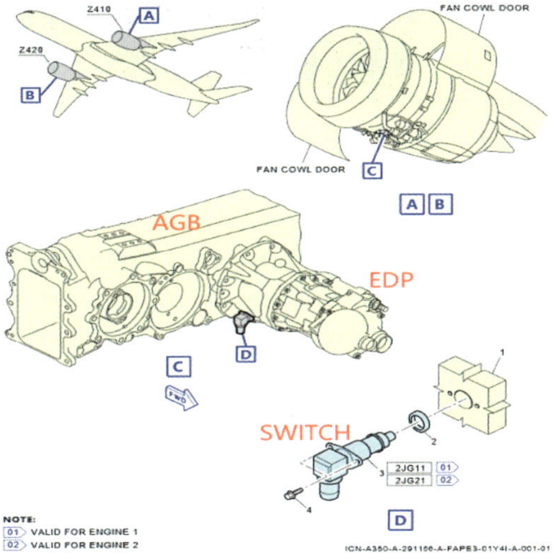

发动机附件齿轮箱（AGB）通过花键轴来操作 EDP，当飞机在地面时，可以通过机械操作离合器将 EDP 与发动机 AGB 脱开。离合器位置指示传感器的作用是提供 EDP 离合器位置信号。

“HYD ENG PMP DISC SW”（发动机驱动泵断开电门）放行信息是由于EDP上的离合器位置指示传感器的稳定性问题导致的虚假信息，属于产品设计问题。参考 MP A350-A-29-1X-XX-00ZZZ-560Z-A，通过干冷转发动机执行EDP释压的 BITE 测试可消除该放行信息；如信息未消除，则按 MEL 29-10-05 放行。

目前空客已通过 TFU 29.00.00.071 跟进该问题，计划改进离合器位置传感器的设计。

四、工程措施

1. BITE 测试绿、黄系统的 EDP 减压功能。间隔：300 FH。

2. 功能检查 EDP 的减压能力。间隔：15 000 FH。

3. 适当增加离合器位置指示传感器（PN：27643）航材备件，当出现放行信息后，安排合适的时机更换离合器位置指示传感器。

五、参考报告

《A350-29-20191119 R1 EDP 脱开电门放行信息工程调查》。

类别二　Kevlar 液压管路渗漏工程调查

一、故障现象

1. 某架 A350 飞机检查发现左起落架一根液压管路（P/N：ABS2139EAKTJ609）漏油，更换管路后测试正常。当时飞机使用数据为 1202 FH/641 FC。

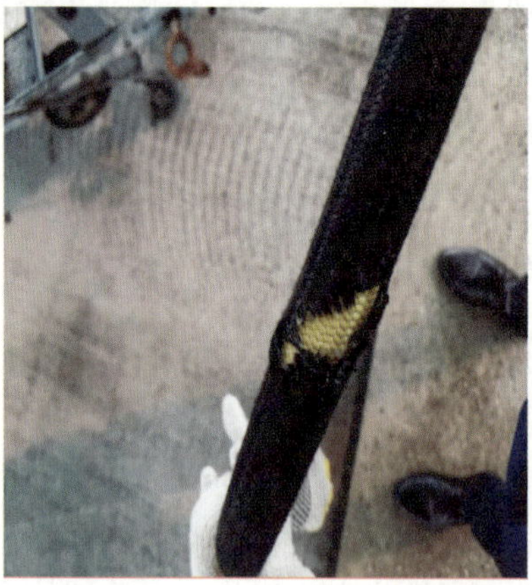

2. 同月另一架 A350 飞机检查发现右起落架一根同件号的液压管路漏油（P/N：ABS2139EAKTJ609）漏油，更换管路后测试正常。飞机使用数据为 1297 FH/679 FC。

二、风险等级

较大风险

三、原因分析

A350 系列是空客第二款采用 5080psi（344.74bar）液压压力的机型，在发布的 ISI 29.00.00187 中，空客提到 A350 世界机队 95%的液压管路拆换报告是关于 15 根 Kevlar 液压管路，这些管路所在区域多为高温高振或温度变化较大，如机翼、轮舱、尾翼，而本次故障件号也在其中。

厂家已确认将对前期的多发故障 Kevlar 液压管进行线上/线下改装，用金属管替代 Kevlar 管。而且厂家提供了液压修理包（Fly-Away Kit，FAK），航空公司可用 FAK 内的管路通用材料和接头快速制作备件，临时替换故障 Kevlar 管路，有使用限制要求。不同版本的 FAK 液压修理包体积为 40～228 L，重量为 28～138 kg，价格为$40，000～367，000，适用范围不同。

四、工程措施

1. 定期目视检查前/主起落架区域的可见液压管路无液压油渗出。间隔：过站。
2. 在基地配备 FAK 液压修理包和备件。
3. 在国外部分航站配备多发故障 Kevlar 液压管备件。

五、参考报告

《A350-29-20191205 R2 起落架收放液压管路渗漏工程调查》。

类别三 货舱门开关故障

一、故障现象

某航空公司 A350 飞机由于无法正常开启前后货舱门，导致航班延误 1 h49 min。根据 AFI 排故程序操作，测试结果显示隐藏故障信息有“24X1F0JB ATUPU-2”“24X1F2R4 EDMU-2A/ATUPU-2”和“24X1F2TB EDMU-2A/ATUPU-2”。最后更换 2 号 ATUPU（P/N 596CE06L03Y05）完成排故并放行飞机。

二、风险等级

一般风险

三、原因分析

EMP 由 HMCA 配合马达控制保护单元（MCPU，Motor Control and Protection Unit）、通用远程数据采集器（CRDC，Common Remote Data Concentrator）和远程控制跳开关（RCCB，Remote Control Circuit Breaker）进行控制和监测，其中 MCPU 对 EMP 进行控制和保护，提供开启/关闭信号和监测各种参数。

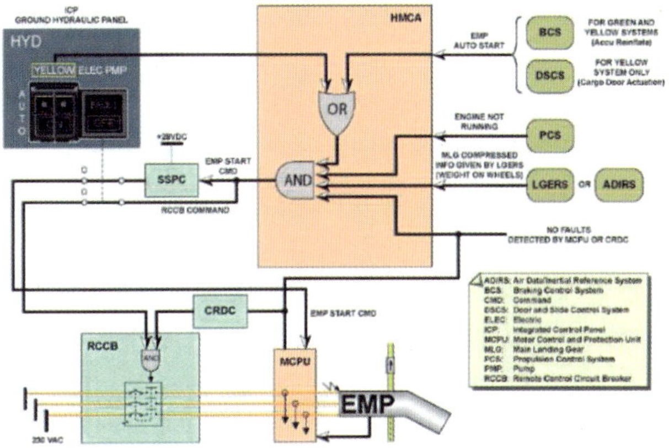

MCPU 除了探测故障，包括过速、低压、EMP 过热、电流不平衡、EMP 非正常电流消耗和频率故障等，MCPU 还监测一些来自 EPDC（电源分配中心）的非计算性参数，EPDC 是负责分配并供应电源给用电部件，对于黄系统 EMP，包括 ENMU 2A、ENMU 2B、SRPU 2A、SRPU 2B、EPCU2、ATUPU 2A、ATUPU 2B。当以上故障发生或参数不正常时，MCPU 将阻止 EMP 启动。

自动转换单元（ATU）负责将地面电源的 115 V 交流电转换为 230 V 交流电，而保护装置（ATUPU）是为单侧两个 ATU 提供保护。本次为 ATUPU 故障，ATU 无法提供 230 V 交流电供应，HMCA 无法启动 EMP，从而导致无法正常开启前后货舱门。

TFU 24.70.00.005 空客计划在 2022 年第一季度发布 HMCA 软件 S6 版，改进相关逻辑。

四、工程措施

跟进空客发布的 HMCA 软件升级。

五、参考报告

《A350-29-20200527 R0 货舱门开关故障工程调查》。

类别四　储压器封圈破损导致的液压油箱低压故障

一、故障现象

世界机队向 AIRBUS 报告了一起 ECAM 信息“HYD G（Y）RESVR PRESS LO”（绿（黄）液压系统储压器压力低）和一起液压油箱低压释放活门渗漏。

二、风险等级

较大风险

三、原因分析

A350 液压油箱没有采用引气系统的增压空气增压，而是采用高压液压油增压，PMV（Pressure Maintaining Valve）控制液压油箱的增压和压力保持。

当 EMP 或者 EDP 工作时，在高压液压作用下，PMV 滑阀左移，PMV 打开，高压液压向液压油箱增压；当 EMP 或者 EDP 停止工作时，在 PMV 内部弹簧作用下，滑阀右移，PMV 关闭，液压油箱保持在增压状态。

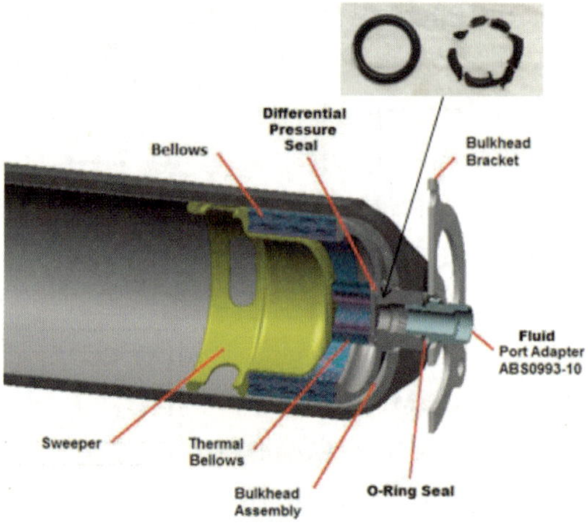

液压储压器在内部灌充的高压气体作用下，推动金属波纹管运动，向外提供液压压力。当储压器内部封圈破损后，会阻塞 PMV，导致 PMV 卡滞，在 EMP 和 EDP 停止工作后，液压油箱不能保持压力；导致储压器金属波纹管破损，导致液压油渗漏。厂家计划发布 VSB 将储压器升级至 900115-2 Amendment A。

四、工程措施

1. 检查 ECAM 状态页面，对上面的状态信息进行处理。间隔：每日。
2. 绕机一周，检查飞机外表无明显损伤及无油液渗漏。间隔：过站检查。
3. 在 ECAM 上检查所有液压系统油量。间隔：过站检查。
4. VSB 发布后评估。

五、参考报告

《A350-29-20201208 R0 储压器封圈破损导致的液压油箱低压故障工程调查》。

类别五　PLV 管路断裂工程调查

一、故障现象

AIRBUS 在 MISP 内报告发现部分压力限制活门（P/N D24827000-1）存在不符合标准的情况，会导致相邻液压管路破裂。

二、风险等级

较大风险

三、原因分析

压力限制活门 PLV 将正常刹车模式的液压压力从 5000PSI 减少到 3000PSI。

部分压力限制活门（P/N：D24827000-1）内部 Lap 组件 PN：EQ06177-6088 包含线轴 PN：20492 和衬套 PN：D24827000-1，可能存在不符合标准的情况，会导致压力波动，造成相邻液压管路破裂。

SAFRAN 发布 VSB：D24827-32-130，检查活门序号并更换 Lap 组件（包含线轴和衬套），更换弹簧导柱，更换内侧弹簧，更换外侧弹簧，更换适配器。

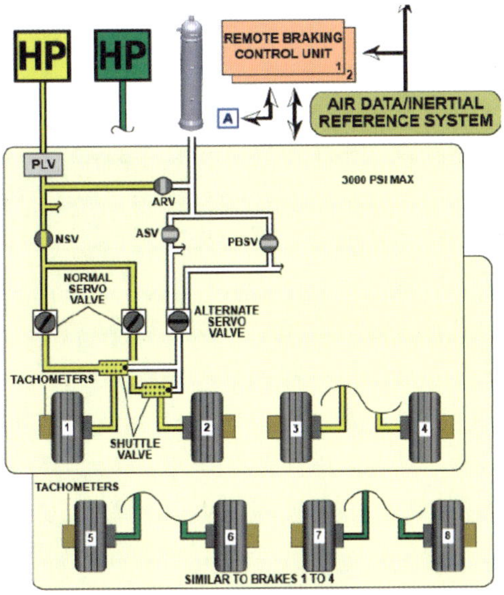

四、工程措施

根据 VSB 发布的 EO 检查和更换相关部件。

五、参考报告

《A350-29-20201223 R0 PLV 管路断裂工程调查》。

类别六 主轮舱浮动夹块移位工程调查

一、故障现象

空客收到一些主轮舱液压管路浮动夹块移位的报告，在某些极端情况下，移位的夹块导致管路之间的间隙减小，甚至接触、相磨。

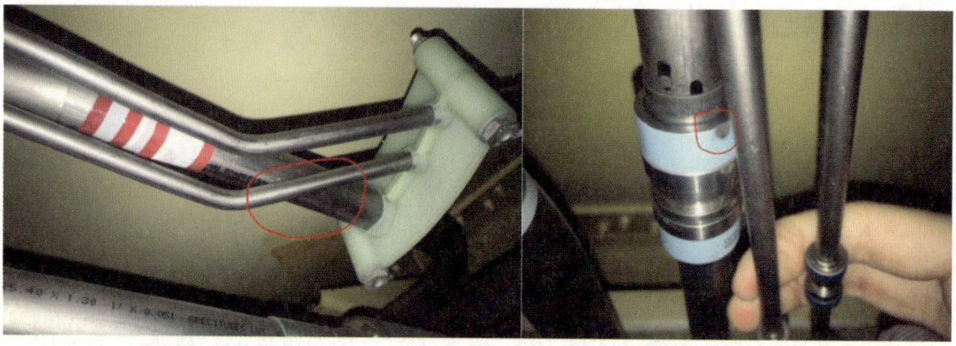

Figure 5 - Clamp Block Migration with reduction of the clearance between pipes and resulting chafing

二、风险等级

低风险

三、原因分析

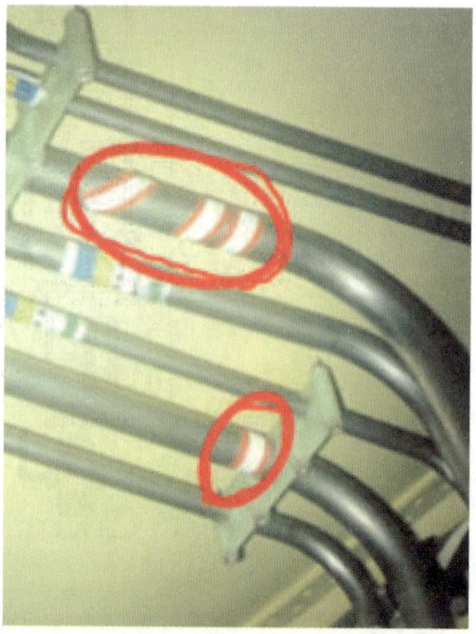

浮动夹块不与飞机结构连接，用于确保管路保持间距，这种设计使得夹块安装后，管路随着飞机形变可以滑动，从而避免形变应力。浮动夹块的安装位置通过红白胶带来标识。

随着飞机、管路震动以及管路的滑动，浮动夹块仅靠与管路的接触摩擦无法保持原始位置，出现移位，如果移位到管路转弯位置，就会导致管路之间无法继续保持间隔，甚至出现相磨。浮动夹块是 A350 引入的创新设计，安装后的非正常位移应属于设计缺陷。

四、工程措施

增加检查主轮舱内浮动夹块的维护任务，并收集检查结果照片、发现缺陷数量，汇总后反馈空客以推动改进。间隔：12 MO。

五、参考报告

《A350-29-W-20210530 R0 主轮舱浮动夹块移位工程调查》。

类别七　EMP 启动失效

一、故障现象

AIRBUS 在 11 月 MISP 中报告，世界机队曾发生 EMP 启动失败事件。

二、风险等级

一般风险

三、原因分析

液压系统有 2 个 EMP，安装在主轮舱内，将电能转换为液压能。EMP 内部 230 VAC/400 Hz 恒速交流电机驱动液压泵转动。当飞机在地面并且发动机不工作时，EMP 提供液压至货舱门操作（黄系统）、刹车储压器增压、维护操作等。

EMP（PN：53097-02）内电动马达（PN：622305-1005）风扇旋转时，安装在风扇上的金属支架会经过静止的电气传感器探头，导致启动失败。厂家 PARKER 发布 SIL53097-02，对电动马达（PN：622305-1005），使用探头位置工具（PN：622305AT1）调节探头与金属支架的相对间距，SIL 适用序号小于 530970498 的 EMP（53097-02），在 2021 年 12 月 05 日前 PARKER 免费执行。

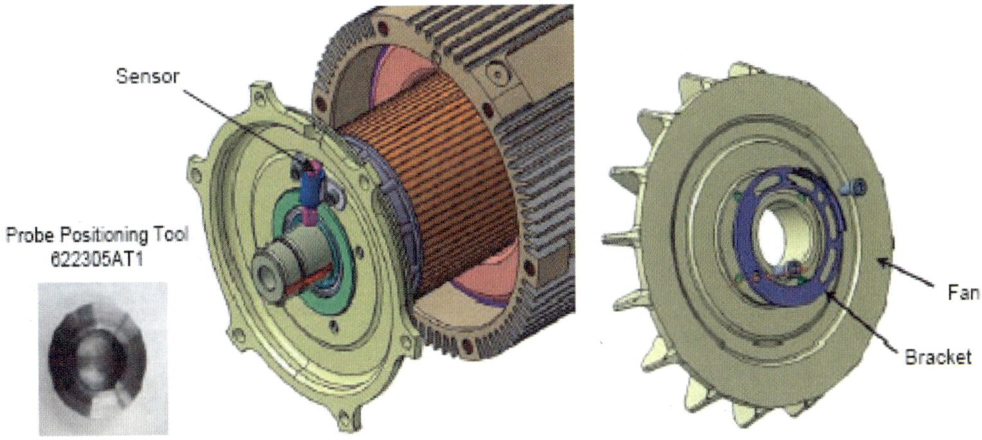

四、工程措施

通知航材部门，将受影响部件送修执行 SIL，调节探头与金属支架的相对间距。

五、参考报告

《A350-29-20201223 R0 EMP 启动失败》。

第八节　ATA31 指示记录

类别一　驾驶舱中央操纵台进水后发动机空中关车问题

一、故障现象

A350 世界机队发生过 2 起在飞行途中由于水洒到中央操纵台集成控制面板（ICP）L（FIN 135VM）的情况，随后出现 2#发动机异常，重启失效导致备降。

二、风险等级

重大风险

三、原因分析

调查发现，当 2#发动机启动手柄置于 ON 位时，HPSOV 接收到错误的关闭信号，最后导致 2#发动机空中关车。

检查 ICP 面板发现，2#发动机 Discrete Board 的 Connector J61 上有已经变干的液体残留物，并有氧化和腐蚀痕迹，后续在测试台对该 ICP 面板再次进行测试，发现在有水进入时会给出错误的 HPSOV 关闭信号的情况。

厂家对 ICP 全新件进行测试，确认在 ICP 面板进水后内部 Connector 会受到污染，同时 EEC/HPSOV/LPSOV/CPIOM 等部件会接收到异常指令，后续需进行修正和重新设计。

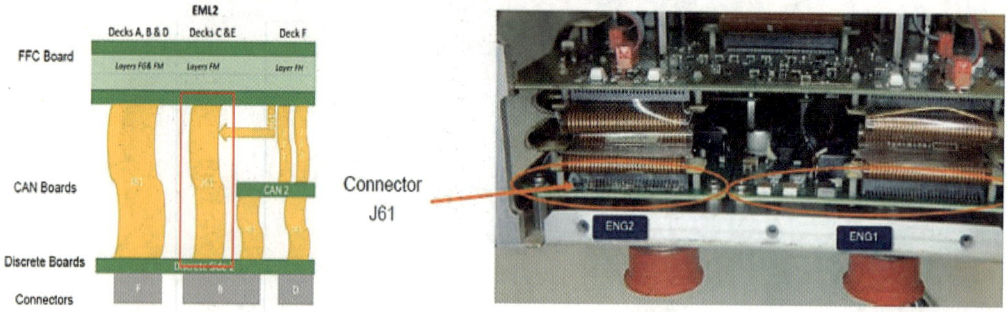

四、工程措施

1. 按空客发布的 FOT 999.0006.20，通知 A350 飞机驾驶舱中央操纵台进水后机组的应对措施，在落地后需通过飞行记录本报告进水情况。

2. 按空客发布的 TFU 31.19.00002 发布维护提示，要求在收到面板进水的报告后，需根据相应 AMM 程序更换 ICP 面板。

3. 按 EASA 发布的 AD 2020-0020-E，要求飞行将 AFM TR 123 加入 AFM 手册。

4. 按空客发布 OIT 999.0016.20 发布维护提示，要求维修单位收到机组报告后，立即更换 ICP 并上报数据。

5. 执行空客临时改装方案：在 ICP 面板上安装塑料膜，以阻止水分进入 ICP 面板。

6. 持续跟踪该问题调查进展直至空客给出最终解决方案。

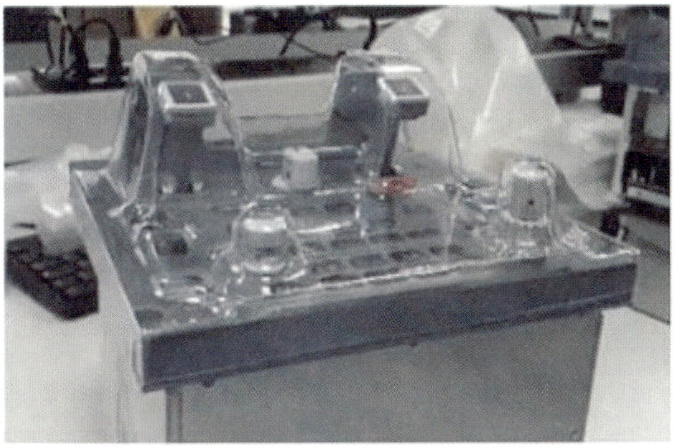

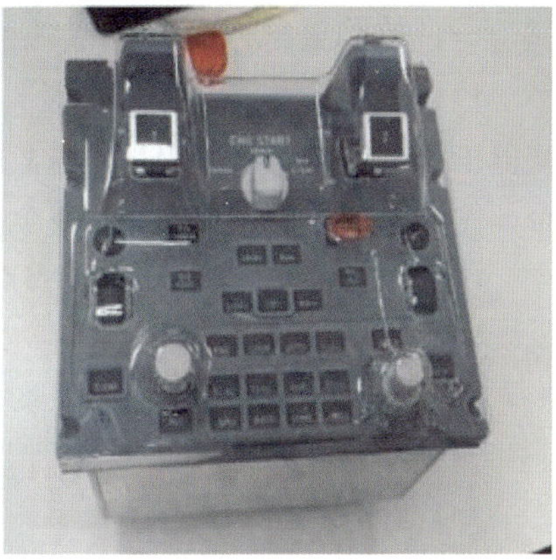

五、参考报告

《A350-31-20200324 R0 驾驶舱中央操纵台进水后发动机空中关车工程调查》。

类别二　驾驶舱移动桌板撞坏外侧显示组件

一、故障现象

某航一架 A350 飞机短停时发现机长侧外侧显示组件（DU）下部边缘被撞碎，显示功能正常，触摸功能失效并伴随故障码 3160F3B0（触屏功能失效），需要更换屏幕，单个部件修理费用超 3 万美金，整个 DU 价格近 10 万美金。

该航另一架 A350 短停时，再次发现机长侧外侧 DU 下部边缘被撞碎。

二、风险等级

低风险

三、原因分析

飞机控制和显示系统包含 6 个 DU，之间通过 AFDX 网络连接，中间两个 DU 为 ECAM（上）和 MFD（下），左右两侧的内侧两个 DU 为 EFIS 显示器（PFD 和 ND），外侧两个 DU 为 OIS 显示器。DU 使用液晶显示技术，每个 DU 都包含所有的系统软件和应用软件，彼此之间可互换。

机组收进移动桌板时可能施加了额外的向下推力，导致键盘盖板或者移动桌板下半部分由于惯性的原因被向上带起撞到外侧显示组件；或者移动桌板上的键盘盖板与键盘之间可能存在外来物，导致移动桌板在收进时键盘盖板或者移动桌板下半部分翘起撞到外侧显示组件。空客计划对移动桌板的设计进行改进。

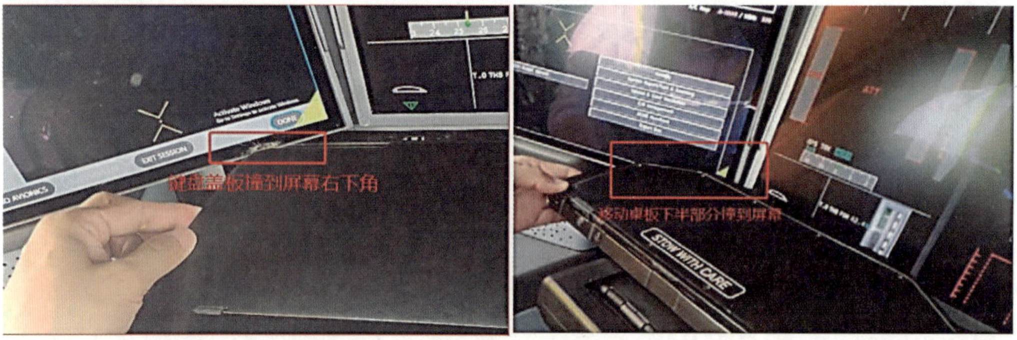

四、工程措施

1. DMDOR 设计警示标识贴于移动桌板表面，告知机组操作时需“先折叠后平缓收起桌板，勿碰撞显示器”。并发布机组提示，提醒机组使用移动桌板时的注意事项。

2. 跟进空客解决方案的进度。

五、参考报告

《A350-31-20201110 R0 驾驶舱移动桌板撞坏外侧显示组件的工程调查》。

第九节　ATA32 起落架系统

类别一　前轮转弯故障

一、故障现象

某架 A350 飞机落地滑行进港过程中，机组反映警告信息“STEER N/W STEER FAULT”（前起落架转向失效），拖飞机进机位。复位 BSCS1 和 BSCS2 后，出现警告信息“STEER CTL 1”，MEL 保留放行，后续航班正常。航后更换机长转弯手轮传感器组件，测试正常。

二、风险等级

一般风险

三、原因分析

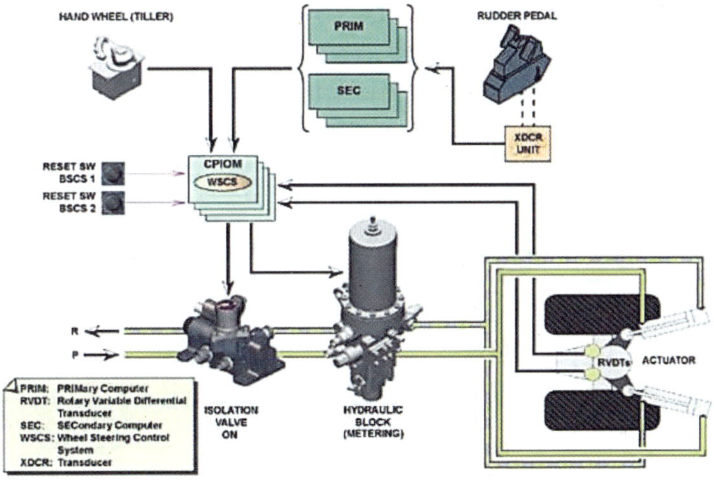

译码分析，飞机滑行过程中，前轮转弯角度为-18.75°，WSCS 程序转弯指令角度为-31.13°，触发警告信息“STEER N/W STEER FAULT”，前轮转弯功能被抑制，故障信息的代码为 32X1F5RL。复位 WSCS 程序，1 号系统自检报错，出现警告信息“STEER CTL1”，控制权限转换至 2 号系统，前轮转弯功能恢复正常。

空客指出故障码 32X1F5RL 的潜在故障根源是机长或副驾位置转弯手轮传感器组件问题，或者机组执行方向舵操纵检查时“PEDAL DISC”按钮虚按。根据译码结果分析，本次故障应是转弯手轮传感器组件问题。转弯手轮传感器组件内电位计的两条通道各由镍电线连接获取 8 V 电源，电线采用银-环氧树脂胶合方法与绝缘层连接，SAFRAN 调查发现银-环氧树脂胶合分离会导致电压偏差波动。

四、工程措施

1. 厂家将发布 VSB 165TS11-32-001 和 165TS11-32-002 升级转弯手轮传感器组件。
2. 跟进 VSB 的发布。

五、参考报告

《A350-32-G-20210828 R1 前轮转弯故障工程调查》。

类别二　主起落架正常刹车功能失效

一、故障现象

某架 A350 飞机执行航班时监控有起落架方面的信息，卫星电话和机组沟通，确认出现前轮刹车功能失效和后轮刹车功能失效信息，只剩下应急刹车。飞机落地后，拖车将飞机拖到机位，ECAM 的机轮页面显示处于应急刹车模式。

二、风险等级

一般风险

三、原因分析

译码确认在降落和着陆过程中，处于正常刹车模式，正常刹车选择活门和正常伺服活门都处于打开位，自动刹车功能无法接通。在收上起落架阶段，起落架手柄的故障信息（3230F7HB）短时出现，导致收上刹车功能状态不一致，后续触发警告信息“BRAKES AFT（FWD）WHEELS BRK LOST（3242W080/3242W070）”（前后轮毂刹车丢失）的显示。同时触发放行信息“DM L/G CTL2（3231H150）”，该放行信息未在驾驶舱效应中显示，机组无法与 FCOM TAB 页面所描述的信息对应一致，仅可将警告信息“BRAKES AFT（FWD）WHEELS BRK LOST”判定为真实信息。

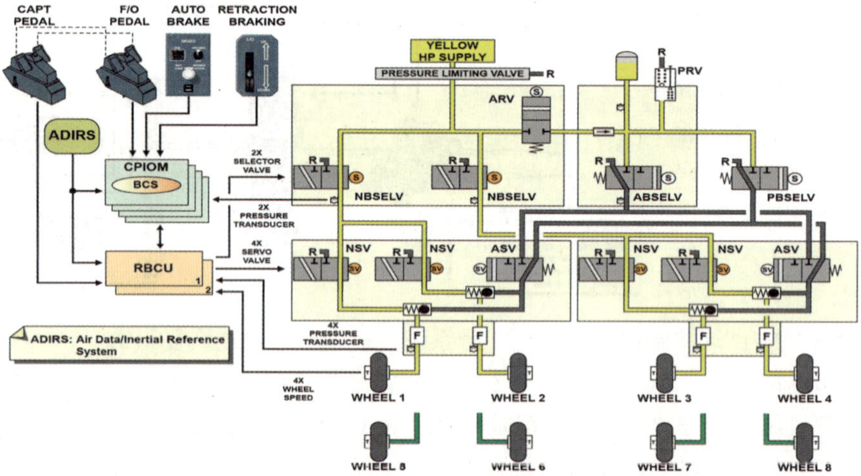

四、工程措施

空客已发布并更新 FCOM 的短时非正常行为（TAB），告知机组人员如何处置该警告信息。并计划发布 BCS 软件升级解决该错误警告信息。工程部门将跟踪 BCS 软件更新情况并完成评估。

五、参考报告

《A350-32-S-20201224 R0 主起落架正常刹车功能失效工程调查》。

类别三　前轮转弯转换活门外漏

一、故障现象

完成 SB 32-P008 改装后的前轮转弯转换活门（PN：4818A0000-06 厂家：LIEBHERR）检查到外漏，渗漏主要发生在转换活门上部端盖。这是目前空客 A350 运行中的主要问题之一。

二、风险等级

一般风险

三、原因分析

托架组件是前轮转弯和起落架支柱轴之间的接口。该机械组件是旋转选择活门和作动器的机械支撑。前轮转弯转换活门是根据转弯角度改变转弯作动筒油路，实现左右转弯时油路之间的转换。

在前轮转弯转换活门上部端盖发现 PTFE 颗粒，在实验室台架上进行试验时，重现 PTFE 颗粒，这些颗粒形成渗漏路径，证实渗漏原因是封严磨损。

厂家正在研究改进设计，包括增加壳体厚度、改变材料和改进封严设计。

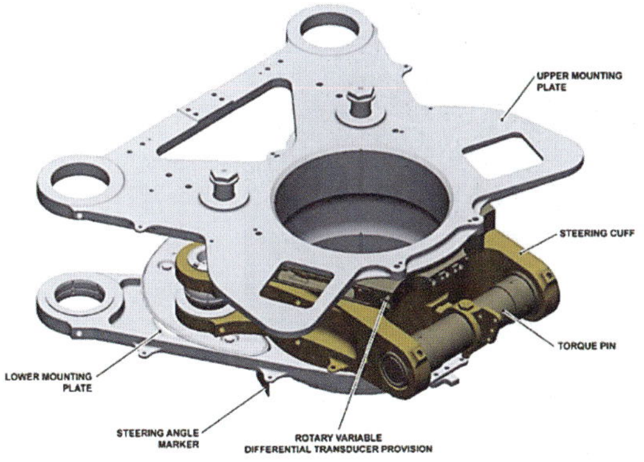

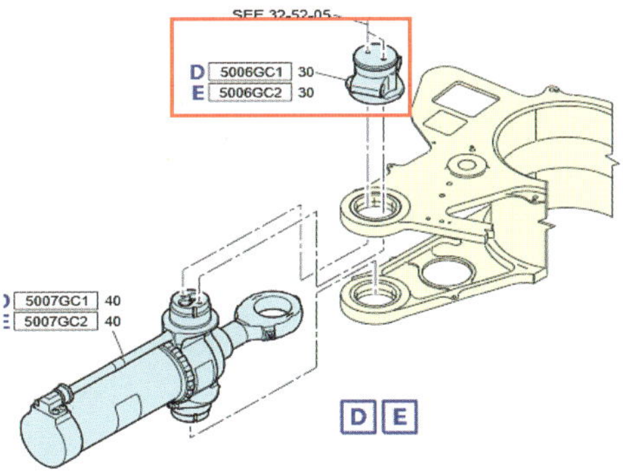

四、工程措施

1. 增加油液渗漏检查方案。
2. 跟进厂家设计改进。

五、参考报告

《A350-32-20201208 R0 前起转弯转换活门外漏工程调查》。

类别四　刹车储压器低压导致 NOGO 信息故障

一、故障现象

飞机在刹车储压器低压的情况下上电，由于有故障信息锁定在 BSCS 中，将导致飞机在推出或发动机起动时触发“DM BRAKES A-SKID”或“DM BRAKES ALTN+EMER BRK”不放行信息，因此可能造成航班延误。

二、风险等级

较大风险

三、原因分析

飞机上电时探测到储压器低压，相关的故障代码将锁定在 BSCS 中，上电后再对低压的储压器进行充压勤务并不能消除锁定故障。此时若未进行交互式 BITE 来清除锁定故障，那么锁定的故障再结合其他触发条件，就有可能触发“DM BRAKES A-SKID”或“DM BRAKES ALTN+EMER BRK”不放行信息。而此时一般已关闭舱门临近起飞，处理故障容易导致航班延误。

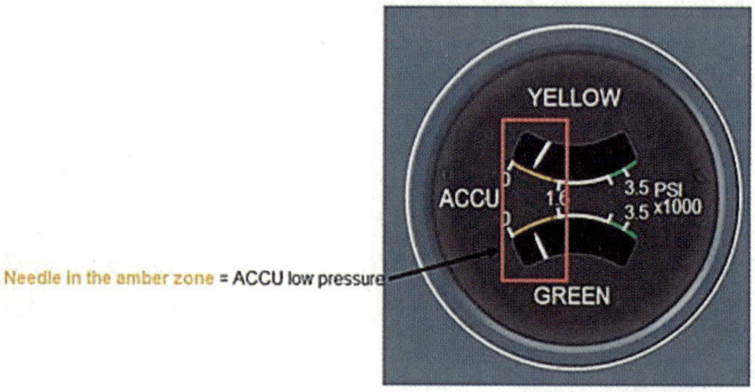

四、工程措施

1. 检查刹车储压器的压力，按需给储压器增压。间隔：每日。

2. 修订每日工卡，补充提示检查储压器压力在琥珀色区域后进行 BITE 扫描并参考 AFI 清除故障代码。

3. 编写维护提示，提醒工作者在飞机上电前注意检查储压器压力；飞机地面任何时候发现储压器低压，应进行 BSCS 自检扫描并清除可能存在的故障代码。

4. 跟进厂家对 BCS 软件的升级。

五、参考报告

《A350-32-W-20210207 R0 刹车储压器低压导致出现 NOGO 信息故障工程调查》。

类别五 主起落架舱门偏心锁组件紧固件松动

一、故障现象

某航 A350 飞机在落地后出现 DM 信息“DM L/G MAIN L/G HYD MECH”，并且右侧主起落架舱门无法收上。机务检查发现，起落架舱门偏心锁组件的锁垫片（P/N NSA5355-2CA）松脱和螺杆（P/N NSA5191-2-4）丢失，两边共丢失 7 个螺杆（原有 8 个），剩余 1 个螺杆（前）的锁垫片松脱。对其 A350 机队进行普查，发现另外 8 架飞机（共 45 架飞机）有类似的螺杆丢失情况。

二、风险等级

较大风险

三、原因分析

偏心锁组件的滚筒是由两边各 4 个螺杆和锁垫片连接固定。由于锁定保险的设计强度不足，导致无法满足长期使用需求。A350 世界机队普遍存在主起落架舱门偏心锁组件锁垫片松脱或螺杆丢失情况。

空客 TFU 52.81.00021 于 2022 年 3 月 21 日发布，介绍主起落架舱门偏心锁组件螺杆丢失和扭力杆损坏问题，将发布 MOD 117631/L83747 解决螺杆丢失问题。

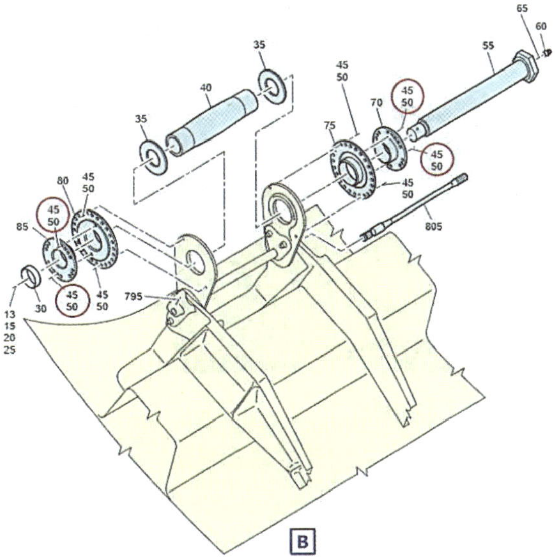

四、工程措施

跟踪空客的改进措施，在此之前发布 EO 目视检查主起落架舱门偏心锁组件。重复间隔：100 FC。

五、参考报告

《A350-32-W-20211229 主起落架舱门偏心锁组件紧固件松动工程调查》。

第十节　ATA34 导航系统

类别一　备用导航静压探头加温故障

一、故障现象

某架 A350 飞机航前出现备用静压探头加温故障，左侧备用静压探头供电跳开关跳出无法复位。更换备用静压探头后加温测试正常。

二、风险等级

较大风险

三、原因分析

航前通电时出现放行信息“A-ICE STBY STATIC PROBE HEAT”，检查发现左侧备用静压探头供电跳开关 3131FC 跳出，尝试复位无效，整机断电复位无效。脱开左侧备用静压探头 15FC1 电插头后，可以闭合 3131FC 跳开关，恢复电插头后跳开关跳开无法复位，判断为 15FC1 本体故障。对拆下的静压探头进行简单线路测量，插钉 A 测量电阻为 55.7Ω，判断此次故障是由左侧备用静压探头内部加温线路电流过大导致。

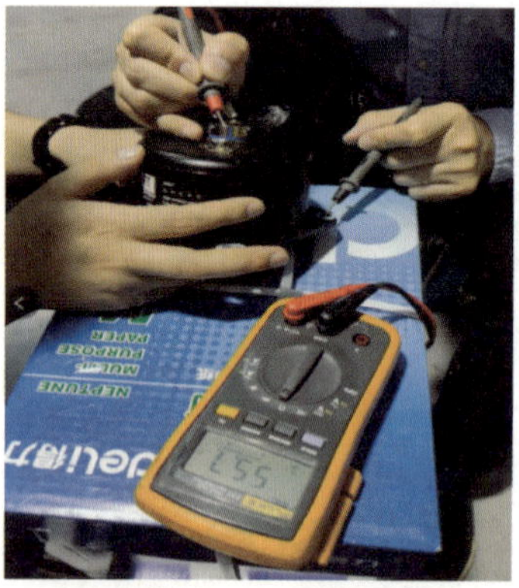

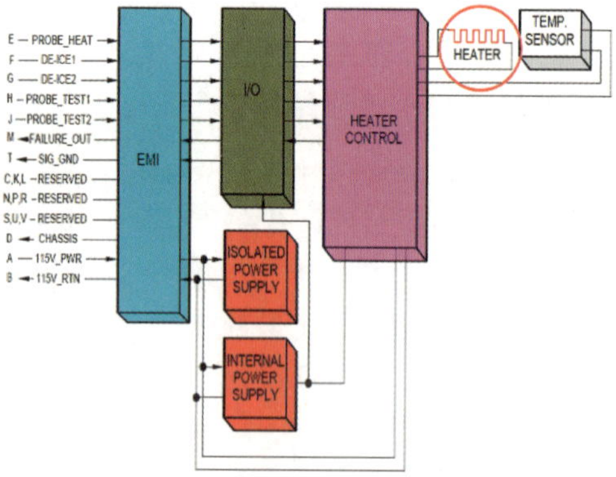

四、工程措施

1. 目视检查下列传感器和探头无损坏：3 个 MFP，6 个 ISP，1 个备用皮托管，1 个 AOA 探头，2 个备用静压探头，2 个结冰探测器以及 2 个 OAT。检查 RVSM 关键区域（即由 RVSM 关键区域标识框出的区域）的机身蒙皮，确保光滑洁净，无凹坑和损伤。间隔：过站检查。

2. 确保库存中最少有 1 个备件。

五、参考报告

《A350-34-W-20210311 R0 备用静压探头加温故障工程调查》。

第十一节　ATA35 氧气系统

类别一　手提氧气瓶低压漏气

一、故障现象

A350 飞机每架装机 13 个 COLLINS 手提氧气瓶（P/N：AV2014595-48）。北方的严冬环境条件下，在过半飞机上执行每日维护工作时发现大量便携式氧气瓶（总数量大于 50 瓶次）压力不足（低于 1600PSI）或低压（低于 500PSI）。

二、风险等级

低风险

三、原因分析

该系列 COLLINS 手提氧气瓶（P/N AV2014595-XX）采用旋转式压力表，项目 460（P/N AV4293180）和项目 480（P/N AV4293250）是项目 430（P/N AV3971880）压力表头接口和连接件的封圈。根据其他航司的经验分享和厂商的初步分析，接口和连接件的制造工艺不够精细和光滑，同时封圈在低温环境下材质变硬，密封效果下降，出现漏气问题导致低压。

四、工程措施

1. 检查确保手提氧气瓶固定牢固且外观正常，充气接口有防尘盖，压力正常（下限为 1600 PSO）。确保氧气面罩在位且清洁可用。间隔：每日。

2. 开发对该手提氧气瓶的维修能力，建议航材部门将后续发现的漏气低压手提氧气瓶进行索赔修理。

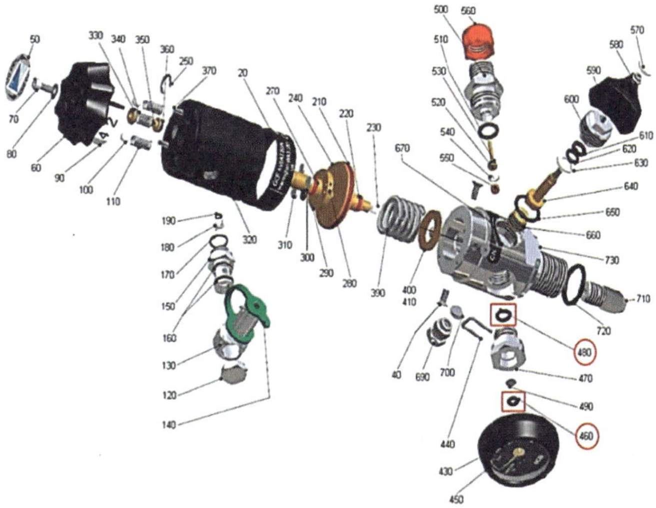

五、参考报告

《A350-35-W-20210204 R0 手提氧气瓶低压漏气工程调查》

第十二节 ATA36 引气系统

类别一 不确定的大翼过热故障

一、故障现象

一些 A350 飞机曾出现以下故障：

1. 放行信息“DM > AIR LEAK DET REDUNDANCY”，伴随维护信息“L（R）WING LOOP A（B）UNCONFIRMED OVHT”。此故障信息可参考 MEL 36-22-01A 保留放行，C 类。

2. 放行信息“DM > AIR L（R）WING LEAK”，伴随维护信息“L（R）WING LOOP OVHT”。此故障信息不能放行。

二、风险等级

低风险

三、原因分析

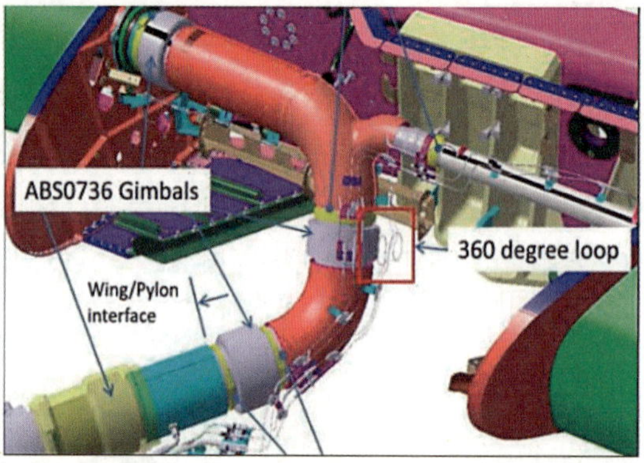

导致故障的原因：探测元件摩擦占 40%，共晶盐阻抗超标占 30%，安装问题占 30%。

1. 摩擦的原因来自探测线处理不当、与金属面相磨、与自身相磨，摩擦会减少探测线中心导线和外壳之间的距离，增加共晶盐阻抗，导致在没有真正过热的情况出现不确定的过热故障。如果导致损伤面积过大，就会使中心线和外壳之间短路。

2. 共晶盐阻抗超标主要原因有密封失效、接头污染、铬镍铁合金被震开。另外，共晶盐混合物浓度质量、接头水气入侵或液体污染导致早期性能降级、探测元件质量不好也是潜在原因。

3. 吊架/大翼临近区域引气管的卡箍或密封、感应管力矩不正确、引气管支撑杆太长。另外，一些区域的探测元件和引气管之间的间隙太小，不会直接导致不确定的过热事件，但会导致损伤；接近热物品（如发电机电缆）可能会导致探测元件对过热探测更敏感；还有一些过热探测环路太长，由数段探测元件和连接电缆连接，尽管环路状况正常，阻抗也很接近过热探测的门槛值，裕度很小。

四、工程措施

1. 执行 SB 36-P025/026 改装，将吊架/大翼临界区域的 360°补偿环路改为双 S 弯曲环路。

2. 关注空客新型渗漏定位工具的发布，以方便排故和引气渗漏定位。

五、参考报告

《A350-36-20201216 R0 不确定的大翼过热故障工程调查》。

类别二　MPV 活门故障工程调查

一、故障现象

某架 A350 飞机起飞后出现 ECAM 警戒“AIR ENG 2 BLEED FAULT”（发动机 2 引气故障），航后检查发现 MPV（总管压力活门）活门位置指示未指向全关位，拆下 MPV 检查发现轴承损坏，一颗滚棒脱出。更换 MPV 后测试正常。

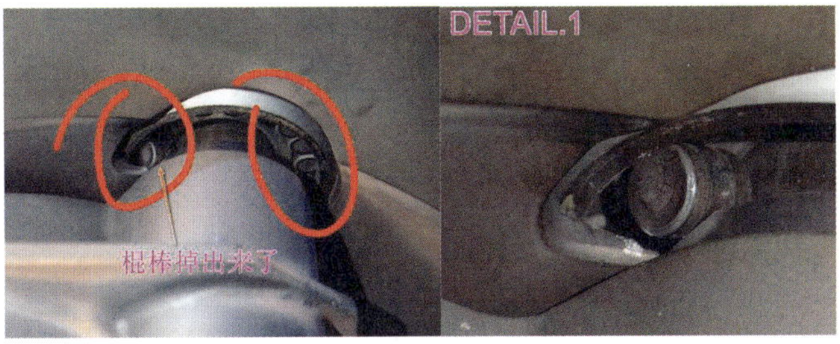

二、风险等级

低风险

三、原因分析

故障信息明确指向 MPV，检查 MPV 活门上的位置指示未在正常的全关位，拆下活门检查发现活门下轴承的滚棒脱出，与正常的上轴承对比，下轴承内圈有移位现象导致了滚棒脱出，造成活门卡阻。

厂家 HONEYWELL 反馈类似轴承滚棒脱出故障曾发生过两次，是由于轴承安装错误导致的（不存在批次问题），此次故障也属于该问题，HONEYWELL 将在生产过程中增加检查来确保轴承的正确组装。

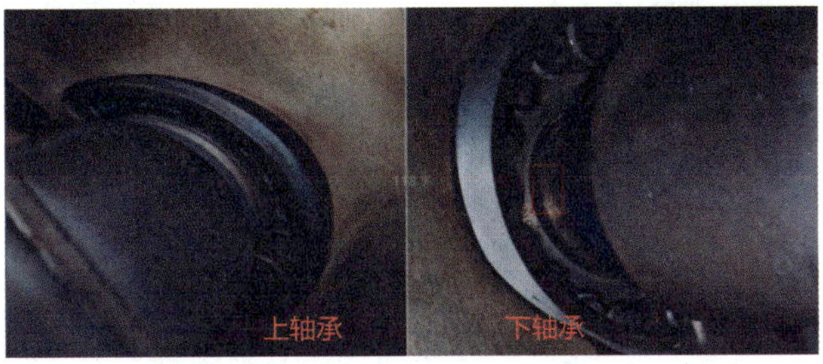

四、工程措施

1. MPV 整体可靠性较好，此次轴承滚棒脱出是由于生产过程中安装错误导致，厂家 HONEYWELL 已经采取对应措施。

2. 为了避免 MPV 轴承滚棒掉落后遗留在引气系统部件内的风险，编写维护提示，要求每次故障拆下 MPV 后检查轴承是否有滚棒缺失。

五、参考报告

《A350-36-P-20210721 R0 MPV 活门故障工程调查》。

第十三节　ATA46 信息系统

类别一　ODSM 故障

一、故障现象

A350 机队的 ODSM（P/N：822-2689-102）频繁故障，拆换高达 15 起，部件可靠性极低。多个 ODSM 故障会给飞机运行带来 AOG 风险，频繁拆换同样给航材部门带来很大的困难和压力。

二、风险等级

低风险

三、原因分析

调查车间修理，发现均为 SSD（固态储存设备）故障导致。

ODSM 的可靠性低是因为原来的 SMART SSD 停产，空客在 MSN260 飞机之后启用了 AMP 的 SSD，但 AMP SSD 可靠性远没有达到预期，极易发生 OSDM 故障或数据损坏。空客计划启用全新 SSD 硬件方案，以提高 ODSM 整体可靠性。

空客提醒不要在同一个 ODSM 柜里串件，或者从其他飞机上串件，这样会增加 REFORMAT 的风险。如果发生“OSFC DISK REFORMAT”问题，给出指导如何进行 10 h 的数据恢复工作，包括需要准备 5 个 U 盘、装载不同的数据、按顺序进行恢复。

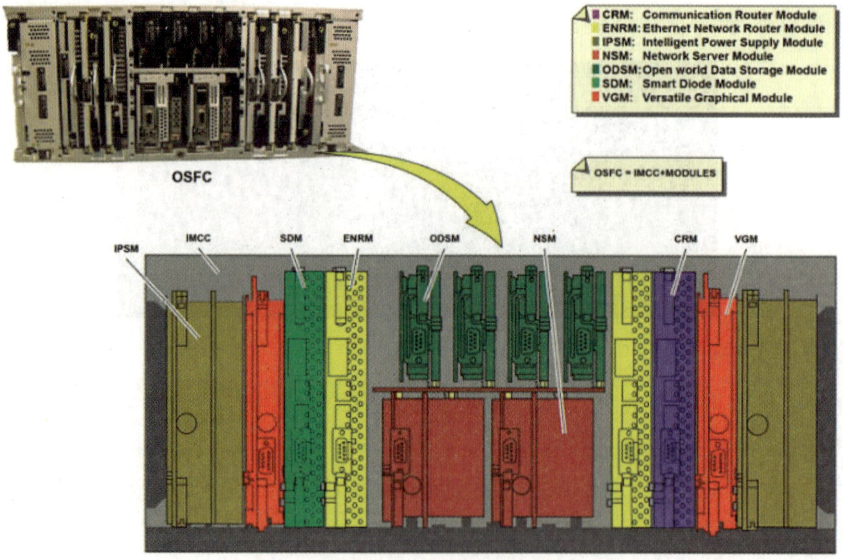

OIS MODULE CONCEPT - OSFC MODULES

四、工程措施

1. 关注全新 SSD 方案的 SB 发布。

2. 下维护提示，禁止进行 ODSM 串件；需有充足预案应对“Disk REFORMAT”引发的数据恢复工作。

五、参考报告

《A350-46-20200526 R0 ODSM 故障工程调查》。

第十四节　ATA 52 舱门系统

类别一　货舱门作动筒漏油

一、故障现象

某架 A350 飞机货舱门作动筒（件号 FA100128-001）漏油，经机队普查，两架飞机存在货舱门作动筒漏油问题，经工程评估，不影响安全，按非例性保留，飞机放行。

二、风险等级

低风险

三、原因分析

Triumphs 厂家生产的件号为 FA100128-001 的货舱门作动筒，服役一段时间后，出现了严重的腐蚀，如图 1 所示。

该腐蚀的发生致使作动筒活塞杆密封圈受到摩擦，密封圈被磨损后（被磨损的密封圈如图 2 所示），进而出现油液外泄。

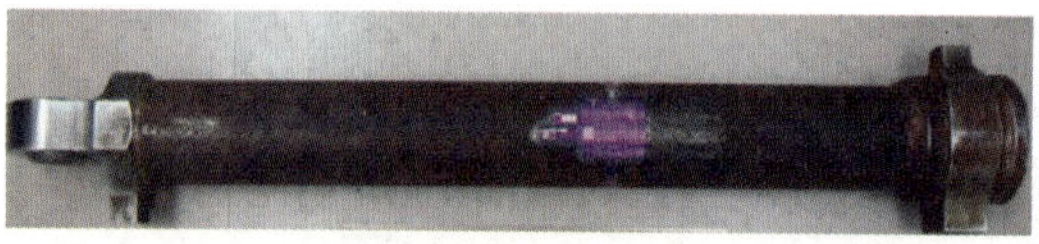

图 1

图 2

空客报道世界机队存在该问题，航司进行过一轮普查，当时未见明显漏油和异常，但根据世界机队的情况看，应属于普遍问题，只是航司机队当时还没进入问题爆发期。机队的普查结果与空客指引中的现象吻合，未改进款件号 FA100128-001 在服役一定时间后，会慢慢腐蚀并出现封圈老化、漏油的情况。

四、工程措施

1. 空客针对此问题发布了 TFU 52.36.00.013，介绍了空客及货舱门作动筒厂家 Triumph 将推出一款新的作动筒（件号 FA100128-101）。空客澄清了该渗漏在短期内不造成严重 AOG 问题，系统上仍有裕度和足够的安全性。

2. 结合空客 TFU 52.36.00.013 及 TR Ref.81016287 的建议，要求对新的作动筒（件号 FA100128-101）进行 1EA 库存备件。一旦检查发现问题，执行作动筒更换，有问题的作动筒可向厂家进行索赔，厂家将免费提供新件。

五、参考报告

无

类别二　客舱门止动螺钉丢失

一、故障现象

某航司一架 A350 飞机右侧 3 号客舱门 3 颗止动螺钉头剪断、丢失，向空客获取修理指引后，完成修理，飞机放行。

二、风险等级

较大风险

三、原因分析

空客发布 TFU Ref.52.10.00069 及 Ref.52.10.00054，关注了 A350 机型客舱门止动螺钉丢失的问题。调查显示，出现这类故障的根本原因是多方面的，例如螺钉受拉、门封严结冰、操作时的冲击损伤等。

四、工程措施

1. 向空客报告了损伤情况，空客反馈，多家运营人报告了单起或多起 A350 飞机客舱门止动螺钉钉头丢失的情况，但本次故障（3 颗止动螺钉头脱落）是空客收到的该类问题报告中最严重的一起。工程因此发起了普查，检查现役 A350 机队，未发现其他问题。

2. 工程技术部门结合空客 TFU Ref.52.10.00069、TR Ref.80954546 及 TR Ref.80728116 的建议，要求对客舱门止动螺钉进行最低 5EA 库存备件，防止因该故障而导致 AOG 情况的出现。

3. 空客后续针对此类问题发布了 SB A350-52-P043，提供了检查指引，工程根据此 SB 发布 EO B35052007 要求对客舱门止动螺钉执行重复检查。检查发现问题后，执行更换，有问题的客舱门止动螺钉可向厂家进行索赔，厂家将免费提供新件。工程已发布相关 PDN 及索赔单。

五、参考报告

无

第十五节　ATA53 机身

类别一　飞机下部机身勤务门损坏

一、故障现象

某航司发现 A350 飞机的一些下部机身勤务门容易损坏，原因是该勤务门铰链处带有阵风锁机构，关闭勤务门前需要解锁，若未解锁强行关闭，将损坏阵风锁机构。为此，各勤务门内部都粘贴有提示标牌，但该标牌往往容易被忽略。

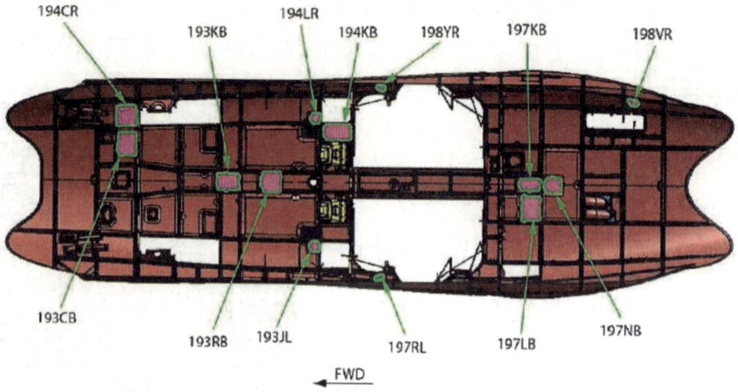

图 1　相关勤务务门

二、风险等级

低风险

三、原因分析

2019 年空客发布 SB A350-53-P040，加装警示标牌以提醒工作者，该航司引进的 A350 都在线上完成了 SB 对应的 MOD。

图 2　铰链机构

2020 年曾下发《关于 A350 飞机关闭具有自锁铰链勤务门》的维护提示，但工程评估认为执行空客发布的改装方案后提示效果甚微。工程师建议根据现场操作习惯，在勤务门内外表面加装能明显引起操作人员注意的标牌，避免误操作导致部件损坏。可联系空客，推动空客修改改装方案。根据和空客沟通的结果，再视需启动以 DMDOR 方式加装标牌。

四、工程措施

已提交 A350 TRM 2021 年 9 月 15 日讨论，非空客重点关注项目。经与工程师沟通，该故障少发，机型培训已提示关闭 A350 下部机身勤务门前注意先解锁，无需更多措施。

五、参考报告

1.《A350 飞机下部机身勤务门损坏调查报告》；

2.《MT-关于 A350 飞机关闭具有自锁铰链勤务门》。

第十六节　ATA 54 短舱/吊架

类别一　吊架腐蚀

一、故障现象

某架 A350 飞机在完成预防性更换左发吊架供油套管密封圈工作时，发现左发吊架区域内的金属部件有不同程度腐蚀，完成空客临时处理方案后，调机法国图卢兹完成永久修理。

二、风险等级

较大风险

三、原因分析

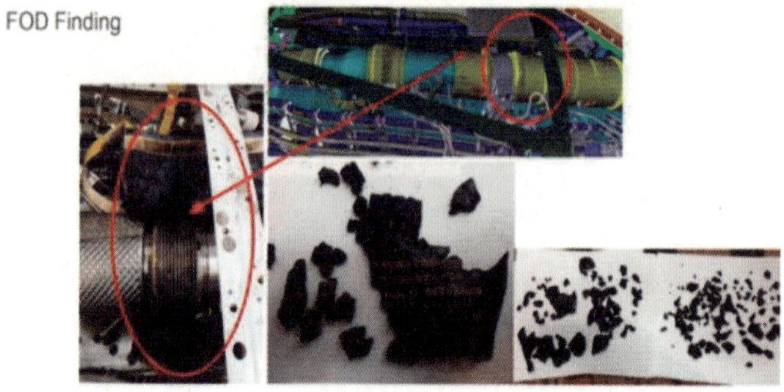

检查旧左发动机吊架，发现左发吊架盒上部区域部件有腐蚀迹象（主要发生在 455AL&455BL 盖板内部及其之后的区域），且吊架盒上部及发动机引气管隔热棉等位置残留有许多粉尘。为进一步调查，拆下发动机引气管隔热棉，发现 FOD，该 FOD 为引气管路保护盖，为 PVC 材料物质（即聚氯乙烯）。经证实，该 FOD 为腐蚀源，其在吊架区域受热烧蚀，分解出腐蚀性气体，腐蚀了吊架区域含铁、铜等材料，如下图所示。

四、工程措施

1. 普查所有 A350 飞机吊架，未在其他飞机吊架区域发现腐蚀，空客报告该机左发吊架腐蚀情况也是世界 A350 机队第一起案例。该起吊架腐蚀事件极为罕见，从发现问题到完成修复耗时长达半年之久，但该起事件对工程调查有良好的启示意义。

2. 航司及空客均对腐蚀物进行检查化验，均得出了含氯物质导致了该腐蚀的发生，但航司及空客均表示该区域中未涉及含氯物质材料的使用。腐蚀源是什么一直困扰着航司及空客。直到飞机调机法国修理两周后，空客工程师根据粉尘的分布情况及发动机引气管隔热棉的污染情况，怀疑引气管隔热棉处存在问题，打开隔热棉后，发现 FOD，进而解决了腐蚀源的问题，对后续修理范围的判定也起到了至关重要的作用。

五、参考报告

1.《A350 飞机吊架腐蚀监修报告》；

2.《Airbus Manufacturing Investigation Report - Large number of corrosion found in LH pylon area》。

第四章

A380 机队医典

第一节　ATA21 空调系统

类别一　TCV 部件脱落故障

一、故障现象

某架 A380 飞机出现右组件温控活门 2 信息，拆下 TCV（温度控制活门）发现活塞锥头丢失（锥头是塑料材质），经孔探发现卡在右组件 ACM 2 内，需拆下 ACM 2 才能接近，办理右组件 FCV 2 失效保留，锁定 FCV 2 在关位，并锁定 ACM 隔离活门确保 ACM 2 不运转。

二、风险等级

一般风险

三、原因分析

每侧 AGU 安装有 2 个 TCV 和 2 个 TBV，件号相同，TCV 是电控滑阀型活门，通过将初级热交换器出口空气掺混至第二级涡轮出口来调节 AGU 出口温度。

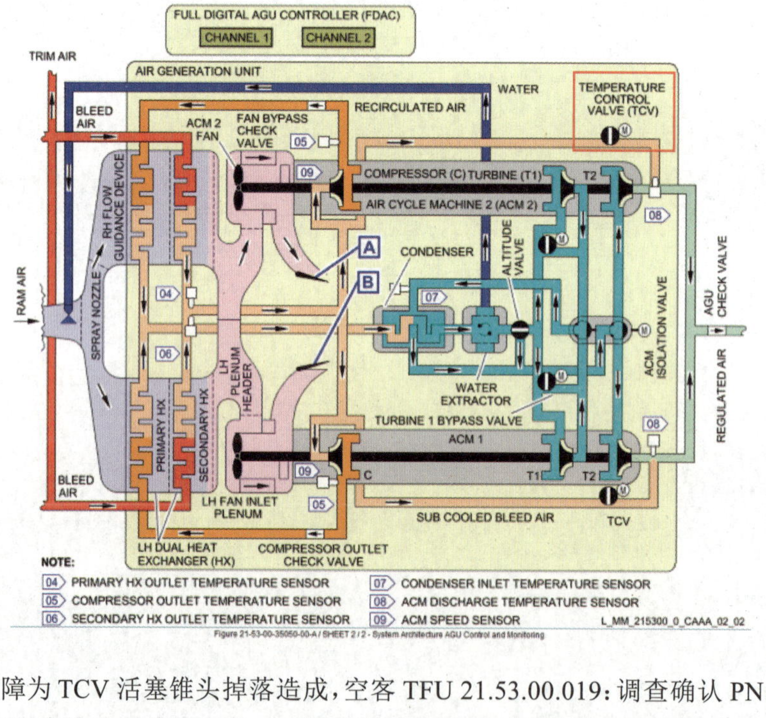

Figure 21-53-00-35050-00-A / SHEET 2 / 2 - System Architecture AGU Control and Monitoring

此次故障为 TCV 活塞锥头掉落造成，空客 TFU 21.53.00.019：调查确认 PN：1380214-4 的 TCV 存在活塞锥头脱胶的现象，可能的原因有黏结工艺缺陷、热膨胀应力和水汽在活塞内结冰。厂家重新设计了新活门（PN：1380214-5），可以防止水积聚、结冰从而导致活塞脱落，确保即使脱落也不会堵塞活门。新旧件号完全互换，没有主动改装计划。

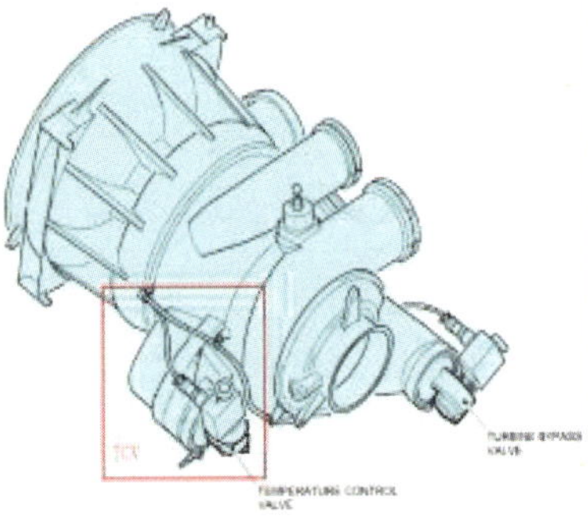

四、工程措施

将 A380 机队 TCV 全部升级为最新件号 1380214-5。

五、参考报告

《A380-21-20200115 R1 TCV 部件脱落故障工程调查回顾》。

类别二　ACM 故障

一、故障现象

某架 A380 飞机执行悉尼—广州航班，上一段在空中出现 AIR PACK 1 REGUL FAULT（BYPASS MODE）信息，地面复位无效，保留后放行。后续更换 PACK 1 组件 ACM 1+2 后正常。故障未造成航班不正常。

二、风险等级

一般风险

三、原因分析

A380 安装有左右两个空气发生组件（AGU），即空调 PACK。用来降低引气热空气的温度并去除其中水分。

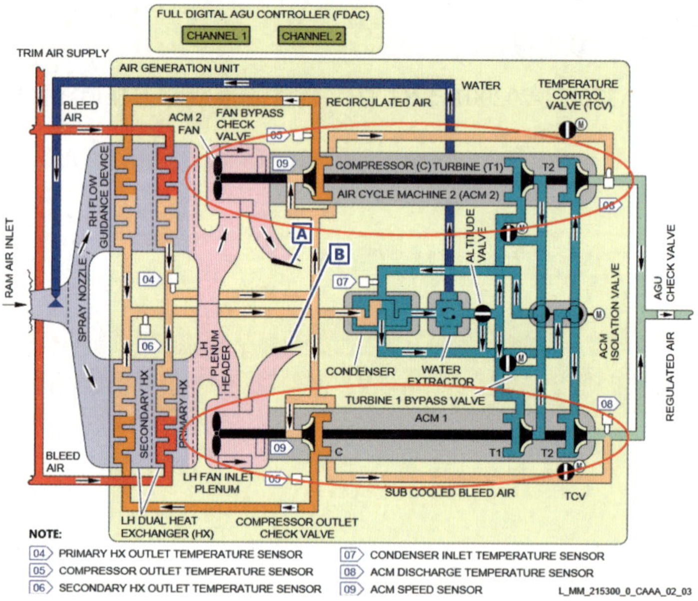

每个 AGU 包括 2 个 ACM，每个 ACM 有 2 个涡轮、1 个压气机和 1 个风扇，它们安装在同一根轴上由压气机驱动。

该机系统中故障前几天一直记录 AGU2 ACM2（382HH2）的 PENDING 信息，在等待航材到货的过程中，AGU 1 的 ACM1 也出现故障，从而触发“AIR PACK 1 REGUL FAULT”（空调组件 1 调节失效），航材到货后，先后更换两个故障 CM 正常。

空客 TFU 21.50.00.004：造成 ACM 故障的因素有很多，都是 AGU 上的其他部件，空客对应也给出了一些解决方案。

四、工程措施

1. 此次故障主要是由于单个 ACM 故障后因航材短缺未能及时更换，最后单侧 AGU 两个 ACM 都出现故障后办理保留放行，未造成航班不正常。ACM 是小时包修件 OSS（保税）件，要求在基地保证有 1 个备件可用。

2. 要求一线在出现 ACM PENDING 信息后及时处理。

五、参考报告

《A380-21-G-20201207 R0 ACM 故障工程调查》。

第二节 ATA23 通讯系统

类别一 垂尾摄像头故障

一、故障现象

某航司系统工程师查阅 A380 机队垂尾摄像头故障记录，发现曾发生多起故障，启动针对该件的工程调查。

二、风险等级

低风险

三、原因分析

每架飞机上安装了一个垂尾摄像头，用于拍摄机外画面在 DU 上显示，供机组和乘客观察飞机外部情况。

摄像头车间修理发现电路板故障。厂家发布 VSB 1237L1-23-003，指出摄像头由于插座的封严不够紧密，导致水汽渗入摄像头内部，损坏电路板和光学组件。将通过更换密封插座，达到防水的目的。

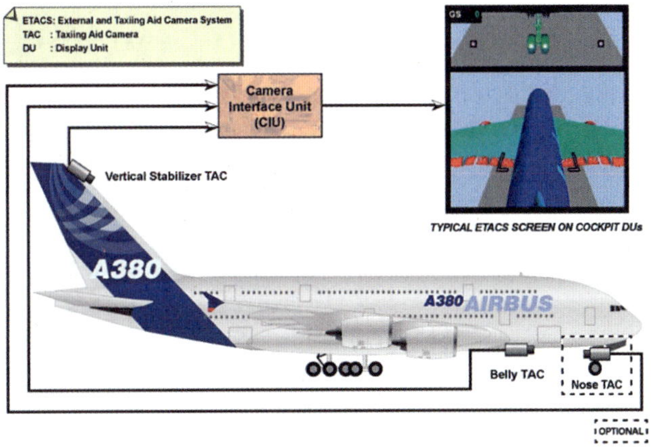

空客 TFU 23.75.00.009 介绍，有航空公司报告垂尾摄像头一开始显示模糊，一段时间后彻底故障。电插座如果安装不到位，导致水汽渗入摄像机内部，损坏电路板和光学组件。推荐执行 VSB 1237L1-23-003。

四、工程措施

1. 主动拆下受影响部件送修执行 VSB 1237L1-23-003。
2. 要求航材采购已执行过该 VSB 的部件。

五、参考报告

《A380-23-20200121 R1 垂尾摄像头故障工程调查》。

第三节　ATA24 电源系统

类别一　VFG 不能脱开故障

一、故障现象

某架 A380 飞机在过站时出现“ELEC DRIVE 2 DISC FAULT”（电源驱动 2 断开失效）故障信息。经判断不能 MEL 保留放行，派人带器材工具前往该航站，更换 VFG 2 后测试正常。

二、风险等级

较大风险

三、原因分析

本次故障拆下 VFG 后发现外轴堵头脱落和垫圈破损，堵塞脱开通道，导致不能脱开。

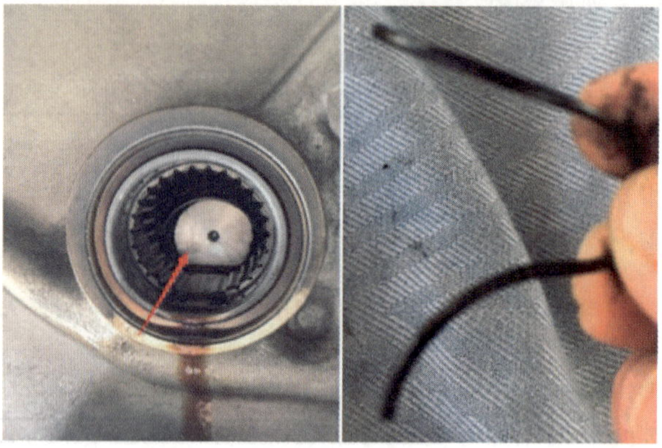

厂家发布 VSB BAC14600-24-15，通过改装升级到 VFG-07，来解决轴垫圈磨损导致脱开通道堵塞，不能正常脱开的问题。

在 AMM 手册的 VFG 滑油勤务的维修任务中，增加了滑油排放磁堵的明确检查标准，直接指向更换 VFG，起到预防性的作用，且更有利于航线执行。

四、工程措施

1. 定期排放并对变频发电机滑油系统注油。间隔：2500 FH。
2. 主动完成 VFG 件号升级至-07A。

五、参考报告

《A380-24-20200111 R1 VFG 不能脱开故障工程调查》。

类别二　电瓶故障

一、故障现象

某架 A380 飞机航前出现“BAT 1 FAULT”（电瓶 1 失效）和“ESS BAT FAULT”（主电瓶失效）警告信息，主电瓶（BAT ESS）后尝试充电正常，将 1 号电瓶与 APU 电瓶对调，办理 APU 电瓶 MEL 保留。航班延误 253 min。

二、风险等级

一般风险

三、原因分析

更换 2 个电瓶，测试正常。电瓶故障是造成本次飞机故障的原因。

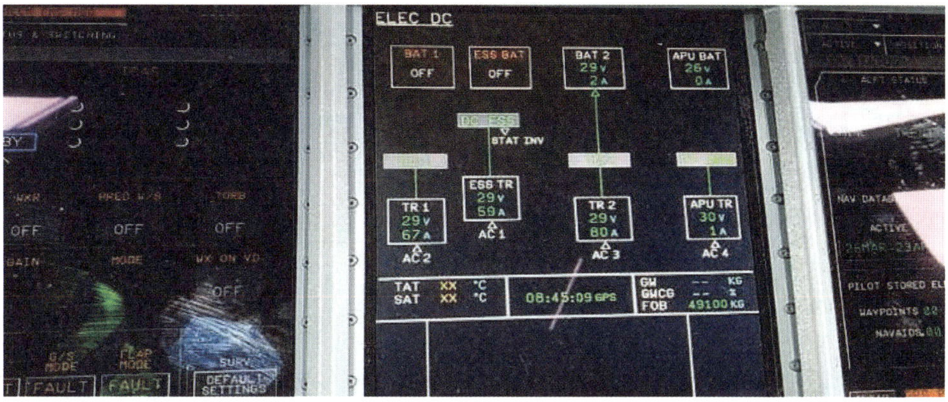

厂家调查确认电瓶发生故障有以下 3 个原因：

1. 电瓶本身的孤立故障（“Orphan ELEC BAT X FAULT”（单个电瓶 X 失效））。

2. BATLC（Battery Line Contactors）故障，电瓶线路接触器失效造成电瓶故障。

3. 虚假的“Battery Thermal Runaway”电瓶温度超限保护性跳开。主要是由于温度传感器不可靠造成的，TRU 的监控电流过小、不合适的传感器焊接、单元体溢流的电化学腐蚀、传感器不能承受振动和冲击都可能造成此类故障。

四、工程措施

1. 航材部门增加备件，保障在外站可以获得运行所需的电瓶备件。

2. 结束航后的工作后应正常关断电瓶（MR 增加航线关断电瓶要求）。

五、参考报告

《A380-24-20200506 R0 电瓶故障工程调查》。

类别三　SEPDS 网关卡在启动模式故障

一、故障现象

次级电源分配系统（SPEDS）网关上电卡在启动模式故障属于 A380 MISP 优先关闭项目，对其展开调查。

二、风险等级

一般风险

三、原因分析

网关模块是次级电源分配中心（SEPDC）和次级电源分配盒（SPDB）内外部的接口，所有 SEPDC/SPDB 设备间的通信都通过它完成，网关通过 AFDX 总线和外部系统连接。

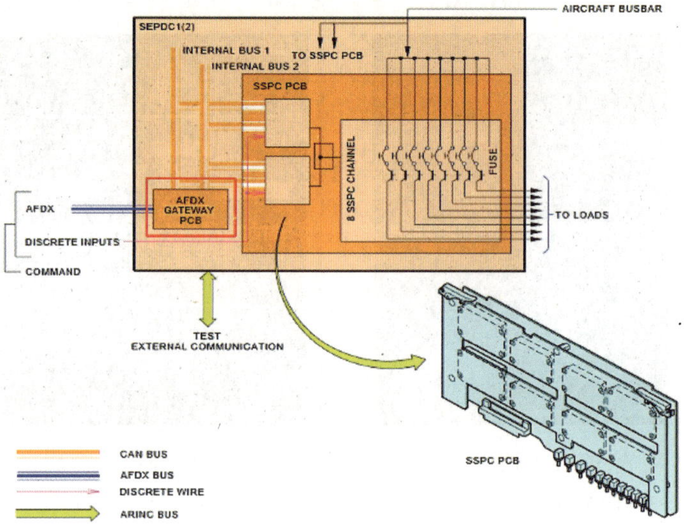

由于软件故障，飞机或 SEPDS 系统上电时 SEPDS 网关模块可能卡在启动模式，相关的固态电源控制器（SSPC）将会保持在开位，电源无法供给到终端负载。根据故障的网关位置，将会触发相应警告或信息。厂家建议采取以下措施：

1. 参考相关 TSM，飞机断电重新“冷启动”或复位受影响系统（SEPDC 或 SPDB）。注意，为了保证 PSM 板完全断电，建议复位时等待至少 1 min。
2. AFDX 系统中有 1153360-4 件号的网关可用时，将其安装到故障位置（原位置留空）。

四、工程措施

1. 编写维护提示，提醒一线采取厂家建议的措施进行故障处理。
2. 执行空客发布的 SB 24-8162，升级新版网关操作软件 S8.6 以解决相关问题。

五、参考报告

《A380-24-20201204 R0 SEPDS 网关卡在启动模式故障工程调查》

第四节　ATA25 设备设施

类别一　滑梯抽样释放不成功

一、故障现象

某架 A380 飞机执行右 3 号上舱门逃生滑梯/救生筏的定期操作检查，在释放滑梯时，滑梯出现故障未能完全充气，没有完整放出。

二、风险等级

重大风险

三、原因分析

在充气打开的过程中，得益于正确地折叠和打包，一些连接带会在充气压力下断开快速脱开接头，用来确保滑梯的充气空间安排、顺序和方向等。本次释放滑梯过程中，滑梯底部的一个连接带上的快速脱开接头没有正常脱开，导致连接带在拉力作用下撕裂了连接带一头的滑梯尼龙布类材料，滑梯充气过程中漏气，从而不能继续充气，不能正常完全打开。

厂家 COLLINS 反馈了车间调查结果，确认快速脱开接头工作正常（脱开力在 580LBS+/−5%以内），但连接带的安装缝扎锚点的连接脆弱，连接带在拉力的作用下撕裂缝扎点，滑梯的中央充气管被撕开，滑梯充气打开过程漏气，最终导致滑梯下部充气腔没有足够的充气压力，滑梯无法正常完整打开。缝扎锚点未发生过修理，失效原因仍不清楚。

此失效为滑梯部件失效，与飞机系统无关。目前来看属于首例，可能源于质量偏差。COLLINS 将对其他的连接带缝扎锚点进行拉伸测试以确认强度是否正常。

四、工程措施

1. 滑梯释放事件报告给空客，按照工卡和 AMM 要求完成更换新滑梯。
2. 退回故障滑梯到厂家调查研究。
3. 敦促空客和滑梯厂家提高产品质量，由质量部门敦促滑梯修理厂家提高修理质量。

五、参考报告

《A380-25-20191204 R0 滑梯抽样释放不成功工程调查》。

类别二　垃圾压缩车故障

一、故障现象

A380 垃圾压缩车非计划拆换多，有部分飞机已缺件，对客舱服务质量造成较大的影响，因此展开调查。

二、风险等级

低风险

三、原因分析

A380 每架飞机安装 2 台垃圾压缩车（TRASH COMPACTOR，PN：HFWF2003-01，厂家：IACOBUCCI）。

该部件的故障大部分表现为垃圾溢出、垃圾压得过紧、不能从垃圾压缩车中取出。

车间修理发现，大部分更换了压缩系统下方的保护盖，根据厂家的回复认为是在压缩车使用的过程中，一些残留的垃圾夹到保护盖，对它造成了伤害。另外一个更换得比较多的部件是抽屉的止动块。

同时调查发现，由于客舱乘务员不规范使用垃圾压缩箱（垃圾过满、或倒入含有液体的垃圾等情况时有发生），导致垃圾压缩车故障。

厂家发布的一份 SL：HFTC-25-16SL，建议了一系列的定期维护任务，包括日常的检查、清洁、定期更换、功能测试等。

四、工程措施

1. 翼清洁垃圾压缩车。间隔：DAILY。

2. 将垃圾压缩车送车间清洁，并更换垃圾车抽屉止动块和压缩盘保护盖。间隔：3000 FH。

3. 要求乘务人员规范操作垃圾压缩车，并在通告中附上垃圾压缩车操作指南。

五、参考报告

《A380-25-20200218 R1 A380 垃圾压缩车维修任务的评估工程调查》

第五节　ATA27 飞行操纵

类别一　襟翼锁定故障

一、故障现象

某架 A380 飞机，机组反馈在进近阶段 900～1200 m 之间出现襟翼锁定“FLAPS LOCKED”警告信息，襟缝翼手柄操作正常，襟翼位置被锁定，飞机在襟翼未放出情况下正常着陆。到位后检查缝翼已收回，襟翼锁定在位置 1 左右；查 PFR 发现有“F/CTL FLAPS LOCKED”和“F/CTL ALTN LAW（PROT LOST）”警告信息，并有故障码指向右侧襟翼驱动机构（RH MECH DRIVE）。落地后地面参考手册复位正常，对比检查襟翼位置传感器 APPU、FPPU 数据差异小，检查后缘传动机构（扭力机构，APPU，齿轮机构）正常，更换 APPU 30CV 测试正常。

二、风险等级

较大风险

三、原因分析

SFCC 通过比较 APPU 和 FPPU 的位置来监控传动轴的位置和速度，当 2 个 SFCC 通道都探测到故障时，关断液压马达，激活马达驱动刹车和翼尖刹车功能，传动机构被锁定。

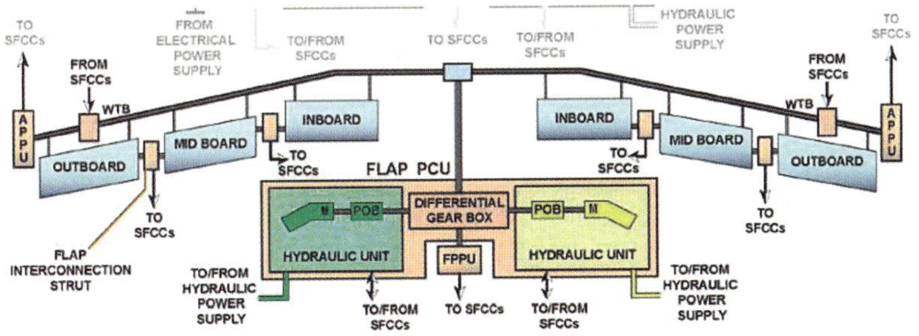

本次故障的故障码 2750F3KV 和 2750F74B 都指向“OVERSPEED”，系统探测到了传动轴转动过快（超过了门限值）的 OVERSPEED 情形。地面襟翼全收上位，在位观察右 APPU 有轻微未对准零位情况，因此怀疑 APPU 传感器内部存在间歇性的探测故障。更换 APPU 30CV 测试正常。

空客对襟缝翼系统故障展开调查：

1. 认为襟翼传动轴超速探测导致襟翼锁定的原因是PPU在组装的时候有“防回弹装置（ABL）”被错误的设定，ABL 的设计目的是使两个啮合的齿轮保持一定间隙。设定错误/偏差导致 PPU 的同步电信号干扰和峰谷值情况，可能被 SFCC 理解为超速 OVERSPEED。同时提到大量的 PPU 电气故障导致很多间歇性故障。确认大多数问题来自插头端的焊接裂纹，有材料、制造工艺和测试中的振动等因素的影响造成。通过引入改进型的 PPU-06/07 解决以上问题。

2. 对改进型的 PPU-06/07，仍然有报告襟缝翼控制系统故障。调查后确定了 4 种情况。

（1）插头端封装材料过硬导致安装时的导线损伤。

（2）导线磨损。

（3）齿轮损伤。

（4）低温下探测到转子故障（温度变化引发的导线断裂，可能制造过程中有缺陷存在）。

空客发布了 SB 27-8063，升级襟翼 PPU 的件号到 87145-00-08。此次升级对 PPU 做了多项改进。改进了转子的稳健性（导线的厚度、热处理改善温度应力，导线防磨、优化线的长度和安排，平顺齿轮的运转等）。

四、工程措施

1. 根据空客发布了 SB 27-8063，将襟翼 PPU 升级到 87145-00-08。

2. 联系空客分析 CMS 数据，寻求 APPU 角度变化数据解释 OVERSPEED 的情况。

3. 开展机队襟翼位置传感器在位普查，目视检查 PPU 是否在安装零位的情况，另外读取 PPU 在不同襟翼手柄操作位置的解算角度值，排除传感数值差异过大的情况。

五、参考报告

《A380-27-S-20210717 R0 进近阶段襟翼锁定故障工程调查》

第六节　ATA28 燃油系统

类别一　油箱进口活门漏油

一、故障现象

某架 A380 配平油箱渗漏监控器漏油，呈线状，工程评估不放行，停场排故。通过串油确认中央油箱进口活门 5503QA3 漏油，需要抽空油箱才能换件。更换进口活门后测试正常。

二、风险等级

较大风险

三、原因分析

燃油箱进口活门为球阀，由阀体、球形阀阀芯、驱动轴和安装法兰组成。进油活门不同的安装位置件号不同（B97H63-608/619、B97H63-609/620、B97H63-610/621），原理一致，此次漏油的 B97H63-609 件号活门每架飞机安装 2 个（2 号和 3 号供油箱），各件号进口活门每架飞机共安装 22 个。

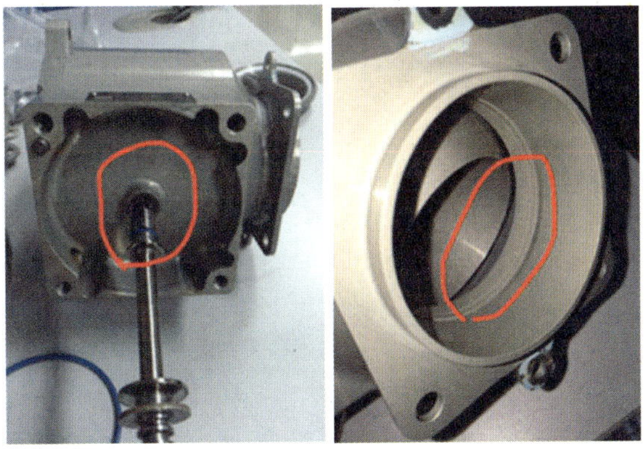

确认中央油箱进口活门 5503QA3 漏油，更换进口活门后测试正常。

对拆下活门进行分解，分析判断中间轴与活门本体连接孔位置漏油。活门在打开或关闭的过程中，油从红圈位置受磨损的密封座进入活门腔体，再从底座和作动杆连接部位漏出来。厂家确认造成活门漏油的主要原因为污染导致活门封严衬套、阀芯损伤。

四、工程措施

根据厂家 SIL B97H63-28-03，对件号为 B97H63-608/609/610/611 的活门在转动轴和活门体之间的封严衬套等部件进行改装，升级后件号为 B97H63-619/620/621/622。

五、参考报告

《A380-28-20200109 R1 油箱进口活门漏油工程调查》。

类别二　APU 输油管封圈故障

一、故障现象

某架 A380 飞机断续反映 APU 自动关车，且出现 APU 有时无法启动现象，每次自动关车后 APU 燃调（FCU）处都有大量的空气排出，伴随 Fail to Light（4961F03X）和 N1 Underspeed（4961F030）信息。

二、风险等级

一般风险

三、原因分析

针对 4961F03X NO LIGHT OFF（LOW FLOW），主要原因是燃油低压造成自动关车，经模拟故障，怀疑管路有渗漏吸入空气，从而导致 APU 燃油吸入空气引起 APU 自动关车。

最后检查发现 4 号发动机供油管在 RIB25 位置出现严重漏油的情况，拆下管路检查发现封圈已破损，更换封圈后测试检查燃油管无渗漏。APU 在 4 号油箱低油量时仍然工作正常，不再出现自动关车，确认故障已排除。

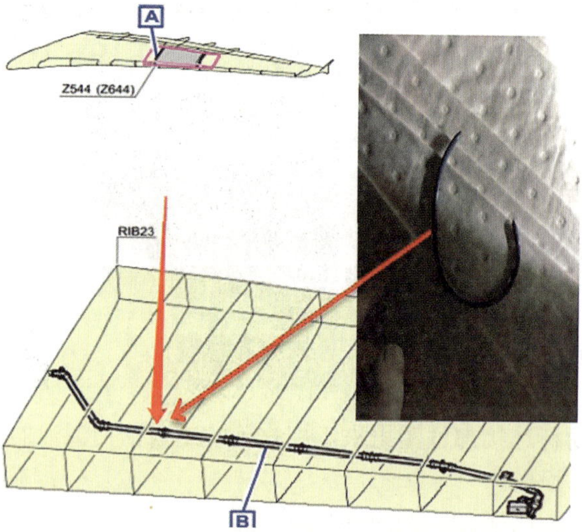

四、工程措施

1. 本次输油管封圈损坏是孤立事件，建议机队串油使 4 号油箱集油槽油量在 300 kg 左右时用 APU 供油泵供油，运转 APU，排除类似油管封圈损坏进气的情况导致 APU 自动关车。

2. 在工程支援和航线车间传递相关排故过程和排故经验信息。

五、参考报告

《A380-28-20200702 R0 APU 输油管封圈损坏工程调查》。

类别三　飞机燃油传输泵故障

一、故障现象

某架 A380 飞机在短停推出后，左右外侧油箱传输泵跳开关跳开，出现“FUEL R OUTR TK PMP FAULT”（右外燃油箱泵失效）和“FUEL L OUTR TK PMP FAULT”（左外燃油箱泵失效）ECAM 警告信息，飞机拖回。复位 FQMS、两个跳开关 823QL 和 821QL 后，两个泵都恢复正常。但系统工作一段时间后，再次出现左右外大翼油箱传输泵故障信息，其中，右外传输泵提示跳开关跳开（Open-GFI-Tripped），左外传输泵提示飞机逻辑跳开（Open by ACFT logics），复位和断电后故障依旧。左外侧和右外侧油箱传输泵都不工作，不符合放行条件，飞机停场排故。

二、风险等级

较大风险

三、原因分析

两个传输泵的供电采用了独立的线路，没有共用部件，这次故障跳开的两个 SSPC 都在各自泵的供电线路上，这次两个泵的跳开没有线路关联。

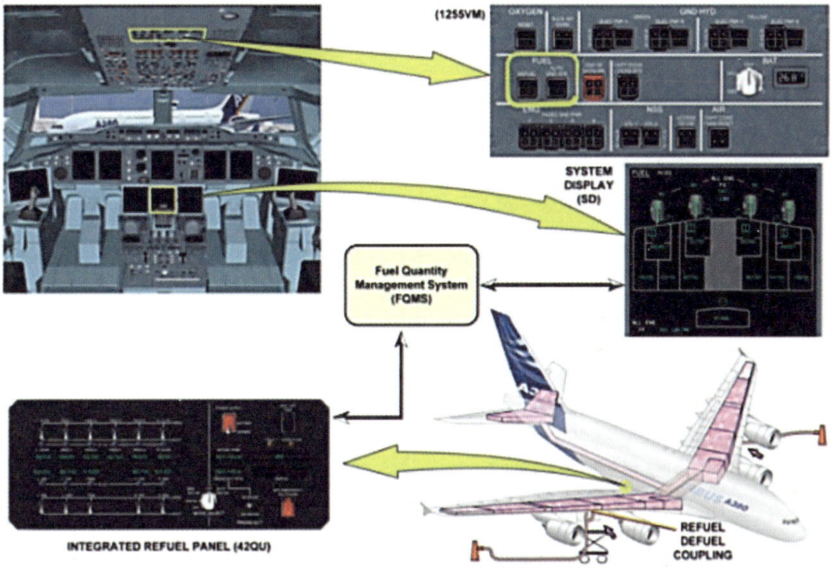

译码显示发生在飞机推出并且 1、2 号发动机启动阶段，在发动机启动（N1 有转速开始计算）20 s 后，两个燃油传输泵同时启动（压力电门信号转变），工作了 7 s 左右，同时跳开（压力电门信号转变）。怀疑泵本身有性能衰退（内部器件降级，机械摩擦大等）或工况异常，燃油泵在启动工作的时候电流过大，引起 SSPC 跳开。更换右外传输泵后右侧恢复正常，确认本次故障是两个泵的独立故障事件造成。

四、工程措施

1. 用 MK200 系列泵替换 MK101/102，对电子模块引入更大的绝缘缝隙和额外的保护层，消除寿命限制，并进一步升级电子模块的防火保护。

2. 通过 SB 改装，消除因压力电门传感器管路狭小、孔口堵塞导致的故障。

3. 空客和厂家计划开发新的燃油泵，将电模块组件从泵内部移出以提高可靠性，跟进新一代燃油传输泵的开发情况。

五、参考报告

《A380-28-G-20201207 R0 燃油传输泵故障工程调查》。

第七节　ATA31 指示记录

类别一　FDR 故障工程调查

一、故障现象

某架 A380 飞机在巡航阶段 ECAM 出现“Recorder DFDR Fault”故障信息。落地后机务代表尝试复位与重装 DFDR，均无效，后更换 DFDR 测试正常。

二、风险等级

一般风险

三、原因分析

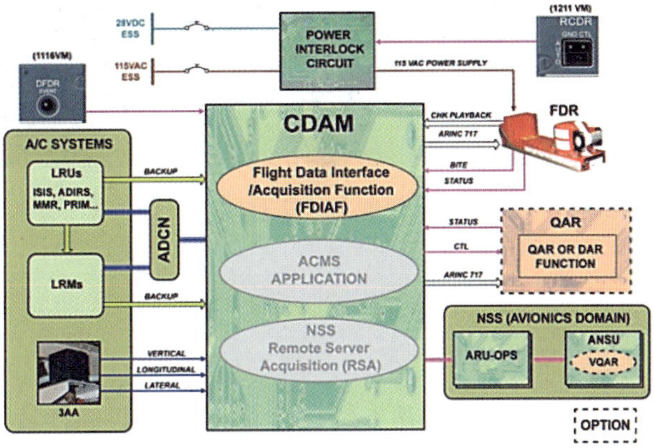

A380 FDR 全称为 SSFDR（固态飞行数据记录器），用于在非易失内存中记录至少 25 h 飞行数据的防火防撞装置。当任意发动机启动或地面测试及基于维护目的的工作、飞行过程中、最后一台发动机关车后 5 min 前 FDR 被 115 V 交流电供电工作，接收由 CDAM 飞行数据接口/采集功能采集到的飞机各系统飞行参数并以 1024 里每秒。

本次为 DFDR 故障导致，更换后测试正常。对于 DFDF，车间修理发现原因多集中于电容故障、CSMU（碰撞幸存内存单元）故障。

厂家 L3 针对全球机队 FDR 故障分析，发现有一定数量的 FDR 出现了不影响数据获取、存储和检索的锁存故障，而引发锁存故障的条件可以通过电源重启进行重置。故发布 SB 025 和 SB 026 对其进行软件和硬件升级，以消除锁存故障的再次发生。

四、工程措施

1. 普查 L3 FA2100 系列 FDR 的硬件改装状态，对已执行 MOD13 改装的 FDR 要求结合送修送 L3 原厂执行 SB 025/026 升级，以提高设备可靠性；

2. 将 A380 机队安装的 FDR 均置换为已完成 SB025/026 的件，并发布维护信函，禁止未执行该升级的件再装上 A380 飞机，以提高宽体机运行可靠性。

五、参考报告

《A380-31-20200511 R0 FDR 故障工程调查》。

第八节　ATA32 起落架系统

类别一　主轮螺帽爆裂

一、故障现象

某航司 A380 机队发生多起主轮固定螺帽开裂的事件。其中，某 A380 航班在短停期间，检查发现 2 号主轮扎伤见线，另外 7 号、13 号、14 号和 16 号主轮的固定螺帽开裂 。

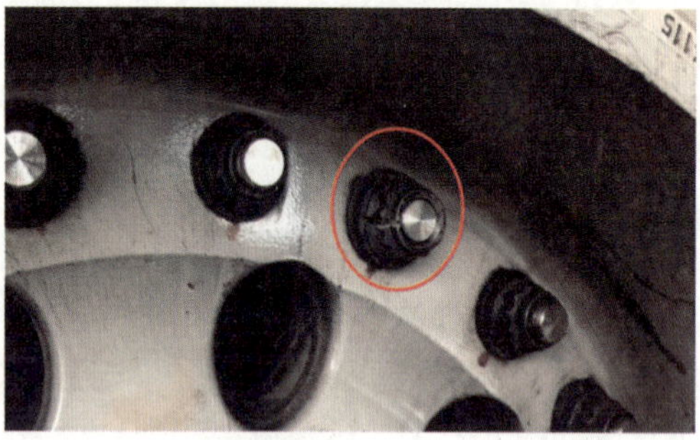

二、风险等级

较大风险

三、原因分析

飞机一个轮毂由两半组合而成，用 22 根螺杆紧固。1 架飞机 20 个主轮（16 个带刹车），每个主轮有 22 个螺帽，1 架飞机共 440 个螺帽垫片。

A380 轮毂使用锡锌垫片和镀镉的螺帽组合时出现共熔特性（金属熔点降低），在高温作用下，螺帽容易出现裂纹。Honeywell 开发了镀镉的垫片，用来取代锡锌垫片，解决垫片螺帽组合的共熔特性问题。

同时对车间修理调查，发现采用 CMM 手册中的备用方式打力矩效果更好，即最终力矩是按固定力矩来判断角度是否在范围，这种方式下，每个螺帽的受力相同。

四、工程措施

1. 已发布技术通告要求使用镀镉垫片，不允许使用锡锌垫片。
2. 组装时使用备用力矩方式。

五、参考报告

《A380-32-20200212 R1 主轮螺帽爆裂事件工程调查》

类别二 胎压传感器故障

一、故障现象

某航 A380 飞机自引进以来，轮胎压力传感器发生多次非计划拆换。

二、风险等级

一般风险

三、原因分析

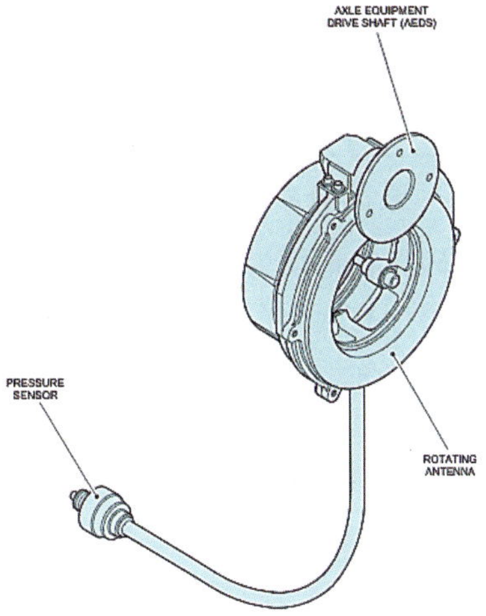

故障现象主要为轮胎压力指示 XX/无指示、轮胎压力在 WHEEL SD 页面上显示琥珀色 XX。还有少数的轮胎压传感器螺帽跟轮毂底座咬死，拆不下来，胎压传感器螺纹损伤和滑牙。车间修理结果主要为传感器损坏和 NFF。

调查发现胎压传感器的损坏原因为：

1. 拆装传感器过程中没有对准螺纹，造成传感器螺纹损坏。

2. 拆装传感器时使用金属工具，造成传感器滚花螺母损坏。

3. 拉扯和扭曲导线造成线缆损坏。

空客 2019 年底发布 TFU 32.49.00.010，对胎压传感器可靠性低问题进行了总结：RPSA 主要故障为电气绝缘故障和线缆机械损伤。根据调查结果，对 RPSA 屏蔽层做了改进，以更好地保护内部线路，避免水气侵入，改装后的 RPSA 件号不变，增加了 Amdt D 标识。件号 J20006005 Amdt D 的 RPSA 可靠性有明显提升，未来空客将继续从以下方面研究改进措施：

1. 改进 TSM 程序，要求更换前先查阅故障历史以减少 NFF（已完成）；

2. 继续对 RPSA Amdt D 改进以外还存在的缺陷进行调查；

3. 验证电路板和压力传感器之间的交互。

四、工程措施

1. 编写了维护提示 MT3803249002，对轮胎压力传感器在拆装过程中由于机械原因容易导致的损伤提出操作规范。

2. 空客调查同时发现电气绝缘故障和线缆机械损伤。执行空客措施，对屏蔽层做了改进以更好地保护内部线路避免水气侵入，可靠性有明显提升。

五、参考报告

《A380-32-20200218 R1 胎压传感器故障工程调查》。

第九节　ATA33 灯光系统

类别一　障碍灯故障

一、故障现象

某航 A380 机队障碍灯故障导致多起保留和非计划拆换，因此，启动调查。

二、风险等级

低风险

三、原因分析

障碍灯在地面为导航灯提供补充，来标记机翼的末端。安装在翼尖外侧，向后照明。每个障碍灯有两个白色的 LED 灯泡，115 VAC。通过 NAV 电门和空地信号来控制。障碍灯仅在地面使用。飞机在地面，当 NAV 电门设置到 ON 位时，障碍灯自动点亮（导航灯同时亮）。

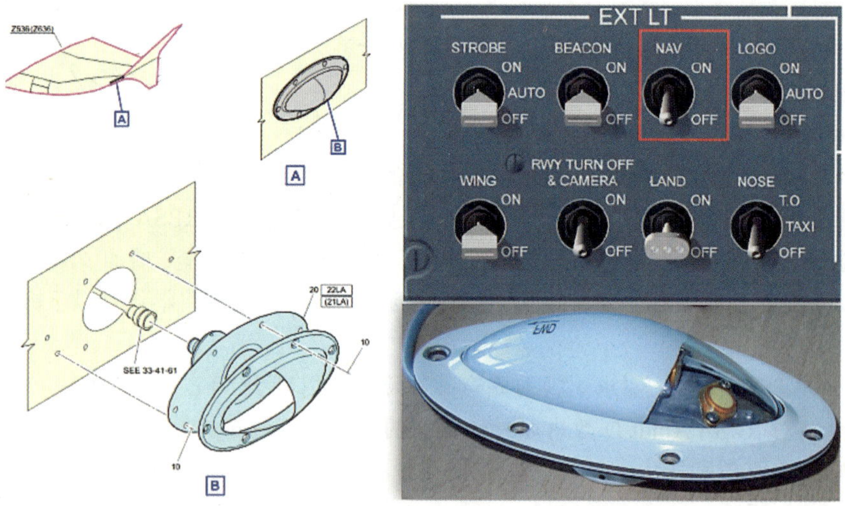

厂家承认旧件号 2LA455491-00、PN 2LA455491-10 可靠性较差，无法达到厂家预期。同时厂家发布 SIL 2LA455491-XX-33-002 引入新件号 2LA455491-01、PN 2LA455491-11，使用了新的 LED 底座来提高部件可靠性。

同时对送原厂修理的故障件，如检查部件故障是由于 LED 底座损坏引起的，会免费置换成新件。

四、工程措施

要求航材部门将故障件送原厂修理，同时禁购禁装旧件号的障碍灯。

五、参考报告

《A380-33-20200206 R1 障碍灯工程调查》。

第十节　ATA36 引气系统

类别一　APU/交输引气管破裂

一、故障现象

某架 A380 飞机发生轮舱 APU 引气管破裂变形，液压勤务总管组件 5030JM 处有 4 条液压管变形，APU 引气渗漏探测线变形，燃油余油排放管变形，部分紧固件损坏。

二、风险等级

重大风险

三、原因分析

APU 和交输引气管路安装在中、后机身，交输引气管连接左右大翼引气管路，APU 引气管路将 APU 连接到交输引气管。

引气管裂纹、爆裂是 A380 机队的典型问题，与管路设计、厚度和焊接工艺等有关。本次飞机发生管路爆裂后，对机队相关临近管路也进行了一次普查，在普查中发现有两处管路裂纹。厂家发布了 SB 36-8060/8032/8033 改进管路本体和管路安装设计。

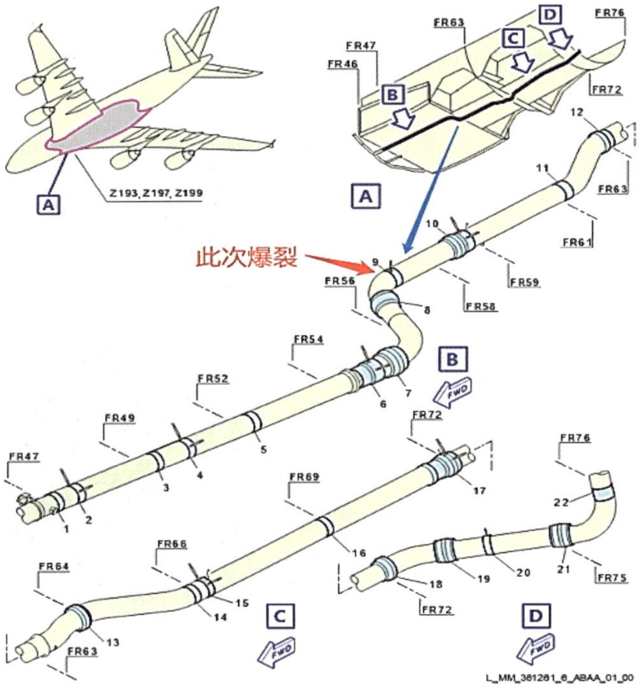

四、工程措施

1. 执行厂家 SB 36-8060/8032/8033，改进管路本体和管路安装设计。

2. 定期对 APU 引气管（PN：L3611512200000 & L3611530500000）执行荧光渗透检查。间隔：6000 FH。

五、参考报告

《A380-36-20200119 R1 APU 交输引气管破裂工程调查》。

类别二　发动机起动机引气管裂纹

一、故障现象

某架 A380 飞机航后更换起动活门测试时，发现 4 发起动机引气管路有裂纹并漏气。更换引气管后，测试正常。

二、风险等级

较大风险

三、原因分析

起动机关断活门上游引气管位于进气道后侧的发动机机匣上，上部及下部由支架固定，上端由带弹性的连接管安装，管路平时振动比较大，在引气系统有引气压力时，此处管路是增压段。

厂家调查认为此处管路的支架磨损及管路振动是造成管路在焊接处出现裂纹的主要原因。

四、工程措施

增加定期检查发动机起动机引气管路和支架的任务，间隔：2000 FH。

五、参考报告

《A380-80-20200220 R1 发动机起动机引气管裂纹工程调查》。

第十一节 ATA38 水和污水

类别一 厨房水系统卡箍故障

一、故障现象

某架 A380 飞机断续反映空中主舱 33～36 排头顶行李架漏水，检查发现在上舱供水管路与厨房相接处晃动时接头出现断续漏水现象，进一步检查发现卡箍有一卡夹无法锁住。更换卡箍，后续正常。

二、风险等级

低风险

三、原因分析

由于设计原因，此类卡箍容易在平时维护及厨房装载食品小车过程中被碰撞，使卡箍松脱造成漏水；另外在安装时对施工有一定要求，但在施工过程中由于位置等原因很难判断安装情况，易造成安装不当导致漏水情况出现。

空客 2016 年发布 RIL L38M16005691 00，对多发漏水的中间 4 个厨房进行改装，但对于其他存在相同问题的卡箍空客却没有要求改装，空客有 TFU38.12.00.007 和 TFU38.12.00.008 提及相关卡箍存在的问题并给出相关解决措施。从措施来看是更改了卡箍设计，增加安装确认片。此改进将件号 ABS0395A4-08 升级到 BS0395A9-08，并已加入 IPC 由客户自行选择升级。

四、工程措施

1. 对 6 年检拆装的卡箍进行升级。
2. 编写安装提示的 MT3803800001，增加后续拆装此卡箍时进行升级。
3. 航材限制单禁止采购 ABS0395A4-08，并备件 ABS0395A9-08 卡箍。

五、参考报告

《A380-38-20200217 厨房水系统卡箍故障工程调查》。

类别二　直排废水排放系统故障

一、故障现象

某航司 A380 机队发生几起主舱行李架滴水事件，检查是上舱厨房水槽往外漏水，排水管路堵塞导致废水排不出去。

二、风险等级

一般风险

三、原因分析

废水排放系统是将厨房水槽和厕所洗手盆的废水通过 drain valve 和 drain mast 排放到机外。在地面是通过重力排放，在空中是通过压力差排放。主要由单向活门、排气活门和排水活门以及管路构成。排气活门的作用是在加水过程中，排出管道中的空气，水压上来后，在压力作用下会自动关闭。

单向活门和排水活门堵塞，废水无法从排放管路排放，从而导致漏水，可能会流到电插头或其他电子电气部件上，导致故障；特别是从上舱漏到主舱，容易滴到旅客身上或被旅客发现，会严重影响航司形象。

如果发现排气活门漏水，可能是活门封严失效；也可能水压不够，通过接通引气，可排除这种可能。

四、工程措施

1. 增加定期任务：加水后检查排气活门漏水情况并视情况更换。间隔：24 MO。

2. 增加定期任务：拆下厨房废水单向活门、排水活门和厕所洗手盆排水活门送车间清洁。间隔：24 MO。

五、参考报告

《A380-38-20200217 厨房水系统卡箍故障工程调查》。

第十二节　ATA44 客舱设备

类别一　座椅电视异味

一、故障现象

某航司 A380 飞机连续发生 2 起座椅电视有焦糊味事件。

事件一：某 A380 执行航班时，机组报告：乘务在空中重启 42K 座椅电视时发出“啪”响声并伴随有焦糊味，乘务随即关闭整机娱乐系统。飞机到达阿姆后断开 42K 座椅娱乐系统电源，检查娱乐系统工作正常。

事件二：某 A380 执行航班时，机组报告：44A 座椅电视使用时有焦糊味。机务断开电插头，解除工作。后续观察正常，无异味。

二、风险等级

较大风险

三、原因分析

其中一起事件的座椅电视在车间分解，发现在主控电路板组件上发现电容 C56 爆裂，判断为电容器本身存在短路失效的小概率事件造成的。

另一起事件从外观检查，发现座椅电视的导线束防磨层和屏蔽层已破坏，导线束内部白色线束有磨损。量线发现 J1 插头的 Pin 11（Power in）与屏蔽线短路。同时发现座椅下方脚踏板的安装位置有偏移，且布线不平整，这些是引起导线磨损的原因。修理车间检查结论为外部导线或上级分配盒出现故障，导致保护电路二极管过热烧毁产生异味，不是座椅电视内部原因所致。

四、工程措施

1. 发布 A380 娱乐系统断电复位操作指南，指导机组出现类似情况的应急处理。

2. 检查并统一 A380 经济舱座椅娱乐系统导线安装走向和脚踏位置，做好易磨损区域的保护，并且增加 1C 检查导线状况的任务。

五、参考报告

《A380-44-20200116 R0 座椅电视异味工程调查》。

第十三节　ATA51 标准施工和结构

类别一　飞机外表修理补片检查

一、故障现象

某 A380 飞机执行航后检查，发现左大翼内侧襟翼一修理补片缺失，补片尺寸 124 mm*83 mm，需停场修补。

二、风险等级

较大风险

三、原因分析

补片因长时间受到外部环境因素影响，导致封胶老化，外面漆层受到腐蚀，故而最终脱落。工作者执行左大翼内侧襟翼区域结构损伤修理和补片安装工作后，未按程序要求填写完整维修记录，导致无法追溯。

四、工程措施

1. 为防止此类事件再次发生，下发普查 EO，在机队中检查是否存在胶接类补片，一旦发现，核查维修记录，启动结构修理补充检查流程，如核查发现胶接类补片无修理记录，开非例行工卡评估该旧修理，并记录卡号。

2. 修订结构修理补充检查管理程序，要求当机队使用金属补片进行永久性胶接修理时，应创建 SRST 项目，每 C 检详细检查补片的物理状态是否完好。

五、参考报告

《关于 B-2367 飞机左大翼补片缺失的调查报告》。

第十四节　ATA52 舱门系统

类别一　货舱 PDU 导线磨损

一、故障现象

某架 A380 飞机在装货过程中发现有一个 PDU 线路出现短路现象，检查发现 PDU 导线束与排水盘相磨，导致导线束多条线芯裸露并相互接触。对机队普查，发现共有 9 个 PDU 的导线出现不同程度的磨损。

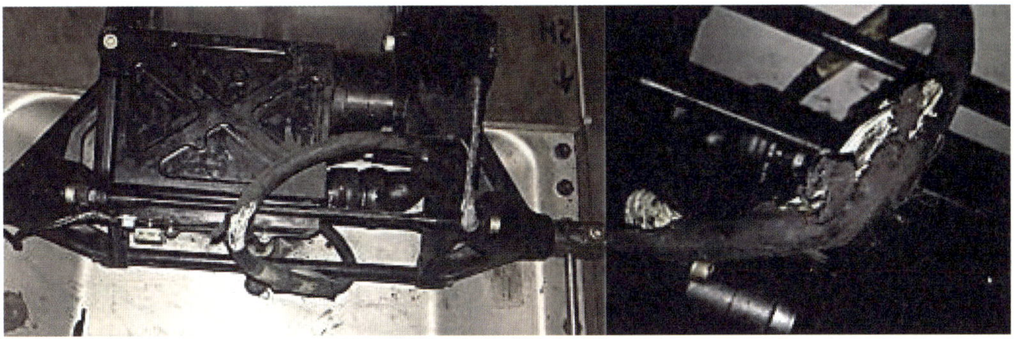

二、风险等级

低风险

三、原因分析

PDU 安装在货舱球垫区和货舱内的滚轮轨道之间，由电力驱动滚轮，以便横向和纵向移动货柜集装箱。PDU 有一个光学传感器的控制装置。传感器是 PDU 及其内部电路的一部分。当货柜集装箱在 PDU 上移动时，传感器将感知运动，并使驱动滚轮操作和移动货柜集装箱。当货柜集装箱离开 PDU 时，光学传感器进入待机模式，PDU 滚轮停止工作。

发现导线束磨损主要集中在件号为 80000640-00 的带弹簧的 PDU 上，导线束由于需要满足安装 PDU 时翻动的长度，使安装好 PDU 后导线长度比较长，易导致导线与下面的排水盘相磨。另外发现飞机安装的实际走向与手册不一致，从而加剧了磨损情况。

四、工程措施

检查前、后货舱 PDU 导线状态。间隔：24 MO。

五、参考报告

《A380-50-20200215 R1 货舱 PDU 导线磨损工程调查》。

类别二　客舱门指示故障

一、故障现象

某航司 A380 机队连续发生两起门探测故障导致的航班延误事件。

事件 1：某架 A380 飞机执行广州—北京航班，闪现右一门探测故障。更换 LDC 后测试正常，航班延误。拆下 LDC，件号：700301E01020400，TSN：18971，全新件。

事件 2：另一架 A380 飞机执行广州—北京航班，广州短停关门后，机组反映出现上舱左一门探测故障信息，从电子舱接近复位无效，飞机开门排故，航班换机执行。对系统进行复位后测试正常。

二、风险等级

一般风险

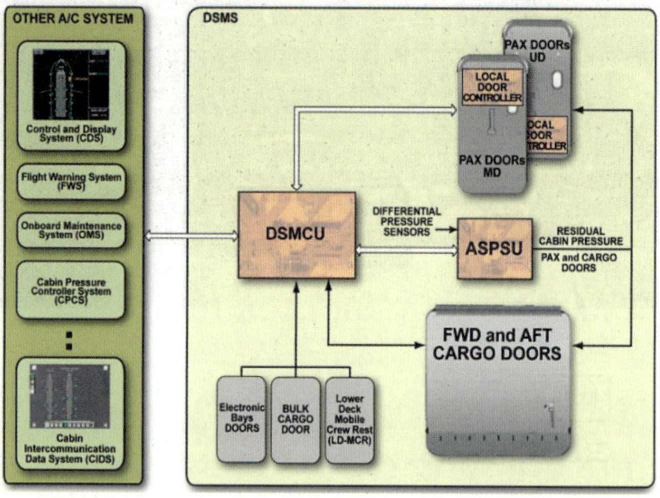

三、原因分析

航空公司报告 DSMS 系统完成 SB 52-8063（sw3.5）/52-8150（sw3.51）后门探测故障数量明显上升，空客针对此类故障发布了 TFU 52.71.00.029，给出了相关故障处理方法指导。

导致的故障主要有两类：

1. 由于舱门操作缓慢（>10 s），PS1、2 和 3（LATCHED 和 LOCKED 传感器）探测到 FAR（远离），PS4 和 5（CLOSED 传感器）探测到 NEAR（接近）而触发“DOOR xxx POS DET FAULTS”（xxx 号舱门位置探测失效）警告。

2. 由于 LDC 内部逻辑问题，在阶段 1（起动前）和 9（进近）易触发虚假的“LDC fault”PENDING 故障信息。此类 PENDING 信息大多为虚假信息，在合适的时机参考 AMM 测试重置故障。

四、工程措施

1. 编写维护提示，提示相关警告和信息的处理方法。

2. 与机组进行沟通，提示遇到舱门探测警告时按 FCOM 进行复位；

3. 厂家发布 VSB 700201E01-52-007 升级 DSMS 软件版本，更改、抑制舱门警告逻辑，但空客对应的 SB 暂未发布，跟踪空客 SB 的发布情况

五、参考报告

《A380-52-20200217 R1 客舱门指示故障工程调查》。

第五章

B737NG 机队医典

第一节 ATA21 空调系统

类别一 空调系统管路内异响

一、故障现象

某航一架 737NG 型飞机起飞后，机组反映驾驶舱右侧上部空调出风口有异响，异响声音类似于空调管路内有纸屑被吹动的声音，出现两次。使用孔探设备检查驾驶舱左、右上部出风口未发现异物，检查发现空调分配管路到客舱左前登机门区域管路内有大量异物。

二、风险等级

低风险

三、原因分析

客舱空调分配管路内出现的异物主要有以下两种来源：

（1）飞机自身空调管路内壁材料老化、腐蚀、分层、剥落产生的异物。

（2）地面空调设备引入的异物，包含管路内壁老化脱落材料或其他外界进入管路的杂物。

这起事件取出的异物为老化的凯夫拉材料，与材料廊桥桥载空调管路内表面材质相同。飞机使用桥载空调设备时，异物随气流通过单向活门进入空调混合总管，可能随气流经侧壁分配竖管到达客舱顶部分配管道节流孔处，也可能随气流到达驾驶舱消音器处产生堵塞。

空调管路内的异物会导致气流扰动，大量的异物会造成出气量变化，区域出气量不均匀，温度分布不均匀以及产生噪声，降低乘客舒适度，影响机组的判断，分散机组注意力，如在起飞滑跑阶段出现还可能造成机组中断起飞等操作，产生安全性影响。

四、工程措施

1. 通报各机场协议单位，定期检查地面空调设备（包括空调车，桥载空调），如有老化破损及时更换。

2. 增加 MRS 检查项目：重点部位（驾驶舱消音器和前、后客舱顶部分配管路尾段）和分配系统中节流孔的检查。

五、参考报告

《B737NG-21-20210428 R0 空调系统管路内异物导致异响故障工程调查》。

类别二　空调扩压器单向活门/活门止挡脱落

一、故障现象

某架 B737NG 型客机在短停推出过程中，机腹下防撞灯区域附近有一金属条（25 cm×1.5 cm）掉落，飞机拖回，检查发现左空调风扇旁通单向活门止动块部分断裂脱落。按 MEL21-44 保留。航班延误 98 min。

二、风险等级

较大风险

三、原因分析

空中冲压空气变化会导致单向活门位置有些改变，造成单向活门在止动块处振动，频繁拍打止动块，这种振动会导致 L 形的止挡块出现裂纹，本次故障就是 L 形止挡块断裂脱落。此外，单向活门的铰链设计也存在缺陷，因活门活动频繁，且振动频率较高，铰链会脱出，导致单向活门从扩压器上脱落。

单向活门丢失后会影响飞机在地面和低空时冲压空气的流量，对空调制冷性能有一定的影响，可能会导致组件灯点亮。

四、工程措施

1. 在每年执行热交换器离位清洁任务时，更换单向活门铰链止挡铆钉并对活门止挡块进行检查，更换存在缺陷的止挡块。

2. 使用孔探设备进行检查，提前发现故障，减少运行事件的发生。

3. 建议下发 EO 进行改装，将铆钉止挡构型的扩压器拆下，将单向活门铰链轴销的止挡铆钉由铝制铆钉改为钢制铆钉，提高止挡铆钉的结构强度。

五、参考报告

《B737NG-21-20210428 R0 空调系统管路内异物导致异响故障》。

类别三　设备冷却灯亮

一、故障现象

某航 B737-800 型客机在起飞滑跑（60 节）时出现设备冷却排气系统 OFF 灯点亮，飞机中断起飞，机组后续按手册和检查单处理后，故障灯灭，机组决策继续执行航班，航班延误 36 min。

二、风险等级

较大风险

三、原因分析

低流量传感器是一种热线风速表型传感器，它自体发热，环境气流提供冷却，测量它本体的温度值来判断冷却气流的大小。低流量传感器监测管道内设备冷却空气的气流和温度，当没有足够的冷却气流（例如管道灰尘聚集，风扇效率下降），或者冷却气流量温度高，同样的气流不能给传感器足够的冷却（例如部件散热通道堵塞造成的部件发热量大），传感器就传出警告信号，点亮指示灯。

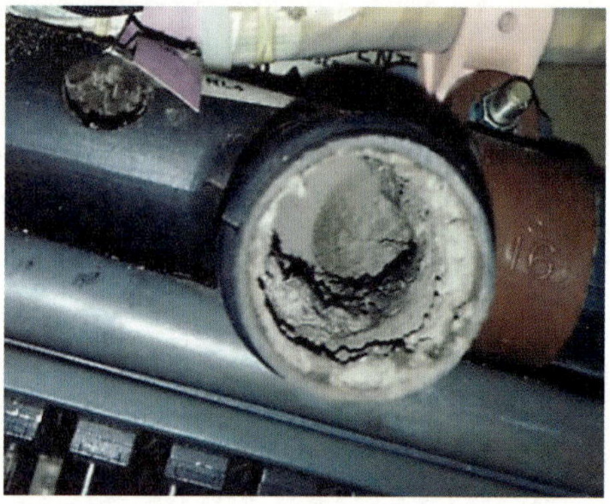

该航司 737NG 机队自 2017 年至 2020 年期间，发生过多起设备冷却系统故障。随着飞机使用时间的增长，灰尘在设备冷却管道中聚集，这些灰尘污染风扇、低流量传感器，减小管道中的气流流量，进一步引发设备冷却系统警告灯的点亮。

四、工程措施

1. 拆下电子设备和电气设备，清洁设备表面、设备冷却通风口、安装架的冷却口及其周围区域。清洁后将其装回，并操作检查，确保工作正常。间隔：7500 HRS。

2. 操作检查备用电子/电气冷却排气扇。注：这项工作也检查正常的电子/电气冷却排气扇单向活门。间隔：8000 HRS。

3. 更换电子/电气冷却供气扇空气滤。间隔：3000 HRS。

4. 清洁设备冷却低流量传感器。间隔：1600 HRS。

五、参考报告

《B737-21-20200720 R0 设备冷却灯亮工程调查》。

类别四 空调 ACM 叶片断裂

一、故障现象

某架 B737-800 型客机在降落阶段右组件灯亮，驾驶舱复位无效，控制盒自检有右组件冲压空气排气作动筒代码，控制盒无法复位。参考手册 SRADA 构型的冲压空气系统，按照顺序复位跳开关后正常，地面测试正常，飞机放行。次日执行航班时，机组反映落地后滑行过程中右组件故障灯亮。地面检查发现右 ACM 叶片断裂，左组件水分离器有裂纹漏气，不能放行。更换右组件 ACM，检查集气腔及管路正常，测试右空调组件工作正常。更换左组件水分离器，测试无渗漏，左空调组件工作正常。

二、风险等级

较大风险

三、原因分析

ACM 是气动轴承，且风扇、压气机和涡轮是同轴的，第一天因冲压空气排气作动筒故障，检查了 ACM 叶片，正常。次日 ACM 叶片断裂，造成风扇不平衡，进一步损坏了气动轴承，导致压气机和涡轮卡阻。空调系统在地面失去冲压空气，同时也失去涡轮冷却。压气机出口过热电门作动，点亮了驾驶舱内 P5 面板上右空调 PACK 警告灯，关闭了右空调组件活门。

本次右空调故障是由于冲压空气排气作动筒故障，冲压空气进气量与出气量不一致，在冲压空气通道内震荡，容易引起 ACM 叶片共振，长时间工作在此种模式下，导致 ACM 叶片断裂。

左组件水分离器有裂纹漏气，其水分分离效率下降，并且空调气流从该处漏出，整体降低了左空调的制冷能力，也降低了单空调增压保障能力。

波音在 2016 年 12 月发布 SB737-21-1208 和 SB737-21-1209，在主级散热器出口安装温度传感器，把空调的数据传递给，通过数据监控，可以做到实时监控空调性能，目前该 SB 正在执行。

四、工程措施

1. 空调自动出现 PACK 灯亮，并且故障原因是冲压空气排气作动筒故障信息时，建议优先考虑办理 MEL，保留冲压空气排气作动筒，避免故障进一步恶化。

2. 检查空调扩压器单向活门和 ACM 风扇叶片。间隔：300 HRS。

3. 一般目视检查左/右空调舱。间隔：每年 6 月底之前。

五、参考报告

《B737-21-G、M-20211109 R0 右空调 ACM 叶片断裂工程调查工程调查》。

第二节　ATA22 自动驾驶

类别一　自动油门自动脱开故障

一、故障现象

某架 B737NG 飞机执行航班时，起飞滑跑过程中地速 50 节左右自动油门脱开，机组重新接通继续起飞，达到 V1 后自动油门再次脱开，在飞机离地状态稳定后，机组按检查单尝试重新接通均不成功，后续人工控制油门正常落地，到位后办理保留放行。

二、风险等级

较大风险

三、原因分析

自动油门系统由 FCC A 内的自动油门计算机模块计算出油门指令，发送至左右 2 个自动油门伺服马达，由自动油门伺服马达带动油门杆作动，将 TRA 数据通过角度解析器发送给 EEC。因此任意一个自动油门伺服马达故障后，油门杆指令将无法得到执行，左右指令值超过 10°后，自动油门将自动脱开。

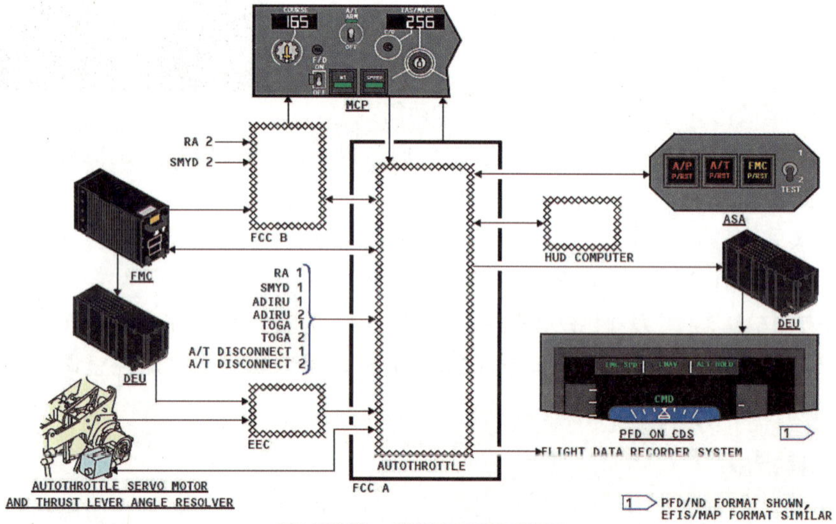

A/T SYSTEM – GENERAL DESCRIPTION

通过在 CDU 上自检得出的故障代码以及线路检查，故障源指向明显，为自动油门伺服马达（P/N：305RAA1），并且序号区间 AS06XXX、AS09XXX、AS05XXX 故障拆换占装机数量比率明显偏高，需联系厂家进行深度修理，查找部件真正故障原因。

此外，737NG 自动油门系统有缺陷，波音仍旧未找到问题的根本原因。系统探测到供电不足时，会锁存故障，不会有即时的驾驶舱效应，仅在起飞按压 TO/GA 电门后，会脱开自动油门并产生自动油门脱开警告的驾驶舱效应，进而导致机组中断起飞，此为系统的逻辑设定不合理，且该锁存故障无法通过重新衔接自动油门预位电门来复位，必须要通断跳开关来复位。

四、工程措施

1. 各地继续加强与机组交流，若未按压 TO/GA 时出现故障，按已发布的机组提示执行。

2. 借鉴厦航经验，飞机如果用了桥载电源，需要送机人员告知机组启动好发动机转换电源后，断开已预位的自动油门并再次衔接。

3. 继续向波音反馈该系统存在的问题，以促使其对系统进行升级以从根本上解决该问题。

五、参考报告

《B737-22-P-20200409 R8 自动油门故障工程调查》。

类别二　自动驾驶自动断开故障

一、故障现象

某架 B737NG 飞机执行博乐—乌鲁木齐航班，25 号跑道自动落地，场高 50 ft 进跑道时显示拉平接通，在拉平过程中高度约 20 ft 时自动驾驶双通道自动断开，机组接管飞机正常落地。航后更换 FCC A（飞行控制计算机 A），并与另一架飞机对调 FCC B（飞行控制计算机 B），测试正常。

二、风险等级

低风险

三、原因分析

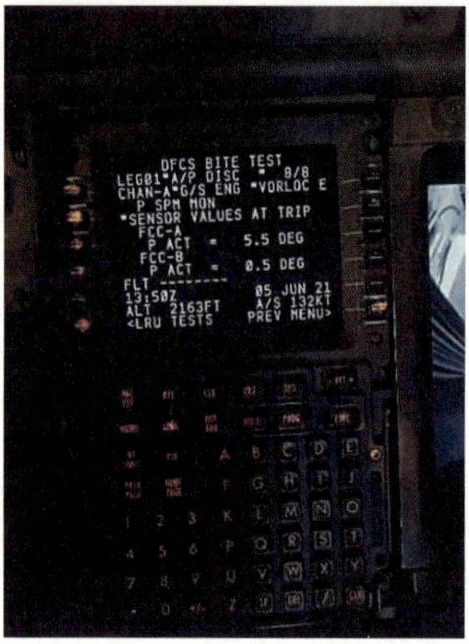

飞行控制计算机 FCC 有舵面位置、自驾作动器位置、CPU 指令 3 个监控电路来监控自动驾驶性能，以上任何一个监控器出现差异，都将导致自动着陆功能和自动驾驶脱开。

飞机落地后查看自检故障历史信息 LEG01*A/P DISC CHAN-B G/S ENG 和 LEG01*A/P DISC CHAN-A G/S ENG，从记录的信息可以看出都是由于两个通道 P SPM MON（俯仰舵面监控）数据不一致造成自驾脱开，故障历史如图所示，通过机长了解，机组先接通的自驾 A 通道，然后接通的自驾 B 通道，然后在拉平过程中两部自动驾驶同时断开，初步判断是 FCC A 同步 FCC B 时出现不一致，导致自驾脱开，很可能是 FCC A 内部监控电路瞬时故障或 FCC B 内部监控电路没有同步到和 FCC A 一致造成此次故障现象。在 FIM 里面有此 P SPM MON 故障的说明，FCC 监测到作动器和舵面位置相差 6°造成此故障代码，故障的指向可能性是 FCC A 和 FCC B，另外一中可能性就是线路故障。

判断此故障的原因是 FCC 内部瞬时故障造成，更换了 FCC A 和 FCC B，此故障再未出现。

四、工程措施

1. 出现自动驾驶故障时，同 QAR 数据同步分析故障原因。
2. 和厂家沟通，确定造成 FCC 内部失效的原因。

五、参考报告

《B737-22-P-2021-6-5 R0 飞机自动驾驶在拉平过程中自动断开工程调查》。

第三节　ATA23 通信系统

类别一　卫星通信系统 SDU 故障

一、故障现象

某架 737-800 型客机航前卫星通信系统故障，办理 MEL 后放行。排故过程中发现后货舱 E6 架 SDU 散热风扇不工作，完成更换后，卫星通信系统测试正常，关闭保留。

二、风险等级

低风险

三、原因分析

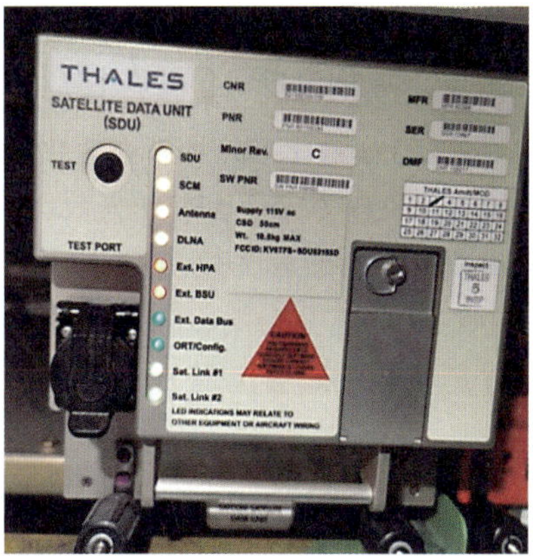

对 SDU 进行测试，按压前面板测试按钮，无反应，前面板 10 个灯始终保持全亮位，判断为 SDU 内部故障。发现 SDU 壳体表面很烫，表面温度有 65 °C 以上，说明 SDU 内部部件长时间工作在温度较高的环境下而导致故障。检查发现底部的散热风扇不工作。

APM 为 SDU 内部的核心处理器部件，相当于电脑主板中的 CPU，用于内部电子功能的接口，管理 SDU 内部的所有功能，因此对于温度更加敏感，散热不良会导致其性能下降甚至损坏。该航 B373NG 机队更换 SDU 的修理报告中，APM 的更换占比高达 71%。

四、工程措施

1. 由于航材订件周期和原厂家修理周期都过长，利用长时停场飞机串件，或者将飞机上故障风扇直接拆下送修，尽快完成所有故障风扇的更换工作。

2. 按照 4A 或 8A 间隔定期检查散热风扇的工作状况，确保风扇的工作正常。并且根据波音 SR：4-4866286491 结合 C 检，增加 SDU 及附近区域的清洁工作。

五、参考报告

《B737-23-G-20200828 R0 卫星通讯系统 SDU 故障工程调查》。

第四节　ATA24 电源系统

类别一　P5–13 面板 ELEC 灯亮

一、故障现象

某架 737-800 型客机机组反映落地后 ELEC 灯亮，自检有电瓶充电机失效故障信息，更换主电瓶充电机后，测试正常。次日航前推出后，故障复现，机务复位后测试正常，飞机放行。这段航班落地后，ELEC 灯再次点亮并不能复位，飞机停场排故，更换主电瓶，地面试车测试正常。

二、风险等级

一般风险

三、原因分析

P5-13 面板上 ELEC 灯在空中被抑制，飞机落地后，系统探测 INV 失效、SPCU 失效、电瓶或者电瓶充电机故障或 P5-13 面板失效，P5-13 面板上 ELEC 点亮。

电瓶充电机失效、电瓶与充电机连接不正常、电瓶过热这些故障会出现 BAT CHGR INOP 故障信息。

四、工程措施

1. 据波音统计数据，ELEC 灯亮复位成功是 53.7%，做好空地交流，指导机组快速复位，避免由于不正常的复位程序导致航班延误。

2. 出现电瓶充电机失效故障信息，可以在充电机上查看指示灯，确认是电瓶还是充电机故障，如果是充电机故障灯亮，需要同时更换电瓶。

五、参考报告

《B737NG-24-20201224 R0 ELEC 灯亮工程调查报告》。

第五节　ATA25 设施设备

类别一　2 号窗前端排水管松脱

一、故障现象

国内 B737NG 机队发生多起 2 号窗前端排水管松脱，关闭 2 号窗时排水管被夹在窗与窗框之间，造成起飞后有啸叫声，影响机组通讯，进而导致返航或备降。2021 年 6 月 11 日，民航东北管理局印发 2021 年第四号航空安全通告：关于加强 B737NG 飞机驾驶舱 2 号滑窗开关时检查及前端排水管维护的风险提示。

二、风险等级

重大风险

三、原因分析

此管路将 P5 板上的接水盘中的冷凝水排出到机外，防止冷凝水聚积。该排水软管安装位置处在阳光直射且温度变化较大的区域，粘胶容易老化导致性能衰减。并且由于其位置和颜色的原因导致其松脱时不易发现，松脱后在关闭 2 号窗时容易被夹在窗和窗框之间，也不容易被发现。

四、工程措施

1. 编写维护提示，提示排水软管的检查和维护工作。

2. 编写机组提示，提示机组在关闭 2 号活动窗时，注意不要夹到排水软管以及吊杆耳机线等异物。

3. 将 2 号窗前端排水管检查工作加入到《飞机 C 检以下预先检查》工卡内，执行间隔为每个 A 检或换发时，定期检查排水管的固定状况。

五、参考报告

《737NG-25-20210628 R0 关于 2 号窗前端排水管工程调查》。

第六节 ATA26 防火系统

类别一 机身过热灯亮

一、故障现象

某架 B737-800 型客机浦东短停时左侧机身过热灯亮，复位跳开关后正常，推出前再次点亮。查看机身过热探测组件上有代码 30、34，检查线路发现阻值异常，分解并清洁插头 D848 后，测试正常，此次事件造成航班恶性延误。

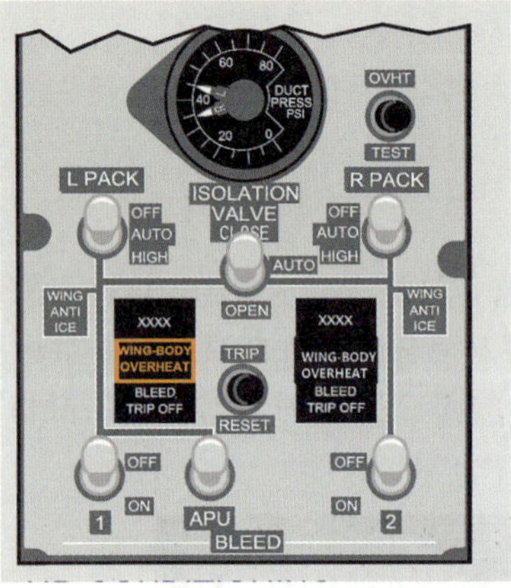

二、风险等级

一般风险

三、原因分析

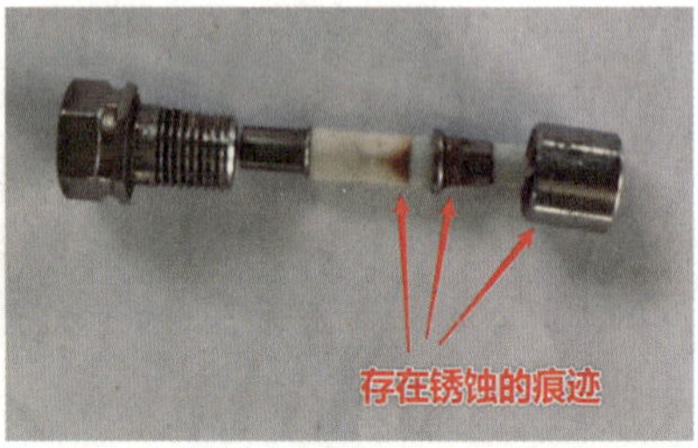

经过线路检查发现，D848 插头阻值异常，分解该插头后发现绝缘衬套、尾端及安装盖处都有锈蚀及烧蚀的痕迹，其中白色的绝缘衬套处还存在放电、烧蚀的迹象；因该插头安装位置在飞机龙骨梁处，有盖板密封，且附近存在热的引气管路，排除雨水及冷凝水的影响，故判断插头的锈蚀是插头清洁后未完全干造成的。

因该插头较小，插头深处若存在清洁剂不易挥发，若此时安装插头容易造成未挥发引气锈蚀或跳火。关于该处插头的清洁要求，AMM 手册上要求使用沾有酒精的棉签清洁，清洁后使用新的棉签擦干。实际工作中常常执行不到位。

并且该架飞机在封存后的解封工作中，测试发现机身过热出现故障，当时线路检查结果正常。但在后续调查中发现，工作者在使用环路控制器（COM-17158 或 COM-17417）时，使用了错误的方法，却得到了满足手册要求的阻值。

四、工程措施

1. 联合培训部门，制作培训材料，在环路阻值探测工作和探测设备使用方面加强培训。

2. 编写维护提示：对出现机身过热灯亮的故障执行线路测量，若测量过热线阻值异常，即使后来测试正常且可以复位，也要及时更换，避免故障再现；同时提醒测量过热线的绝缘性时，对测量设备的要求；并加入清洁过热线插头时的要求。

五、参考报告

《737NG-26-G-20210913 R2 左侧机身过热灯亮工程调查》。

类别二　驾驶舱手提灭火瓶异常掉落

一、故障现象

某架 B737-800 型客机在巡航阶段时，飞行机组听到“嘭”的一声，发现驾驶舱手提灭火瓶掉落并有泄露现象，并砸断了 P6-11 A8（CABIN UTILITY RLY PWR）跳开关。飞机落地后，机务更换手提灭火瓶以及相关跳开关，测试正常。

二、风险等级

低风险

三、原因分析

驾驶舱灭火瓶的固定方式为瓶颈活门组件半圆形卡座以及瓶体快卸卡箍共同固定，底部没有托架。波音工程图纸上，灭火瓶支架件号为 896698，支架中卡箍扳机方向有两种，但工程图纸上没有给出这两者的件号区别。在 IPC 手册中，也没有图给出它们的区别。按卡箍扳机的方向分类，把它分成两种构型：构型 I，扳机在驾驶舱过道一侧；构型 II，扳机在远离驾驶舱过道一侧。

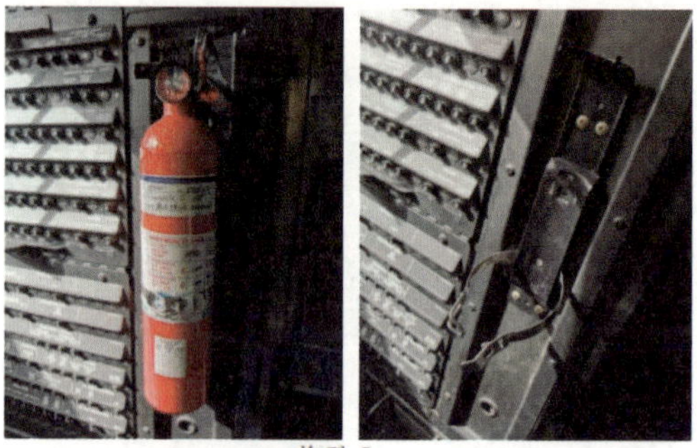

构型 I

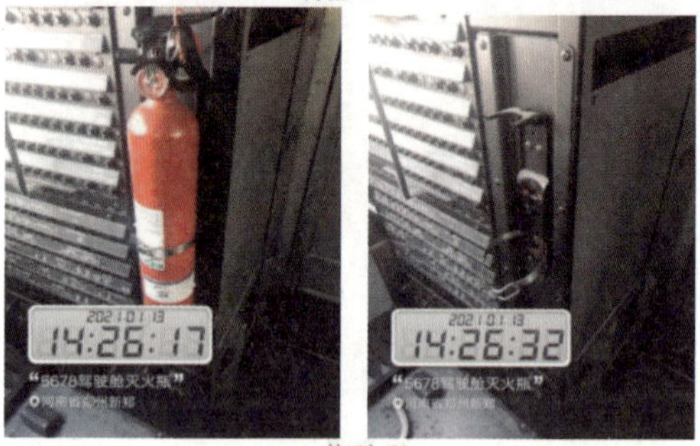

构型 II

灭火瓶固定卡箍只要锁定，正常情况下不会意外打开，但是驾驶舱灭火瓶位于人员进出通道旁，人员进出，其衣物或行李箱很容易碰上灭火瓶卡箍扳机，能意外打开灭火瓶固定卡箍。卡箍松脱导致灭火瓶掉落，灭火瓶头部手柄可能意外接地，这会造成灭火瓶手柄断裂、灭火瓶头部松动漏气、灭火瓶失效，等等；灭火瓶垂直掉落也会砸断灭火瓶安装位置下面的 P11 面板上 A8 跳开关。

四、工程措施

1. 给驾驶舱灭火瓶头部涂抹标识胶，并修订 MRS 的检查内容。
2. 更改灭火瓶固定方式，把构型 I 更改为构型 II。

五、参考报告

《B737NG-26-20210329 驾驶舱灭火瓶异常情况工程调查》。

类别三　发动机及 APU 火警起飞时故障

一、故障现象

某架 737-800 型客机在起飞滑跑到 110 节时，左右发动机和 APU 灭火手柄灯亮，P7 板上主火警灯亮，并伴随警告铃响，机组中断起飞，收油门后现象消失。

二、风险等级

重大风险

三、原因分析

火警面板（P8-1）的故障：面板上的 S4 电门误触发可以导致双发、APU、P7 板上的火警灯、驾驶舱警铃响，但此时还应该有轮舱火警及双发过热灯亮的信息，除非 S4 误触发的时候，过热探测组件（M237）故障，且 M279 内部到过热驱动的电路也故障，才会导致上述现象，而 S4 与 M237、M279 同时故障的几率很小，故排除此原因；而面板上的其他缺陷也不会造成上述故障现象的发生，故排除面板的原因。

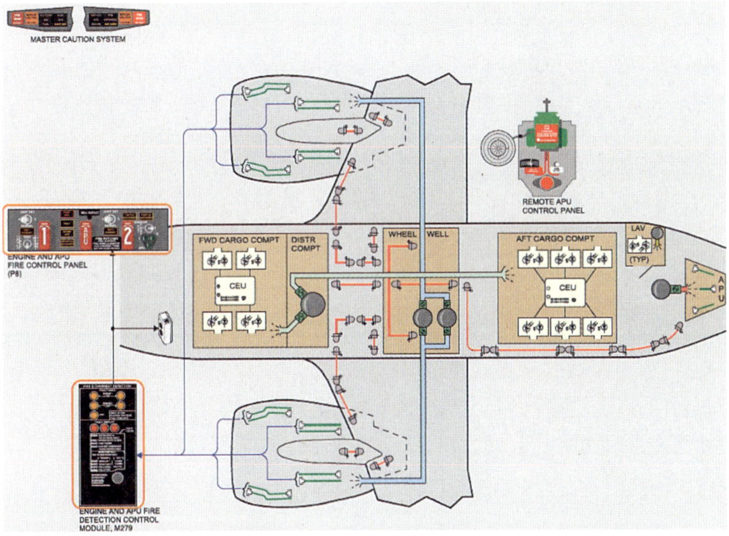

飞机线路故障：造成火警，但同时也会造成轮舱及发动机过热灯亮，除非是 M279 内部到过热驱动的线路故障且过热探测组件（M237）故障，才会导致上述故障现象，而线路故障及 M279 和 M237 同时故障的几率很小，故排除此原因。

火警控制组件（M279）内部附件电路板 A4 间歇性故障 ：因为 A1/A2/A3 都从 A4 板的火警逻辑模块接收到火警信号 FIRE TEST，作为公共输入端，此信号会造成相连的 A1/A2（1 号/2 号发动机火警电路板）、A3 板（APU 火警电路板）都出现火警信息。这种情况为单个部件故障，几率很大，且由于故障出现在起飞滑跑阶段，N1 转速在 88%，此测试环境较难模拟，所以地面测试正常。

该航曾下发《737NG 飞机火警系统故障机务防控措施的通告》，最后分 4 批完成了对 TSR 超过 25 000 FH 且装机时间较长的火警控制面板的预防性更换工作，且增加了对于火警面板的送修要求，在每次送修时都对 S4 电门进行更换。

四、工程措施

1. 由上述判断 A4 板中的火警逻辑模块间歇性故障，建议送修时更换该模块。

2. 编写机组提示，提醒机组当多个区域同时出现火警/过热指示时，机组可以通过拨动火警测试开关的方式判断是否为假火警。

五、参考报告

《B737-26-20210403 R1 起飞时发动机及 APU 火警故障工程调查》。

第七节　ATA27 飞行操纵

类别一　前缘襟翼故障灯亮

一、故障现象

某架 737-800 型客机在滑出后，放出襟缝翼到 5°时，琥珀色“LE FLAPS TRANSIT”（前缘襟翼过渡）信号牌和绿色“LE FLAPS EXT”（前缘襟翼伸出）信号牌来回闪烁，起飞构型灯亮，P5 后头顶板备用指示正常，联系机组全行程收放襟缝翼后信号牌显示正常，飞机滑出，在跑道头推油门后起飞构型灯亮，飞机滑回。

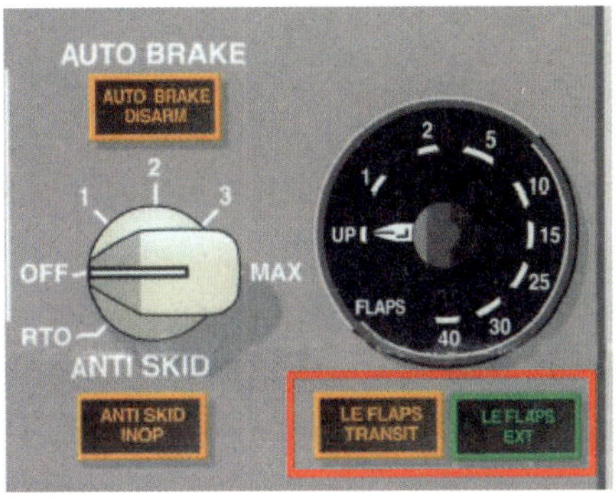

二、风险等级

较大风险

三、原因分析

查询 QAR 数据，发现之前航班的数据正常，传感器数据转换一致。在故障航段，2 号襟翼收上传感器故障导致指示异常，收襟翼后一段时间正常，后来又故障。并且进行 FSEU 自检，故障代码均指向前缘襟翼传感器 S170，更换该传感器后测试正常。故判断本次故障为 2 号前缘襟翼传感器突发故障造成的。

四、工程措施

1. 因没有数据表明新工艺的传感器可靠性更高，且该部件不在监控范围，建议先将部件加入可靠性部件清单进行监控。

2. 尚无法确定机队目前安装的老工艺传感器的数量，从成本考虑，暂不主动执行更换为新工艺的传感器。

五、参考报告

《B737NG-27-P、G、S-20210726 R0 前缘襟缝翼灯亮工程调查》。

类别二　副翼控制钢索断裂

一、故障现象

某架737-800型客机滑出后报告出现副翼卡阻，经检查发现副翼控制钢索ABSA-R1断裂，现场发现该处钢索锈蚀严重，附近滑轮能正常转动，更换该钢索后测试正常。

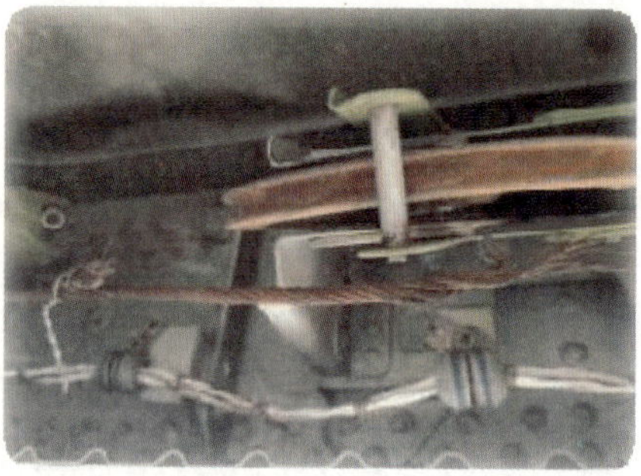

二、风险等级

重大风险

三、原因分析

该架飞机副翼钢索腐蚀发生在571BB/671BB区域内，该区域相对密闭。从断裂钢索表象来看，钢索断裂处存在锈蚀迹象，因锈蚀、疲劳，钢索逐渐断丝，最终导致整根钢索受力而断裂。从润滑、水汽、应力、工作环境等影响腐蚀的几个因素来看：

1. 副翼钢索是碳钢钢索，当钢索缺少润滑脂形成的薄膜时，水汽会侵入钢索，产生电化学反应开始腐蚀。

2. 钢索在该区域导向轮处180°转向，应力最集中，更容易发生腐蚀。

3. 润滑钢索工卡步骤中没有要求拆卸滑轮，有可能导致导向轮附近的钢索不能充分的润滑。

同时，波音公司指出，可以通过减少润滑间隔事件，以提高钢索的可靠性。

四、工程措施

1. 工卡中，详细检查-操纵钢索-左/右大翼后梁，间隔：4000CYC/24MOS。工卡中只是视情润滑钢索，并且是参考AMMTASK12-26-00-600-801，没有给出具体步骤。进行工卡修订，将检查前按需清洁和检查后按需润滑的步骤更改为检查前必须清洁，且在检查结束后必须润滑钢索。增加相应工作步骤的签署划线，以便明确工作执行情况。

2. 以APS理念编写工卡，在工卡中增加钢索易腐蚀区域的示意图以及常见钢索磨损、腐蚀、断丝、扭结等缺陷的图片，形成APS化工卡，便于工作者实施检查工作。

五、参考报告

《B737NG-27-20191115 R0副翼控制钢索断裂工程调查》。

类别三　安定面配平指针无法回到绿区

一、故障现象

某基地航后，机组反映：中央操纵台安定面配平指针无法回到绿区。检查发现安定面配平指针不能随动配平手轮，拆开左侧中央控制台侧壁板，发现安定面指示器连接螺杆组件（P/N：254A1276-1）断裂，飞机停场排故，造成次日航班取消。

二、风险等级

重大风险

三、原因分析

安定面配平指示系统：当安定面前控制机构移动时，它通过一个柔性钢索驱动指示器连接螺杆组件移动，最后将移动传到安定面配平指针上。该连接螺杆不会通过柔性钢索驱动前钢索鼓轮，仅起指示传递作用。连接螺杆因受力产生变形，并且其表面有磨损产生的光亮痕迹，在柔性传动轴端处发生断裂。从而导致柔性传动轴端的安装座一侧轴承不能转动。

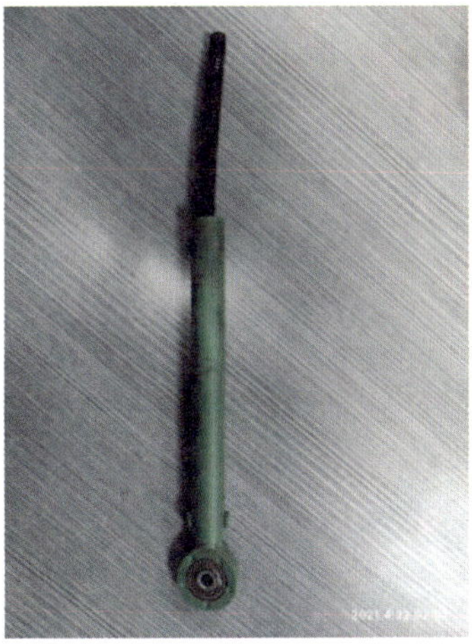

波音 SR 4-5058222218 反馈过去 9 年收到 3 起指示器连接螺杆组件断裂事件，波音曾分析了一起 2012 年报告的类似事件，认为断裂原因为旋转梁疲劳型断裂。

四、工程措施

1. 驾驶舱完成驾驶舱-41 段，STA178 至 STA270 的内部区域一般目视检查。间隔：5500 FC OR 24 MO 先到为准。

2. 操作检查安定面配平极限电门（襟翼收上和襟翼放下）。间隔：15 000 FH。

五、参考报告

《737NG-27-G-20210421 R0 安定面配平指针无法回到绿区工程调查》。

类别四　UCM 活门接头漏油

一、故障现象

某架 737-800 型客机在关舱门后，机务执行推出前绕机检查时发现右轮舱漏液压油，进一步检查发现漏点为右空调舱的前缘非指令运动（UCM）活门接头处，拆下封圈后发现有破损，更换封圈后测试正常。造成航班延误。

二、风险等级

较大风险

三、原因分析

此次渗漏为机务执行推出前绕机检查时闻到了液压油味道，仔细检查时发现右轮舱前部盖板处有液压油流出，打开右冲压空气管道接近盖板才确定渗漏部件。前缘非指令运动（UCM）活门位于右空调冲压空气管道舱内部，该处的液压部件需要打开右冲压空气管道接近盖板才能检查，日常检查不涉及。该密封位置的正常渗漏标准是 10 分钟 1 滴，此架飞机检查渗漏超标，此次油液渗漏为接头封圈老化加上日常检查不涉及导致，更换该封圈后测试正常。

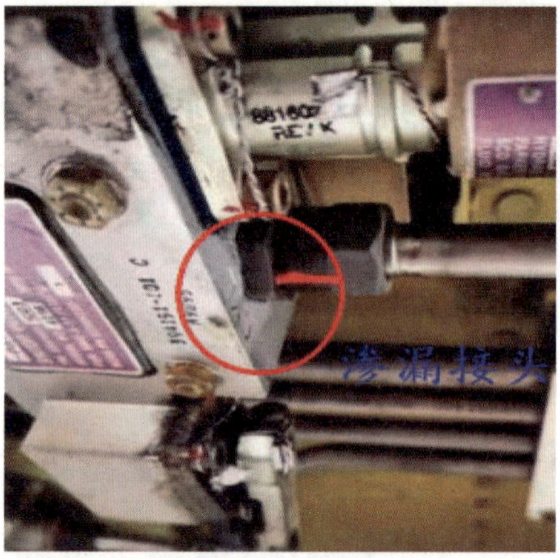

四、工程措施

1. 将 UCM 活门和自动缝翼控制活门目视检查项目加入更换空调热交换器的工卡，要求检查活门及其管路、接头，确认没有油液渗漏，检查标记胶正常无错位，并加入检查位置的图示。

2. 在油液渗漏方案中增加相应的检查任务。

五、参考报告

《B737-27-G-20210408 R1 UCM 活门接头漏油工程调查》。

类别五　飞机落地时机身左偏

一、故障现象

某航机组报告在落地时，主轮接地后，前轮没有接地，扰流板升起，在没有侧风的情况下，感觉飞机左低右高。

二、风险等级

较大风险

三、原因分析

因为机组报告飞机空中状态正常，在落地扰流板自动升起后产生轻微左偏。此时反推和扰流板开始投入工作，所以初步判定故障原因可能是这两个系统。经 QAR 分析以及操作测试，反推系统工作正常，左右发同步。但是，对比发现落地时右侧 10 号扰流板放出速度明显慢于左侧 3 号扰流板，此种情况会造成落地时扰流板自动升起后右侧产生的滚转力矩大于左侧，从而造成飞机左偏。对扰流板系统重新校装后试飞正常。

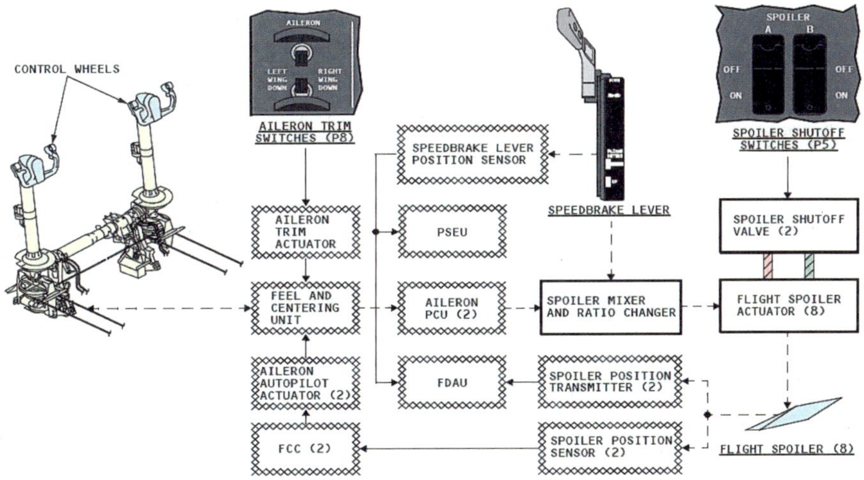

四、工程措施

1. 工作者更换扰流板作动筒后需严格按照手册完成扰流板的调节与测试。

2. 更换扰流板钢索后需要严格按照手册完成飞行扰流板系统测试，测量扰流板的升起角度是否符合要求。

3. 对扰流板位置数据进行监控，通过对比 3 号和 10 号、4 号和 9 号扰流板位置数据，当差值超过设定值时进行预警。

五、参考报告

《B737-27-20200523 R1 落地机身左偏工程调查》。

类别六　感觉压差灯亮

一、故障现象

西安短停，机组反映上一航段五边进近时升降舵感觉压差灯亮，灯亮持续几分钟，落地后灯灭。造成后续航班取消。更换升降舵感觉计算机以及右升降舵皮托管连接的铝管，地面测试正常，试飞验证正常。

二、风险等级

较大风险

三、原因分析

导致此类故障原因主要集中在皮托管堵塞、皮托管管路漏气、感觉计算机故障或液力系统脏致使系统回油滤、液力供油组件油滤以及 EMDP 和 EDP 壳体放泄油滤堵塞。并且此类故障也伴有季节性的影响，比如冬季，感觉计算机的皮托管和静压管路可能会由于结冰而出现堵塞的情况，还有夏季的雨水或昆虫进入到感觉计算机的皮托管管路进而出现堵塞的情况。针对本次故障，依据 AMM 27-31-37 更换升降舵感觉计算机，测试时发现两边皮托管打压无法建立压力，检查发现右侧皮托管连接的铝合金管破裂，更换该铝管，测试正常。

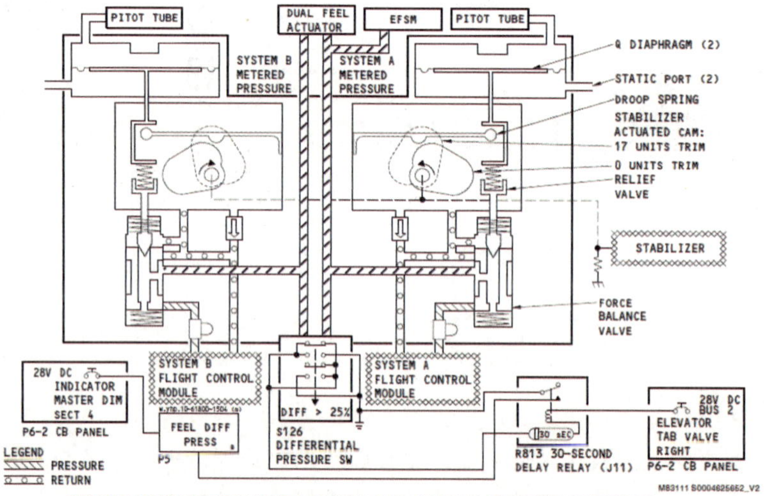

ELEVATOR AND TAB CONTROL SYSTEM - ELEVATOR FEEL COMPUTER - FUNCTIONAL DESCRIPTION

四、工程措施

对于升降舵感觉压差灯亮故障，优先对 PITOT 管加温、对 PITOT 管管路漏气进行检查，然后吹 PITOT 管管路，尽可能提前发现气路问题。气路检查正常的情况下，再继续对油路、电路和感觉计算机几个方向来进行详细检查，提高排故效率，确保飞机运行的安全。

五、参考报告

《B737-27-2020-08-11 飞机出现感觉压差灯亮工程调查》。

类别七　横滚操纵感觉力重

一、故障现象

某公司 B737NG 机队最近出现两起机组反映操纵横滚时驾驶盘感觉很重，均造成了飞机停场排故。

二、风险等级

较大风险

三、原因分析

两起事件中机组反映的故障都是在打压情况下驾驶杆转动力大。打压情况下的转动力主要集中在副翼 PCU（包括 PCU）之前部件。检查副翼定中机构上 A、B 系统副翼 PCU POGO 杆所连接的轴承及最下部配平机构连接臂轴承（共 4 个位置轴承）有明显卡滞。更换副翼感觉定中机构，测试正常。

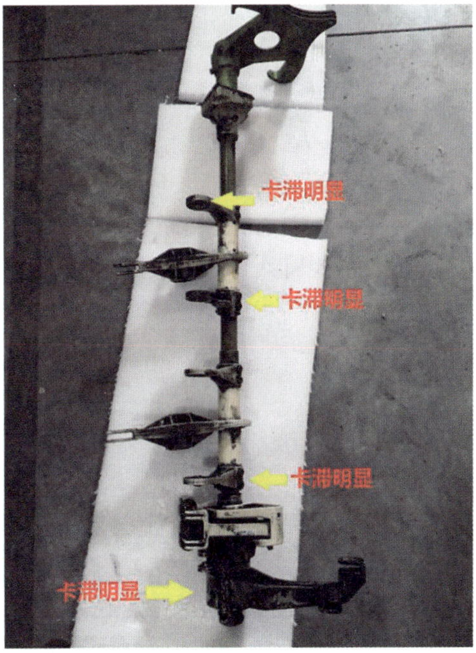

副翼 PCU 输入杆轴承(包括杆两端轴承，共 8 个位置)和副翼输入轴下端支撑轴承(共 2 个位置）都是自润滑密封轴承，如果发现这些轴承卡阻并且存在任何磨损或腐蚀，就必须更换轴承而不润滑。

其他航司反馈 10 年以上老旧飞机故障较多，相关部件的更换也是按原 MPD 间隔执行，也曾经出现过副翼定中机构故障导致副翼操纵力大。

四、工程措施

1. MRS 27-11-007 功能测试副翼系统驾驶盘力度。门槛间隔由 25 000 HRS 缩短到 12 000 HRS，重复间隔缩短到 12 000 HRS。

2. 修订 MRS 27-11-007 对应的工卡 38270320001，增加在打压情况下测量驾驶盘力（参考：AMM TASK 为 TASK 27-11-00-700-805），并对测量值进行记录。

3. 鉴于飞机使用时间增加，建议航材增加一个定中机构备件。

五、参考报告

《B737-27-20191210 横滚操纵感觉力重故障工程调查》。

类别八　水平安定面主电配平故障

一、故障现象

某架 B737-800 型客机在起飞后 25 min，到达巡航高度 10 700 m，与管制建立联系后驾驶舱出现“STAB OUT OF TRIM”（安定面失去配平）警戒灯亮。机组执行“安定面失去配平检查单”，经检查，飞机自动驾驶和主电动配平均不工作，根据检查单指引执行“安定面配平不工作”检查单，恢复人工手动配平，并人工操纵飞机脱离 RVSM 区域下到 8100 m 保持。机组使用机载卫星电话联系基地报告该情况，考虑到浦东机场台风天气、飞机需使用襟翼 15 着陆以及复飞期间人工配平可能造成的操作影响等综合因素，经飞行部评估决策飞机返航。

二、风险等级

较大风险

三、原因分析

波音和伊顿联合调查发现，件号为 6355C0001-01 的配平马达由于热疲劳和金属疲劳容易导致 PWA 上的焊料铅断裂，从而造成系统锁存故障信息，需要更换全新设计的电路板，相应件号也升级到 6355C0001-02。

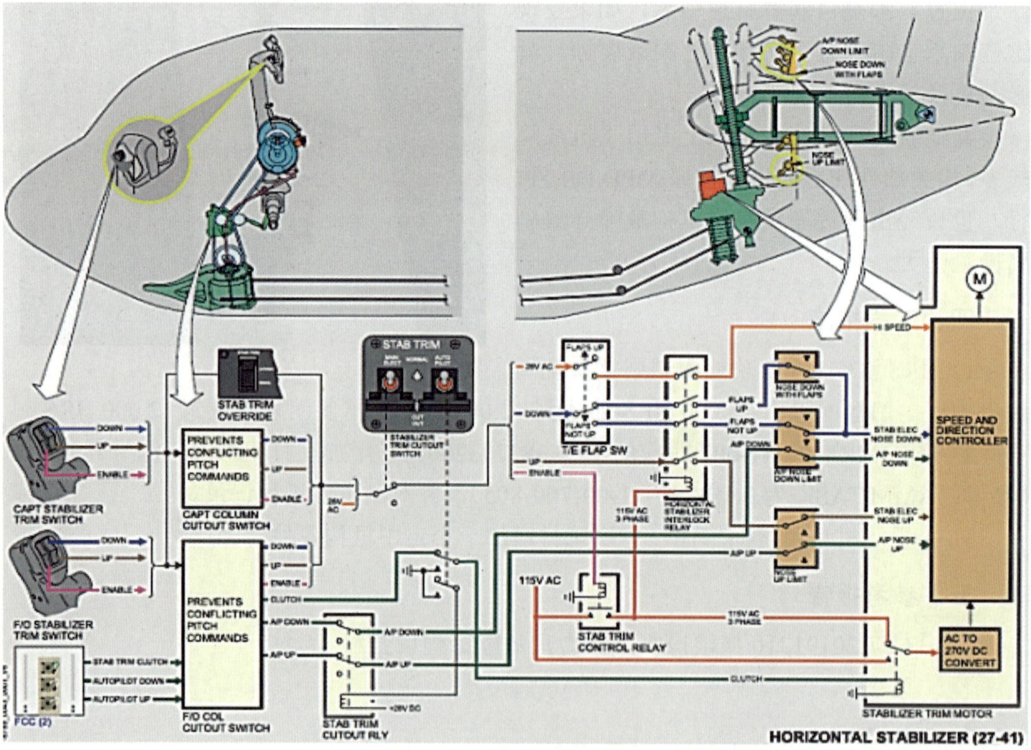

HORIZONTAL STABILIZER (27-41)

此次故障中所涉及的配平马达曾在伊顿航空进行修理，测试未发现故障，报告提到因适航相关进行了大修，更换了所有的 PWA 电路板组件、马达、轴承，并针对 PWA 电路板焊锡易脱落的缺陷，执行了 MOD 8 的升级，其件号也在此时升级到了 6355C0001-02。

但是近半年某航 B737NG 机队近期空中接连出现 5 起"STAB OUT OFF TRIM"（安定面失去配平）故障，水平安定面马达不仅失效，而且卡死在某一位置，机组必须使用大力气才能操作手轮。进一步确认故障的安定面配平马达件号为 6355C0001-02，其中 3 起为执行伊顿 VSB 改装升级到-02 构型的配平马达。

四、工程措施

1. 立即暂停水平安定面马达的改装。

2. 普查库房中改装后升级到-02 的马达数量，对这些马达限制装机，调查清楚后视情装机。

3. 针对某航发生的水平安定面马达不仅失效而且卡死在某一位置问题，查询手册，当马达卡阻后，人工转动配平手轮最大需要 46 bl 的力。对于此信息，发布《机组操作提示》，提示机组正确操作。

五、参考报告

《B737-27-20200419 R2 安定面配平主电配平故障调查报告》。

第八节　ATA28 燃油系统

类别一　中央油箱指示异常

一、故障现象

某架 B737-800 型客机在一个月内出现 3 起，在巡航阶段中央油箱消耗完毕后，中央油箱的显示油量开始迅速上升。由于中央油箱显示异常，导致 CDU 显示的落地重量超出最大着陆重量。

并且该架 B737-800 型客机在执行航班时，巡航阶段出现了中央油箱油量无显示。

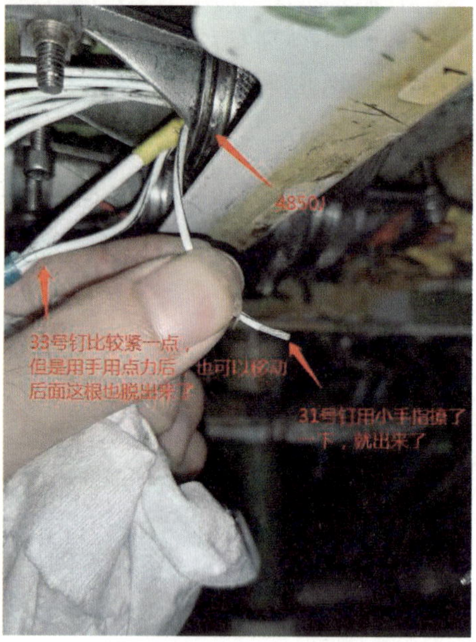

二、风险等级

较大风险

三、原因分析

自检 FQIS 得到代码 28-41303 与 28-41308。在 FIM 手册中给出的该故障信息可能的故障源有：（1）导线束；（2）补偿器；（3）燃油箱有过多的微生物；（4）FQPU。由于在故障前两次出现时已经更换了 FQPU 与补偿器，因此线路故障可能性最大，油箱组件和补偿器的公共线可能性较大。

排故中断开插头 D4850 处的屏蔽线模拟故障，故障再现。测量 D4850 的屏蔽线导通性，晃动线束时有时会出现开路现象。进一步检查发现 D4850J 的 31 号钉、33 号钉的导线虚接，重做插钉后测试正常。本次故障原因为 HI-Z 导线的屏蔽线在 D4850 插头处虚接，是由于部分飞机该位置的接地线在出厂时猪尾巴屏蔽接地线的热缩质量不高导致的。

如果 737NG 油箱燃油量指示系统相关线路阻抗不稳定或不正常，会导致燃油油量大幅波动或者显示不正确的燃油量。此时，如按 MEL 放行需要使用专用工具，分解拆移出 FQIS 总汇插头的输入（LO-Z）和输出（HI-Z）插孔共三根导线，重新做插孔、导线及接线片，并连接至油箱外接地点。其目的是使 FQIS 失效，以防覆盖机组人工录入的燃油量数据；而短接油箱内传感器输入/出导线，是防静电或雷击使油箱起火。

四、工程措施

根据波音 FTD 编写维护提示，以提高排故准确性和效率，减少重复故障的发生。

五、参考报告

1.《B737-28-P-20210829 R1 巡航时中央油箱显示异常工程调查》；
2.《B737-28-G-20210510 R0 中央油箱无指示故障调查报告》。

第九节　ATA29 液压系统

类别一　客舱内有刺激性气味

一、故障现象

某架 B737-800 型客机在执行航班落地后，机组反映客舱内充斥着刺激性气味，排故检查四通接头和 A 系统油箱增压气滤及单向活门；更换液压 A 系统油箱增压四通接头单向活门和增压气滤后，测试正常，无异味。

二、风险等级

低风险

三、原因分析

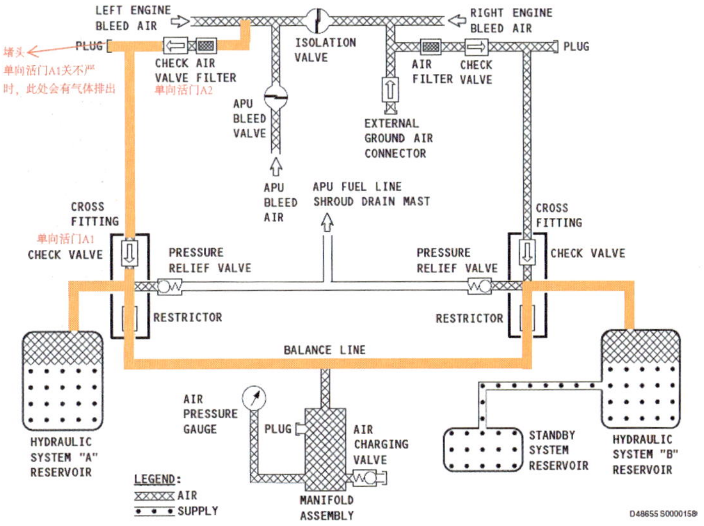

A 系统液压油箱增压单向活门 A1 和 A2 关不严，使两个油箱中的液压油蒸汽通过两个活门反向进入引气系统，导致飞机内部出现异味。

当四通接头内的单向活门关不严时，油箱中的气体会通过堵头的排放孔排出。当引气关断后，油箱压力会由于气体泄漏而不能保持。因此，在引气刚刚关断后，检查液压油箱压力表的指示及堵头排放孔气体渗漏情况，能发现这个四通接头内的单向活门的早期故障。如果在这时采取措施，就可以避免出现液压油蒸汽进入飞机内的情况。

四、工程措施

1. 加注液压油时，按 AMM 12-12-00/301 的要求加到 REL 和 FULL 之间约 2/3 处，不能加油过多。

2. 在 B737NG 机队推广自编工卡 38HN290900501-1 检查-液压油箱增压系统检查及四通接头，增加液压油箱压力表压力检查和管路堵头排放孔检查的内容，以便及时发现单向活门的早期缺陷，避免出现液压油进入飞机内部的情况。间隔：6 A。

五、参考报告

《B737-29-20201016 R1 飞机内出现液压油气味工程调查》。

类别二　右发吊架余油口漏液压油

一、故障现象

某架 B737-800 飞机短停时发现右发吊架余油口漏液压油，速率为 90 秒 1 滴，超过手册标准，飞机停场排故。飞机执行冷转，检查发现右发吊架上部 EDP 供油管一端漏液压油，进一步检查发现管路接头螺纹有裂纹，调件更换管路测试正常，飞机放行。

二、风险等级

较大风险

三、原因分析

裂纹管路接头件号为 BACS13BC16HP，材质为 15-5PH 不锈钢，表面经过镀镉处理。15-5PH 不锈钢是马氏体沉淀硬化不锈钢，加工工艺性好，力学性能优良，耐一般腐蚀性能。

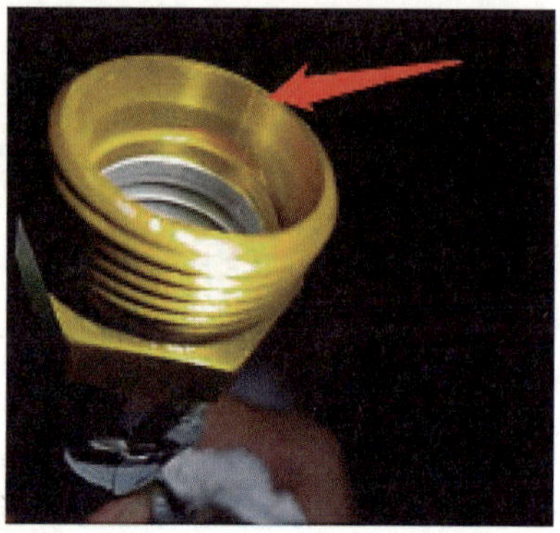

接头裂纹处镀层完好，未见其他损伤迹象。判断出现裂纹可能原因有两个：一是接头长期在高震动的环境下出现疲劳裂纹；二是管路安装时力矩过大。

四、工程措施

修订现有工卡，增加“如果发现液压管路接头/连接处湿润或渗漏时，脱开管路接头进行详细检查，确保管路接头无损伤，之后用拧紧-松开-拧紧的程序重新打力矩，并进行供压测试，确保接头/连接处无湿润/渗漏的迹象”的要求。

五、参考报告

《B737-29-20210601 R0 右发吊架余油口漏液压油故障工程调查》。

类别三　A 系统瞬时低压

一、故障现象

某架 B737-800 型客机在执行航班时，机组反映在起落架收上过程中，液压 A 系统 EDP（发动机驱动液压泵）和 EMDP（电动驱动液压泵）低压灯信号牌闪亮 3～4 s 恢复正常，起落架正常收上，后续航程一切正常。航后完成液压油箱增压系统渗漏测试正常，完成液压油箱释压和增压检查正常，检查 A 系统 EDP 和 EMDP 压力正常，检查 A 系统液压油箱油量偏高，将油量放至正常范围，并更换 A 系统液压油箱增压气滤组件，测试正常。

二、风险等级

低风险

三、原因分析

按照机组反映的故障信息，说明 EDP 和 EMDP 工作正常，系统液压部件也没有漏油。查询译码数据，在起落架收上的初始 4 s，A 系统出现了低压状态，此时 A 系统油箱的油量从 112.25%减少到 109%，说明 A 系统油箱的油量过高。

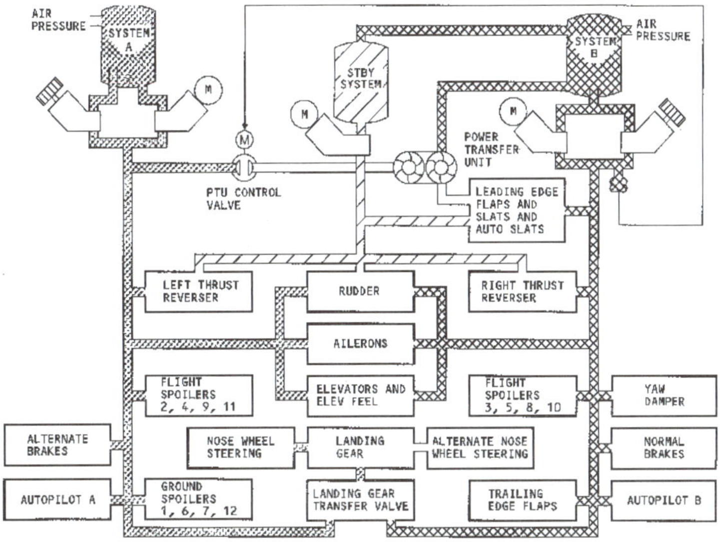

HYDRAULIC POWER - GENERAL DESCRIPTION

在飞机起飞收起落架的过程中，A 系统的压力会同时作用于飞行操纵及起落架收上，如果下游液压油流量需求量过大，会导致压力瞬时降低；同时，由于油箱内油量过多，会造成油箱内增压空气减少，油箱增压压力变低，当起落架开始收上时，EDP 和 EMDP 进口管路的油量就会瞬时不足，造成 EDP 和 EMDP 的输出压力进一步降低，当低于 1200PSI 时，EDP 和 EMDP 的低压灯就点亮了。之后，随着油箱内油量减少，油箱内增压空气增多，油箱增压压力正常，EDP 和 EMDP 进口管路的油量增多，EDP 和 EMDP 的输出压力恢复正常，EDP 和 EMDP 的低压灯就熄灭了。

本次事件的原因初步判断是 A 系统油箱的油量过高，造成油箱增压压力变低，在起落架刚开始收上时，瞬间导致 EDP/EMDP 进油口管路的油量不足，造成 EDP/EMDP 的输出压力低于 1300PSI 时，点亮了 EDP/EMDP 的低压灯。为了防止油箱增压系统故障再次造成 A 系统 EDP/EMDP 低压灯亮，预防性更换了 A 系统液压油箱增压气滤组件。

根据 FIM 29-10 TASK 813，在正常收放起落架或襟缝翼期间液压系统压力可能下降，在 10 s 之内是正常现象，持续 10～40 s 的瞬时液压下降就可能是故障。

四、工程措施

通过 DU 检查 A、B 液压油箱油量，温度低于−6～−2 °C，指示在 80～103；高于−6～−2 °C，指示在 90～103。如超过 103，放油至近 95；如需加油勤务，温度低于−6～−2 °C，勤务至近 82（稍高于 RFL 位置），温度高于−6～−2 °C，勤务至近 92（RFL 和 FULL 之间的 2/3 位置）。

五、参考报告

《B737-29-20210529 空中液压 A 系统瞬时低压调查报告》。

第十节　ATA30 防冰和防雨

类别一　发动机防冰活门打开灯保持明亮障

一、故障现象

某架 B737NG 飞机在高度 10 400 m，飞机进入积冰条件，机组按规定使用发动机防冰，当打开 1 号发动机防冰电门时，发动机整流罩活门打开灯保持明亮蓝色，并出现琥珀色热防冰指示。机组执行检查单，并报告西安管制申请上升高度 11 000 m 以脱离结冰区，当飞机脱离结冰条件并到达 11 000 m 巡航后，机组发现发动机整流罩活门打开灯恢复暗亮蓝色，热防冰指示恢复为绿色。机组关闭 1 号发动机防冰电门，后续航班正常。

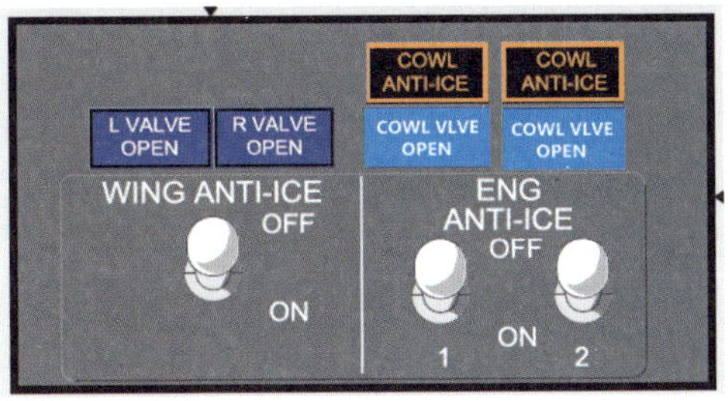

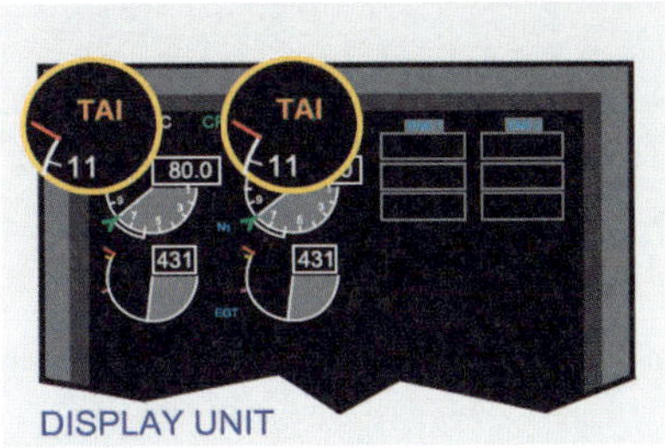

二、风险等级

一般风险

三、原因分析

机组使用发动机防冰，发现发动机整流罩活门打开指示灯在明亮位，且指示琥珀色 TAI。发动机整流罩活门打开指示灯明亮代表电门和活门位置不一致，琥珀色 TAI 指示代表电门和活门位置不一致大于 8 s。判断为活门空中间隙性卡阻在关闭位导致的此类故障。

总结出以下几点导致防冰活门间歇性卡阻的原因：

1. 发动机引气系统内的沙尘微粒进入防冰活门后，首先积聚在防冰活门的调压器及膜盒，使调压器失去调节作用。

2. 发动机引气系统内的沙尘微粒进入防冰活门后沿着气路堵塞节流孔，下游管路压力过大。

3. 防冰活门内部结构问题导致节流孔气流气路被阻挡。

4. 引气系统中存在的杂质和水分在防冰活门工作时的高温作用下，会加剧锥阀表面、活门轴承的腐蚀和磨损，从而出现锥阀封闭不严、活门轴承卡阻和磨损，导致故障。

5. 防冰活门内部的开关损坏导致活门卡阻。

四、工程措施

1. 建议编写 EO，将节流孔上部的长螺杆（NAS1352C04-6）换成短螺杆（NAS1352C06H4），有利于节流孔处气流的顺利排出。

2. 将件号为 63001105-1 的节流孔，更换为件号为 63001105-2 的节流孔。
3. 在清洁防冰活门节流孔时，增加清洁防冰活门节流孔周围安装壳体项目。

五、参考报告

1.《B737-30-20201029 防冰活门故障工程调查》;
2.《B737-30-P-20210406 R0 发动机防冰活门故障工程调查》;
3.《B737-30-P-20210701 R2 发动机防冰活门打开灯保持明亮工程调查》;
4.《B737-30-W-20211102 R2 发动机防冰活门故障工程调查》。

第十一节　ATA31 指示记录

类别一　显示源故障

一、故障现象

某架 B737-800 型客机的机组进跑道按压 TO/GA 起飞，速度接近 60 节时 DISPLAY SOURCE 1（显示源 1）闪亮，左侧空速显示不正常，右侧 PFD（主飞行显示）无指引仪显示，机组执行中断起飞，中断速度大概 60 节，机组脱离过程中 DISPLAY SOURCE 1（显示源 1）消失，脱离跑道后机组参考显示源检查单再次检查飞机各个参数都正常，确定飞机正常无故障后，机组决策继续起飞，后续正常落地海口，地面检查并测试 CSD 系统正常，后续航段正常。

二、风险等级

较大风险

三、原因分析

检查历史故障显示代码 31-60041，当前故障测试显示故障代码 31-60011。系统自检 CDS 系统正常，判断故障为 DEU 软件重启导致的偶发故障，后续航段故障未再出现。

FTD（737NG-FTD-31-17001）指出，对于件号 4081600-940 的 DEU，OPS 软件版本在 HNP5D-AL02-6002 以上的飞机，空中可能偶尔发生 DEU 自动复位重启，在 PFD 下部出现 30 s 到 5 min 的显示源故障信息。如果维护代码为 31-60041 或 31-60042，在地面对 CDS 系统自检通过且当前故障页面没有故障信息，DEU 不需要更换。

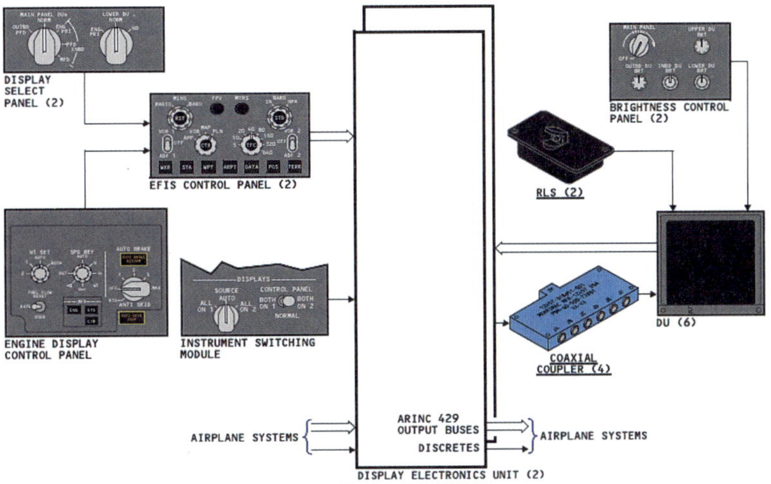

CDS - GENERAL DESCRIPTION

针对 OPS 软件版本在 HNP5D-AL02-6002 以上的飞机（软件含有 BP-15 程序块），空中可能偶尔发生 DEU 自动复位重启，波音已于 2020 年 9 月发布 SB 737-31A1880R0，升级 OPS 到 CDS BP15A 版本以解决此问题。

四、工程措施

局方批复 SB 737-31A1880 后，编写 EO 执行升级工作。

五、参考报告

《B737-31-20210401 R0 飞机显示源故障工程调查》。

类别二　起飞构型警告

一、故障现象

某架 B737-800 型客机的机组在完成起飞前检查单时确认下压了减速板，飞机进跑道按压 TO/GA 起飞过程中起飞形态告警，机组立即收油门中断起飞，报告 ATC 退出跑道处置，机组检查襟翼，配平都在正确位置，减速板手柄也在下卡位，再次确认起飞形态正确后再次申请进跑道起飞，后续正常。

二、风险等级

重大风险

三、原因分析

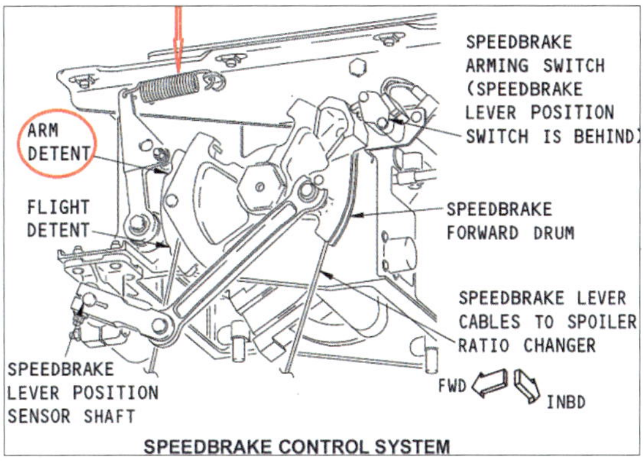

SPEEDBRAKE CONTROL SYSTEM

B737NG 的减速板手柄连接到扇形盘。当手柄在 DOWN 位置时，弹簧带动的滚轮位于扇形盘上 ARM DETENT 的肩部，在弹簧力的作用下，扇形盘上的 ARM DETENT 卡槽有向滚轮方向运动的趋势，带动减速板手柄有向 ARM 位置运动趋势，但是手柄在卡槽内，这一运动趋势被卡槽的后壁挡住。在该弹簧作用下，减速板手柄与卡槽后壁存在摩擦力。

这种设计保证减速板手柄可以紧密贴合卡槽和圆盘边缘。飞机落地后，自动速度刹车系统工作，减速板手柄到 UP 位。前推油门杆，减速板作动筒收回，带动减速板手柄收回，在运动惯性下，减速板手柄会和卡槽的前壁相碰，然后在前设备舱机构弹簧作用下回到卡槽的后壁处。从后壁到前壁再从前壁到后壁这段时间，减速板手柄在内部弹簧的作用下回收到卡好位置，手柄按压减速板起飞警告电门（S651），S651 给 PSEU 提供减速板手柄在起飞位置信号。

如果减速板手柄内部弹簧力减小，从后壁到前壁再从前壁到后壁这段时间，不足以使减速板手柄回收到卡好，卡槽后壁处的摩擦力就会阻止减速板手柄继续回收，S651 没有按压到底或者完全没有按压，S651 给 PSEU 提供虚假的减速板手柄在起飞位置信号，飞机在起飞构型时，触发起飞警告。

四、工程措施

1. 增加航前短停任务，确认速度刹车手柄在 DOWN 位。

2. 清洁和润滑速杀手柄机构。间隔：4 A。

3. 检查速度刹车起飞警告电门（S651）状况，间隔调整为 1 A，同时编写检查标准及校准的 APS 教材，对施工人员进行培训。

4. 建议清洁润滑及状况检查在执行 MRS 31-51-003 时执行。

五、参考报告

《B737-31-20201213 起飞构型警告工程调查》。

类别三　DEU 故障

一、故障现象

某架 B737-800 型客机在执行航班时，主警告“ENG”（发动机）亮，观察到 PFD 上出现“DSPLY SOURCE2”（显示源 2）信息，头顶板 EEC 备用灯亮，机组完成检查单项目后，机组评估不影响正常飞行，继续执行航班，安全落地。航后更换 2 号 DEU，测试正常。

二、风险等级

较大风险

三、原因分析

正常情况下，DEU1 提供左 PFD、左 ND 和中上 DU 显示，DEU2 提供右 PFD、右 ND 和中下 DU 显示；以下三种情况会在 DU 上显示故障信息：（1）当任何一个 DEU 内部的图形发生器或离散输入输出或模拟输入输出电路板失效，若飞机在地面且至少 1 台发动机停车，CDS 维护信息将显示在 PFD 上；（2）当任何一个 DEU 内部的输入输出控制器和接口或电源组件或处理器失效，若飞机在地面且至少 1 台发动机停车，CDS 故障信息显示在 PFD 上；（3）如果在空中一个 DEU 失效，则显示源 1 或 2 将显示在 PFD 上，飞机落地后且发动机停车、信息变成 CDS 故障。

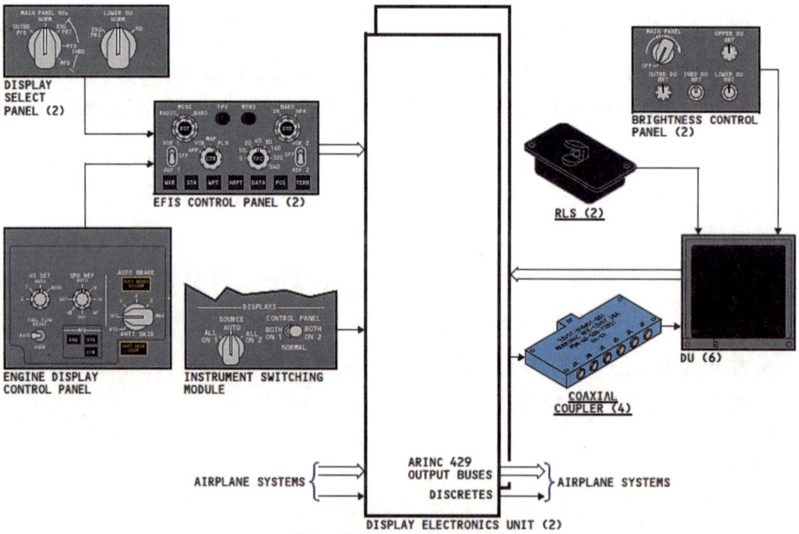

CDS – GENERAL DESCRIPTION

EEC 的惯导数据是由 DEU 提供的，当 DEU 失效以后 EEC 未能从两部大气数据惯性基准组件收到有效的大气总压数据时，或飞行机组选择 EEC 电门在 OFF（关）位置时，就使用软或硬备用模式，这时 EEC 备用灯点亮。

本次故障发生时，地面将显示源电门放到 2 位时 6 个 DU 黑屏，自检有故障代码 31-67081 信息，表明 DEU2 没有任何数据输出，因 DEU2 无法将有效数据提供给 DU 以及 EEC，所以显示源电门放在 BOTH 2 时所有 DU 以及两部 EEC 备用灯亮。并且故障代码 31-67081 指向 DEU2，表示当时 DEU2 故障，航后更换 DEU2 测试正常，后续正常。

针对 OPS 软件版本在 HNP5D-AL02-6002 以上的飞机，空中可能偶尔发生 DEU 自动复位重启，BOEING 已于 2020 年 9 月发布 SB 737-31A1880R0，升级 OPS 到 CDS BP15A 版本以解决此问题。

四、工程措施

局方批 SB 737-31A1880 后，编写 EO 执行升级。

五、参考报告

《B737-31-P-20210704 R0 飞机 DEU 故障工程调查》。

类别四　WQAR 数据发送失败

一、故障现象

某航安技部监控发现该航三架 B737-800 型客机连续两日无 QAR 发送。航后检查 3 架飞机的 WQAR 组件内部的 SIM 卡，发现此 3 架飞机的 SIM 卡都不工作，更换 SIM 卡后，当晚无线数据均发送成功，故障排除。

二、风险等级

低风险

三、原因分析

WQAR 组件发生故障时无驾驶舱效应，只能根据数据传输的正常与否进行判断，WQAR 组件的故障集中在以下几个方面：

1. 硬件故障：包括电源板损坏、内部板卡故障、外部插钉损坏等。
2. 软件故障：部件 OPS 软件丢失无法安装、软件无法更新等。
3. 不发送数据：包括 SIM 卡损坏、电源性能不稳定等。
4. 针对前 2 条故障，只能更换 WQAR 组件。对于第 3 条不发送数据的故障，可以更换 SIM 卡测试，如果正常发送数据，可以判断为 SIM 性能衰退，无需更换 WQAR 组件。

四、工程措施

1. 完成机队普查工作，将故障的 SIM 卡按 QAR 管理程序申领新卡完成更换。
2. 编写维护提示，给出排故建议和更换 SIM 卡的指引。
3. 每个 C 增加检查任务。
4. 给各分子公司提供部分可用 SIM 卡备份，用于故障的判断与排除。

五、参考报告

《B737-31-20201229 R2 WQAR 数据发送失败故障》。

第十二节　ATA32 起落架系统

类别一　滑行时飞机右偏

一、故障现象

某架 737-800 型客机航后机组反映低速滑行没有使用刹车时飞机右偏，当时左右发推力一致，起飞滑跑时正常。

二、风险等级

较大风险

三、原因分析

执行顶升飞机，依据 AMM 手册重新全面校装前轮转弯系统，调节钢索张力至正常范围。因前轮转弯系统自身控制部件或执行部件故障导致跑偏的排故措施归结为：

1. 初步排故措施（快速排故）：检查更换前轮、注油润滑，检查调节转弯钢索钢索张力，调节转弯计量活门输入连杆。

2. 深入排故措施（即按照 AMM 手册进行系统的检查，校装后解决问题，归结如下）：顶升飞机对转弯系统进行全面调节校装。对于校装中检查发现的问题通过调节钢索张力、调节系统内各连杆长度、更换转弯计量活门或其他磨损过度部件来满足手册要求。

并且现有在 C1 检中进行前轮转弯系统的调节的 TASK 存在以下不足之处：

1. 由于在未打压的情况下检查钢索张力及校装销安装情况且不顶起飞机，不能保证机械定中有无偏差例如部件磨损，且不能消除停机位地面坡度的影响，最后是当转弯计量活门存在内漏时不打压情况下校装销可顺利插入，一旦打压，就会出现前轮不定中、校装销无法插入的情况。；

2. 未包含前轮转弯操作测试，因此无法发现前轮转弯回中不正常故障。飞机在大角度转弯后如不能及时回中，容易导致滑行或起飞跑偏。

四、工程措施

1. 定期检查前轮转弯系统的调节情况。视需调节钢索张力。间隔：7500 HRS。

2. 修订工卡 38M3251501-1 步骤，使用 TASK 32-51-00-820-805 替换 TASK 32-51-00-820-803。

五、参考报告

《B737-32-20200428 R0 滑行时右偏故障工程调查》。

类别二　主起落架人工释放控制杆腐蚀

一、故障现象

某基地在执行 A53 检查期间，发现右主起落架人工释放控制杆锈蚀，更换拉杆。后续普查该基地 44 架 NG 飞机，发现 54 个拉杆存在腐蚀情况。

二、风险等级

低风险

三、原因分析

主起落架人工放出系统控制杆件号为 273A4706-1，左、右主起落架各有一个，均位于主轮舱内左、右主起落架上锁机构上方。

主起落架放下后，此控制杆位于人工放出机构的迎风面，气流中的雨、雪、除冰液雾气等容易附着在此区域的部件上，是造成部件腐蚀的主要原因。

波音有少量其他运营商的类似报告。在先前的调查中，确定控制杆镀镉层腐蚀可能是由醋酸、钾/甲酸盐等除冰液引起的。如果腐蚀严重，可能导致杆端轴承卡住，影响主起落架的手动放出。

咨询波音公司，对于未发生腐蚀的控制杆，同意对控制杆喷涂防腐剂（BMS3-23）控制腐蚀；波音建议离位喷涂。对于腐蚀部件，打磨镀镉修理。但是，波音公司无法提供对控制杆打磨量的限制基准值。对于打磨修理，波音要求一事一议。

四、工程措施

1. 详细目视检查左右主起落架收放机构；间隔：6600FC。
2. 恢复左主起落架组件；间隔：21000FC 或 10 年先到为准。
3. 恢复右主起落架组件；间隔：21000FC 或 10 年先到为准。
4. 针对该故障结合适当停场时间进行普查。
5. 修订工卡 38321500001 和 38321500002 详细检查-左/右主起落架，在工卡中增加以下内容：检查左、右主起落架人工放出控制杆并重新防腐处理。

五、参考报告

《B737-32-20201103 主起落架人工释放控制杆腐蚀故障工程调查》。

类别三　起落架构型警告

一、故障现象

某架 737-800 型客机在进近放轮过程中着陆形态警告持续响起，机长观察起落架位置指示，三个红灯和三个绿灯同时亮，后顶板起落架指示灯为三个绿灯。机组按检查单记忆项目处置，再次按压起落架手柄，约 1900 ft，警告声和红灯熄灭，形态恢复正常。

二、风险等级

低风险

三、原因分析

两次的 QAR 数据译码显示起落架手柄放到 DOWN 位后，三个起落架均正常放下了，但起落架警告持续到机组再次按压手柄后才正常。

此类故障常见的原因是：

1. 起落架手柄机构摩擦力过大，导致手柄放下时，没有作动电门 S1，造成红色指示灯持续亮。

2. S1 电门间歇故障。

通常情况下，机组重新操作手柄，红灯熄灭。此次也是在机组按压起落架手柄后恢复正常。其中第一起事件发生后，清洁起落架控制手柄，测量起落架控制手柄作动力为 11 bl（低于手册标准 12 bl），检查起落架控制钢索张力 150 bl，在手册范围内（21 °C，张力范围 150 bl（+10/−0））。怀疑机组未把手柄放置到放下卡位导致。当再次出现该故障时，考虑是手柄组件的机构摩擦力偏大，造成手柄放到 DOWN 位时偶尔处于轻微拔出状态，未能做动内部的 S1 电门。因此更换手柄组件。

起落架手柄组件有 273A3301-6、273A3301-8 两个件号，其中-8 的手柄组件减少了衬套与手柄滑杆的摩擦力。

四、工程措施

1. 起落架手柄组件故障送修时，更换起落架手柄组件上的 4 个位置电门。

2. 同飞行部进行技术交流，当出现红灯亮时，请机组在 DOWN 位时再拉和推一下手柄，以减少复飞的情况。

3. 建议优先使用件号为 273A3301-8 的手柄组件。

五、参考报告

《B737-32-20210327 R0 起落架构型警告调查报告》。

类别四　A、B 液压系统同时低压

一、故障现象

某基地航前，飞机出港时，机组反映设置停留刹车后打开液压 AB 系统电动泵后，低压灯不灭，A 系统压力 1380PSI，B 系统压力 670PSI，机务检查两个 EMDP 有工作声音，储压器压力 1000PSI，液压油箱增压压力 50PSI，飞机停场排故。

二、风险等级

重大风险

三、原因分析

本次故障中 A、B 液压系统同时低压，而 A、B 液压系统同时故障可能性极小。当机组松开停留刹车后压力恢复正常，因此判断刹车系统出现内漏。

在刹车系统中，刹车计量活门组件由正常与备用计量活门组装在一起，同时使用 A、B 系统压力，并使用同一输入轴，因此故障可能性最大。

刹车计量活门内漏存在以下两种情况：

1. 不正常的刹车计量活门校装，在踩刹车时刹车计量活门的计量阀体处于压力管路与回油管路导通位置，使得压力无法建立。

2. 刹车计量活门内部由于磨损导致内漏，使系统回油导致压力无法建立。

从排故的过程看，此架飞机刹车计量活门校装不到位，与刹车计量活门内部磨损内漏两种情况同时存在。更换完左侧计量活门，校装完计量活门系统后故障排除。

四、工程措施

不正确的刹车计量系统会对刹车系统造成故障，从而引起如液压系统压力低、停留刹车压力保持不住、刹车系统异响等。对于刹车计量系统目前只有目视检查项目，没有定期校装任务，刹车计量系统的故障无法靠简单目视检查进行判断，因此建议如下：

1. 编写 EO，对刹车计量活门系统校装情况进行普查，完成初始校装。

2. 增加任务，定期对刹车计量活门系统进行校装，间隔：1 C。

五、参考报告

《B737-32-G 20210818 R0 A、B 液压系统同时低压工程调查报告》。

类别五　前轮胎面脱落

一、故障现象

某航 B737NG 机队在一段时期内连续出现多起前轮中两个排水槽之间一周的胎面橡胶全部脱落，进一步检查发现 EE 舱门把手后部有一凹坑，前起落架空地传感器支架变形，空地传感器线路套管变形裂纹，前起落器防扭臂接线盒导线束支架裂。

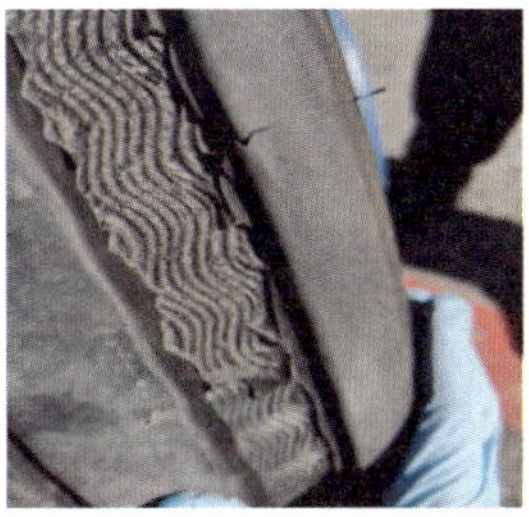

二、风险等级

重大风险

三、原因分析

根据损伤情况初步判断，可能的损伤原因有两点：

1. 翻修质量原因导致胎皮脱落，胎皮脱落时机轮处于高速运转状态，脱落的胎皮被高速甩出，造成起落架区域部件损伤。前轮轮胎因损伤或磨损到标等原因返厂修理时，厂家将胎面、胎肩、凯夫拉防扎伤层和翻修层一起刨除并更新。本次脱胎的前轮轮毂 PN：3-1559，SN：8730，胎皮 PN：APR05102，SN：419GJ442，CSR：73 FC。该胎皮一共修理了 2 次。翻修厂家均为普利司通飞机轮胎（中国）有限公司。

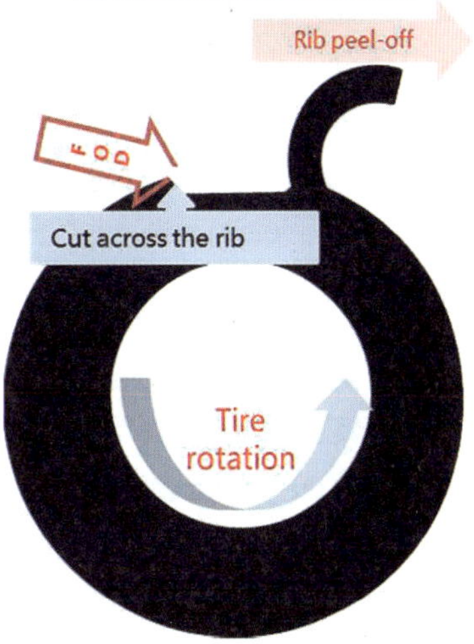

2. FOD 原因导致胎面割伤，前起落架收上后前轮与摩擦片接触止动，两者之间高速且大力度的接触造成胎皮从割伤处整片掀起。

四、工程措施

1. 关注及预防轮胎装机使用过程中的 FOD。

2. 航线检查时，若发现此类横向割伤达到割伤深度标准或横贯整个肋条时，对应进行轮胎拆换。

3. 关注检查前轮舱内的止刹碳板的位置状态，避免其接触高速转动的胎面而发生轮胎损伤。

五、参考报告

《B737-32-M-20210821 R0 右前轮胎面脱落故障调查报告》。

类别六　空中自动刹车不预位灯亮

一、故障现象

某架 737-800 型客机在空中自动刹车不预位灯亮，机组按检查单处置后几分钟再次灯亮，将自动刹车电门设置到 OFF 位，使用人工刹车落地。

二、风险等级

低风险

三、原因分析

排故时与其他飞机对串了 AACU、选择面板，通过测量发现脚蹬压力电门 S762 阻值偏大。不正常的电阻值导致 S762 的电门在压力小于 750PSI 时过早断开，断开的 S762 电门给 AACU 一个刹车计量压力高于 750PSI 的信号，因此 AACU 内部逻辑电路判断不满足预位条件，点亮“AUTO BRAKE DISARM”（自动刹车不预位）灯。此次故障应为脚蹬电门 S762 引起。

据统计，在该航整个机队由于自动油门电门组件与脚蹬电门故障占所有更换部件的多数，达到了 62%。波音也发布了 SL（737-SL-78-081-R0B），升级了左右自动油门电门组件的件号（M1766：254A1150-15/M1767：254A1150-16）。

四、工程措施

1. 737NG 飞机 S762、S763 故障率较高，导致自动刹车不预位灯亮，曾发布维护提示 MT 2018007，在更换 S762、S763 时参考 SWPM 20-60-03，对插头结合面进行防护。

2. 当需要更换自动油门电门组件 M1766/1767 时，建议使用最新件号的 M1766：254A1150-15 与 M1767：254A1150-16。

五、参考报告

《B737-32-P-20210617 空中自动刹车不预位灯亮工程调查》。

第十三节　ATA33 灯光

类别一　应急灯电池充电组件故障

一、故障现象

某架 737-800 型客机在航前机组准备阶段，发现前厨房过道顶灯的螺丝孔里有瞬时白烟冒出并有异味，机务上机检查前厨房照明灯工作正常，驾驶舱 P18 面板上相关跳开关跳出。检查前厨房区域应急电池充电组件，发现装在机身右侧的应急灯充电组件有明显异味且明显发热，更换右侧应急电池和充电组件，测试正常。

二、风险等级

低风险

三、原因分析

对拆下的应急电池充电组件进行分解，发现应急电池充电器电路板区域有元器件烧蚀并伴有明显的异味散发。应急电池充电组件件号为 D717-02-001，使用时间为 52 019 h，为原装机件。故障原因是充电组件电路板上的 C4 电容烧蚀，造成 C4 烧蚀的可能原因如下：

1. 电容老化，性能下降；
2. 电容的耐压偏低。

电容 C4 位于充电组件的供电电路，其击穿后接地，导致相关跳开关跳出，断开电路供电，避免下游部件的损坏，因此除电容本身绝缘外壳烧蚀外不会产生进一步后果。

厂家 2012 年发布了 SB D71702-24-1，对电路板进行了更改，新电路板（D717-02-120）上的电容做了更换，包括 C4。

四、工程措施

1. 结合成本分析，建议对 TSN50000 小时以上的部件，结合送修更换 C4 电容。
2. 对 TSN50000 小时以上的在翼原装机件，主动拆下送修更换 C4 电容。

五、参考报告

《B737-33-20200725 R1 应急灯电池充电组件工程调查》。

第十四节　ATA34 导航系统

类别一　RA 跳变故障

一、故障现象

某架 737-800 型客机在进近区域保持高度 900 m，襟翼 1 状态平飞，左座无线电高度表指示跳变，高度显示在 1000～2500 ft 之间变化，形态警告喇叭间歇性响起，无线电高度表指示正常后消失，落地后通知机务并填写机务记录本，航后更换左 RA，通电测试正常。

二、风险等级

低风险

三、原因分析

该航工程部 2019 年 2 号文件“关于做好 B737NG 飞机尤线电高度跳变引起起落架构型警告故障处置的通知”，明确指出 B737NG 飞机在广州、深圳、浦东机场进近过程中，偶发起落架构型警告故障，导致飞机多起恶性延误。经与波音沟通，该故障多为高障碍物导致 LRRA 指示错误引起的虚假故障，可以通过 OAR 译码和 FIM 手册来排除故障。

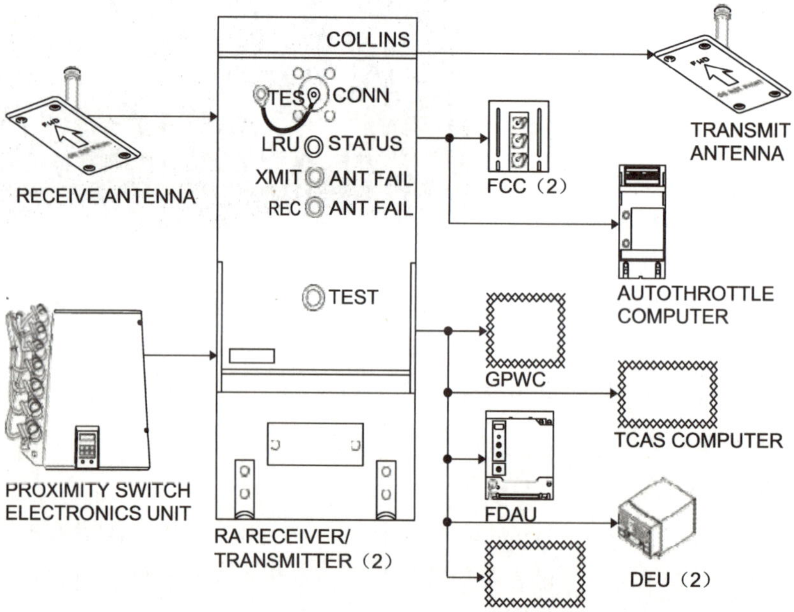

当 B737 飞机在广州、深圳、浦东进近时，出现起落架构型警告，需通过 OAR 译码判断是否飞越高建筑物引起无线电高度跳变。

若判断是无线电高度跳变引起，需根据 FIM 执行相关测试，若无故障，可放行飞机并监控后续飞行状况。

本次故障现象跟工程部 2019 年 2 号文件描述的内容一致，经 QAR 译码，确认为高障碍物导致 LRRA 指示错误引起的虚假故障。

四、工程措施

机队无线电高度表故障可以办理 MEL，但由于 MEL 中涉及的运行限制、M 项、O 项很多，办理 MEL 时很容易造成延误，建议修订 MEL 相关内容，尽可能减少办理 MEL 造成的延误。

五、参考报告

《B737-34-2020-12-20 R0 左 RA 跳变故障工程调查》。

类别二　ISFD 故障

一、故障现象

某架 737-800 型客机航前滑出后机组反映 ISFD 姿态球倾斜，复位好之后过了一会儿故障依旧，且无法复位，飞机滑回，更换 ISFD 后，测试正常。

二、风险等级

较大风险

三、原因分析

该架飞机出现故障后换回，更换 ISFD，继续执行航班，又连续因为装机 ISFD 部件问题出现故障，前后共更换了 3 个 ISFD 才排除故障，其中一个装机就故障。

查询该航历史修理数据得出，7NG 机队共有两种件号的 ISFD 装机，分别为 C16221KA02 和 C16786HA02。其中，C16221KA02 装机数量为 54 个，均为翻修件；C16786HA02 装机数量为 130 个，翻修件 85 个，系统工作的可靠性与 ISFD 修理厂家的修理质量有着直接的关系。

查询国内 B737NG 机队的数据，在所有相关修理厂家中，ANDAWE 的修理质量较好，两种件号的 ISFD 的 TSR 均超过了 6000 h。

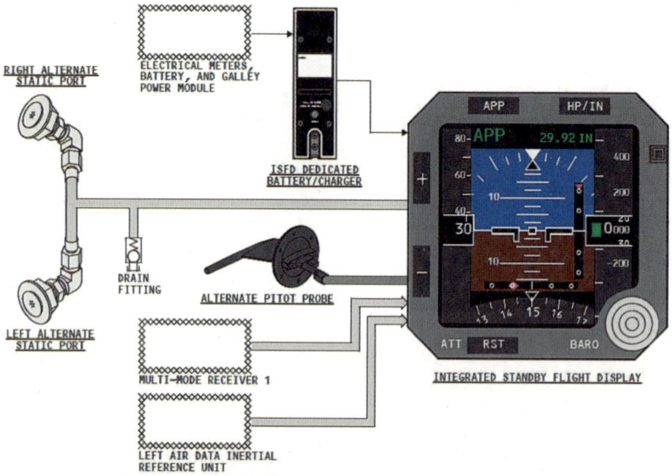

STANDBY ATTITUDE REFERENCE SYSTEM – GENERAL DESCRIPTION

四、工程措施

ISFD 部件的修理质量直接影响整个系统的可靠性，因此，对部件修理质量的控制建议参考国内其他航司的经验，部件送修时优选 ISFD 翻修质量好的修理厂家。

五、参考报告

1.《B737-34-G-20211006 R0 飞机 ISFD 故障工程调查》；

2.《B737-34-20210104 R0 7NG 机队 ISFD 系统故障调查报告》。

类别三　TCAS 故障

一、故障现象

某架 737-800 型客机在执行航班时，机组反映进近阶段及地面滑行监测到其他飞机与 TCAS 显示位置漂移不准确，飞机停场排故，更换 TCAS 计算机及上天线后恢复正常。

该航 B737NG 机队在 2021 年 TCAS 出现了多起故障，造成了不同程度的航班延误。

二、风险等级

重大风险

三、原因分析

TCAS 故障的驾驶舱效应是在 ND 上出现故障信息“TCAS FAIL”。引起该故障的原因较多，TCAS 计算机、天线、控制面板、应答机系统、惯导系统、无线电高度表系统、公共显示系统、空地系统等都有可能。TCAS 系统天线的故障在整个 TCAS 故障中的比率较大。原因是系统工作在 L 波段的设备对天线及馈线的要求高，对天线的特性阻抗、馈线的输入电阻以及屏蔽性能都有很高的要求，对系统的馈线长度、天线安装工艺都有严格的要求。在实际施工中，由于馈线所留的余量很少，为了良好接触，接头选用螺纹结构的连接，这都造成在天线安装过程中的困难，可能造成对天线及馈线的部分损伤，就会造成系统出现故障。

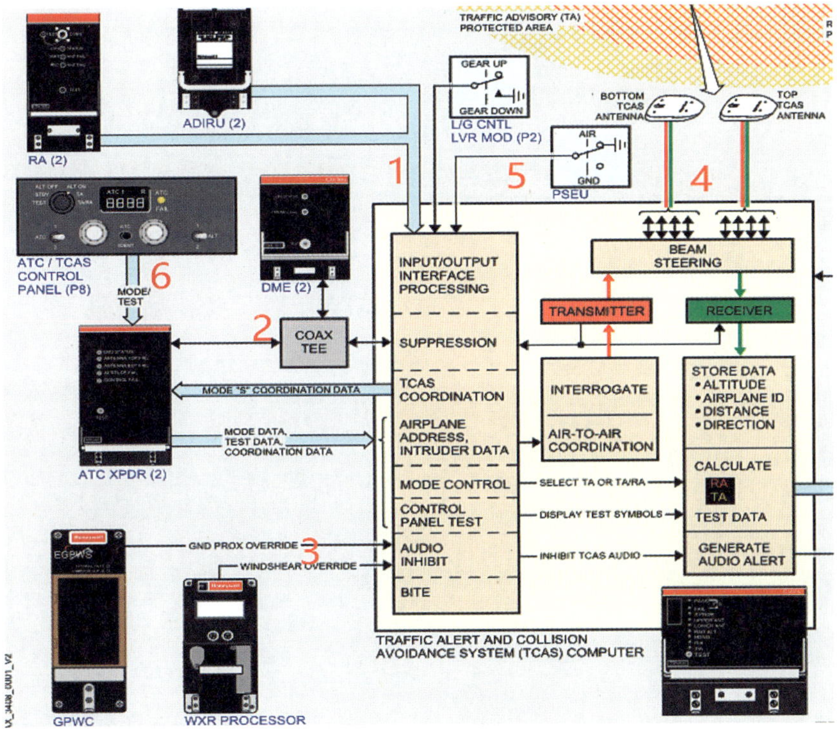

本次故障地面做 TCAS 系统自检，均没有故障灯系统测试正常。但飞机 TCAS 显示其他飞机位置漂移，机组在地面滑行时显示机场起飞或降落飞机位置不符。当起落架放下时，为避免起落架的干扰，TCAS 系统下天线由方向性天线转换成全向天线。此时 TCAS 系统主要使用的是 TCAS 上天线，因此结合以往经验，TCAS 漂移的主要原因为：（1）TCAS 上天线方向性变差；（2）TCAS 计算机内部出现计算错误；（3）TCAS 天线封严胶/漆层破损，水汽侵入导致内部阻值超标。

四、工程措施

1. TCAS 天线的前缘由于风蚀的作用，其本体的整流罩和金属盘易开裂，而波音手册并未在封胶时提出具体要求，包括波音出厂封胶也均存在此问题。编写维护提示，以明确封胶必须覆盖的范围，以对 TCAS 天线进行最大限度的防护。

2. 每日检查时，如果发现 TCAS 天线周围封胶有局部破损，尽快完成内部检查和重新封胶。

五、参考报告

1.《B737-34-2020-04-05 R0 飞机 TCAS 故障工程调查》；

2.《B737-34-2020-04-12 R0 滑出后出现 TCAS 故障工程调查》。

类别四　气象雷达故障

一、故障现象

某架 B737-800 型客机在执行航班时，机组空中报告气象雷达故障，工程师通过卫星电话联系机组复位无效，机组决策备降，更换气象雷达收发机和处理器后，测试正常。

在 2020 年夏秋两季，该航 B737NG 机队集中发生了多起气象雷达故障，均不同程度地造成了航班的延误、取消。

二、风险等级

较大风险

三、原因分析

Honeywell 公司设计的 RDR 4000 型气象雷达收发机系统，由收发机、处理器、天线驱动组件和雷达控制面板组成，2017 年，在收发机的件号由 930-2000-001 变为 930-2000-010 后，由于 930-2000-010 的电路设计存在缺陷，导致 930-2000-010 装机后工作时间普遍很短，各航空公司选装 RDR 4000 型气象雷达系统的飞机故障频繁出现。

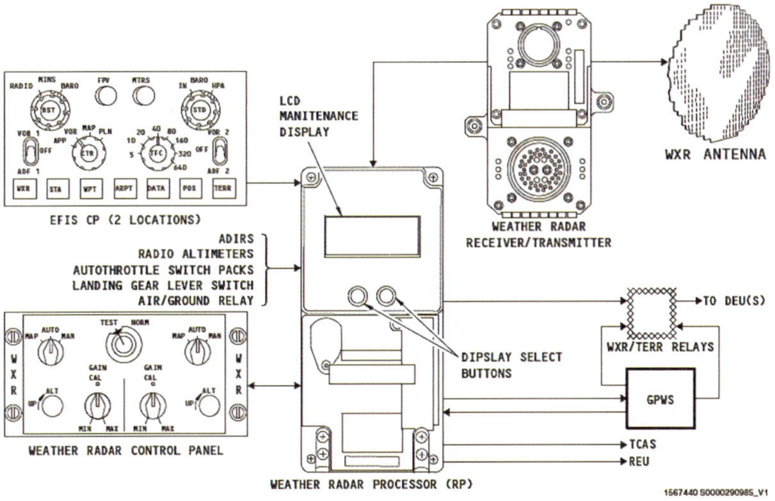

Honeywell 公司部件修理厂检测结果得知，测试收发机中的发射组件都有问题，电源控制部分 Q101 有不同程度的焊锡融化现象。由于 930-2000-010 的电路设计存在缺陷，装机后工作时间普遍很短，气象雷达故障频繁出现，且故障代码指向混乱。

Honeywell 公司发布硬件升级 SB：930-2000-34-0010。需要拆下收发机送修理厂家更换新发射模块，新发射模块在美国生产能力为每月 50 多块，供全球 RDR4000 雷达构型的飞机升级使用，预计需 2 年时间才能完成全部升级。

四、工程措施

1. 修订气象雷达处理器散热风扇滤网清洁任务，更改为“清洁雷达收发组/处理器安装架滤网/风扇”，定期清洁气象雷达处理器散热风扇滤网；

2. 航材部门根据部件的修理情况，尤其是多次修后低 TSR 的部件，积极向厂家置换新件，或更换全新的电路板。

五、参考报告

1.《RDR 4000 型气象雷达系统收发机工程调查》；

2.《737NG-34-20200914 R0 气象雷达故障工程调查》。

类别五 地面滑跑时空速不一致

一、故障现象

某架 B737-800 型客机在执行航班时，起飞滑跑至 75 节时左座 PFD 上出现空速不一致信息，机组中断起飞后滑回，飞机停场排故。首先吹洗左右全压管路软管，后模拟低空速测试，仍有空速不一致信息；然后对左侧 ADM 传感器进行打压测试，结果存在偏差，更换左侧 ADM，模拟低空速检查测试正常。

二、风险等级

重大风险

三、原因分析

低空速时空速不一致故障与双侧 ADM 精度、皮托管软管走向、AOA 角度值均有关，单一部件故障较少。单就本次故障而言，检查右侧皮托管塞在隔框下面造成向下弯折，拉出软管，虽无明显的向下弯折，但调整到理想的位置较困难；吹洗管路，左侧吹出水汽呈雾状，微量；右侧除雾状的水汽外，还有连成线的水珠吹出，水量 2～3 滴；吹洗软管前后模拟低空速测试，调节双侧 AOA 在-1°与+1°之间，在 80 节时左右侧有 1.5 节左右的偏差。

该飞机软管构型为 14¼ inch 长的软管，安装皮托管时，容易导致该软管向下弯曲，波音曾两次改进此软管设计，发布 737-SL-34-206_R00（2011/11/23），建议使用短管替代长管以消除可能的管路弯曲导致的故障隐患，并修订 AMM 手册，明确标注各构型软管的正确走向，但波音并没有给出具体的操作方法和要求。实际在安装皮托管时，如果不拆下时钟所在的 P1-1 和 P3-3 面板，即使软管弯头从外侧安装时朝向没问题，但软管也很有可能会被塞到隔框下面。

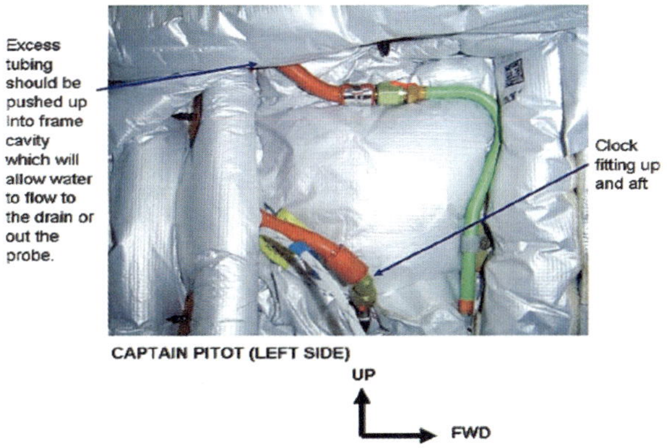

所以，左侧 ADM 精度下降，右侧皮托管软管有向下弯折有积水导致气流不畅，加之机场当天有乱流的共同作用下，导致产生本次左右空速不一致的故障。

对于软管为构型 1 的飞机，波音 737-SL-34-206_R00 建议使用短管替代长管，消除可能的管路弯曲导致的故障隐患，但当时机队该构型大部分飞机软管处于生产线上的状态，走向合理，不需要执行该 SL；但近些年随着皮托管更换非计划拆换的逐渐增多和之前波音手册的不完善，部分构型 1 的飞机由于更换皮托管时皮托管软管未正确理顺，已产生了永久性的变形，不仅是造成故障的潜在隐患，也会导致下次更换皮托管工作时施工困难。

四、工程措施

1. 执行 737-SL-34-206_R00，将构型 1 的软管更换为构型 2 的软管。

2. 编写维护提示，在更换皮托管时，需拆下左右时钟所在的 P1-1 和 P3-3 面板接近调节皮托管软管，以确保走向正确。

五、参考报告

《B737-34-20200721 R0 飞机地面滑跑空速不一致故障工程调查》。

类别六　飞机 ATC 天线损伤

一、故障现象

某架 B737-800 型客机在浦东短停时，检查发现 ATC 下天线有较长裂纹，更换 ATC 下天线后正常。

二、风险等级

较大风险

三、原因分析

ATC/DME 天线金属支撑结构部分、发射单元部分、填充腻子因材料差异，在热胀冷缩的作用下易导致其结合部位的漆层或发射单元本体裂纹、或天线发射单元边缘的填充腻子脱落形成缺口；同时 ATC 下天线在前货舱门和电子舱门附近，有一定的概率会遭受意外碰撞而损伤。

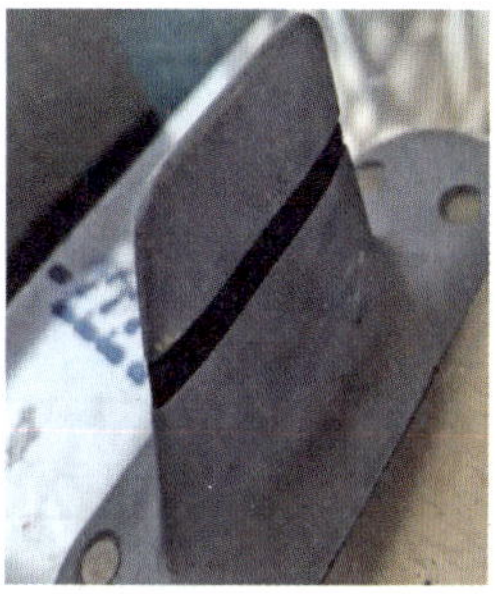

ATC 下天线裂纹，须打磨褪漆来判断是否为贯穿性裂纹，以确保飞行中无脱落的风险。下图为两种件号的 ATC/DME 天线裂纹、掉漆及打磨后的图片。如打磨褪漆后天线有贯穿性裂纹，再进行天线更换工作，往往会导致航班延误。DME 系统和 ATC 系统天线件号完全相同，7NG 飞机装有两套 DME 系统，单部 DME 系统运行不会降低导航精度，MEL/CDL 保留无任何限制条款，也不会给机组增加负担，可考虑使用 DME 天线进行快速处理。

四、工程措施

1. 根据波音 SR，对于 ATC/DME 天线如有外观损伤，只要确认其功能正常，飞行中无脱落风险即可放行，因此，对于短时间内无法判断其结构的完整性或者已确定天线存在贯穿性裂纹且在飞行中存在断裂解体风险需要更换而无可用天线时，可如下快速处置以避免航班延误：

（1）对于安装在非增压区的 DME 天线，如短时间内无法完成判断或缺少航材，可直接拆下，拆下位置处贴上金属胶带，并办理相应的 CDL 和 MEL 保留。

（2）对于安装在增压区且必须工作正常的 ATC 天线，串第二部 DME 天线至该位置，确保 ATC 系统功能正常，对于被拆下天线的第二部 DME 系统按建议（1）处置。

2. 编写维护提示，以明确 ATC/DME 天线漆面裂纹或风蚀的放行标准和快速处置方法。

1. 因天线更换需要报废旧封圈，故需要修订 EO，在随机耗材包内添加适用于两种 ATC/DME 天线件号的封圈各 1 个，报废时限与其他随机封圈一致，为每 3C。

五、参考报告

《B737-34-2021-02-01 R0 7NG 飞机 ATC 天线损伤工程调查》。

类别七　进近阶段 FMC 重启

一、故障现象

某架 737-800 型客机在进近阶段，右 FMC 失效，机组按快速检查单处置后，恢复了双 FMC，随后正常落地。落地后检查右 FMC 有重新同步信息，分析为软件问题，地面与其他飞机对串右 FMC，测试正常，后续航班正常。

二、风险等级

一般风险

三、原因分析

7NG 飞机上装有两部 FMC，任何时刻仅有一个 FMC 为主 FMC 响应双侧 CDU 的输入，主从 FMC 的确定取决于 FMC 转换电门的位置，当此电门在 BOTH ON L 或 NORMAL 位时，左侧 FMC 为主 FMC；当此电门位置在 BOTH ON R 时，右 FMC 为主 FMC。

主 FMC 和从 FMC 故障后的 FDE 有所区别，FMC 转换电门在 NORMAL 情况下：

1. 左（主）FMC 失效：两部 CDU 上的 FMC 数据丢失；

2. 右（从）FMC 失效：FMC 信息灯亮，副驾驶的导航显示地图方式上的 FMC 数据丢失，显示草稿行信息 SINGLE FMC OPERATION（单 FMC 操作）。

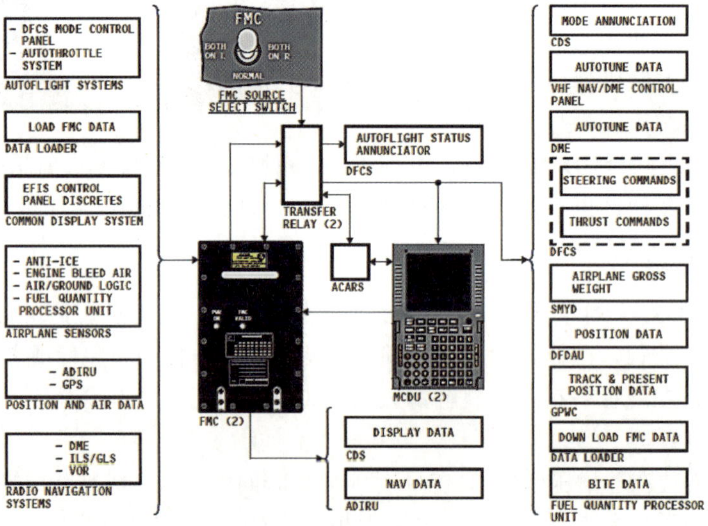

FMCS - GENERAL DESCRIPTION

根据本次故障的驾驶舱效应和 FMC 的故障记录，参考 GE SIL 34-49R6 RESYNC 故障记录为 RAM 交叉加载失败导致的右侧 FMC 重启。该 SIL 指出，虽然硬件问题可能会导致该故障，但也很可能是由于以下原因之一导致该瞬时故障：

1. 当两个 FMC 计算出无法比较的输出时，两者之间的时间有一个小差异；

2. 从接口子系统瞬时接收不同的数据，导致输出计算超过允许的差值阈值。

建议不要直接拆换计算机，可以参考 AMM 执行 FMC 故障诊断数据下载程序，将下载的数据发给 GE 客户支持中心以确定详细故障原因。并且对于加载 SRAM 失败导致空中 FMC 重启的问题，GE 调查发现此问题可能是特定件号的 SRAM 抵抗宇宙射线的能力不足导致，波音据此发布了 737NG-FTD-34-18004；并在 FTD 中明确，确定是否为该原因的唯一方法是项目 1 所提及的下载故障诊断数据提供给 GE 分析。

四、工程措施

1. 根据 GE 的 SIL-34-49R6 编写维护提示，以提供对于 FMC 瞬时故障的排故指引和具体要求，以积累更多的经验，减少部件的误拆换率。

2. 反馈波音是否可以结合 GE 的 SIL-34-49R6，修订 FIM，增加相关排故指引项目。

五、参考报告

《B737-34-20210419 R0 武汉进近阶段右 FMC 重启工程调查》。

类别八　下降阶段起落架构型警告

一、故障现象

某架 737-800 型客机在下降过程中，起落架手柄在 OFF 位，起落架在收上位，襟翼在收上位，起落架警告响三个红灯亮，机组推油门后故障消失；进近阶段，副驾 PFD 上 RA 故障旗间歇性出现，落地后地面测试 PSEU、左右无线电高度表收发机 BITE 自检正常，无故障历史。航后更换了右侧 LRRA 收发机，后续航段正常。

二、风险等级

一般风险

三、原因分析

通过对 QAR 数据译码发现 2 号无线电高度表高度短时间跳变到 170 ft 左右，持续时间 32 s，起落架未放下，且无线电高度低于 800 ft，满足了触发红色起落架位置灯点亮和出现起落架构型声响警告条件。并且 QAR 译码发现右侧收发机多次出现故障报警，并且在空中瞬时出现 RA 故障旗。在 DFCS 故障记录中有 22-11052 的代码，所以本次故障源明显指向于第二部无线电高度表收发机。

四、工程措施

1. 利用 NG 数据中心对 RA 系统的监控模块，出现 RA 系统相关故障时，排故时进行该航段 QAR 数据译码，可以有助于隔离故障部件，避免出现误换部件。

2. 波音发布 737NG-FTD-34-15002 建议检查天线同轴电缆，可在重复发生该类故障的飞机上进行验证检查，以确认该文件是否有效，是否有必要采取进一步的工程措施。

五、参考报告

《B737NG-34-20210420 R0 飞机降落阶段起落架构型警告工程调查》。

第十五节　ATA36 引气系统

类别一　引气系统跳开

一、故障现象

某架 737-800 型客机在武汉起飞滑跑阶段速度约 40 海里时，飞机主警告灯亮，右发引气跳开灯亮，机组中断起飞，脱离跑道后按检查单复位成功，与机务、签派沟通后，重新进跑道，正常起飞。

二、风险等级

较大风险

三、原因分析

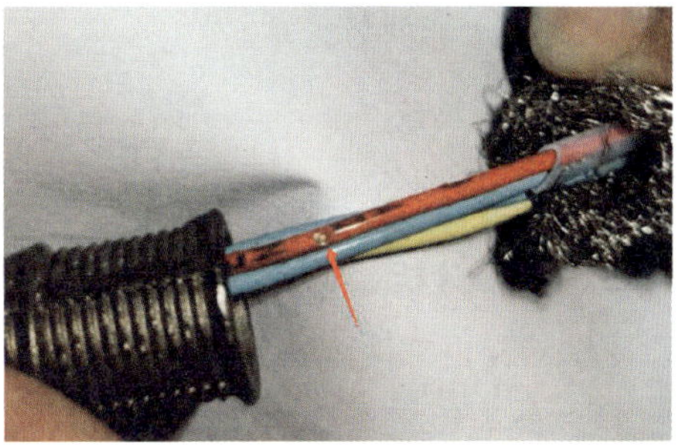

在以下情况下，发动机引气会关断，同时引气跳开灯点亮：

1. 490 华氏度过热电门作动；
2. 引气调节器内部 220PSI 超压电门作动；
3. 线路故障。

QAR 数据显示，出现故障时候右发管道引气压力上升至 76PSI 后逐渐下降至 3PSI，引气温度在 217 华氏度左右。可以判断其不是因为超温导致引气跳开，可能的故障源为：引气调节器（BAR）里内部 220PSI 超压电门错误吸合或线路故障。

通过引气健康检查时发现高压级活门不能完全关闭，其有间隙，更换高压级活门，预防性更换了右发引气调节器（BAR）和 PRSOV。但是在次日航班故障再现。QAR 译码发现，右发引气压力突然降低压力低到 6PSI，引气温度在 350 华氏度左右，可以判断其不是因为真实的超温/超压导致。其可能的故障源是：BAR 故障或线路故障。

使用兆欧表测量之前拆下的旧线束 MW0311，DP1102 10 钉对壳体之间的阻值 500 兆欧，后来晃动线束发现阻值跳变，最后稳定在接近 0 欧姆，此时使用万用表测量阻值 20 兆欧左右，使用摇表测量其他钉对地绝缘性无穷大。分解后发现 MW0311 线束（325-029-908-0）内插头或导线有磨损（如图 1 所示），导致插钉或导线间歇性接地，造成引气跳开。在不分解线束的情况下，线路检查和测量很难发现缺陷。

四、工程措施

对于发动机引气间隙性跳开的故障，排故时参考 QAR 数据，结合引气健康检查，对故障部件进行判断。如果判断故障是线路问题，且不能确定故障点，优先隔离发动机线束 MW0311；

五、参考报告

1.《B737-36-P-20210418 R1 右发引气跳开灯亮工程调查》；
2.《B737-36-20200801 左发引气跳开调查报告》。

第十六节　ATA38 水和废水

类别一　洗手间漏水

一、故障现象

某架 737-800 型客机航前左后厕所马桶漏水，最后 5 排地毯浸湿，后货舱地板有水迹，门框有滴水。检查后货舱漏水壁板，完成相关区域清洁。检查烟雾探测器，货舱灯光，ECU 控制盒，高频天线，FDR 测试正常。检查漏水点为冲水活门（通电增压后正常不漏水），更换冲水活门后正常。

二、风险等级

低风险

三、原因分析

冲水活门内部两个部件之间有一个弹簧（竖直安装），在无压力作用下会抵住内部活塞密封。在飞机通电时，水箱有增压活门，内部活塞因气压作用压紧而无漏水，但飞机断电后水箱缓慢释压，因此漏水都发生在航前飞机未通电时。当活门内部弹簧或封严被异物卡住，密封不严导致漏水。贵州执管机队近期连续发生漏水事件，可能由于贵阳地处喀斯特地貌的特殊地理环境，水质硬度较高，易形成水垢导致。

Collins 为了增加提升阀门的耐磨性，将其材料从聚塑料换成 PEEK 材料。

四、工程措施

1. 航材部门在后期订购生产日期在 2018 年 7 月份以后生产的冲水活门。

2. 对于较早构型飞机的冲水活门，以 24000FH 为间隔拆下送车间清洁。

五、参考报告

《737NG-38-20200507 R0 厕所漏水工程调查》。

第十七节　ATA52 门

类别一　客舱门警告灯亮

一、故障现象

某 737-800 型客机沈阳 24 号跑道起飞滑跑过程中，地速约 40 节时，左前客舱门灯亮导致主警告灯亮，机组执行中断起飞，考虑到低速，未使用减速板和反推。脱离跑道后，与客舱核实情况，评估刹车冷却以及机载剩油后，决定重新排队起飞，第二次起飞正常。

二、风险等级

较大风险

三、原因分析

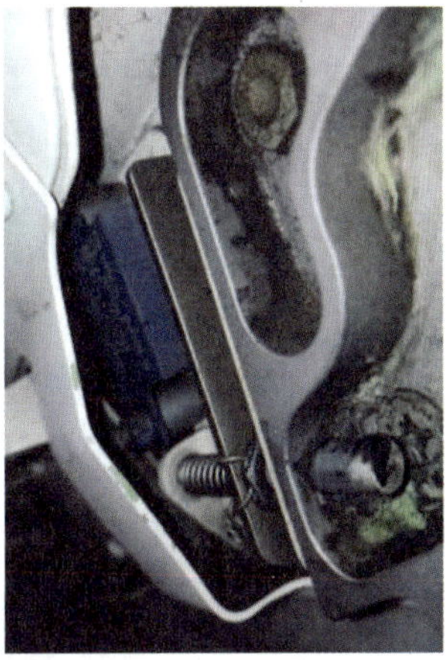

客舱门警灯亮，有下列几种原因：（1）门警告指示系统存在故障。（2）门位置变形，飞机在运动时，客舱门也会偶尔运动，导致警告灯亮。（3）门没有关闭到位，飞机在运动时，传感器的标靶振动，导致警告灯亮。

统计显示：门警告指示系统可靠性很高，很少因该原因导致 OI 事件。实际维护数据显示：门位置变形是门警告灯亮的主要原因。

B737NG 客舱门长时间使用后，在重力下会产生整体倾斜。它使本来正确的调节变成不正确，这时止动钉和止动垫之间间隙产生改变，或者某个锁滚轮会提前到底，对锁机构产生止挡，锁机构仅仅靠摩擦力锁定，而不是过中心锁定。

当客舱内部气压大于外部气压时，客舱门就在该压差下整体向外微小运动或者门局部向外产生变形运动。或当客舱内部气压小于外部气压时，客舱门就在该压差下整体向内微小运动。这些微小运动会使摩擦力消失，锁机构因没有锁定而产生微小运动，导致门警告灯点亮。

针对此类故障，大韩航空公司在 2016 年建立了一套舱门大修和校装的维护计划。所有的舱门在每个 2C 时检查。只有前登机门（L1 门）经过 10 年的使用后才进行大修，大修每隔 6 年进行一次。大修程序是在大修时将门拆下后进行，并检查内外磨损部分，特别是轴承、密封、铰链臂和导板。由于轴承磨损过度会更换导轨盘。

四、工程措施

1. 1C 前后登机门检查任务，因前后勤务门使用频率低一些，建议把前后勤务门的检查任务延长到 3C。

2. 对 10 年以上的飞机，3C 间隔做一次前登机门的完整检查与调节。

五、参考报告

《B737NG-52-P-20210509 R5 客舱门门警灯亮工程调查》。

类别二　前登机门卡阻

一、故障现象

某架 737-800 型客机深圳短停时前登机门无法正常打开，检查发现导向臂径向连杆连接销上的螺钉断裂，飞机停场排故。后续更换导向臂连杆销和螺钉，恢复正常。

二、风险等级

一般风险

三、原因分析

正常情况下，固定销和紧固螺钉之间有防松脱 Loctite 222MS 化合物，保证紧固螺钉不会从固定销内松脱，水平方向的剪切力由固定销承载，紧固螺钉不承受剪切力。当前登机门使用一段时间后，因登机门的重力原因，或因部件之间磨损原因，门扭力管和机身扭力管偏离同一个平面，上下四边形因此承受扭转，上铰链臂处四边形的上下径向连杆开始承受上下方向的扭转力。在这个扭转力作用下，固定销和紧固螺钉有上下方向的力使之松动。

紧固螺钉松动后，固定销有上下方向的活动间隙，螺钉也因此开始承受剪切力，该剪切力首先对四边形中最薄弱的部分造成破坏，该处能承受的剪切力最小，最终该剪切力把螺钉剪断，径向连杆分开。

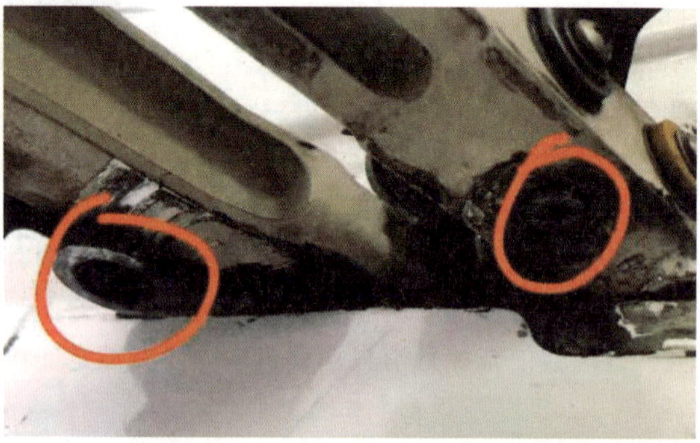

四、工程措施

将螺钉更换任务更改为螺钉检查任务（螺钉涂上标记，目视检查螺钉是否松动，如果松动，更换螺钉），执行间隔更改为 1A。

五、参考报告

《B737NG-52-20201121 前登机门卡阻工程调查》。

类别三　空调舱门锁扣断裂

一、故障现象

某公司 737-800 型客机在广州短停，机务绕机时发现左侧空调舱接近门上 2 个锁扣断裂、2 个有裂纹，右侧空调舱接近门上 2 个锁扣有裂纹，飞机停场排故。

二、风险等级

一般风险

三、原因分析

舱门的重量通过舱门铰链和舱门锁扣支撑。在闭合锁扣时，锁扣将力传导到锁扣支架处。扣好锁扣后其承力点为以下几处。如果锁扣压紧力过大，会导致施加在顶块的反作用力过大，其传导到锁扣支架处。频繁的开关以及长期受震动和载荷的作用，锁扣支架处容易产生裂纹，严重时导致断裂。

在更换锁扣后，AMM 中有关于空调舱门间隙及平整度的要求。如果更换后调节不到位，使锁扣压紧力过大，会导致锁扣支架处长期受到应力，随着时间推移，导致疲劳断裂。

并且在更换热交换器等工作时，会拆掉与空调舱门相接近的盖板 192BL，192BR。如果先安装 192BL/192BR，后续再关闭空调舱接近门时会干涉，先扣上的锁扣会受到过大的应力，随着时间推移，导致疲劳断裂。在 AMM 中，关于 192BL、192CL、192CR、192BR 盖板的安装有明确的先后顺序。

四、工程措施

1. 针对 192BL、192CL、192CR、192BR 盖板安装顺序下发维护提示，提醒工作者在做更换热交换器等工作时，注意空调舱门的恢复顺序，防止出现空调舱门锁扣受力过大。

2. 日常维护中，如果开关空调舱门，应注意检查，及时发现锁扣缺陷并处理。更换锁扣后，需要严格按照 AMM 进行调节。

五、参考报告

《B737-52-G-20210310 R0 空调舱门锁扣断裂工程调查》。

类别四　后货舱门门锁机构罩壳磨损

一、故障现象

飞机执行 A140 检时，检查发现后货舱门门锁机构手柄罩壳磨损严重，订件进行更换，蒙皮轻微磨损，未超标。检查发现此损伤是由于货舱门手柄上的尼龙保护栓缺失造成，进一步检查发现前货舱门手柄上的尼龙保护栓也缺失，造成门锁机构罩壳轻微磨损。

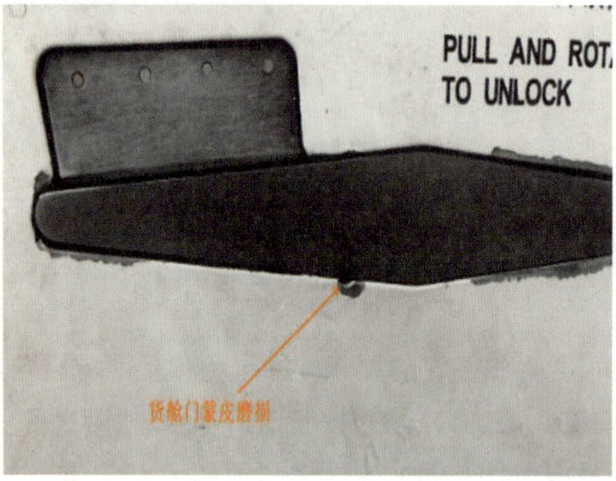

图 1

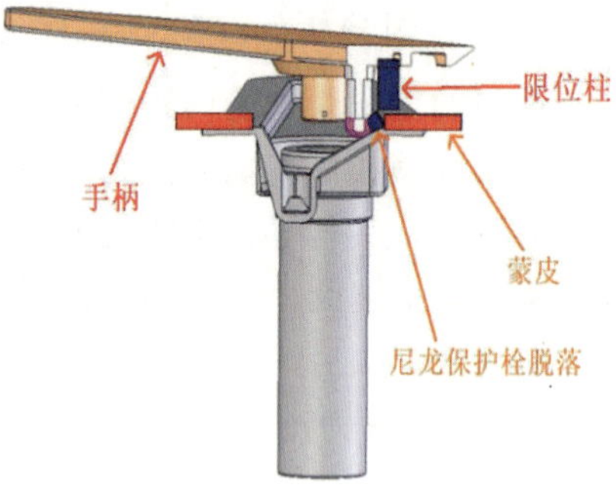

图 2

二、风险等级

低风险

三、原因分析

在打开或关闭货舱门时，手柄拉出如果未到位就进行旋转，会导致手柄上的尼龙保护栓与蒙皮干涉，在剪切载荷作用下，导致保护栓断裂。

手柄在拉出位通过弹簧作用回复到正常锁定凹陷位的作动过程中，由于手柄上的尼龙保护栓脱落，剩余的金属限位柱接触到机身蒙皮表面和手柄机构罩壳，导致机身蒙皮和货舱门手柄机构罩壳受损。尼龙保护栓在位和缺失图片如图 3 所示。

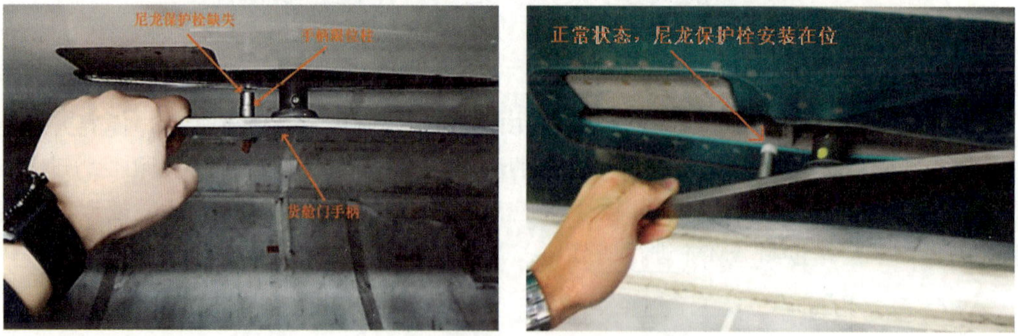

图 3

波音公司于 2009 年 8 月 13 日发布了 737-SL-52-048 服务函，介绍了新的货舱门手柄机构，以替代目前正在使用的手柄机构，并建议运营商使用上述供应商的 SL 和 SB。新的设计构型在线号 3170 之后的飞机上投入使用。

四、工程措施

1. 设计一个货舱门手柄机构尼龙保护栓更换的 DMDOR 方案，可使用弹性橡胶材料制作新的保护栓，使用硅胶粘接在限位柱上，提高此部件的可靠性。

2. 在货舱门外表面手柄附近蒙皮处喷涂警示标识，"手柄完全拉出后再转至开锁位"及"手柄转至锁定位后再放回"。

3. 新增 MRS 任务，每个双 A 检一般目视检查货舱门手柄机构，检查此保护栓是否在位，检查确认手柄罩壳无过量的磨损，以免手柄罩壳磨穿而造成飞机意外停场。

五、参考报告

《B737-52-20210226 飞机后货舱门门锁机构罩壳磨损故障》。

第十八节　ATA53 机身

类别一　机身下部蒙皮鼓包

一、故障现象

某 737NG 飞机在广州进行航后检查时，发现后货舱门下部蒙皮有鼓包迹象，需停场修理。

二、风险等级

较大风险

三、原因分析

蒙皮鼓包是由于长桁和蒙皮之间发生腐蚀，腐蚀产物引起形变，最终导致蒙皮鼓包。腐蚀发生的原因有两点：

1. 腐蚀区域仅在长桁侧边有密封胶且封胶破损，长桁和蒙皮接合面处无密封胶，之前涂密封胶时施工不到位（组装时长桁和蒙皮之间应采取湿安装，在贴合面处涂密封胶并挤出）。

2. 鼓包附近区域污渍较多，从货舱底部蒙皮和隔热棉的状态判断有液体渗入。货舱舱底整体清洁状态不好，污渍较多，部分隔热棉有水渍，污染物和液体渗入是发生腐蚀的外部因素。

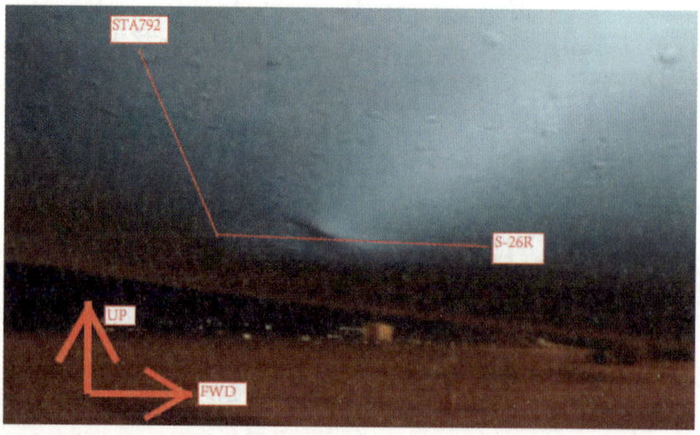

四、工程措施

1. 发现货舱有疑似液体渗漏时，应及时对货舱舱底区域进行全面检查，对被渗漏液体污染的区域进行彻底清洁，并重涂防腐剂。

2. 当发现腐蚀需进行修理时，确保腐蚀被彻底去除，并严格按照手册要求恢复底漆、涂胶密封并重涂防腐剂。

五、参考报告

1.《关于 B-5190 飞机机身蒙皮鼓包事件的调查报告》；

2.《MT-73N5100-001 对于 737NG 飞机货舱发现液体渗漏时的维护提示》。

类别二　空调舱地面空调接口区域蒙皮腐蚀

一、故障现象

某 737NG 飞机在执行 C11（20 年）检期间，检查发现 STA540 站位地面空调接口附近蒙皮鼓包。拆除了空调分配舱设备进一步检查后，发现蒙皮腐蚀穿孔。

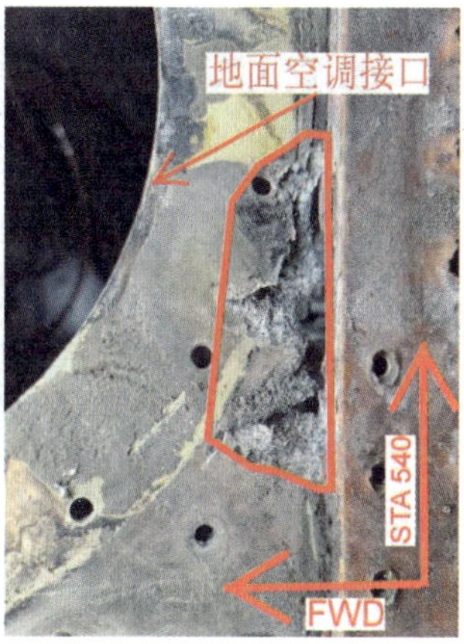

二、风险等级

较大风险

具有隐蔽性。

三、原因分析

1. 有冷凝水排放到此区域：腐蚀位置位于空调分配舱内，靠近空调分配管道，空调系统产生的冷凝水通过软管直接排放到本次发生腐蚀的蒙皮处。

2. 机腹下部排水通道畅通，但是地面空调管道的安装法兰边、垫圈和密封胶阻挡了腐蚀处的排水通道，导致此处长期有积水存在，形成了导致腐蚀产生的外部环境。

四、工程措施

如果检查发现此区域有例如鼓包、漆层剥落、灰白色粉末等迹象，应进一步检查确保没有腐蚀存在。C 检时，如发现空调舱内部隔热棉潮湿或有积水等，应及时进行清理和干燥。

五、参考报告

1.《关于 B-2694 飞机 STA540 处地面空调接口周围蒙皮腐蚀的工程调查报告》；

2. 维护提示《MT-CZ-7NG-21-00001 检查-机身站位 STA 540 地面空调接口周围蒙皮》。

类别三　货舱下部门槛腹板腐蚀

一、故障现象

某航司发生多起货舱防磨板因损伤超标，在对损坏的防磨板进行更换时，发现下部门槛腹板腐蚀，造成飞机 AOG 停场排故的事件。

二、风险等级

低风险

三、原因分析

1. 日常运行因素。日常运行中，货舱需要频繁装卸货物，尤其是运送液体如海鲜类货物过程中发生泼洒、渗漏等情形，容易导致液体在货舱门槛缝隙处存留。

2. 人为原因。在维护过程中，在涉及对门槛防磨板进行拆装的维护工作时，防腐措施执行不到位。

四、工程措施

1. 737NG 机队新增一项 MRS 任务，每 4 年打开防磨板对门槛腹板进行目视检查。

2. 为保证防腐措施执行到位，在进行防磨板的拆装时，应严格按照 AMM 53-11-02 的要求执行。

3. 维修单位提前储备货舱门槛腹板备件。

五、参考报告

《关于 737NG 机队前货舱和后货舱下部门槛腹板腐蚀问题的工程调查报告》

类别四　机腹排水口区域蒙皮腐蚀

一、故障现象

737NG 飞机机腹排水口周围容易发生腐蚀，某航司发生多起在航线发现腐蚀造成航班延误的事件。C 检时，此区域也经常发现腐蚀，此故障在 737NG 机队较为普遍。

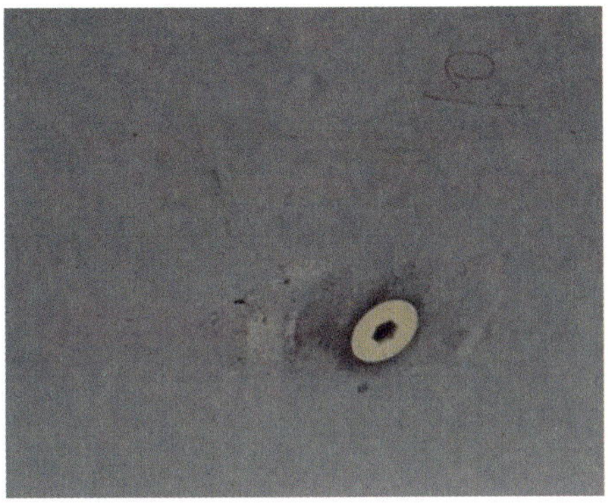

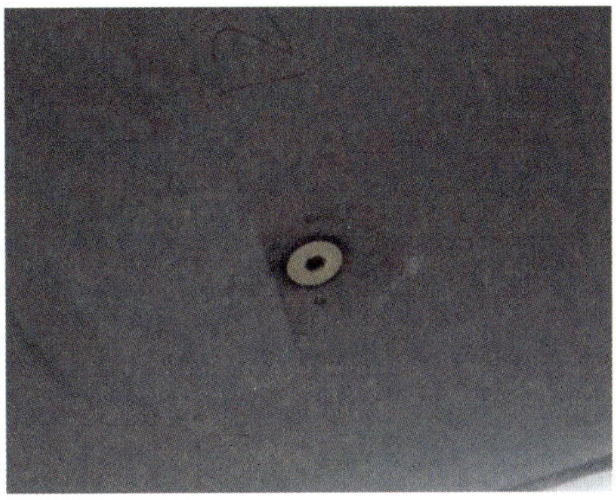

二、风险等级

低风险

三、原因分析

1. 喷漆间隔过长，此区域的漆层状况在退化后，失去了对覆盖金属的保护作用。

2. 在机腹区域，尤其是排水口区域和蒙皮对接区域，容易聚集腐蚀性液体，当外表防护漆层破损时，铝合金蒙皮直接接触腐蚀性液体，发生了电化学腐蚀。

3. 工作者在处理旧的腐蚀时，去除腐蚀不彻底，去除腐蚀后在恢复底漆和面漆时，施工质量较差。

四、工程措施

1. 增加 MRS 任务，每次 C 检对排水口周围蒙皮进行检查，对破坏的漆层进行恢复。

2. 机队采用性能更优、耐久性更好的 BCCC 喷漆取代原来的高固态喷漆。

3. 各单位根据所执管飞机状况，灵活调整飞机的清洗计划，避免机身对接处和排水口周围污物和微生物沉积。

4. 修理时应确保腐蚀被彻底去除，并严格按手册要求恢复底漆和面漆，维修单位应对施工质量进行把关。

五、参考报告

1.《关于 737NG/B-5609 飞机机身下部外蒙皮腐蚀的工程调查报告》；

2.《B-6067 飞机机身下部排水口处外蒙皮腐蚀的调查报告》。

类别五　机身蒙皮 STA1016 对接带处腐蚀

一、故障现象

多架 B737NG 飞机 STA1016 机身蒙皮对接带处腐蚀以及后部尾部非增压舱接近门（311BL）腐蚀超标，有些飞机在航后检查时发现，引起临时停场修理。

二、风险等级

较大风险

三、原因分析

737NG 飞机真空泵机外排气口排出的污物如得不到及时清洁，容易在机身蒙皮 STA1016 对接带堆积（长桁 S-21L 至 S-23L 处），时间一长，将造成对接带的蒙皮腐蚀以及后部尾部非增压舱接近门（311BL）腐蚀。波音维护信函 SL-737--38- 032-F 讨论了件号为 606800-2 的真空泵与件号为 645172-2 或-1 的真空泵的可靠性以及整个系统污水管路清洁的问题。虽然波音没有直接提及排气口、STA1016 机身蒙皮和尾舱检修门 311BL 腐蚀问题，但工程师通过现场调查的情况以及波音增加污水箱排气管路的清洁步骤分析，认为腐蚀问题应是真空泵机外排气口排出的污物堆积导致。

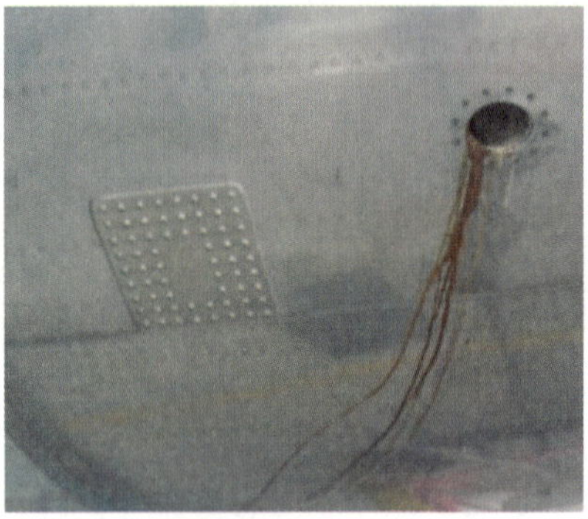

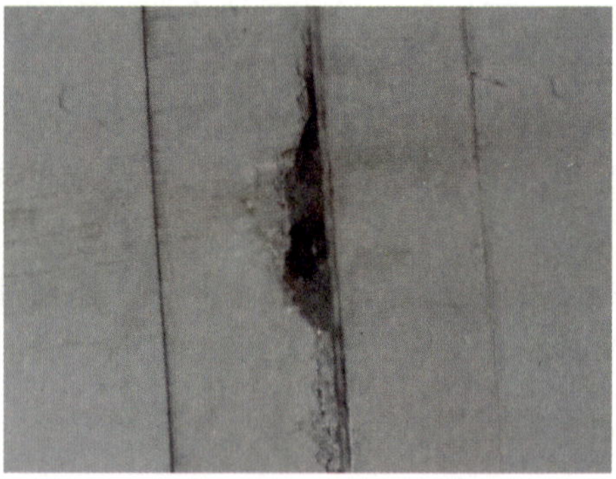

四、工程措施

1. 缩短更换废水箱水分离器的维修间隔到 3000 FH。

2. 新增周检任务，清洁废水真空泵排气口周围及后部区域。如发现有污物痕迹，报告当地工程技术办公室处理。

五、参考报告

1.《缩短 737NG 污水箱固液分离器更换间隔的调查报告》；

2.《737NG 污水真空泵排气口周围腐蚀的问题》。

类别六　737-800 尾撬底部蒙皮腐蚀

一、故障现象

3 架 B737-800 飞机先后执行航线检查时发现尾撬底部蒙皮腐蚀，拆开尾撬整流罩和加强板后，发现机身蒙皮已腐蚀超标，临时停场进行挖补修理。

二、风险等级

低风险

三、原因分析

腐蚀超标位置一般为安装整流罩的最低点，且拆下整流罩后才能发现该处的腐蚀，腐蚀原因是雨水或水气容易从尾撬开口处进入并聚积在此处。尾撬及其整流罩位于 STA1049 至 STA1120 之间，处在机身 48 段非增压区，波音 MPD 手册只有区域检查任务，没有结构检查任务，区域检查无法发现腐蚀超标的位置。

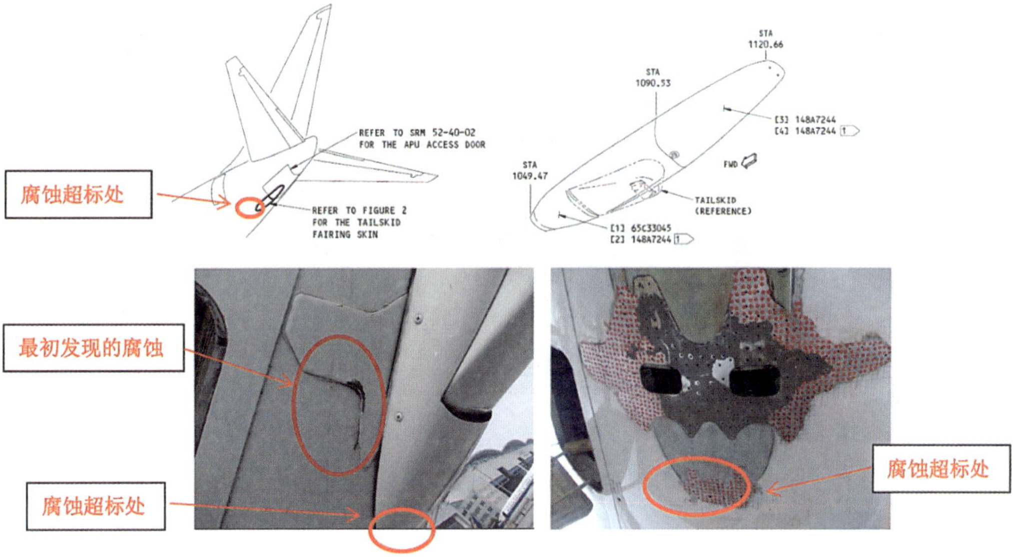

四、工程措施

新增结构检查任务，每 4 年检拆下尾撬整流罩检查下部机身蒙皮结构的腐蚀情况。

五、参考报告

《关于 B-5163 飞机尾撬腐蚀的调查报告》。

第十九节　ATA54 短舱 吊架

类别一　CFM56-7B 发动机进气整流罩前唇区域高锁钉松动损伤

一、故障现象

B737NG 客机进气整流罩前唇区域外侧高锁钉松动损伤高发，2021 年造成多架飞机 AOG 停场。统计 2008 年至 2021 年数据，发现因前唇区域高锁钉松动损伤送修的进气道共计 151 件次。

二、风险等级

低风险

三、原因分析

CFM56-7B 发动机进气道处于发动机的最前端，为铝合金材质制作而成，多在高频、高振幅、温差大等条件下工作，环境恶劣。机队运行维护中经常发现进气道前唇 Hi-Lok 紧固件松动的问题，而且随着时间的推移越来越高发。

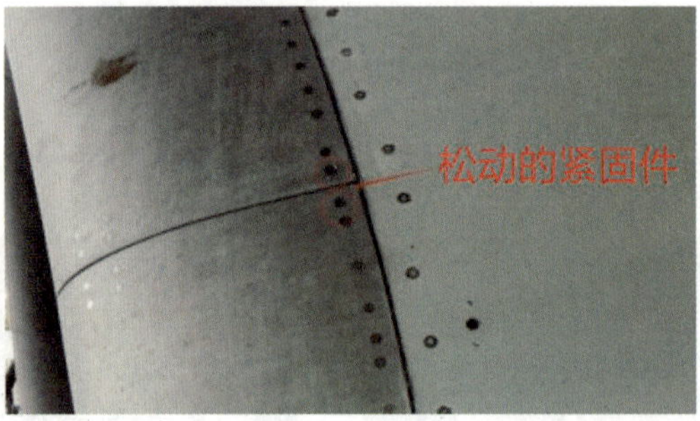

四、工程措施

1. 优化现有工卡 38710100101/38710100201（MRS71-11-001，间隔：800HRS，详细检查-进气道整流罩内表面-左/右），增加对前唇区域高锁钉区域进行重点检查。

2. 如果紧固件松动的数量和间隔等满足 SRM-700/800 54-10-01-1A-2，建议参考 SRM-700/800 54-10-01-1A-2 进行处置。

3. 如果参考 SRM-700/800 54-10-01-1A-2 进行处置，需在 5000 飞行循环或 2 年（先到为准）时限内完成永久修理，此时建议将损伤申报 Collins 寻求安装盲螺栓的永久修理方案。

4. 如松动的铆钉数量较多，建议执行 SB 737NG-71-004。

5. 已发布 MT-CZ-7NG-21-00002 和 MSL-CZ-7NG-71-210000，对发动机进气整流罩前唇区域高锁钉松动损伤的处置方法进行详细说明。

五、参考报告

《Collins SB 737NG-71-004；Collins Document Number：CV21-03083》。

类别二 CFM56-7B 发动机尾喷（性能改进型）有孔蒙皮裂纹损伤

一、故障现象

B737NG 型客机发动机尾喷（性能改进型）有孔蒙皮经常发现裂纹损伤。有孔蒙皮裂纹损伤是该型尾喷的主要损伤。

二、风险等级

低风险

三、原因分析

CFM56-7B 发动机尾喷处于发动机的最末端，长期在高温环境下工作。厂家认为是由 12 点钟位置左右侧反推接缝区域的冷空气冲击引起的，冷空气使尾喷管形成高热梯度，这会引起尾喷管有孔消音蒙皮出现裂纹或脱胶。

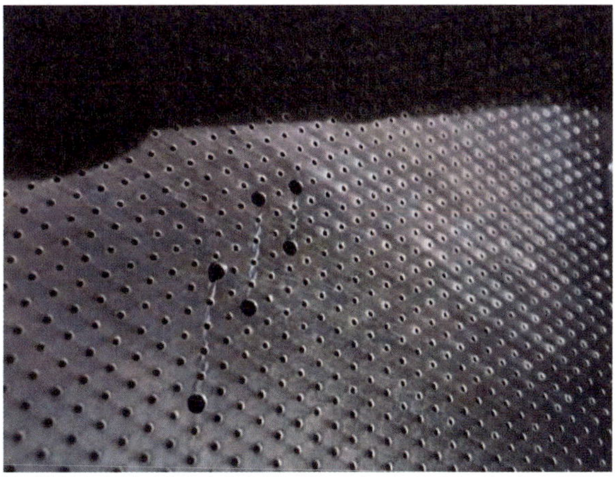

四、工程措施

1. 如裂纹满足手册要求，建议按照 SRM-700/800 54-40-02-1A-3 或 SRM-700/800 54-40-02-1A-4 进行处置。

2. 已与波音确认在焊接修理后，出现新的裂纹仍可按照 SRM-700/800 54-40-02-1A-3 或 SRM-700/800 54-40-02-1A-4 进行处置。

3. 已下发 MT-73N5440-001 对 B737NG 飞机发动机尾喷有孔蒙皮裂纹损伤的处置方法进行详细说明。

五、参考报告

1.《SRM-700/800 54-40-02-1A-3》；

2.《SRM-700/800 54-40-02-1A-4》。

第二十节　ATA56 窗

类别一　风挡故障

一、故障现象

2021 年，B737NG 飞机发生多起风挡加温和风挡破裂故障，检查风挡有电弧烧蚀痕迹。典型故障如下：

2021 年 2 月，飞机阿克苏滑出后，右 2 号风挡破裂，飞机待件排故；

2021 年 4 月，飞机航后检查发现左 2 风挡右上角有电弧，更换风挡。

二、风险等级

重大风险

三、原因分析

根据风挡玻璃破裂原因分类，可以分成两类：A、不明原因破裂。B、水汽侵入或电弧原因破裂。

1. 不明原因破裂的特征

生产过程中的导电涂层铺设质量，以及长时间玻璃形变导致的导电涂层分离、断裂、分层等各种状况，这些状况会改变加温涂层的电阻分布，使风挡玻璃加温不均匀，局部温度会变得很高，该处的热应力变大，如果热应力超出风挡玻璃的承受范围，玻璃就会出现裂纹。可能是生产厂家的生产工艺出现问题导致。

2. 水汽侵入或电弧原因破裂的特征

风挡玻璃破裂可以找到具体原因，例如水汽侵入或电弧烧蚀的痕迹。电弧产生局部高温，该区域热应力突然增大，当热应力超出风挡玻璃的承受范围时，玻璃就出现裂纹。其演变有如下几个步骤：

封严退化（风蚀、雨蚀、封严分层）→水汽入侵→聚酯层退化→更多的水汽入侵→导电层退化（从铺设层剥离、龟裂）→电弧产生→玻璃破裂。

从风挡玻璃破裂步骤可以看出，要想提高风挡玻璃的可靠性，需要在第一步进行干涉，也就是发现水汽封严褪化，应及时修复水汽封严。如果已经出现水汽侵入，风挡玻璃的使用时间将急剧缩短，需要在方便的时候预防性更换该风挡玻璃。如果已经出现黑点（电弧产生的痕迹），风挡玻璃局部高温出现，该玻璃随时可能出现裂纹，需要立即更换。

四、工程措施

1. 针对水汽侵入或电弧原因类玻璃破裂，建议把水汽封严的检查变成 MRS 任务，间隔 2A 检执行；

2. B 类以上授权人员需要玻璃缺陷检查的专项培训；
3. 对于北方机场冬季寒冷天气玻璃封胶固化时间问题，采购加温垫。

五、参考报告

1.《B737-56-20210625 驾驶舱风挡故障工程调查》；
2.《B737-56-20200107 风挡玻璃裂纹工程调查》。

第二十一节　ATA57 大翼

类别一　后缘襟翼 7 号整流罩连接支架裂纹

一、故障现象

某架 B737-800 型客机在执行 A 检时发现 7 号襟翼滑架整流罩的一个连接结构件裂纹。更换 7 号整流罩连接支架，测试正常。

二、风险等级

较大风险

三、原因分析

该连杆组件为铝合金材料，断裂处相对比较薄，如果连杆之间有间隙容易导致高频震动、应力集中。此处还打有 4 个 HI-LOCK 铆钉，如果铆钉孔未打好，很容易引起疲劳裂纹。

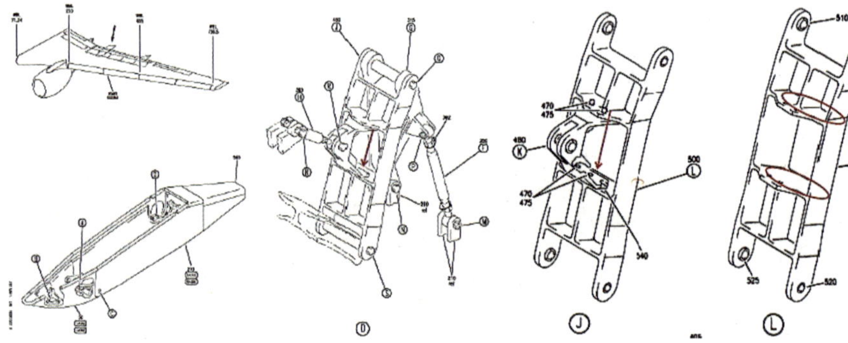

四、工程措施

1. MRSZ57-543-001，外部-区域（一般目视检查）：整流罩襟翼 2 号支架-左大翼外部区域一般目视检查。间隔：6600 CYC OR 36 MOS 先到为准。

2. MRSZ57-543-002，内部区域一般目视检查整流罩襟翼 2 号支架-左大翼。(EZAP)，间隔：6600 CYC OR 36 MOS 先到为准。

3. MRS Z57-643-001，外部区域一般目视检查整流襟翼支架 7 号-右大翼。间隔：6600 CYC OR 36 MOS 先到为准。

4. MRS Z57-643-002，内部区域一般目视检查整流襟翼支架 7 号-右大翼。(EZAP) 间隔：6600 CYC OR 36 MOS，先到为准。

5. MRS 27-51-504，一般目视检查 2 号、7 号整流罩连接支架，确保没有裂纹。间隔：800 FH（为上次普查后新增的任务）。

五、参考报告

《B737-57-M-20210615 后缘襟翼 7 号整流罩连接支架裂纹调查报告》。

类别二　大翼前缘缝翼作动筒支架底座/前梁/蒙皮裂纹

一、故障现象

某飞机执行 C11 检，检查大翼前缘下部区域时，发现#3、#4、#5、#6、#7 缝翼下表面蒙皮在缝翼中部作动筒支架安装紧固件处均存在裂纹。

二、风险等级

较大风险

三、原因分析

裂纹是在长期疲劳作用下，由于应力集中产生的。裂纹发展过程如下：蒙皮紧固件孔处磨损→紧固件孔裂纹→前梁紧固件孔处磨损/裂纹→作动筒支架磨损/裂纹。在裂纹发生的早期，是紧固件孔的磨损，此种损伤在航线绕机检查时是很难发现和确认损伤的，只有在定检中，对紧固件孔进行详细检查才能发现。

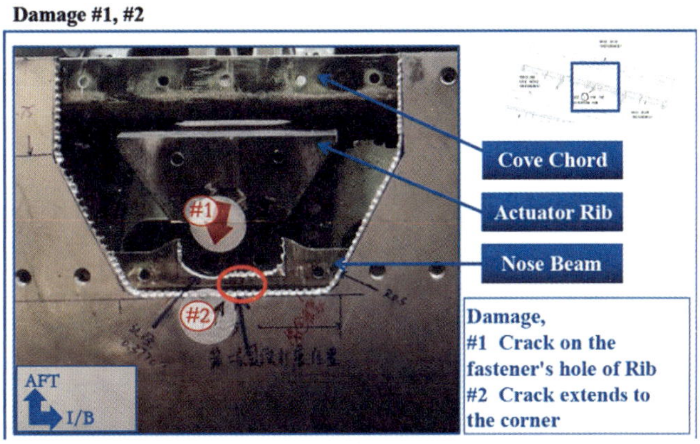

对于引起裂纹的根本原因，目前还在调查分析，后续会修订 SRM 手册，扩大对此裂纹损伤评估包含范围。波音建议：严格按照维修计划进行检查，运行中检查出现蒙皮裂纹的情况，按照手册要求进行评估和修理执行，避免因请求厂家评估而耽误运行时间。

厂家目前没有针对此位置裂纹损伤的改装计划。

四、工程措施

1. 工程方面：下发维护提示，提示在 C 检中对这些区域特别注意检查，争取在裂纹较小的时候发现，裂纹越小，修理越简单；并持续跟进波音的改进措施。

2. 生产方面：建议在定检时，提前安排这类检查，及早发现，及早修理。

3. 航材方面：建议根据修理数据，适当增加修理材料、更换部件以及相关紧固件的储备。

五、参考报告

《B737-57-20220106 B737NG 前缘缝翼作动筒支架底座/前梁/蒙皮裂纹工程调查》。

类别三　大翼前缘下表面接近盖板裂纹

一、故障现象

某航连续发现 3 架 737NG 飞机共 4 块大翼前缘接近盖板有裂纹，需更换；4 月 3 日，发现另 1 架飞机大翼前缘 521ZB 盖板螺钉孔处有贯穿性裂纹，不能放行。

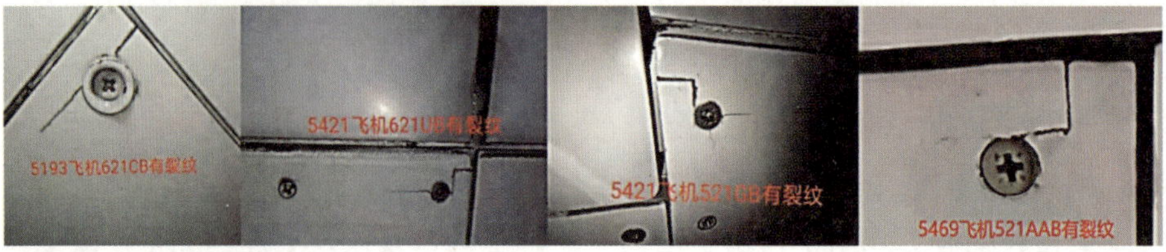

二、风险等级

一般风险

三、原因分析

大翼受到的弯矩/扭矩会通过紧固件传到表面蒙皮盖板上，还有运行中的气动力作用，导致在盖板最薄弱位置最先出现纤维层的分层现象，以及金属条接缝处脱胶，最初观察到的现象就是金属条接缝处油漆开裂。出现盖板裂纹损伤的飞机都运行超过 12 年，这表明是长期受疲劳应力产生的裂纹。

从最开始盖板金属条脱胶，到盖板风蚀、分层，如果没有及时进行修理，复合材料实心板会一步步受雨水侵蚀，最终失去基本结构强度而导致裂纹产生。

四、工程措施

1. 针对防风蚀条脱胶，结构管理部已经联系波音，申请了全机队的临时修理方案和放行偏离：允许用双层金属胶带做临时修理后，每日检查金属胶带状况，飞行 50 飞行循环，之后完成永久性修理。针对 B-5421 飞机盖板紧固件孔的贯穿性裂纹，结构管理部也积极联系了波音，申请到了临时修理方案和放行偏离。结构管理部已经下发维护提示 MSL 737-57-03R1，将这两类损伤的临时修理方案和放行偏离告知维护人员，避免以后因为此类故障影响运行航线运行。

2. 鉴于目前机型维修方案中没有针对大翼前缘下表面盖板的专项检查任务，决定针对机龄 10 年以上的飞机，在 C 检中增加对此区域盖板的专项检查，确保将损伤暴露在 C 检中，以便有充分的时间对损伤进行修理。

3. 此类明显不影响飞行安全的缺陷发生时，建议技术支援工程师第一时间联系厂家，获取临时修理方案或者放行偏离，最大限度地保障飞机的运行时效性。

4. 由于盖板的防风蚀条脱胶和紧固件孔裂纹不会对飞行安全造成影响，因此，不建议在没有任何维修预案的前提下，在航线或者 A 中对这些盖板进行大面积普查工作，避免维修资源浪费的同时，也避免对机队运行带来不必要的影响。

五、参考报告

《B737-57-20210402 B737NG 大翼前缘下表面接近盖板裂纹工程调查》。

类别四　固定后缘偏转控制肋连接孔磨损

一、故障现象

某 737NG 飞机在执行 A80 检时，发现左大翼后缘襟翼偏转控制肋连接孔磨损超标，需要按照 SRM 手册进行修理。由于当地没有结构修理能力，向波音申请调机回基地完成修理。

另一架 737NG 飞机在执行 A84 检时，发现右大翼后缘襟翼偏转控制肋连接孔磨损超标，需要进行修理。由于当地没有结构修理能力，MCC 派郑州前往支援完成修理。

二、风险等级

一般风险

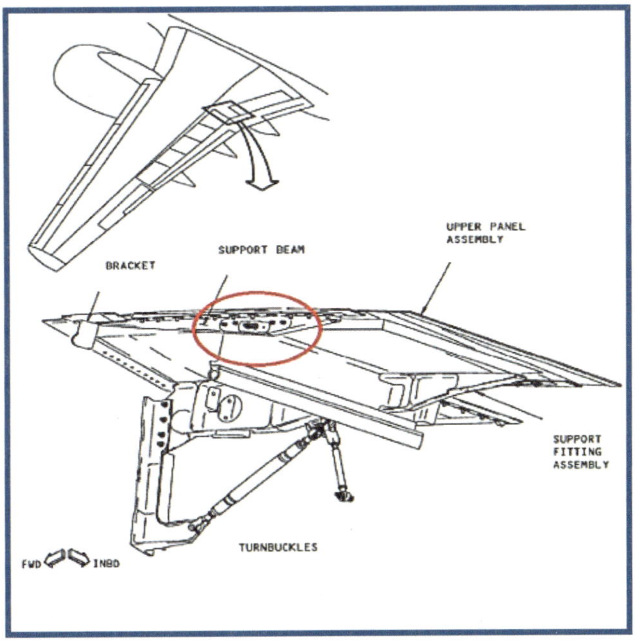

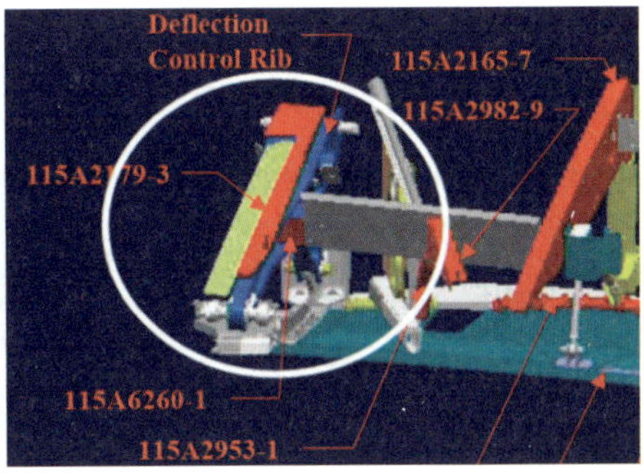

三、原因分析

飞机在正常飞行过程中，大翼后缘固定盖板受到空气动力载荷的影响，会产生震颤。

与盖板相连的上支撑梁和偏转控制肋会产生相对的轻微位移，从而导致紧固件与紧固件孔发生磨损。长时间的磨损，导致偏转控制肋在紧固件孔附近的材料缺失，紧固件孔拉长，材料厚度变薄。

四、工程措施

1. 提前针对 SRM 手册中的修理件进行备件。
2. 每个 C 检增加专项 MRS 检查任务。

五、参考报告

《B737-57-20200727 固定后缘偏转控制肋连接孔磨损工程调查》。

第六章

B777 机队医典

第一节　ATA21 空调系统

类别一　机组休息室通风活门故障

一、故障现象

某航 B777 飞机推出后出现“SOV REST UPR FWD”（上部机组休息区前关断活门失效）EICAS 状态信息，拖回办理 MEL21-29-06A C 类保留。航后更换机组休息室供气活门和排气活门，测试正常。

两活门件号相同：P/N：4063-20605-01；序号 14112918（供气），TSN/TSR 为 7099FH/5068FH；序号 14113002（排气），原装机件，TSN 为 18064FH。

二、风险等级

一般风险

三、原因分析

每个活门内有 4 个电门，其中 2 个是指示电门，另外 2 个是马达控制电门，指示电门是镀金触点，控制电门是镀银触点。本次，排气活门为 NFF，供气活门有故障，其关闭位指示电门在接通状态的阻值严重超标，达到 53.3 Ω，指示电门触点电阻超标是导致此故障的根本原因。另根据厂家工程师经验，位置电门在安装时对其凸轮的相对距离尺寸有严格的校装要求，如果安装不到位，会存在触点弹跳、电弧、火花等，增加触点磨损的风险。

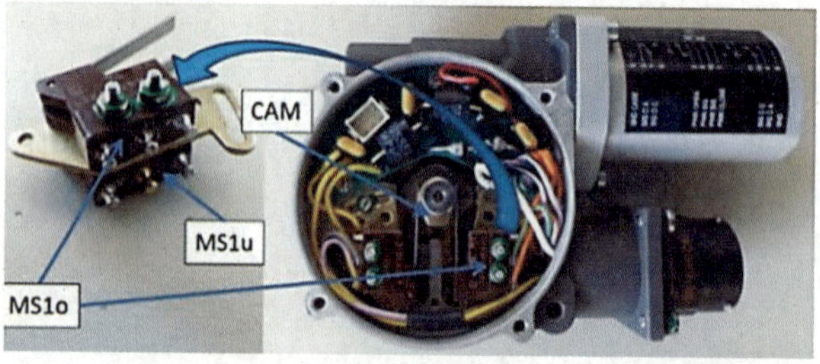

波音 2017 年发布 777-FTD-21-16001，认为在活门马达 CMM21-23-31 的组装步骤中，用硅基润滑脂润滑封圈，会导致油脂污染电门，使得电门接触不良。厂家在 2017 年 7 月修订了 CMM 手册，增加了对封圈润滑步骤的限制，同时增加了电门预测试步骤。

四、工程措施

结合送修更换 2 个指示电门，不会明显增加维修成本，但可以提高该活门可靠性。

五、参考报告

《B777-21-20200122 机组休息室通气活门故障调查》。

类别二　下再循环风扇故障

一、故障现象

某航一架 B777 货机执行航班，在机场停机坪推出滑行时，机组通过高频通讯反映货舱出现火警警告信息，随即按机组操作手册释放灭火瓶，同时通知当地机场消防队采取紧急措施，进行灭火工作。图 1 为燃烧后的再循环风扇气滤照片。

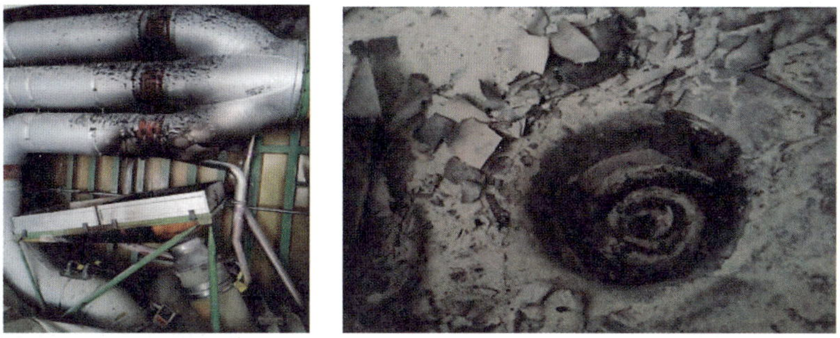

图 1

二、风险等级

重大风险

三、原因分析

此次火警故障是由于此架飞机安装了 PMA 气滤导致。型号设计气滤与 PMA 气滤差异：型号设计气滤包含外围支撑边框和内部网状支撑结构；而 PMA 气滤只有外围支撑边框，没有内部网状支撑结构。再循环风扇工作时，气滤上下表面存在压差，如果气滤污染，压差将进一步加大，缺少内部网状支撑的气滤，由于滤芯支撑强度不够，可能出现滤芯坍塌现象，导致风扇过载，出现过热或者烟雾/火警故障。

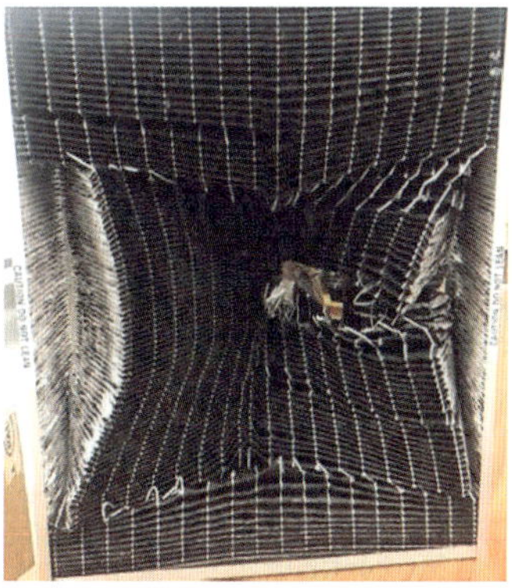

Figure 5: Example of a Collapsed Filter

图 2

四、工程措施

对于与 B777F 下再循环风扇气滤构型相似的飞机，即平板气滤且安装在再循环风扇上游，禁止使用无滤芯支撑结构的 PMA 气滤，以避免发生类似不安全事件。

五、参考报告

《B777-21--20210325 下再循环风扇故障的工程调查》。

类别三　空调风扇旁通单向活门故障

一、故障现象

某航 B777 全货机执行航班，在短停时出现左空调组件 ACM 信息，检查发现左组件风扇旁通单向活门（FBCV）的 6 个活门瓣中上面 3 个丢失、活门胶套破损、ACM 风扇叶片有一片断裂、多片材料缺损。更换 ACM、胶套和 FBCV 测试正常。

二、风险等级

较大风险

三、原因分析

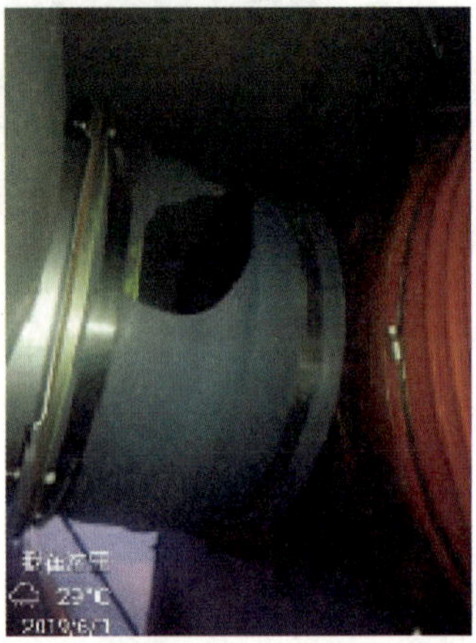

FBCV 活门瓣脱落并打伤 ACM 和管套是本次故障的原因。具体分析如下：

在有冲压气流状态下，活门瓣向排气口方向打开。上面 3 个活门瓣在不稳定气流作用下绕铰链飘摆，反复撞击其铰链上的止动块，最终使其断裂丢失，同时销孔有正常磨损。下面 3 个活门由于无摆动，没有撞击止动块，销孔基本无磨损。

失去止动块的活门瓣摆动幅度加大，加剧销孔磨损，且其前角会击打管套。销孔被磨穿后，活门瓣会连同铰链销从销孔中脱离。在有外界冲压气流时，脱离的活门瓣会直接从冲压管道出口喷出，不会伤及 ACM。

如果活门瓣在地面无外界冲压空气时脱离，会被上游 ACM 风扇气流产生的低压吸入 ACM，打伤 ACM 风扇前缘并使 ACM 叶片断裂，ACM 高速转动状态下失衡并迅速严重损坏。

四、工程措施

1. 航线已对在翼 FBCV 进行过一轮普查，发现 5 个活门有缺陷，已更换。

2. 航材已对 810205-1 和 810205-2 件号的 FBCV 禁购。

3. 建议在现有每 7500FH 结合 C 检拆下散热器时离位检查 FBCV 的基础上，增加一项每 2000FH 详细目视检查 FBCV 的任务。已新增 MRS21-52-503，3A 间隔检查 FBCV。

五、参考报告

《B777-21-20200212 空调风扇旁通单向活门故障工程调查回顾》。

类别四　空调组件故障

一、故障现象

某航 B777 全货机在安克雷奇滑出时出现右空调故障（出现“PACK R”（右组件）信息，组件电门 OFF 灯亮，机组多次复位不成功，最后一次复位后“PACK R”信息消失，机组留意到有关于上 FCSOV 的状态信息，后状态信息自动消失，“PACK R”信息重现。代办建议机组滑回。执行温控系统测试通过，信息消失，右空调工作正常。

二、风险等级

一般风险

三、原因分析

飞机滑回后，通过 MAT 检查有 21-24002 故障码，从后台的译码发现，滑出阶段，在 16:41:05 右边 FCSOV 关断，在 16:42:20 流量小于 100，在 16:44:53 机组复位成功重新打开，在 16:46:13 再次关断，后续机组不断复位，不断开关，共有 5 次复位打开，6 次自动关断。根据流量控制系统原理，可以判断右空调系统下 FCSOV 有工作。

在地面检查排故过程中，工作者发现右侧空调组件的 AMC 排气风扇后的扩压器破裂。之后的排故行动包括：按 FIM 指引更换右空调系统的 CTC、更换右系统的上组件流量控制关断活门和右空调系统的扩压器，地面测试空调系统恢复了正常工作。

本次故障的原因有两个：一是上流量控制关断活门故障，导致下流量控制关断活门开启工作，但是因为 CTC 也存在问题，从而导致流量减少，最终导致空调故障；另一个原因是右侧扩压器裂纹，导致空调系统流量等方面数据不正常，使空调工作不正常。

四、工程措施

1. 空调组件可以允许一个故障失效，及时和机组做好沟通的工作，办理保留，避免延误。

2. 跟踪故障件流量控制活门和客舱温度控制器的修理报告，再进一步做故障分析。

五、参考报告

《B777-21-G-20210317 右空调组件故障工程调查》。

第二节　ATA22 自动驾驶

类别一　自动油门脱开故障

一、故障现象

某航 B777 执行货机航班，当发动机 N1 转速至 55%时，飞机开始滑行（速度约 10 节），按压起飞电门后自动油门脱开，再次按压起飞电门，自动油门衔接几秒后脱开。因当时航线时间长，办理保留有不飞极地要求，故综合决策后，飞机滑回原机位排故。

二、风险等级

较大风险

三、原因分析

推力管理计算系统是飞机信息管理系统的一部分。TMCS 接收来自 MCP/FMCF/驾驶舱电门的信号，通过自动油门伺服马达来控制发动的推力。同时，伺服马达会将油门位置信息及状态信息反馈给 TMCS，用于 TMCS 判断油门系统正常工作。

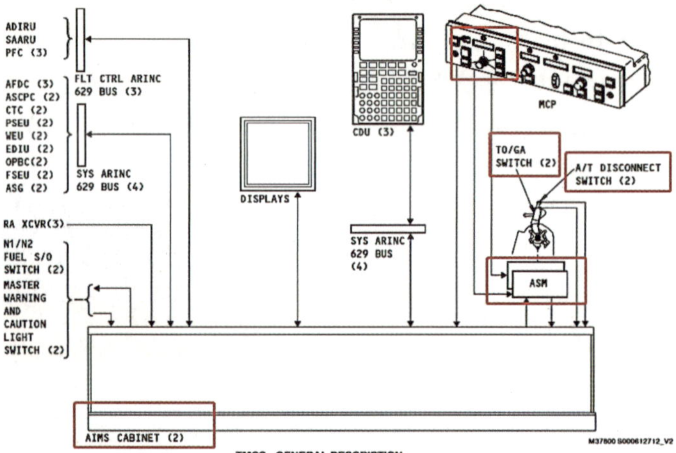

TMCS - GENERAL DESCRIPTION

起飞时，共发生了两次脱开：机组按压 TO 电门，自动油门脱开，出现 EICAS 上显示“AUTOTHROTTLE DISC”（自动油门断开）信息。机组再次按压起飞电门，接通为推力基准方式，但伺服马达未工作，油门杆没有自动前移，再次出现信息“AUTOTHROTTLE DISC”（自动油门断开），几秒后脱开。

滑回后，检查没有自动油门相关 EICAS 故障信息，检查现存有两条右发的维护码：73-35462 和 73-03012 指向右发动机数据接口组件 EDIU。更换 EDIU 后，故障排除，分析认为此次故障是由 EDIU 引起。

四、工程措施

1. 自动油门系统可以保留，故障后机组可以人工操作油门。
2. 每隔 10000FH 操作检查油门杆上的 TO/GA 电门的单独接触状态。

五、参考报告

《B777-22-20201221 自动油门脱开工程调查》。

第三节　ATA23 通信系统

类别一　卫星通信故障

一、故障现象

某航 B777 货机执行航班，在基地短停时，飞行员反映有卫星通信故障信息，代码为 23-60021，具体指向 SDU。当地机务依据排故手册，从后续落地另一架 B777 飞机上串件 SDU，更换后测试正常，飞机后续航班正常。

二、风险等级

一般风险

三、原因分析

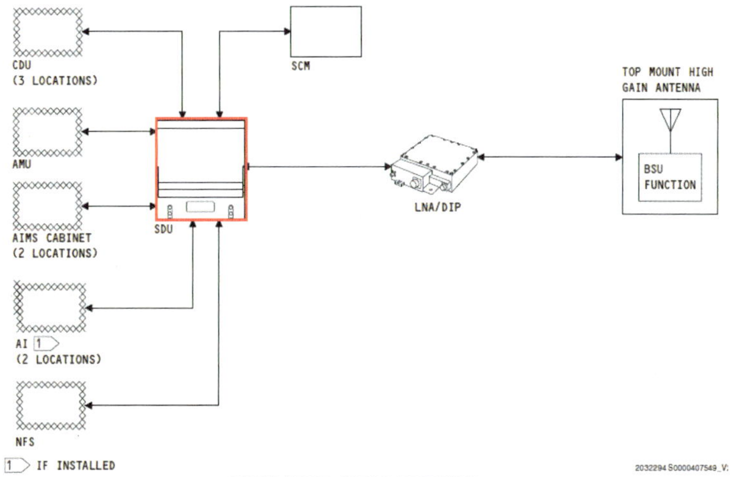

SATCOM SYSTEM - GENERAL DESCRIPTION

SDU（卫星通信组件）是 B777 机载卫星通信系统的核心部件，向外通过低噪放大器/双工器（LNA/DIP）与机身顶部高增益天线连接卫星。对内与 CDU、AMU、AIMS 等多个部件连接，实现控制/显示、声音和数据传递以及网络信号传递功能。本次串件 SDU，更换后测试正常，依据修理报告，进一步确认为 CH2 电路板初始化硬件故障。

该航司 B777 机队 SDU 更换量从 2016 年开始从每年更换 3～4 个上升至每年平均 10 个左右，多数故障代码集中为“SATVOICE LOST”和“DATALINK LOST”，通过重置（断电并重启）可以恢复正常。根据修理报告统计，有 80%的修理结论是 NFF，或有缺陷或隐藏故障，但与送修原因无关，只有 20%确认为送修原因的硬件故障。在该航司可靠性会议措施实施后，未再发生同类原因航班不正常事件。

四、工程措施

短停反映卫星系统工作不正常，按 SIL 操作先尝试对 SDU 断电，重新校准惯导后，等待 2 min 再对 SDU 重新通电。

五、参考报告

《B777-23-20200210 卫星通信故障工程调查》。

类别二　PTT 卡阻故障

一、故障现象

某航 B777 飞机执行航班，在滑行时机组反映右座发话有杂音和有相互干扰，和签派联系后，决策滑回排故。当地机务上机检查，发现是右座驾驶盘 PTT 电门不灵敏，办理 MEL 保留，飞机继续执行航班。航后更换该电门，测试正常，关闭 MEL 保留。

二、风险等级

较大风险

三、原因分析

当驾驶员使用头戴耳机或氧气面罩麦克风时，驾驶盘 PTT 电门为 AMU（音频管理组件）提供输入。

电门为一体式电门组件，安装在每个驾驶盘的外侧，故左、右座件号不同。电门有 3 个位置：按压 MIC 位，麦克风音频进入选定的通讯系统；按压 INT 位，麦克风音频直接进入飞行内话系统；不用在音频控制面板上转换到 FLT 位。

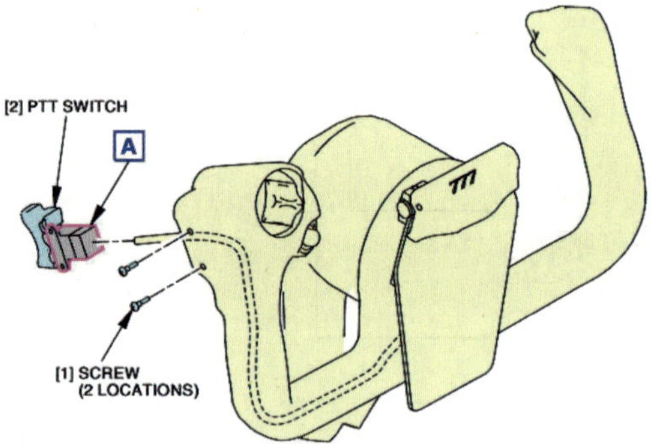

本次排故发现副驾驶 PTT 电门卡滞或内部触点粘连，导致发话通断不正常，对通讯造成了干扰。

经调查发现，从 2013—2018 年，该航司 B777 机队共发生 6 起副驾驶盘 PTT 电门故障，都是副驾驶位，其中 5 起更换了 PTT 电门，副驾驶 PTT 电门平均 TSN：16599FH。在相关可靠性会议决议实施以来没有发生相同原因航班不正常事件，没有非计划换件和故障。

四、工程措施

结合 1C 每 15000FH 更换右座驾驶盘 PTT 电门。

五、参考报告

《B777-23-20200212 驾驶盘 PTT 电门故障工程调查》。

第四节　ATA24 电源系统

类别一　发电机控制组件故障

一、故障现象

某航 B777 飞机执行航班，在滑行过程中出现“ELEC GEN OFF R”（右发电机关断）信息，机组完成检查单后故障信息仍在，联系机务以及签派后滑回机位办理 MEL 放行。航后更换右发 IDG，测试正常。后经与当地一线机务确认，在更换了 IDG 后排故并未排除，接着更换了 GCU，故障信息才消失。

二、风险等级

一般风险

三、原因分析

IDG 包含恒速传动装置和交流发电机，GCU 对 IDG 进行控制、监控和保护。

本次更换 IDG 后排故并未排除，后更换 GCU，故障信息消失。将拆下的 IDG 和 GCU 进行测试，其中 IDG 测试正常，GCU 测试故障，进一步检查发现 GCU 内部电路板上一个电容和一个电阻烧蚀。

经调查，2018 年以来，B777 飞机电源系统故障共导致 10 起航班不正常事件，其中跟 GCU 相关的事件仅此 1 起。在此期间，GCU 共发生 13 次非计划拆卸，其中新件 9 次，平均 TSN 为 11116FH，修理件 4 次，平均 TSR 为 10217FH。总共收集到 2018 年以来 13 份修理报告，其中 12 份修理报告显示进厂测试正常，仅 1 份修理报告显示故障：A6 板上电容 C57 和二极管 VR3 击穿；A8 板变压器 T1/T2/T3 变压器故障。NFF 率达 92.3%。

四、工程措施

1. 发电机不供电时，不仅需要考虑 IDG 故障，同时也需要关注 GCU 的间隙性故障导致电源失效的可能。

2. 为降低 GCU 间隙性故障不能发现的概率，建议 GCU 送修时，要求修理厂家根据 CMM 执行 3 次以上的进厂测试。

五、参考报告

《B777-24-20200923 GCU 故障调查》。

第五节　ATA26 防火系统

类别一　机组休息室和厕所虚假烟雾警告

一、故障现象

某航 B777 货机本年度空中出现 3 次“SMOKE CREW REST F/D”（主舱机组休息区烟雾探测）EICAS 信息和 2 次“SMOKE LAVOTORY”（厕所烟雾探测）EICAS 信息，经机组检查后，证实均为虚假烟雾警告信息。

二、风险等级

低风险

三、原因分析

烟雾探测器分为光电式烟雾探测器和离子式烟雾探测器。

光电式烟雾探测器由电路板和迷宫组成。它使用红色 LED 和蓝色 LED 的两种不同波长的光源，烟雾或非烟雾颗粒对这两种不同波长的光源反射不同，当烟雾颗粒进入迷宫时，烟雾探测器对其反射光进行分析，并计算其是否来自烟雾或非烟雾颗粒。当烟雾颗粒度超过设定值时，给出告警。

离子型烟雾探测器：采用少量的放射性材料，当两极加上电压后使探测器室内的空气电离，这样就会有一定的电流流过探测器。当有烟雾的空气通过探测器时，烟雾的微小粒子附着在离子上，使离子浓度降低，通过探测器的电流下降，当电流下降到预定警告值时，给出告警。

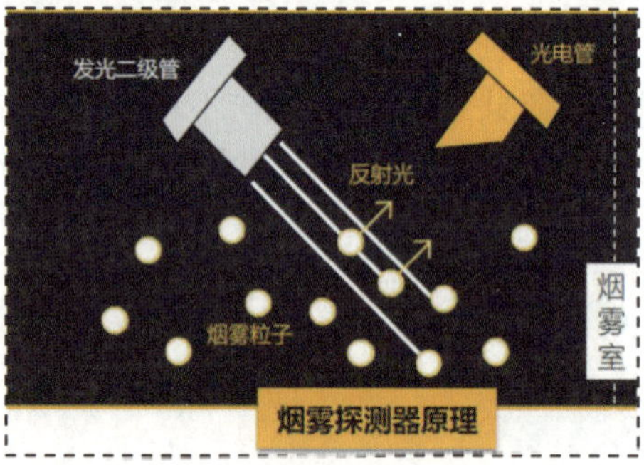

由于机组休息室和厕所烟雾主要表现为虚假烟雾警告，分析认为故障原因如下：

1. 部件厂家的制造缺陷；

2. 飞行中飞机抖动，烟雾探测器滤网上灰尘脱落，偶然触发；

3. 喷剂或水雾触发。

四、工程措施

增加对 B777F 的机组休息室和厕所烟雾探测器定期清洁任务，间隔 1 C（15 000 FH）。

五、参考报告

《B777-26-20210526 机组休息室和厕所虚假烟雾警告》。

第六节 ATA27 飞行操纵

类别一 机械扰流板 PCU 故障

一、故障现象

某航 B777 飞机执行航班，机组在航前发现状态信息：“FLIGHT CONTROL SYS”（飞行操纵系统），随即告知当地机务，查询 MAT 维护信息为“27-10510”，按 FIM 指向 11#扰流板 PCU 不随指令动作。

二、风险等级

较大风险

三、原因分析

B777 飞机共有 14 块扰流板，其中 4#和 11#扰流板的这一对的横滚操纵不受电传控制，仅由驾驶盘机械信号直接控制，其他扰流板均由电传操纵。当使用速刹功能时，4#和 11#扰流板随其他扰流板一起由电传操纵升起；在横滚操纵和速刹功能之间的转换依靠 PCU 上面的电磁阀通断电来实现。

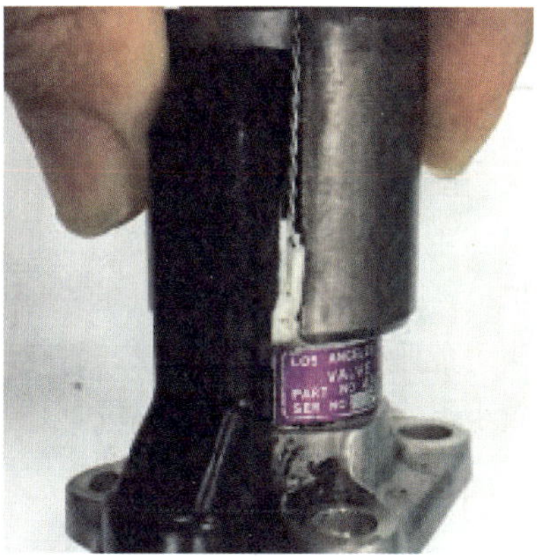

此次拆下的 PCU 送厂修理并现场监修，进厂电气测量时发现电磁阀（件号 45080-1）线圈电阻为 155.4 Ω，远超 CMM 手册上限 100 Ω 的标准，同样超过了 AMM 上限 140 Ω 的标准，确认为电磁阀失效导致故障。

四、工程措施

1. 结合 8A 检目视检查（在位）4#和 11#扰流板 PCU 上电磁阀壳体封胶并视情封胶。间隔：4800 FH。

2. 结合 8A 检功能检查（测电阻，在位）4#和 11#扰流板 PCU 上电磁阀线圈电阻并视情更换电磁阀。间隔：4800 FH。

五、参考报告

《B777-27-20200211 机械扰流板 PCU 故障工程调查》。

类别二　升降舵 PCU 故障

一、故障现象

某航 B777 机队所装的升降舵 PCU（P/N：1544300-3）近期多次拆换。2017 年 2 月份更换 3 个件，4 月更换 5 个件，6 月更换 2 个件，导致出现警戒，未导致相关 OI 事件。收到升降舵 PCU 的厂家反馈，近期送修的升降舵 PCU 有多个 NFF 和 CID。

二、风险等级

低风险

三、原因分析

从历史故障看，升降舵 PCU 的主要故障形式有漏油和出现故障代码，厂家修理报告所换部件主要原因是客户导致的人为损坏。

漏油故障：PCU 属于电控液动部件，液压是系统的主要驱动源，活动部件运动过程会带有部分渗漏，同时部件密封失效会导致部件渗漏。

CID 损坏：厂家反馈，由于客户导致的损坏主要有外部部件磨损以及相关堵头被拆松。据运输单位反馈，拆松堵头是为了满足危险品运输放油要求，拆松堵头进行放油。外部部件磨损发生在装机阶段的可能性较小，大多发生在运输阶段，是由于运输不规范所致。

四、工程措施

当前维修方案满足运行要求，参考 AMM 手册标准虽然降低了检查标准，但可以减少换件 NFF，节约维修成本，从 2018—2019 年运行数据看，不会增加运行风险。

五、参考报告

《B777-27-20200224 升降舵 PCU 送修有多个 NFF 和 CID 工程调查》。

第七节　ATA28 燃油系统

类别一　梁活门故障信息

一、故障现象

某航 B777 飞机在外站出现“Fuel spar valve L”（左梁活门）信息，检查发现有跳开关跳出，复位无效，有 MM28-14001，将 APU 隔离活门串给左发燃油梁活门，测试正常。参考 MEL 28-25-03 保留 APU 隔离活门后放行飞机，飞机回基地后更换 APU 隔离活门，测试正常。

二、风险等级

重大风险

三、原因分析

梁活门作动筒是一种光电式直流驱动作动筒，作动筒内部直流电马达通过齿轮箱和离合器驱动输出轴，带动梁活门转动；作动筒内部光电传感器用于监控输出轴的位置，当活门在“OPEN”或者“CLOSED”位时，切断直流马达电源。

B777 飞机上共有 11 个位置安装有该类型作动筒。分别是梁活门、交输活门、引射隔离活门、放油活门、APU 关断活门、APU 隔离活门以及燃油引射喷嘴。作动筒的故障形式主要有不按指令运动或者位置指示错误。

本次测试发现有 MM28-24001，该信息指示活门作动筒不随指令运动。检查发现有作动筒跳开关跳开，复位无效。

四、工程措施

在出现梁活门短路故障时，在时间允许的情况下，将梁活门与 APU 隔离活门、放油活门等其他易于接近且可以 MEL 保留的作动器对串之后办理 MEL 保留，减少由此带来的航班延误。

五、参考报告

《B777-28-20200507 梁活门故障信息工程调查》。

类别二 “FUEL JETT PUMP L”警告信息

一、故障现象

某航 B777 执行航班，航前加完油后，机组反映飞机出现左、右抛油泵信息和中右抛油泵信息，当地机务上机测试无效，按 MEL 保留放行，飞机延误。航后依据工程方案，参考 FIM 手册执行测试，测试正常，关闭 MEL。无部件更换记录。

二、风险等级

一般风险

三、原因分析

抛油系统的作用是将燃油箱燃油抛掉以减轻飞机着陆重量。其主要部件为：超控/抛油泵（中央油箱 2 个）、抛油泵（左右主油箱各 1 个），压力电门（每个泵出口）、抛油隔离活门、抛油喷嘴活门、抛油喷嘴等。

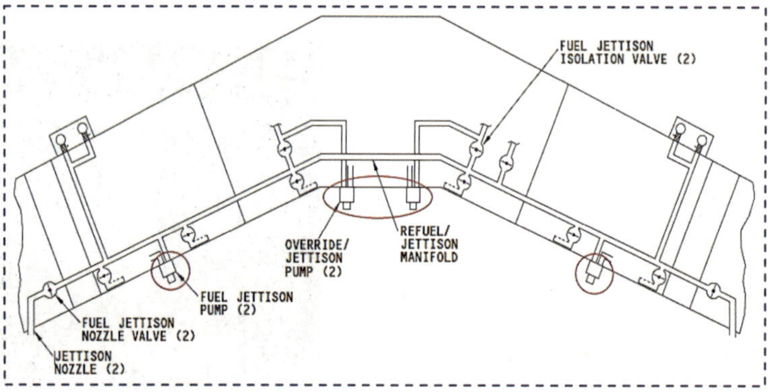

该飞机在航前加完油后，出现左、右抛油泵信息和中右抛油泵信息，经过测试无效。航后根据 FIM 程序对故障进行隔离，系统测试后故障信息消失，关闭 MEL。综合分析认为此次抛油泵故障信息应为间隙性的虚假故障信息。

四、工程措施

1. SB 777-28-0093，通过脱开 P110 和 P205 以及 P210 和 P105 之间的导线，消除 P110 和 P210 对左、右抛油泵控制指令不同步问题，减少抛油虚假故障信息。

2. B777 抛油泵故障主要表现为间隙性虚假故障，建议当出现抛油泵信息时，优先参照《B777 快速排故指南》对抛油泵进行功能测试以抹除故障。

五、参考报告

《B777-28-G-20210325“FUEL JETT PUMP L”故障工程调查》。

第八节　ATA29 液压系统

类别一　液压系统 2 号交流电动泵漏油故障

一、故障现象

某航 B777 全货机执行航班，在外站短停期间，当地机务在例行绕机检查中发现中液压系统 2 号交流电动泵（ACMP）漏油。该机随即按工程方案执行排故工作，后续航班调整。

二、风险等级

低风险

三、原因分析

图 1

B777 飞机装有左、中、右三套液压系统，各自独立工作，提供 3000 PSI 液压压力。左、右两套液压系统相似，有一个发动机驱动泵（EDP）作为主泵，一个交流马达泵（ACMP）作为需求泵。

中液压系统有两个 ACMP 作为主泵，两个空气驱动泵（ADP）作为需求泵在主泵不足以满足用户需求时工作，一个冲压空气涡轮（RAT）作为中液压系统的应急液压源。

中液压系统的用户主要有主飞控系统（PFCS）、备用刹车、前轮和主轮转弯、增升系统。参考图 1，可看出故障源 ACMP 壳体有明显漏油点，更换后恢复正常。本次拆下的 ACMP 上次也是因为漏油拆下，进一步分解检查发现调整片、油缸、柱塞磨损，更换以上部件和密封件后恢复。

四、工程措施

检查中系统 1 号和 2 号 ACMP 供油管、压力管和壳体回油管是否有磨损和漏油现象，检查 ACMP 与管子之间的接头是否漏油。间隔：1000 FH。

五、参考报告

《B777-29-20210809 液压系统 2 号 ACMP 漏油故障工程调查》。

第九节　ATA30 防冰防雨

类别一　风挡雨刷马达故障

一、故障现象

某航 B777 全货机执行航班，起飞后机组关闭风挡雨刷，右风挡雨刷卡阻在升起位置无法复位。机务检查发现右侧风挡雨刷电机不工作，办理 MEL 保留，余正常。后排故更换右侧风挡雨刷电机，测试正常，关闭 MEL。此次故障导致航班延误 225 min。

二、风险等级

较大风险

三、原因分析

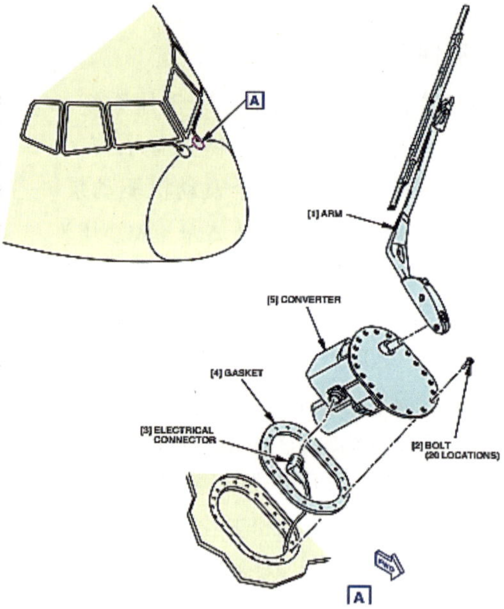

风挡雨刮系统主要包括直流无刷马达、齿轮、连杆以及霍尔位置传感器。雨刮马达带动雨刷臂进行往复的圆周运动，清除驾驶舱风挡玻璃上的雨水。

本次排故将右雨刮旋钮分别放在 LOW、HIGH、INT，雨刮均不能移动，认为马达故障可能性大，更换雨刮马达后，测试正常。雨刮马达的安装位置，决定了它的工作环境比较恶劣，除了雨水的侵蚀，飞机在高空的时候也一直被太阳暴晒。从修理报告看，内部机械磨损和封严老化是第一失效原因，霍尔传感器故障是第二原因。

四、工程措施

目前雨刮马达失效的主要原因是输出轴封严开裂或磨损，水汽侵入马达内部，导致马达失效。已有针对封严的定期检查和润滑工作，间隔：10 000 FH。

五、参考报告

《B777-30--20210814 风挡雨刷马达故障工程调查》。

第十节　ATA31 指示记录

类别一　DU 黑屏故障

一、故障现象

某航司 B777 全货机机队执行航班。多架飞机出现数次短暂黑屏，DU 不工作，随后自动恢复正常显示，后续正常。另有几次在外站需要与中下 DU 对换，并办理 MEL 31-61-01 C 类保留，直到回基地才能更换。

二、风险等级

低风险

三、原因分析

B777 飞机有 6 个显示组件（DU），通常左外和右外 DU 用来显示 PFD 信息。每个 DU 内部有两个温度探测器，当电源组件探测到内部温度超过 110 °C，或背光组件探测到内部温度超过 95 °C，DU 将自动关闭，待温度恢复正常后自动打开。PFD 黑屏或故障时，显示系统会自动重新构形来补偿绝大多数的故障。若有些故障无法自动修正，仪表显示源选择面板为飞行员提供人工电门来转换。

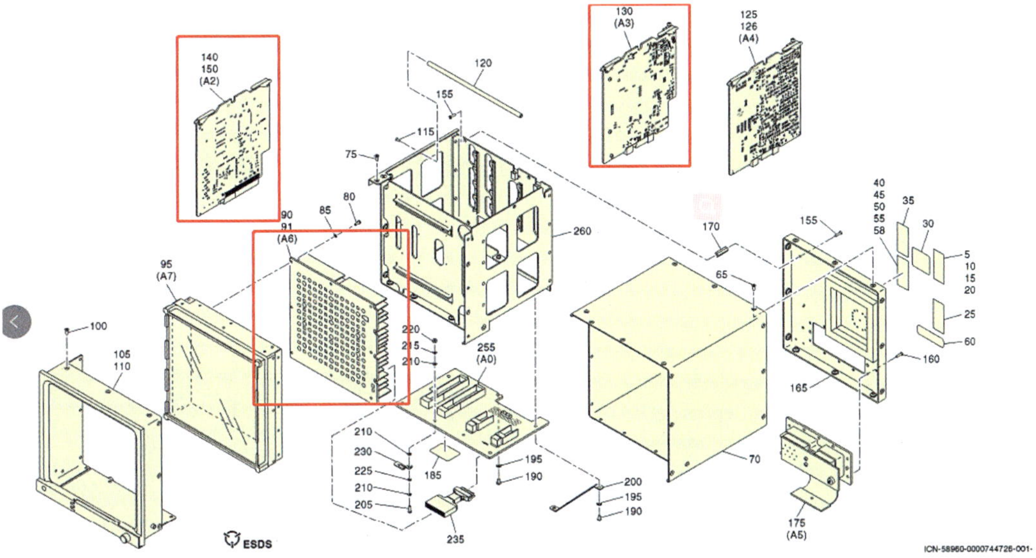

该机落地后地面检查无相关维护信息，清洁右侧 ND 出风口，通电检查正常。更换相应侧显示器，测试正常。综合分析认为是 DU 内部部件间歇性失效导致故障。

四、工程措施

1. 操作检查内侧选择转换功能（用内侧显示电门）。间隔：15 000FH。

2. 操作检查备用显示控制电门功能（用中央显示备用电门）。间隔：15 000 FH。
3. 清洁显示组件冷却空气进口。间隔：2000 FH。

五、参考报告

《B777-31-20210913 飞机显示器黑屏故障工程调查》。

第十一节　ATA32 起落架系统

类别一　SLG 液压支柱漏油

一、故障现象

某航 B777 执行航班，在机组准备阶段打液压时，机务人员例行检查发现右 SLG 漏液压油，具体数据为每分钟 35 滴。按工程部门方案，该机停场排故，延误 805 min。后更换右侧 SLG，测试正常，飞机后续航班正常。

二、风险等级

较大风险

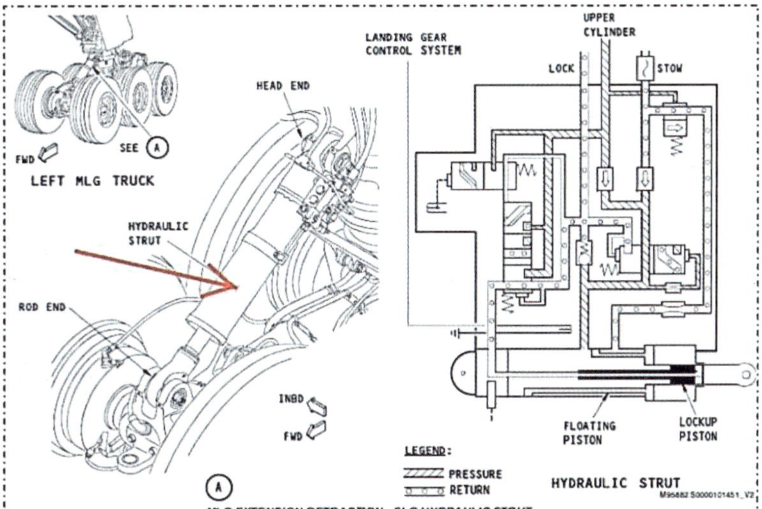

MLG EXTENSION-RETRACTION - SLG HYDRAULIC STRUT

三、原因分析

SLG 液压支柱作为起落架小车位置作动器，其主要功能是调节主起落架小车倾斜角度。此次 SLG 液压支柱漏油点位于作动杆端通气口，漏油率为每分钟 35 滴，手册放行标准为每分钟 30 滴，不能放行。排故更换右起落架 SLG，测试正常。根据 CMM 液压支柱工作原理，此次漏油故障原因应为活塞杆和滑管之间的封严性能下降导致。

波音 777-SL-32-076：对于 P/N 293W4201-3 的 SLG 支柱组件，由于外界污染侵入，将导致活塞封严磨损，继而导致液压油渗漏。SL 建议定期对杆端和通气孔进行定期清洁。目前，已有 EO B77732073 对装有 P/N 293W4201-3 的 SLG 进行定期清洁，间隔 7 DAY。

波音 SB 777-32-0099：由于 P/N 293W4201-3 的 SLG 液压支柱受外界污染存在漏油的缺陷，厂家将-3 升级为-4，新件号使用了新的刮环和单向活门防止外来污染（沙子和灰尘等）侵入，同时改进了主次封严的形状和材质。

四、工程措施

已有工程指令，对支柱镜面和通气口进行定期清洁。

五、参考报告

《B777-32-20201221 右 SLG 液压支柱漏油工程调查》。

类别二　起落架镜面高度限制

一、故障现象

某航司机务航线反馈 B777 每日工卡中，B777-300ER 飞机主起落架镜面上限高度太低，在夏天高温期间起落架实际高度容易超过工卡指定值。

二、风险等级

低风险

三、原因分析

波音在进行 B777-300ER 飞机取证过程中，为了缩短 B777-300ER 起飞滑跑距离，降低对跑道长度要求，增大了 B777-300ER 飞机起飞仰角，因此波音提高了 B777-300ER 飞机主起落架镜面高度要求，增大了 B777-300ER 的起落架镜面高度范围，并新增了温度要求。

起落架镜面高度与起落架内筒充气和充油情况有直接关系，内筒气体和油液状况一定时，其高度还受温度、飞机重量、飞机重心、飞机横向平衡状态以及镜面阻尼影响。按照 AMM12-15-01 所述，对 B777-300ER 飞机主起落架减震支柱油液进行检查时，需要先测量起落架外筒温度，至少在两个不同的镜面高度测量起落架内筒气体压力，并且两次高度差不小于 2 inch。B777-300ER 飞机前起落架镜面高度需要分别测量上下气腔的压力以及对应镜面高度，来判断起落架镜面高度是否正常。因此，单次测量起落架镜面高度很难确定起落架内部油气状态。

四、工程措施

1. 建议将 MRS32-11-504“目视检查主起落架减震支柱勤务图上尺寸 A 反映的镜面高度应不小于 182 mm，且不大于 272 mm”修订为：“目视检查主起落架减震支柱勤务图上尺寸 A 反映的镜面高度不低于 182 mm”。

2. MRS32-21-504“目视检查前起落架减震支柱勤务图上尺寸 A 反映的镜面高度应不小于 652 mm，且不大于 900 mm”修订为：目视检查前起落架减震支柱勤务图上尺寸 A 反映的镜面高度不低于 652 mm。

五、参考报告

《B777-32-20200914 B777-300ER 起落架镜面高度限制工程调查》。

第十二节 ATA34 导航系统

类别一 WXR FAIL 失效故障

一、故障现象

某航 B777 飞机执行航班，起飞滑跑期间两侧 ND 同时显示“WX FAIL（气象雷达故障）”信息，机组中断起飞，期间 N1 最大 60%，速度 22 节。机组申请脱离跑道检查，塔台指挥机组通过 C2 滑行道脱离跑道。脱离后机组在 C 滑行道上处置，机组重置中控台和 EFIS 面板上的气象雷达按钮，随后气象雷达恢复正常，机组申请重新进跑道起飞，余正常。后续航段飞行正常，地面测试正常，无相关测试代码，没有执行相关换件工作。

二、风险等级

一般风险

三、原因分析

气象探测功能由收发机内部的气象探测电路进行信号处理，生成相应的图像信息并发送至显示系统进行显示，雷达内部状态监控电路对雷达收发组进行持续监控，当监控到气象功能工作异常时，会在两侧 ND 上显示“WXR FAIL”（气象雷达失效）信息，同时会显示相应的故障部件。

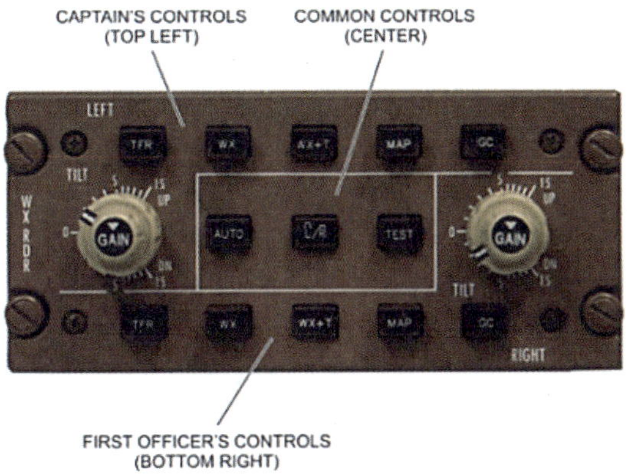

本次飞机处于滑跑起飞阶段，机组进行转换后恢复正常。FIADA 没有记录故障维护信息，地面测试也未发现相关维护信息。译码发现，故障时 1 发油门杆进入爬升推力，此时气象雷达系统的风切变探测功能被激活，气象雷达的气象探测功能和风切变探测功能均处于工作状态，此时雷达的工作负荷较重，如果出现一些雷达干扰，会导致雷达超负荷工作，从而出现气象雷达瞬时失效故障，机组重新开关雷达后，系统恢复正常。

四、工程措施

B777 飞机有 2 套气象雷达系统，互为备用，建议机组如果在运行中出现雷达失效信息，可人工切换至另一套气象雷达收发机。

五、参考报告

《B777-34-20210708 B777 WXR FAIL 失效故障工程调查》。

类别二　巡航阶段三个 CDU 同时短时间显示空白

一、故障现象

某航 B777 执行航班，机组空中反映 3 个 CDU 同时显示空白，约十几秒后恢复显示，后续正常。地面当前状态测试正常，后更换左和右 CDU，测试正常。在后续航段再次出现 C CDU 故障信息，更换 C CDU。

二、风险等级

低风险

三、原因分析

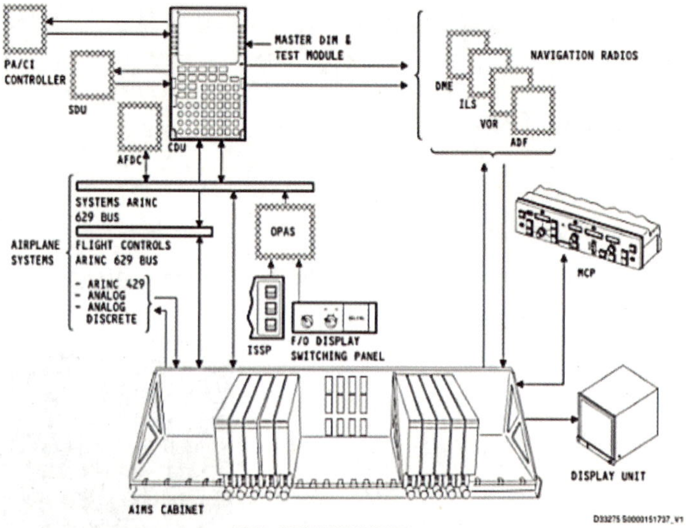

FMCS - GENERAL DESCRIPTION

CDU 主要用于控制和显示飞行管理系统数据。正常情况下，机组可使用 CDU 向 FMCF 输入飞行计划和性能数据，可通过 CDU 进入卫星通信系统设置页面，可进行旅客广播或者客舱内话等功能。在 EFIS 控制面板或者显示选择面板失效时，可以提供备份控制。在 FMCF 失效时，可以进行备份 LNAV 导航和指引指令计算以及无线电导航系统备用调谐（仅左右 CDU）。

故障发生时 FIADA 记录有三个 CDU 均无信号输出，故障代码显示飞行管理计算机及自动飞行指引计算机均未接收到 CDU 数据，未发生自动驾驶脱开等其他系统影响。初步判断为，CDU 内部数据计算错误导致。

四、工程措施

1. 厂家 SIL 4088240-34-0008 提到，由于背光灯热传感器安装位置问题，导致 CDU 在最大亮度时可能出现达不到指令要求而出现黑屏的现象。因此，建议机组在操作 CDU 时，在能满足使用需求的情况下，尽量不要调到最大亮度。在日常使用过程中，如果遇到黑屏重启现象，待显示恢复正常后，在非必要情况下，避免将 CDU 亮度调到最大。

2. 左右 CDU 失效时，可与中 CDU 对串办理 MEL 保留，降低对航班正常性的影响。

3. P/N：4088240-901 已经在 2015 年停产，且 CDU 内部部分部件停产，送修难度较大，航材部门目前正在结合送修置换 P/N：B50A000-00-100。

五、参考报告

《B777-34-P-20210713 B777 巡航阶段三个 CDU 短时显示空白故障工程调查》。

第十三节　ATA36 引气系统

类别一　PRSOV 封存期间出现腐蚀

一、故障现象

某航 B777 机队有 5 架飞机连续出现 PRSOV 故障。其中一架飞机封存 40 天后解封，执行第一个航班，推出准备滑出时，机组报告当地机务有左发引气关断提示信息（状态信息为左发 PRSOV），复位无效，飞机滑回。航班换 B-2049 执行，延误 147 min。拆下 PRSOV 活门内部检查发现有绿色物质。

二、风险等级

较大风险

三、原因分析

经分析，以上 5 架飞机的 PRSOV 腐蚀卡阻故障和活门本体离位测试，其主要故障是飞机停场封存期间 PRSOV 轴承受到潮气影响发生腐蚀，产生卡阻导致的。

四、工程措施

1. 对于封存的飞机，拆下 PRSOV 离位保存，在下次试车之前恢复 PRSOV，试车结束之后再拆下 PRSOV 进行离位保存。

2. 解封过程中，进行试车结束后，检查 PRSOV、IPCV、DVV 活门以及相关上下游管路外表是否有明显聚集成块的绿色物质，执行 AMM Task 36-10-00-700-802 PRSOV 最小打开压力测试，如果发现活门工作有卡阻，则更换该活门。

3. 对于运行中的飞机：

（1）停场第 3 天，双发试慢车，保持运行 15 min；

（2）停场飞机遇到降雨天气，则停场第 2 天双发试慢车，保持运行 15 min。

4. 拆下 PRSOV 离位保存时，参考 CMM TASK 36-12-77-99C-817-A01 进行存放。使用干净无纺布擦干 PRSOV 后，在开口部位安装堵盖，在存放的 PRSOV 中放置干燥剂，并使用相应的包装袋包装好。

五、参考报告

《B777-36-20200927 PRSOV 封存期间出现腐蚀工程调查》。

第十四节　ATA 56 风挡

类别一　驾驶舱侧窗啸叫故障

一、故障现象

某航 B777 飞机执行国际航班，机组在当地空域按照飞行计划从高度 FL300 爬升至 FL320 的过程中，驾驶舱右 2 号侧窗传来疑似漏气的啸叫声，机组检查侧窗关好，飞机增压正常。评估后向管制员申请下降至高度 FL300，到达高度后漏气啸叫声短时消失。

二、风险等级

一般风险

三、原因分析

B777 飞机 2 号活动窗封严结构如图 1 所示，在 2 号活动窗窗框有一圈球形封严，该封严保证了驾驶舱的气密性。而球形封严安装在封严保持环内，并且封严与保持环接触面以及四周不能存在间隙，必须用密封胶进行密封，保证不会漏气。若封严条老化破损或者封严周围的密封胶脱落，就无法保证良好的气密性。在高空增压环境下，会出现轻微漏气故障，进而会听到驾驶舱啸叫声。

图 1

本次根据排故过程来看，在空中，飞机增压正常，且声响不影响语音通话。对破损的密封胶按照手册进行了修复；次日在巡航中驾驶舱啸叫声依旧存在，说明气密性仍然不够，可能存在封严条多处老化情况。后续更换封严条之后，地面增压测试正常。因此，从活动窗封严检查情况和排故过程看出，此次驾驶舱啸叫声故障原因为球形封严老化破损，密封胶脱落，导致局部漏气。

四、工程措施

1. 加强对飞机活动窗的操作检查，确保相应区域无异物，封严无破损、变形等缺陷。
2. 提高对窗封严的检查和维护质量，发现问题及时处理。

五、参考报告

《B777-56-20201216 右 2 号活动窗有啸叫声工程调查》。

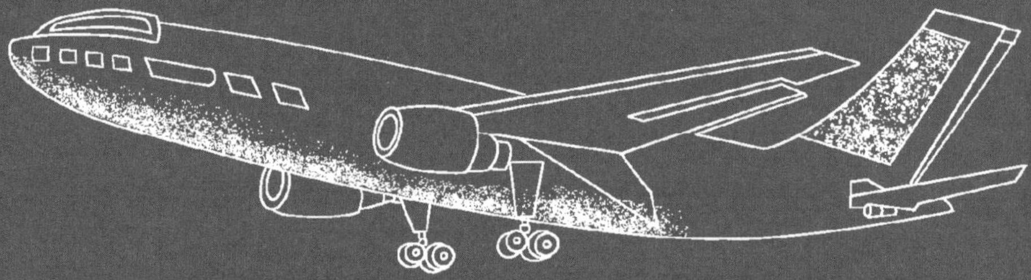

第七章

B787 机队医典

第一节 ATA21 空调系统

类别一 ACM 故障

一、故障现象

某航 B787 飞机执行航班，在外站短停出现“PACK ACM L”（空调组件空气循环机左）信息，地面测试不通过。按 MEL21-52-03B，C 类保留放行，航班延误 43 min。飞机回基地后更换左 ACM，测试正常，关闭 MEL。

二、风险等级

较大风险

三、原因分析

空气循环机（ACM）是空调冷却系统的主要部件，包括压气机和两级涡轮。来自客舱空气压气机（CAC）的高温高压空气经初级热交换器降温后来到 ACM 的压气机端，空气压力和温度上升，经次级热交换器降温，冷凝器和水分离器除水，然后经 ACM 的涡轮做功降压、降温，从而得到空调冷却气源，经调配热空气得到飞机所需空调气。

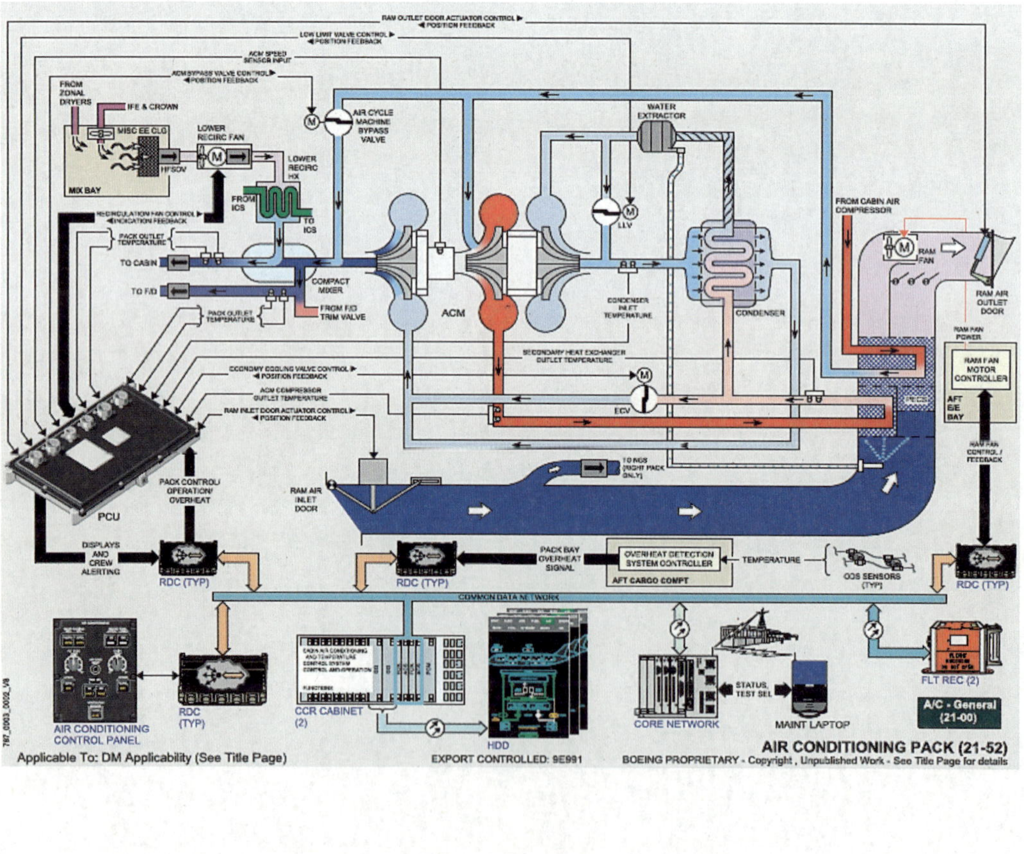

排故更换左 ACM，测试正常，确认是由 ACM 部件故障导致本次事件。结合拆下件和厂家资料，进一步发现空调组件内的水分会在涡轮处结冰，造成高速旋转的叶片不平衡，发生摆动，转轴振动，最终导致支撑转轴的轴承发生磨损或卡阻。

四、工程措施

1. 采取开非卡方式对空调组件的排水口进行视情检查。
2. 每 6 个月检查空调组件的排水口，确保排水口畅通无堵塞。

五、参考报告

《B787-21-20200528 ACM 故障工程调查》。

类别二　空调系统冲压风扇（RAF）故障

一、故障现象

某航 B787 飞机执行航班，在滑出后反映有左组件关断信息，工程指导复位无效。飞机滑回后确认左 RAM FAN 故障，办理 MEL21-52-12-01 C 类保留放行。航班延误 141 min。航后更换冲压空气风扇，测试正常。

二、风险等级

较大风险

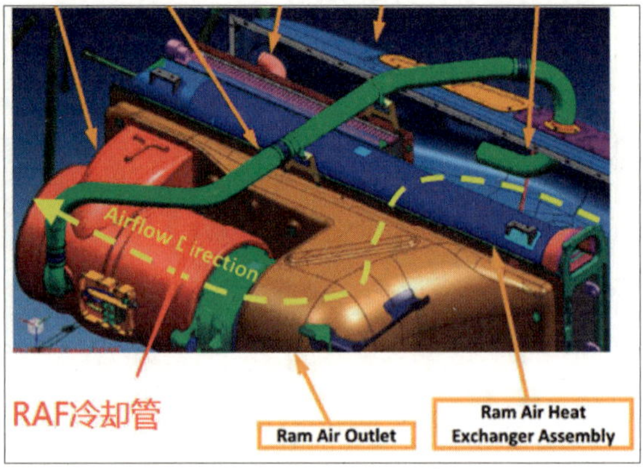

三、原因分析

飞机在地面时，冲压风扇工作，将机外的空气吸入冲压空气管道，外界空气流过热交换器，用于冷却空调组件中的热空气和冷却 PECS 系统中的冷却液。系统会因空调的需求不同而改变风扇的转速，在地面上冲压风扇的转速至多可以达到 11 500 r/min，空中转速为 6000 r/min，主要是防止风车效应损伤空气轴承。飞机通电后，冲压风扇即开始工作。

冲压风扇故障的主要模式有以下两种：

1. 叶片断裂：通常是由空调舱的热交换器脏引起的，当热交换器堵塞时，冲压风扇将在喘振状态下工作，可能会导致冲压风扇叶片断裂缺失。

2. 马达过热：原因有两个方面，一是由于材料的传热性能较差以及几何结构不宜于定子冷却；二是冲压风扇的马达通过冷却管引气进行冷却，如果冷却管堵塞，冲压风扇马达无法得到充分冷却，导致冲压风扇过热损伤失效。

四、工程措施

1. 完成机队冲压风扇的改装升级工作。

2. 将目前在翼清洁热交换器的方法编成自编工卡，以便各地参照工卡进行清洁工作。

五、参考报告

《B787-21-20210622 飞机空调系统冲压风扇（RAF）工程调查》。

类别三　CAC 故障

一、故障现象

某航 B787 飞机巡航时，驾驶舱空调出现流量声音减少的异常声响，并伴有焦糊味，机组检查系统，先出现“CACS R1”（空调压缩机 R1）和“CACS R2”（空调压缩机 R2）状态信息，后出现“PACK R”右组件检查单，机组按检查单申请下降高度至 35 000 ft 以下，通过 35 000 ft 高度后，按检查单指引复位组件，故障不能复位，完成后续检查单。回基地后排故，初步判定为 CAC（座舱空气压缩机）故障，因无件，依据 MEL 办理保留。

二、风险等级

低风险

三、原因分析

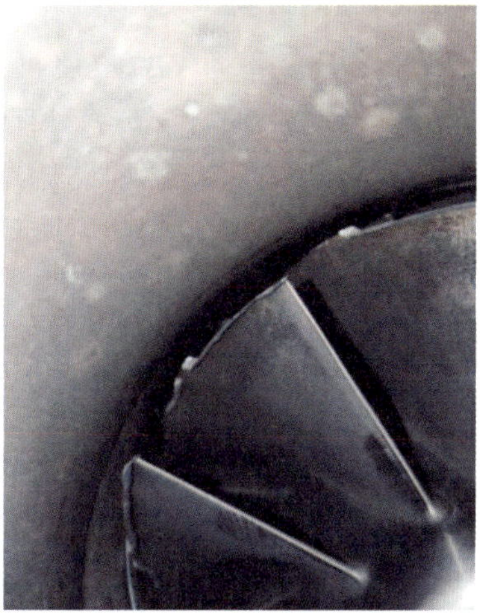

与传统飞机不同，B787 飞机的客舱空气不是来自发动机的引气，而是来自客舱空气压缩机（CAC）。CAC 将外部空气压缩为高温高压的气体，为空调组件提供气流，从而实现空调制冷及维持客舱增压。左右空调组件各有 2 个独立的 CAC。

本次空中出现右组件咨询信息，右侧 1 号和 2 号 CAC 均出现喘振，右组件关断。机组空中复位不成功。落地后，结合译码数据和手册判断为 R2 CAC 故障。QRH 中说明，当飞机出现“PACK L，R”信息时，空调组件需要在 35 000 ft 以下复位。这是因为在高海拔高度 CAC 对喘振比较敏感，不容易复位成功。

四、工程措施

对于 10 个航段出现 4 次 CAC L1/L2/R1/R2 状态信息，或 20 个航段内出现 12 次 CAC 喘振维护信息（MM21-65171，21-65172，21-65173，21-65174），需要参考 FIM 排故，排除引起喘振的部件原因，编写维护提示。

五、参考报告

《B787-21-20210831 CAC 故障工程调查》。

类别四　空中出现“PACK R”信息

一、故障现象

某航一架 B787 飞机执行乌鲁木齐—广州航班，爬升到 35 000 ft 时出现 PACK R（右空调组件）信息，右侧两个 CAC（空气压气机）均故障。机组申请下降高度，飞机下降至 33 000 ft，按检查单复位后右空调组件工作正常，后续正常。广州地面测试右 2 号 CAC 正常，右 1 号 CAC 保留放行。航后更换右 1 号 CAC。

二、风险等级

低风险

三、原因分析

与传统飞机不同，B787 飞机的客舱空气不是来自于发动机的引气，而是来自于客舱空气压缩机（CAC）。CAC 将外部空气压缩为高温高压的气体，为空调组件提供气流，从而实现空调制冷及维持客舱增压。左右空调组件各有 2 个独立的 CAC，PCU（PACK CONTROL UNITS）控制和监控 CAC 的运行，PCU 发送数据给 CMSC 控制 CAC 的转速和组件流量。

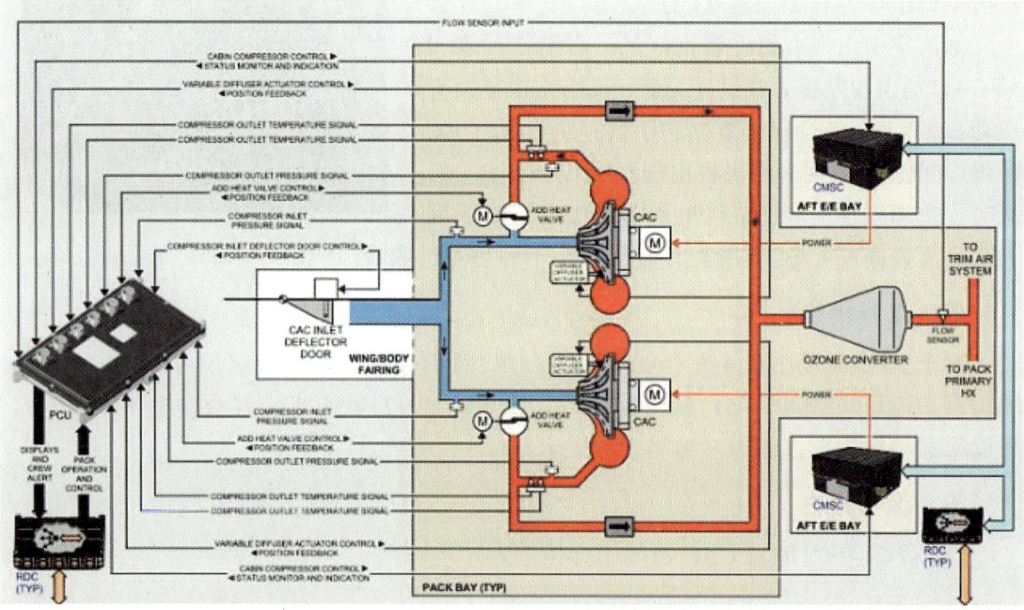

该机航前出现状态信息“CABIN AIR CPRSR R1”，维护码为 MM24-50355，24-51935。参照 FIM 24-10-F5-D9A-421A，执行 R1 CAC Motor Start Controller CAC 系统测试不通过。依据 MEL21-51-01-02-02A，办理 R1 CAC MEL 保留。

在空中，机组反映爬升到 35 000 ft，R2 CAC 在空中出现喘振。而 R1 CAC 失效保留，故右侧两个 CAC 均不工作，导致右侧空调组件失效。机组复位后，R2 CAC 恢复工作，右组件工作正常。

QRH 中明确说明当飞机出现“PACK L，R”信息时，空调组件需要在 35 000 ft 以下复位。这是因为在高海拔高度 CAC 对喘振比较敏感，不容易复位成功。

四、工程措施

建议机组遇到类似状况，按照 FCOM 操作即可，无额外的其他建议。

五、参考报告

《B787-21-P-20210326 B787 空中出现“PACK R”信息工程调查》。

第二节　ATA22 自动驾驶

类别一　爬升时出现 EICAS 信息 AUTOPILOT 的故障

一、故障现象

某航 B787 飞机执行航班，在爬升通过约 8000 ft 时出现 EICAS 信息“AUTOPILOT”（自动驾驶），机组通过改变俯仰方式后故障消失，随后出现“SINGLE SOURCE F/D”（单套飞行指引仪源）和“NO LAND 3”（无着陆 3）EICAS 信息，机组通过脱开自动驾驶和关断并重接两部指引仪操作后，信息消失。

二、风险等级

低风险

三、原因分析

航后报告显示，出现 InActive 注意信息（CAUTION）“AUTOPILOT”、Active 咨询信息（Advisory）“SINGLE SOURCE FD”和“NO LAND 3”三条 EICAS 信息，三条信息均指向 FCM。落地后依据维护码 27-14102 和 27-14103，按 FIM 进行测试，结果正常，后续未再有相关的故障信息。

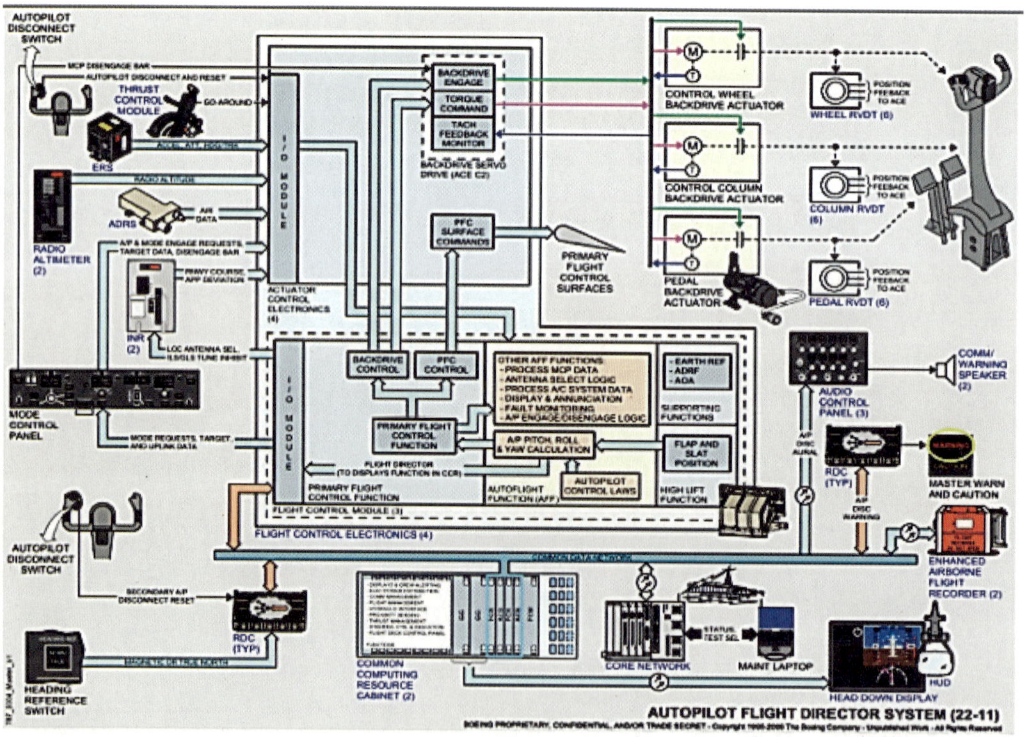

本次出现的驾驶舱效应和维护信息与 FTD-27-19018 里相关内容描述一致，即 FCE CBP 5 版本当前存在的固有问题，造成飞机自动驾驶功能部分降级。

四、工程措施

FCOM 中介绍了 FCE CBP5 现有故障现象及 FCE CBP5.1 软件的改进措施，已发布 EO，对机队软件升级。

五、参考报告

《B777-22-20201221 自动油门脱开工程调查》。

类别二　自动油门不能预位故障

一、故障现象

某航 B787 飞机滑出后，机组反映出现自动油门 L 脱开信息，MCP A/T R 预位电门卡阻在 ARM 位（航线检查已发现并告知机组），飞机滑回机位检查。更换方式控制 MCP 面板后，测试正常，后续航班正常。

二、风险等级

一般风险

三、原因分析

排故过程中发现 MCP 面板的 A/T ARM R（见下图）卡阻在 ON 位置，不能往 OFF 位置拨动，更换 MCP 面板，地面测试正常，后续航班正常。

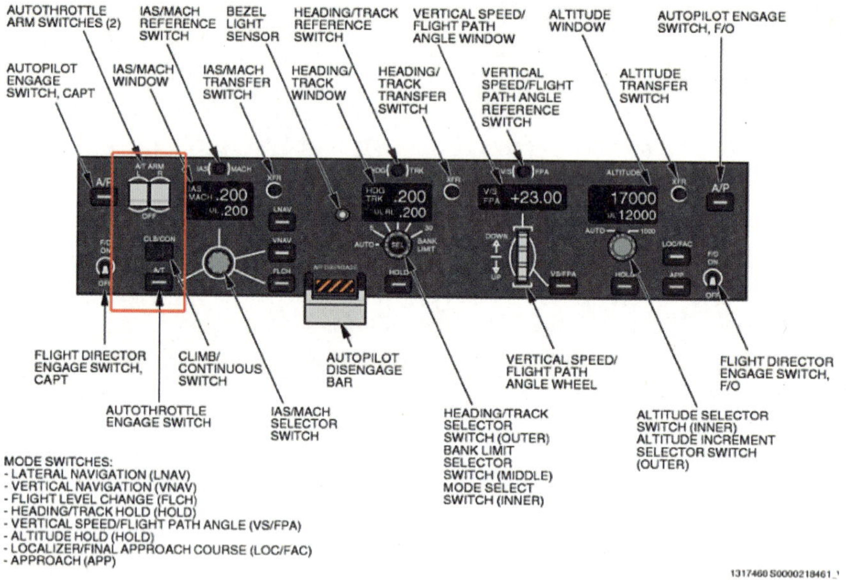

四、工程措施

1. 此次 MCP 自动油门预位电门无法预位故障首次发生，属于偶发故障。

2. 2020 年以来拆换出现增多的趋势，拆换在 B787-8 飞机上较多，与 B787-8 运营时间长、耗损累加造成拆换有一定关系，拆下件故障模式较分散。继续跟踪厂家修理报告，重点要求设备厂家对 2020 年以来拆换件进行分析，督促厂家找到拆换次数高的原因并提出解决办法。

五、参考报告

《B787-22-P-20201209 B787 飞机自动油门不能预位故障工程调查》。

第三节　ATA24 电源系统

类别一　发电机故障

一、故障现象

某航 B787 飞机执行航班，在航前推出起动后，出现右 1 发电机信息，机组联系签派与当地机务，综合决策后拖回机位，后机务办理 MEL 保留放行，航班延误 69 min。航后针对该机排故，更换 VFSG 和 GCU，测试正常。

二、风险等级

一般风险

三、原因分析

B787 主电源系统来自 4 个 VFSG（variable frequency starter generator）、2 个 ASG（APU starter generator）。这些发电机为飞机提供 3 相变频的 235 V 交流电，并在发动机或 APU 起动阶段作为发动机或 APU 的起动马达，起动好后，作为发电机为飞机供电。GCU 主要控制对应 VFSG 的输出电压，并监控 VFSG 故障及滑油系统状态，为 VFSG 提供保护功能。

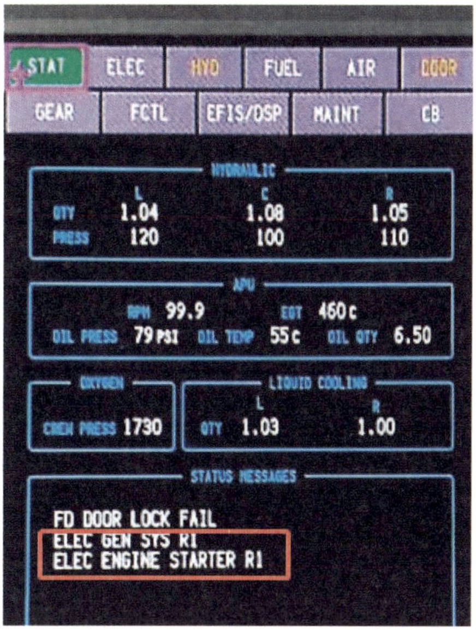

航班推出有状态信息“ELEC GEN SYS R1”和“ELEC ENGINE STARTER R1”，维护码 24-16003 和 24-50763。查看 FIADA 也有以下状态信息和“ELEC GEN OFF R1”咨询信息。根据 FIM 手册，MM 24-16003 代表 R1 GCU 内部故障；MM 24-50763 代表 R1 VFSG 励磁电流太低。综合分析认为与 GCU 软件控制发动机加速期间电压调节时机有关。

四、工程措施

拆下的 GCU 为 H02，结合送修执行改装，件号可升级至 H04，进一步提高可靠性。

五、参考报告

《B787-24-20210428 右 1 发电机故障工程调查》。

类别二　外部电源无法接通故障

一、故障现象

某航一架 B787 飞机执行广州—成都航班，在广州短停已办 APU 失效保留，使用外电源启动发动机时，外电源断开无法接通，航班换机执行。

按排故方案拆开 P400 板检查所有电气部件，均未发现有明显烧蚀现象；检查外电源插座馈线及接线片和 P400 的馈线接线片正常，未发现有烧蚀迹象；更换右 BPCU 及更换 P400 板的 2 个雷击保护卡，故障依旧。经隔离确认 P400 面板故障，从波音订件更换，重装软件后测试正常，双发试车正常。

二、风险等级

一般风险

三、原因分析

采用外电源启动发动机的过程中发生 P400 电源面板烧蚀，当时使用了 3 台电源车启动。咨询了保障部门，B787 的电源车是专用的，有定期检查的要求，电源车利用率比较高，其他 B787 也使用过，基本可以排除电源车的问题。初步判断是电源面板内部故障导致其烧蚀。

厂家 VSB 7000294-639-24-8 说明部分 P300/400 面板的感压线路内的限流电阻随着运行时间的增加可能会松动，接触电阻增加，进而导致电压波动，出现不放行信息。更换这些电阻需要将电源面板拆下，在内场车间进行更换。从本次 P400 板烧蚀的位置看，不是这个 VSB 内需要更换的电阻位置处发生的烧蚀，但是也不能排除 P400 内部部件故障导致面板的烧蚀。

四、工程措施

电源面板和 BPCU 的厂家均为 Collins（柯林斯），跟踪部件的送修情况，要求波音和柯林斯对本次电路板的烧蚀原因进行调查，待明确烧蚀原因后再采取针对性的措施。

五、参考报告

《B787-24-G-20210329 外部电源无法接通故障工程调查》。

第四节　ATA25 设备设施

类别一　ELT 故障

一、故障现象

某航 B787 飞机执行航班前，固定式 ELT 故障。一线机务按工程部门方案进行排故时，拆开 ELT 天线接近吹水汽，检查发现 ELT 天线底座托板损坏，螺杆无法装紧。后更换固定螺杆底座，吹除水汽。航后该机更换开裂的天线，故障彻底排除。

二、风险等级

较大风险

三、原因分析

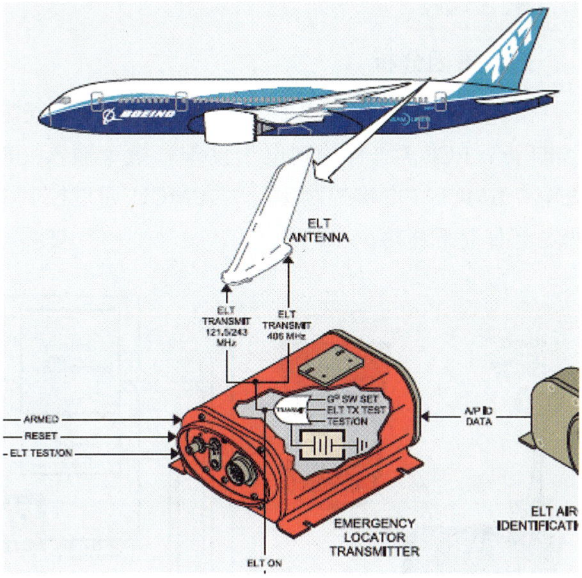

ELT 天线位于飞机尾部顶部，通过一根同轴电缆与位于后乘务员休息室顶部的 ELT 相连。检查发现脱开的电缆插头有水流出，外部 ELT 天线发现有裂纹，当时天气下雨。用氮气瓶吹天线裂纹处，发现同轴电缆与 ELT 相连的插头处有水流出。ELT 外部是封装好的，只有天线插座处有孔。

分析故障原因为雨水在迎面气流加压的作用下，通过天线的裂缝处进入同轴电缆，水在气流加压下再通过电缆与 ELT 相连的插座进入到 ELT 内部。

四、工程措施

按系统 C 检（12000 FH）间隔增加飞机上部导航/通信天线的详细目视检查任务。

五、参考报告

《B787-23-20190307 ELT 故障工程调查》。

第五节　ATA27 飞行操纵

类别一　安定面警告信息

一、故障现象

某航 B787 执行航班时，飞机下降过程中，出现“STABILIZER R2”（右二安定面）的 EICAS 故障信息，机组按检查单切断 R2 安定面后，又出现 STABILIZER（安定面）警告并伴随 STABILIZER（安定面）EICAS 信息，警告信息一直显示到落地。

二、风险等级

较大风险

三、原因分析

俯仰配平电门和备用俯仰配平电门为水平安定面的操作提供手动操作。以上任意一个电门给 FCE（飞行控制电子设备）指令输入。FCE（飞行控制电子设备）将控制指令传输给 EMCU（电机控制单元）。EMCU 通过控制 HSTA 上电动马达转动滚珠丝杠，使水平安定面上下移动。

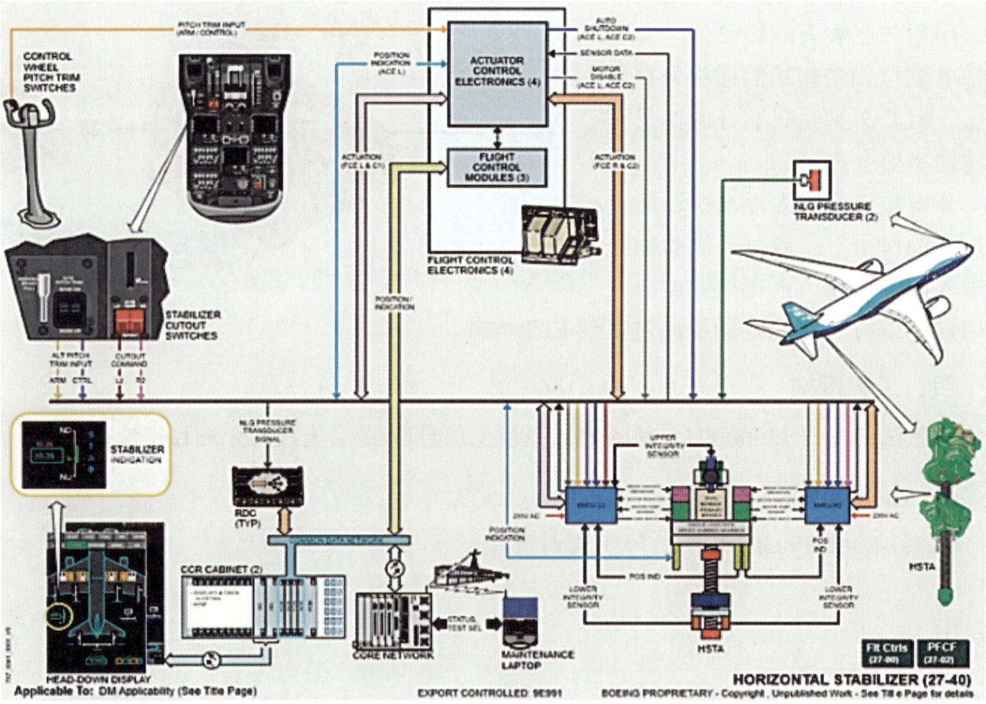

通过 AHM 的监控发现当时 L2 和 R2 EMCU 均有状态信息。EICAS 上显示 STABILIZER R2 故障状态信息，飞行按照 FCOM 操作切断 R2 电门，恰巧因为此时 L2 也处于故障状态，所以双通道失效导致 EICAS 出现 STABILZER 警告信息。飞机落地后，地面重置测试通过，故障消失，飞机继续执行航班。

综合排故判断故障原因为：L2 和 R2 EMCU 的瞬时故障。相关的故障码指向 L2/R2 EMCU 或者相关线路。

四、工程措施

出现 STABILIZER L2/R2 故障信息后，可通过做地面测试抹除故障信息放行。若测试不通过，直接保留，不要多次重复测试。

五、参考报告

《B787-27-20200103 飞控 R0STABILIZER R2 故障信息工程调查》。

类别二　航后自检出现多条飞控状态信息

一、故障现象

某航 B787 出现飞控系统状态信息：“AILERON SYS”（副翼系统），“ELEVATOR SYS”（升降舵系统），“FLIGHT CONTROL SYS”（飞行控制系统），并伴随多条维护信息：27-14081，27-15445，27-17740，27-17741 等。航后进行排故测试，信息消失。

二、风险等级

低风险

三、原因分析

B787 飞机着陆后，当满足一定条件时，一系列的飞行操纵自检开始运行，以检验系统是否存在潜在的故障。第一系列的测试需要有液压动力供应，且需要约 90 s 时间完成。这些测试在襟翼收回后开始，要求连续供应液压动力且不得移动飞行操纵系统，以避免中断测试。如果发动机在襟翼收回之前关车，这些测试不会运行。

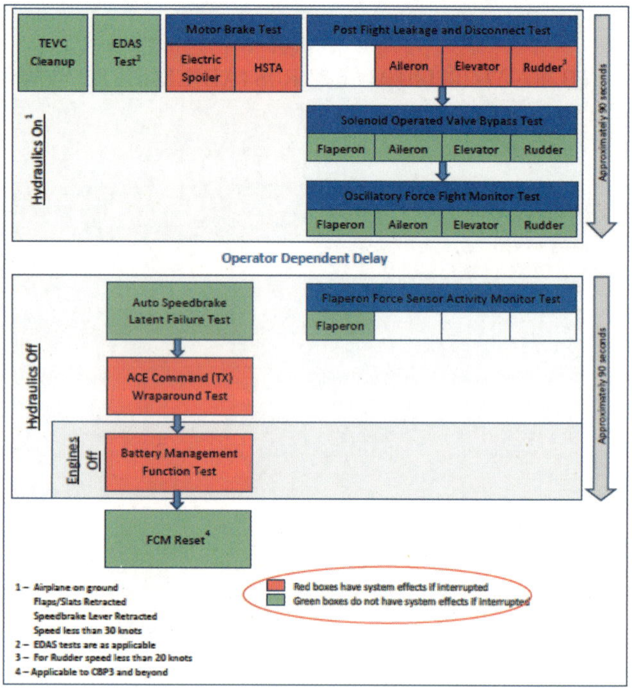

Post Flight Test Sequencing

对该机进行排故分析，发现本次故障是由于飞机航后自检时被中断引起的。结合厂家文件，分析引起问题的原因有 2 个：（1）系统本身有相应的故障；（2）PFT 测试被中断。

如果系统不存在问题，可以通过测试把信息抹除。

四、工程措施

编写《机组提示》，为避免航后自检（PFT）被中断，在落地滑行至 30 节以下时，同时襟翼收上，扰流板收起，三个液压系统压力正常，需至少保持 45 s 时间，确保 PFT 测试完成后，再关闭发动机进行单发滑行。

五、参考报告

《B787-27-20200123 航后自检（Post Flight Test）工程调查》。

类别三　升降舵感觉作动筒故障

一、故障现象

某航 B787 飞机执行航班，在航前，推出起动后机组反映升降舵操纵力大，飞机拖回检查。隔离为左升降舵感觉作动筒故障，更换左升降舵感觉作动筒，测试正常，飞机放行。后续航班，推出启动后出现“FLIGHT CONTROLS”（飞行控制）信息，滑回检查。整机断电故障依旧，做驾驶杆位置系统测试、复位所有 FCE（飞控电子组件）跳开关，检查并重装位置传感器插头，测试故障依旧。完成飞控系统左中右 3 套 FCE 和左中右 3 套 PCM 的测试，测试正常后再完成驾驶杆位置传感器测试，测试正常飞控警戒信息消失。启动发动机后，操作驾驶杆检查正常。

二、风险等级

较大风险

三、原因分析

首次故障，机组反映机长位杆力很大卡阻，检查有状态信息“PILOT CONTROL SYS”（引导控制系统）和故障码 27-10711，对串左右升降舵感觉作动筒后故障转移，确认作动筒故障，更换升降舵感觉作动筒后，测试正常。

以上措施完成，实际上飞机的故障已经排除，故障信息消失。但排故过程中，为隔离故障、感受两杆力大小，出现过左右杆的位置差异的情况，系统记录了左右位置不一致的锁存信息，所以飞机第二次执行航班 EICAS 页面还有警戒信息，后续测试恢复正常。

四、工程措施

编写维护提示：在排故时，工作者推动无卡阻侧驾驶杆的杆力不要过大，避免触发驾驶杆超控机构的差异作动，否则会造成左右位置传感器左右位置不一致，系统将记录并锁存信息；排故结束测试完成后，MFD 里的状态信息和 EICAS 的飞控警戒信息都要查看是否清除干净，如有警戒信息未消除，需按 FIM 要求做测试来消除警戒信息。

五、参考报告

《B787-27-20201012 升降舵感觉作动筒故障工程调查》。

类别四 脚蹬刹车感觉弹簧断裂

一、故障现象

事件 1：某航司一架 **B787** 飞机在新疆航后，机组反映脚蹬反馈力有点小，检查发现机长左侧脚蹬传感器弹簧断裂。航班换机执行。

事件 2：同一架 B787 飞机机组再次反馈，落地后正驾驶侧踩刹车感觉较软。检查发现左侧脚蹬感觉弹簧断裂。第二天航班调空。

二、风险等级

低风险

三、原因分析

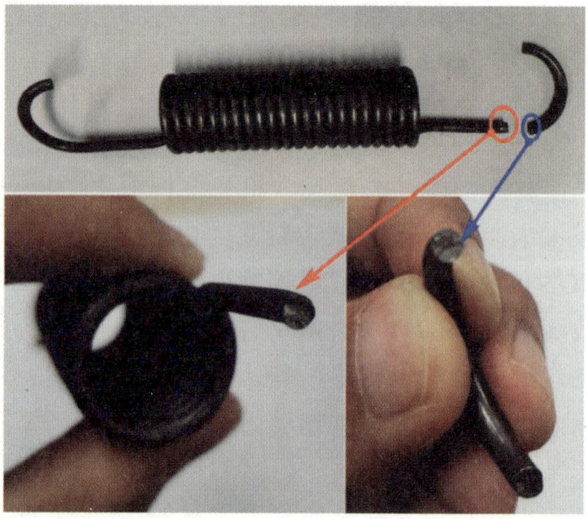

脚蹬刹车感觉弹簧安装于方向舵脚蹬组件，和刹车传感器（LVDT）并列安装。当驾驶员踩脚蹬刹车时，连杆机构给刹车传感器（LVDT）输入模拟信号，刹车传感器（LVDT）因此产生移动。由于脚蹬感觉弹簧和刹车传感器并列安装，传感器移动过程中需要克服弹簧力，从而给驾驶员传导感觉力。机长侧和副驾驶侧各安装有 2 根脚蹬刹车感觉弹簧。

排故检查拆下部件的两根弹簧，从断裂端口并结合厂家反馈，判断是疲劳断裂。

波音目前收到过另外两个营运人报告的 8 起弹簧断裂事件，其中机长侧 5 起，副驾驶侧 3 起。收集到的断裂弹簧飞机使用循环数为 4012、3881、4034 和 5877FC。目前厂家 SAFRAN 和 Boeing 尚无改进措施，正在收集数据进行调查，探讨检查标准，同时也在考虑对弹簧的设计进行改进。

四、工程措施

因为是疲劳裂纹导致弹簧断裂，建议对使用时间长的弹簧进行更换，更换的同时收集数据，检查弹簧是否有微小的裂纹等情况。

五、参考报告

《B787-27-20201013 脚蹬刹车感觉弹簧断裂工程调查》。

类别五　扰流板故障

一、故障现象

某航 B787 飞机执行航班，推出后机组反映出现 10#扰流板信息。该机随后被拖回机位排故，地面测试无效，确认是 10 号扰流板故障，锁住 10 号扰流板办 MEL 保留放行。航后更换 10 号扰流板 EMCU，测试正常。

二、风险等级

较大风险

三、原因分析

扰流板主要功能是控制飞机滚转、速度刹车和改善低速飞行性能。从左大翼到右大翼依次装着 14 块扰流板，编号 1 到 14。其中 4、5、10 和 11 号扰流板装的是电作动筒 EMA，其余扰流板装的是液压作动筒 PCU。

本次更换 EMCU 后，监控该机后续航班正常。查询拆装履历，发现本次故障与拆下件的修理质量不高有关。

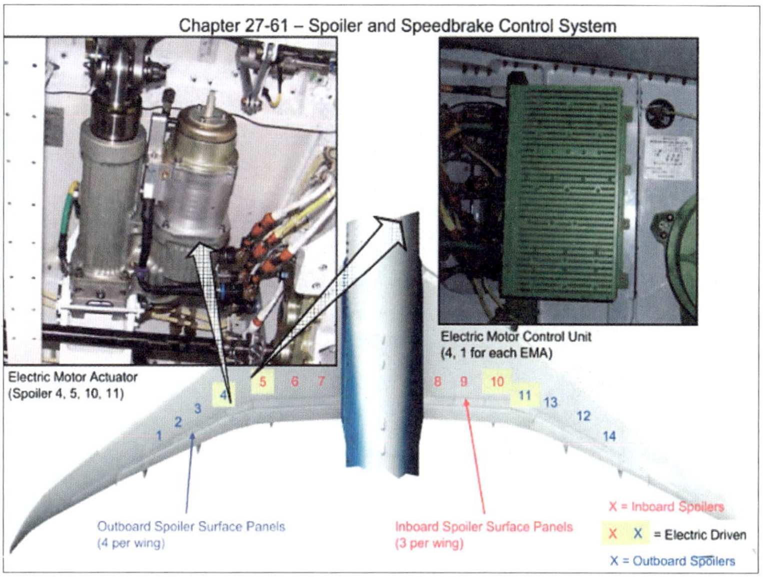

四、工程措施

EMCU 因为设计问题，可靠性比较差，已经编写了电动扰流板失效保留的 APS，并随机配备了放行所需的工具，建议放行人员熟练掌握该程序，以减少延误。

五、参考报告

《B787-27-20210610 扰流板故障延误工程调查》。

第六节　ATA28 燃油系统

类别一　发动机吊架余油口漏燃油

一、故障现象

某航一架 B787 飞机执行航班，地面机务人员例行检查时，发现左发吊架余油口漏燃油。随后按工程部门方案排故，航班取消。该机进行慢车测试以进一步确认燃油总管接头漏油，更换燃油总管接头和封圈，测试正常。

二、风险等级

重大风险

三、原因分析

厂家分析认为接头 O 形封严变形是导致漏油的根本原因，已改进了安装接头，将接头件号由 711Z2122-6 升级为 711Z2122-9。新的接头与其他连接部件螺纹耦合得更好，O 形封圈安装区域表面比之前光滑，不再使用锌镍涂层，减少了封圈安装过程中造成的损伤。

四、工程措施

B787 飞机生产线上，线号 223 以后的飞机安装的都是新件号的燃油总管接头，原有飞机按计划升级接头件号。

五、参考报告

《B787-28-20200115 发动机吊架余油口漏燃油重新评估》。

类别二　加油控制面板部件警戒

一、故障现象

某航司可靠性管理部门在进行航空器部件警戒值监控与分析时，根据部件警戒分析号 787-28-21-0002E，确认触发超警戒值。进一步核实发现，该分析号对应的是加油控制面板 RCP，件号为 30288-0101。

二、风险等级

低风险

三、原因分析

加油控制面板 RCP 位于左大翼发动机外侧加油站，双通道电子元件，作为燃油油量管理系统 FQMS 的接口，控制加油、放油和燃油传输操作。

从拆换原因看，主要有 28-14001 或/和 28-14002 通道 A、B 故障，自动加油功能失效、掉漆。从修理报告看，主要是扳动电门失效，扳动电门本身可靠性及使用次数都会影响其寿命。

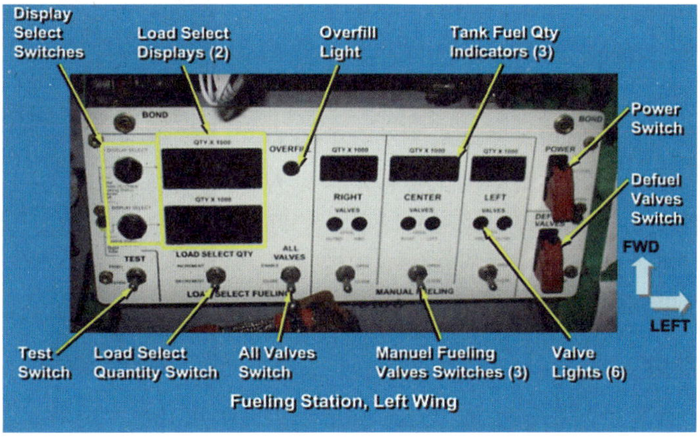

在 2014 年发布的 787-SL-28-007 及 VSB 30288-28-01 中说明，B787 左大翼上燃油加油面板上 Eaton 生产的 8868K 系列扳动开关可靠性比较差，因此引进另外一个厂家 Otto 生产的新开关 091938 系列。2020 年厂家又发布了 VSB 30288-28-02，引入了新型号扳动电门 MS24523 系列，同时抛弃 VSB-01 版。

四、工程措施

1. 建议结合送修执行 VSB 30288-28-02。
2. 建议航材部门与修理厂家沟通，责成厂家提高修理质量。

五、参考报告

《B787-28-W-20210927 加油控制面板部件警戒的工程调查》。

第七节 ATA29 液压系统

类别一 主起落架上方大翼区域液压软管漏油故障

一、故障现象

某航 B787 飞机执行航班，巡航高度时出现“HYD QTY LOW L”（左液压系统油量低）咨询信息，液压页面显示左液压系统油量 0.4 并逐渐减少。机组保持监控，在进近前左液压油量减少到 0.15 后维持不变。机组按手册操作，正常落地，导致后续航班取消。

二、风险等级

较大风险

三、原因分析

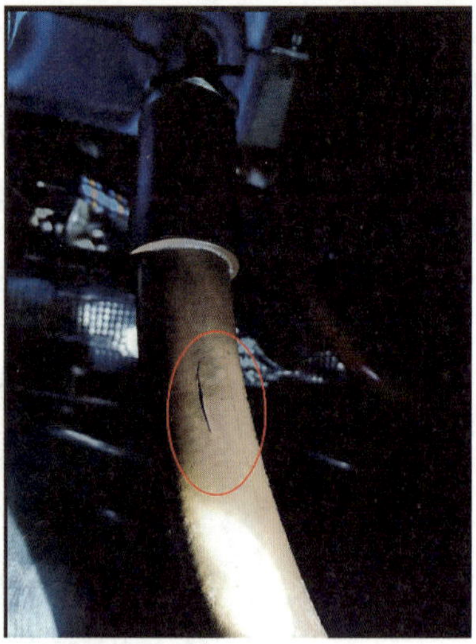

B787 飞机有左、中、右三个液压系统，其中左、右系统各有一个发动机驱动泵（EDP）和电动泵（EMP），中系统有两个电动泵（EMP）。液压系统为主飞行控制系统、增升装置、发动机反推、起落架的收放以及前轮转弯等功能提供液压动力。

本次检查发现左发 EDP（发动机驱动泵）压力管有裂纹，更换左发 EDP，试车测试正常。该压力管路分为上下两段，中部有一个球形衰减器。管路内部是特氟龙材料，外面包裹有不锈钢编织层（有三层不锈钢编织层），最外侧是防火硅胶套。

四、工程措施

该压力管的使用时间不存在规律性，有早期失效的极端情况存在。建议航材保证有 1～2 根压力管组件的最低库存量。

五、参考报告

《B787-29-20200228 EDP 压力管有裂纹调查》。

第八节　ATA30 防冰防雨

类别一　CAC 进气道加温导线束故障

一、故障现象

某航 B787 飞机 CAC 进气道加温跳开关跳出，检查发现 DB302203J01 插头的屏蔽网破损，导线绝缘层破损，线束的编织网与结构相磨，参考 SWPM 对损伤进行修复。

二、风险等级

低风险

三、原因分析

客舱空气压气机（CAC）进口是采用电加温进行防冰的，当主防冰系统提供结冰信号给公共核心系统（CCS）时，CCS 指令相应的 RPDU 向 CAC 进口加温元件供电。当主防冰系统失效时，加温控制信号还可以来自于 P5 面板上的发动机防冰电门。CAC 进口防冰系统是自动工作的，由软件控制。

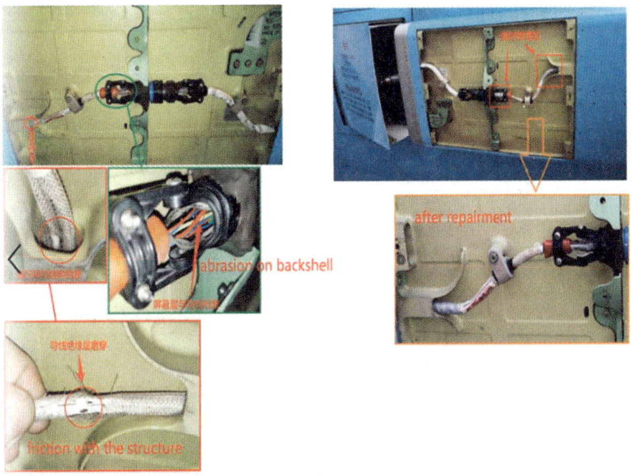

该飞机 CAC 进气道加温跳开关跳出主要是导线束损伤导致。B787-8 与 B787-9 飞机 CAC 进气道加温的构型不同，导线束构型不同。B787-9 飞机 CAC 进口前缘加温唇口可以单独拆换，而 B787-8 飞机则不行，如需更换，需要拆换整个 CAC 进气道。

四、工程措施

增加定期对 B787-9 机队客舱空气压缩机进口防冰导线束的检查工作，初始检查时间为 6000FH，重复检查间隔为 3000FH。

五、参考报告

《B787-30-20210419 CAC 进气道加温导线束故障的工程调查》。

第九节　ATA32 起落架系统

类别一　刹车故障

一、故障现象

某航 B787 执行航班，在航前上客时，机组反映出现右内 EBAC 故障信息。机务上机测试不通过，后依据工程部门方案排故，更换 EBAC 后测试正常。航班延误 57 min。

二、风险等级

一般风险

三、原因分析

B787 每架飞机有 4 个电刹车作动筒控制器 EBAC，分别控制左内、左外、右内、右外刹车，每个 EBAC 有 2 个通道，一个通道控制前主轮刹车，另一个通道控制同侧后主轮刹车。

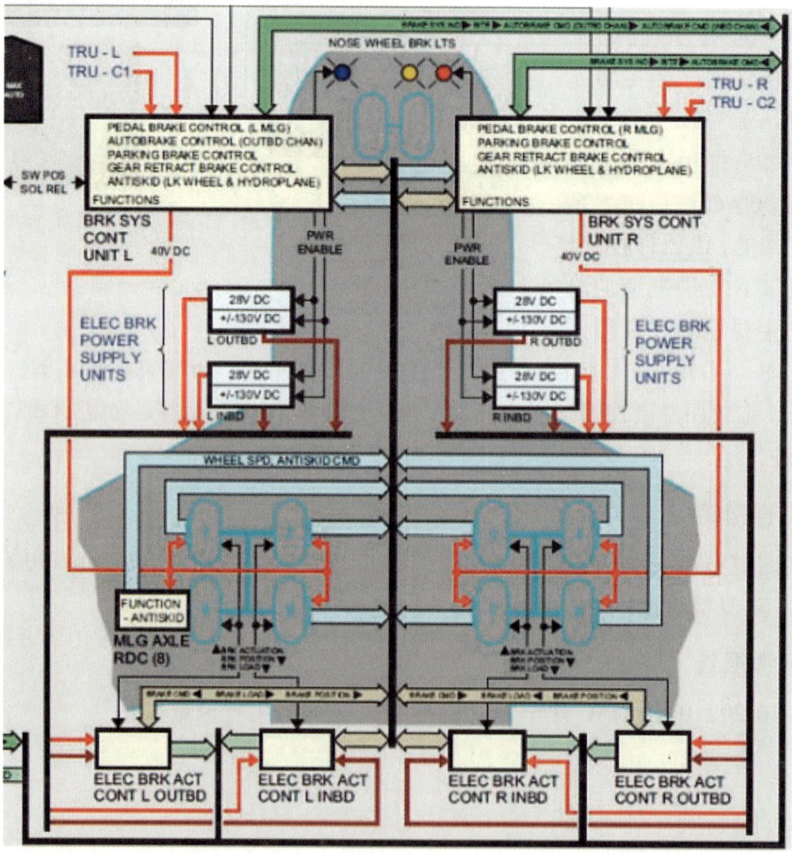

本次飞机故障时的维护信息页记录的维护信息有 32-41153、32-41253、32-41353、32-41453 及 32-41013，其中有 4 个维护码指向 3 号刹车组件所有 EBA 均有问题。查阅 4 个维护码 FIM 手册，共同指向右内侧 EBAC。一个刹车组件所有的 EBAC 全部故障的几率很小，故除了刹车导线束的问题外，最大可能性就是控制器的问题，加上维护码 32-41013 也明确指向 3 号 EBAC 故障，后经串件隔离确认是右内侧 EBAC 故障。

四、工程措施

1. 厂家 SAFRAN 2020 年发布 VSB C20606-32-117，结合送修免费执行。

2. 在排故过程中对于一个系统的多条信息及维护码，要留意维护码的关联性，以便准确定位故障部件。

五、参考报告

《B787-32-202100810 刹车故障信息工程调查》。

第十节　ATA34 导航系统

类别一　WXR FAIL 失效故障气象雷达驱动组件故障

一、故障现象

某航 B787 执行货运航班，航前出现气象雷达驱动组件故障。更换驱动组件，测试正常。本次事件过程中更换气象雷达驱动组件 1 个多小时，但是飞机推出到滑行道遭遇到白云机场区域蓝色雷暴天气不满足起飞条件，等待时间较长，后滑回加油等，导致延误时间 4 个多小时。

二、风险等级

一般风险

三、原因分析

本次故障在关门前，左右雷达状态信息“WEATHER RADAR SYS L”（气象雷达系统 左）和“WEATHER RADAR R”（气象雷达系统 右）信息闪现，复位左右 ISSPU 跳开关无效，执行左右雷达系统测试均通过，但状态信息仍不停闪现。并有维护信息 34-60111，按 FIM 更换雷达系统驱动组件测试正常。

根据该件故障表象来分析，操作测试气象雷达驱动组件左右转动时卡滞感比较明显，并且伴随的声音也不大正常，综合分析是编码器（相当于左右和俯仰驱动马达）出现故障。

四、工程措施

1. 如果故障码是 34-60111，建议重点关注雷达天线驱动组件；如果故障码是 34-60121/34-60122，建议重点关注收发机。

2. 除了在春夏换季时对雷达系统进行操作测试外，建议航线在条件允许的情况下，对停场超过 2 天的飞机按需对雷达系统进行操作测试，以提前发现气象雷达驱动组件的故障可能性。

五、参考报告

《B787-34-20210628 航前出现气象雷达驱动组件故障工程调查》。

类别二 地形语音警告

一、故障现象

某航 B787 执行航班时，飞机出现 EICAS 信息“ADS-B OUT”（ADS-B 发送功能不工作），1 s 后信息自行消失。随后 2～3 s 后出现“TERRAIN TERRAIN，PULL UP”（地形，地形，拉起）语音警告。机组执行复飞动作，报告管制员，后续管制员雷达引导再次进近，落地正常。

二、风险等级

较大风险

三、原因分析

触发地形拉升警告“terrain terrain pull up”（地形地形拉升），机组按程序执行拉升机动，之后复飞雷达引导正常落地。飞机落地后机务分别对左右 INR 进行测试，测试正常。同时对左右 ISSPU 中 GPWS 进行功能测试，系统工作正常。

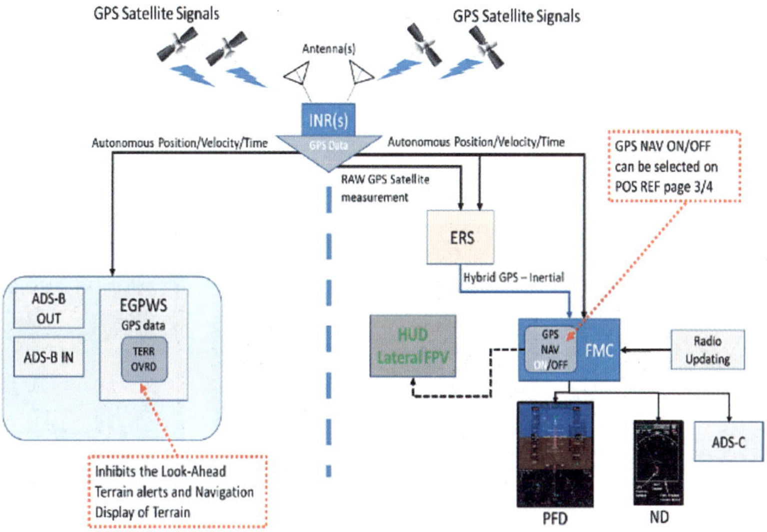

本次事件出现地形警告时间短，之后恢复正常，且在“PULL UP”音响警告前未出现其他音响警戒或主警戒灯亮。GPWS 前视型障碍物和地型警戒过程是一个渐变的过程，EICAS 无其他警告信息。同时，因为 ADS-B 系统使用 GPS 数据，故干扰发生时也会出现相关的 ADS-B 信息。判断本次是 GPS 渐进变化干扰引起的 GPWS TA 虚假警告。

四、工程措施

升级 LASEREF VI ERS 软件，以提升惯导系统的性能，提高出现 GPS 信号干扰时 GPWS 处理能力。

五、参考报告

《B787-34-20210922 飞机进近时“terrain terrain pull up”语音警告工程调查》。

第十一节　ATA35 氧气系统

类别一　旅客氧气面罩脱落

一、故障现象

某航 B787-8 机组反映落地时 57 排 HJK 氧气面罩脱落，按 MEL 保留放行。航班晚于计划出港 33 min 起飞。

二、风险等级

低风险

三、原因分析

不正确折叠氧气面罩会导致氧气面板关闭时产生形变张力，甚至面板锁扣处于虚扣状态，在飞机着落时，瞬间载荷大于面板锁存力，使面板意外打开以及氧气面罩脱落。

氧气面罩折叠要点：

1. 面罩在折叠时，方向上保持一致，头带放在杯罩内，氧气管对齐。

2. 氧气管以螺旋的方式置于杯罩内，剩余的气管压在顶部，面罩的开口朝向机头方向，注意氧气管不要挡住面板的铰链，尽量减少头带和氧气管的外露长度，避免面板关上时被挤压边框处。

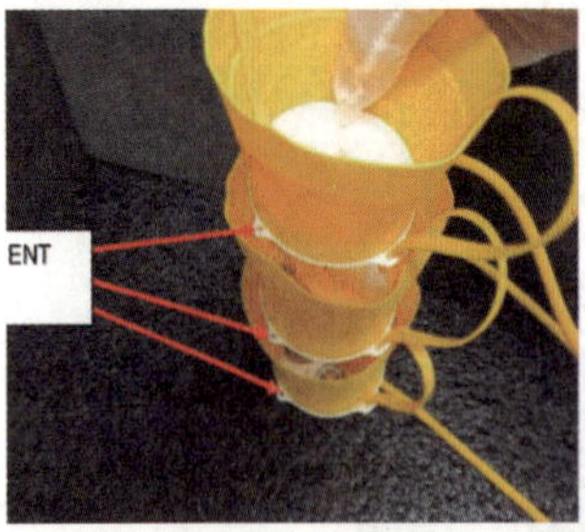

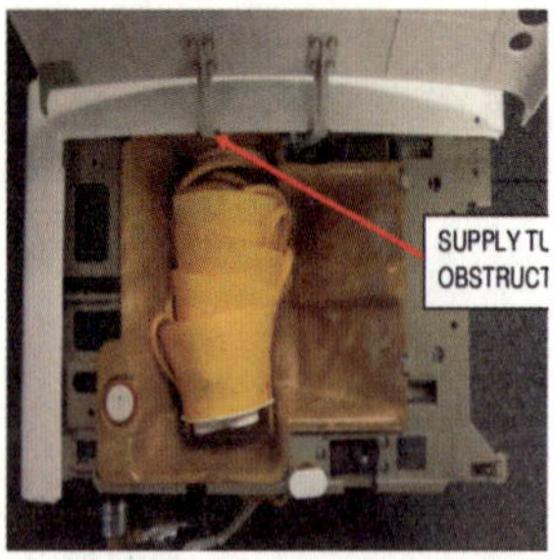

四、工程措施

各 787 相关的维修单位组织学习 PSU 氧气面板的操作指南和视频录像，外站管理室把操作指南和视频发送发给国内 787 各站点，供机务维护人员熟悉和了解 PSU 组件的操作及氧气面罩的折叠，减少或避免因氧气面罩脱落导致的航班延误。

五、参考报告

《B787-35-20200618 旅客氧气面罩脱落工程调查》。

第十二节　ATA38 水和污水

类别一　废水箱真空泵故障

一、故障现象

某航 B787 机队一年以内发生多起废水箱真空泵非计划更换。因此，启动此工程调查。

二、风险等级

低风险

三、原因分析

B787 飞机废水处理系统分为左、右两个独立系统，用于灰水排放和厕所废物处理。在地面或低空时（16 000 ft 以下），每个系统都使用各自对应侧的真空泵将废弃物吸入废水箱中，在海拔大于 16 000 ft 时，废水系统利用内外压差进行抽吸。当真空系统故障时，所有左、右边厕所将失去真空吸力，厕所和厨房灰水接口组件（GWIV）也相应地失去真空吸力。

结合排故统计故障原因如下：

1. 当系统发出 GWIV 自动冲水命令（GWIV 储水箱满信号）时，真空泵连续工作（多个 GWIV 冲水发出指令）引起热熔器过热。
2. 通过 CMCF 启动 GWIV 人工冲水命令时，会启动多个 GWIV，将导致真空发生器持续工作，可能会使外壳过热并引起热熔断器跳闸不可复位，导致真空发生器故障。
3. 废物进入真空泵从而减少了叶轮与壳体内壁之间的间隙。间隙减小会导致叶轮与内壳体接触，使其无法旋转，从而使真空发生器无法工作。
4. 真空管道气流被脏物堵塞，从而增加真空泵的压力。
5. X2 电容器在高温高湿环境下工作失效。
6. 由于大电流引起的过流而导致 DC/DC 转换器故障。

四、工程措施

1. 恢复（清洁）废水箱液体分离器（除雾器）。间隔：12 000 FH。
2. 清洁厨房和洗手间的灰水接口活门。间隔：WEEKLY。

五、参考报告

《B787-38-20200401 废水箱真空泵故障分析》。

第十三节　ATA42 通用网络

类别一　EICAS 出现应答机、自动油门、风挡加热信息

一、故障现象

某航 B787 飞机执行航班，巡航过程中 EICAS 出现应答机、自动油门、风挡加热信息，机组执行检查单，使用备用方式管理应答机、关闭左侧风挡加温，飞行过程监控左侧风挡未见异常。机组执行检查单未能恢复自动油门，后使用人工操作油门，落地正常。

二、风险等级

低风险

三、原因分析

FIADA 系统上记录了多条“CCS RDC 11”（通用核心系统远程数据接口 11）和“AUTOTHROTTLE SERVO R”（自动油门伺服）状态信息。且根据 PFR 报告，“AUTOTHROTTLE SERVO R”状态信息的故障码 42-00670 和状态信息“CCS RDC 11 FLIGHT DECK L”的故障码 42-15470 & 42-15570 均指向 CCS RDC 11。

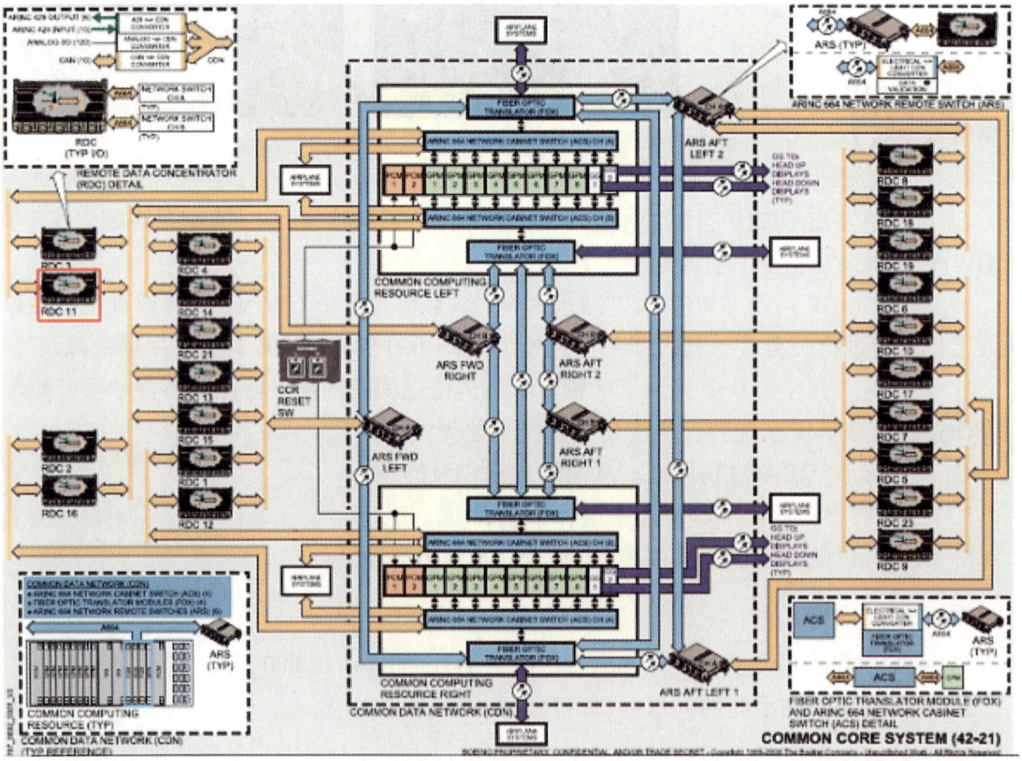

故障码指向 RDC 11 的主电源和备用电源同时失效，导致产生大量的 EICAS 信息，包括自动油门伺服右、ATC 应答机和风挡加温等故障信息。根据 FTD-42-19004 的临时处

理意见/措施，将保留过程中断开的 C/B A/T SERVO-R 重新接通，进行自动油门伺服环路测试和 RDC 11 更换测试，故障消失。

四、工程措施

维护提示：当出现 RDC xx inactive or faulted，可以通过在翼的 LRU REPLACEMENT GROUND TEST 或重置受影响 RDC 的跳开关来清除，如成功，则无须更换 RDC。

五、参考报告

《B787-42-20210309 EICAS 出现应答机、自动油门、风挡加热信息工程调查》。

类别二　通用处理组件（GPM）故障

一、故障现象

某航 B787 飞机执行航班，在短停中，机组反映落地后出现 GPM 3L 信息，复位测试不通过，将 GPM 3L 和 8R 对串，办理 MEL 保留放行。

二、风险等级

低风险

三、原因分析

根据 787-FTD-42-16002，飞机出现 GPM 状态信息，如果落地后变为 INACTIVE 状态，则无须采取维护措施；如果执行 LRU 地面测试或整机断电重启都无法清除信息，则可判断为 GPM 硬件故障。

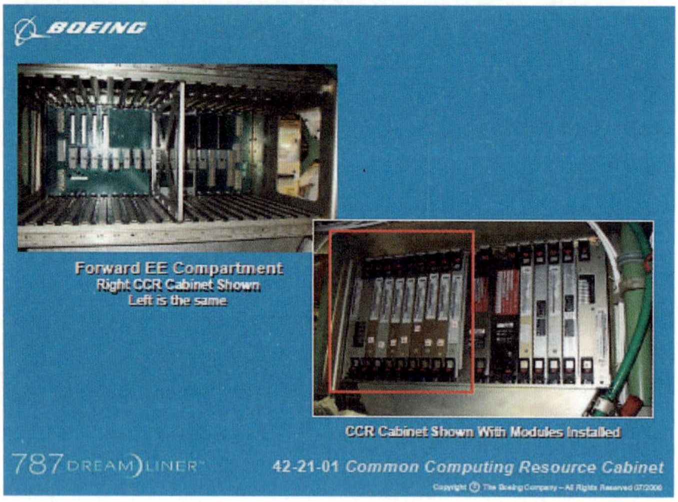

本次装机前在车间完成了 MOD13/14 改装，修理后装机使用时间（TSR）为 1827 FH。根据厂家反馈，GPM 送厂执行 MOD12/14 改装周期较长（45 天）的主要原因是改装工艺复杂、施工难度较大，怀疑本次故障与执行 MOD14 改装的修理质量有关，已要求 GE 及时反馈该件的检测或修理报告。

四、工程措施

本次故障怀疑与 MOD14 改装的施工质量不高有关，已要求 GE 加强改装管理，及时反馈该件检测报告，如证实与改装有关，要求报废此 GPM 并提供交换件。

五、参考报告

《B787-42-G-20210608 通用处理组件（GPM）故障工程调查》。

第十四节　ATA56 窗

类别一　风挡裂纹

一、故障现象

某航 B787 飞机执行航班，在起飞爬升期间，机组发现左前风挡上部出现电弧，综合决策后继续飞行，该机正常落地。落地滑行到机位后，飞行员报告左前风挡外层玻璃突发碎裂。

二、风险等级

一般风险

三、原因分析

检查发现玻璃裂纹源处有明显的烧蚀和电弧痕迹，风挡破碎时没有加温故障提示并且无外来物击伤痕迹，基本可以排除加温系统故障和外来物损伤原因。

从损伤照片看是属于加热膜电弧造成的。电弧的实质是一种气体放电的现象，它产生的原因是在导通的电路上出现了断路现象，在这个断点就产生了气穴，强大的电流通过这个气穴产生电弧，电弧放电的最显著的特征之一是温度很高，可达 3000～4000 °C，弧心的温度甚至可达 10 000 °C。风挡由两条导电条与中间的导电加热膜连接成通路，按电弧产生的原理分析，就应该是导电条与加热膜的连接首先出现断点，然后再产生导电条电弧，电弧的高温导致外层玻璃破裂并增加了空气的进入，使电弧延伸到加热膜方向，最终产生加热膜电弧，使整块风挡损坏。本次损坏被更换的左 1 号风挡是 2021 年 2 月 4 日安装的新件，仅使用了 336 FH 后就发生损坏。因此，考虑裂纹是由生产质量引起的。

四、工程措施

1. 工程部门将积极和厂家进行沟通，密切关注厂家的改进信息，并持续加强对风挡的检查。

2. 建议加强和机组的沟通，在厂家文件支持的情况下，减少滑回、返航和备降事件的发生。

3. 针对该破裂的风挡，请航材部门启动索赔程序向厂家提出索赔。

五、参考报告

《B787-56-202100420 B787 驾驶舱风挡破裂的工程调查》。

第十五节　ATA57 大翼

类别一　内襟翼后缘固定盖板连杆断裂

一、故障现象

某航 787 飞机航后，机组反映放襟翼 5°时比平常抖动大。机务检查发现左内襟翼后缘固定盖板横梁上有 4 根固定连杆断裂（S32-S35）（见图 1）。更换 4 根断裂的连杆后，按照波音要求将其余 12 根连杆反向安装。波音批准放行。

图 1

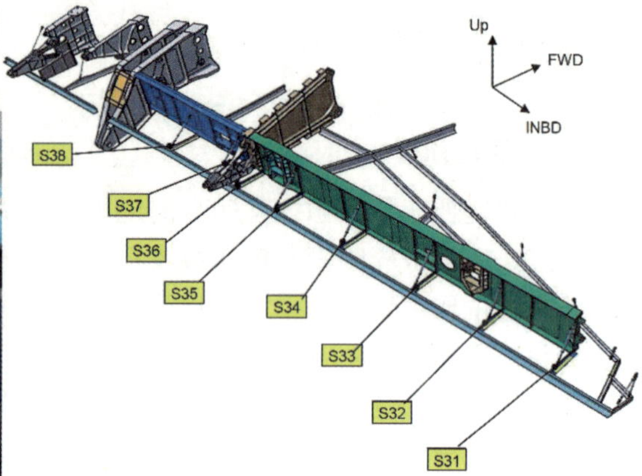

图 2

二、风险等级

一般风险

三、原因分析

飞机在正常飞行过程中，大翼后缘固定盖板受到空气动力载荷的影响会产生震颤。震颤产生的侧向载荷通过连杆传递给大翼后梁。在传递侧向载荷的过程中，连杆及连杆断头承受较大弯矩。最终导致连杆受振动疲劳断裂。

四、工程措施

1. 在厂家下发正式技术文件之前，机队完成普查，及时纠正发现的损伤。

2. 按照厂家发布的最终改装方案，对整个机队的连杆状态进行检查，并将连杆螺纹端统一安装到上部位置，以增加连杆疲劳寿命。

五、参考报告

《B787-57-20200627 左大翼后缘固定盖板连杆断裂工程调查》。

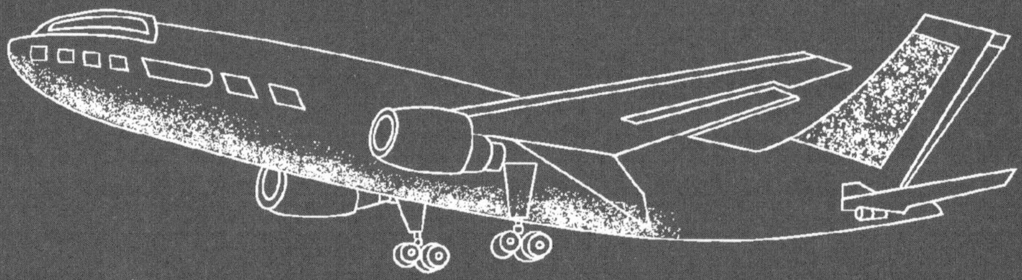

第八章

ARJ21 机队医典

第一节　ATA21 空调系统

类别一　空调管路破损

一、故障现象

某架 ARJ21 飞机航后发现驾驶舱/客舱温度调节时左侧 PACK 出口温度高，后附件舱内检查发现左 PACK 主热交换和回热器的连接管路破损。

第二天航后该机发现驾驶舱有水雾现象，检查左 PACK 组件管路，发现热交换器到回暖器的管路有漏气，同时有冷凝水喷出。

二、风险等级

较大风险

三、原因分析

调查原因为管路安装调整不当导致振动损坏。安装调整不当的原因为：

1. 整个 PACK（空调组件）是一个整体，由供应商在实验台上整体安装，并打包给商飞，总装车间再将整个 PACK 放在一个平台，整体装入飞机后附件舱，然后进行左右 PACK 间的调整，最后将拉杆及前端固定。

2. 在飞机上如果动过拉杆及前端的固定点，整个 PACK 的基准就会受到破坏，再次调整时，就会出现比较难调，目前管子的调整已进入毫米级别，调整到完全对称仍有所难度。

四、工程措施

1. 对双热交换器和管路进行调节，双热交换器法兰与回温器法兰之间的距离调至 476 mm（原距离 482 mm），松开相关部件紧固件释放调整后产生的应力，并更换双热交换器与回温器之间导管的封圈。

2. 脱开集气腔前端卡箍调整拉杆位置，重新安装管子并更换封圈。

3. 持续跟踪观察，每天检查空调组件是否漏气。

五、参考报告

《ARJ21-21-20200723 空调管路破损工程调查》。

第二节　ATA22 自动驾驶

类别一　VHF 跳频

一、故障现象

某架 ARJ21 飞机机组反映空中曾出现 VHF1 跳频现象，重新设置后正常。地面测试 VHF1 系统工作正常。后续飞行正常。

二、风险等级

低风险

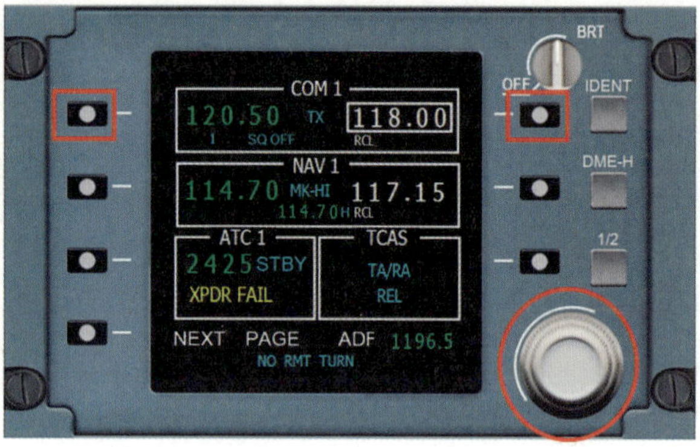

三、原因分析

对于 ARJ21 飞机，RTSA 自动调谐功能仅仅用于与 FMS 交联，对无线电导航系统进行自动调谐与控制，当此功能发生故障时，并不会对无线电通信造成任何影响继而导致 VHF1 跳频故障。出现跳变的可能性：

1. RTU 内部组件故障，导致 CPU 重启并调出上一次 RTU 正常关闭时存储的频率，从而出现频率跳变现象。

2. RTSA 与 RTU 交互操作逻辑错误，从而引起跳频故障。

3. RTSA 软件 bug，导致跳频故障。

本次故障出现后机组重新人工输入频率后正常，故判断为 RTSA 与 RTU 交互操作逻辑错误导致。无须进一步排故动作。

四、工程措施

执行航电系统 PTC2.1 的软件升级。

五、参考报告

《ARJ21-23-20220810 VHF1 空中跳频工程调查》。

类别二　自动油门脱开

一、故障现象

事件 1：某架 ARJ21 飞机起飞滑跑过程中，速度 80 KT 左右，自动油门脱开，伴随语音警告“AUTOTHROTTLE DISENGAGE（自动油门脱开）”，机组重新预位自动油门，继续起飞，后续正常。

事件 2：另一架 ARJ21 飞机起飞滑跑过程中，地速约 70 节左右自动油门脱开，机组重新预位自动油门，人工控制油门正常起飞，随后选择高度层改变方式爬升，自动油门接通，后续正常。

二、风险等级

一般风险

三、原因分析

调查确认为是自动油门软件内部逻辑问题，由于自动油门软件中使用的指示空速信号为耦合侧指示空速信号，而监控器中使用的指示空速信号为左右平均指示空速信号。在飞机耦合侧空速未达到 60 节，而耦合侧和非耦合侧平均空速大于 60 节，且持续时间超过阈值时，自动油门软件会触发抑制信号，使自动油门非指令断开，且有自动油门断开语音告警。

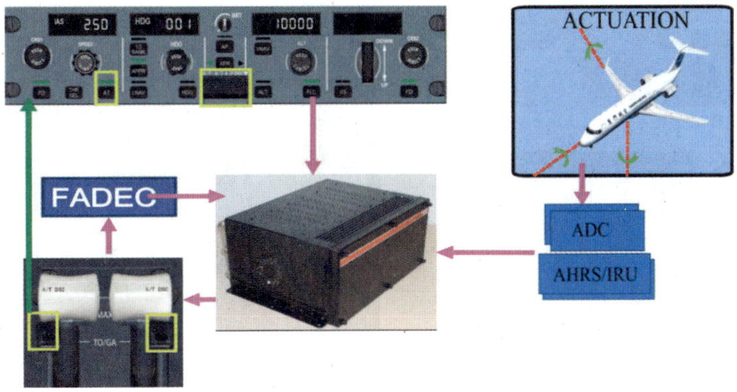

四、工程措施

1. 编写机组操作提示，让飞行员了解 ARJ21 飞机起飞滑跑空速大于 60 节时出现自动油门非指令断开的逻辑原理，以及 FOT-20-013-R00 中给出的操作建议。

2. 执行航电软件 PTC2.2 的改装。

五、参考报告

《ARJ21-22-P-20211227 自动油门脱开的工程调查》。

类别三　自动驾驶非指令脱开

一、故障现象

某架 ARJ21 飞机出现自动驾驶非指令脱开现象，当日航后更换 FCP。第二天飞行过程中，仍有一个航段出现 3 次自动驾驶非指令脱开，（当时 AP 耦合在 FG 1，飞行指引工作正常，AP 后续能够重新耦合在 FG 1 侧工作），后续航段仍耦合在 FG1 侧未发生 AP 脱开现象。

二、风险等级

一般风险

三、原因分析

译码发现该飞机在 AP 断开时，均是在自动驾驶俯仰指令有较大变化的时候，初步判断是俯仰伺服机构引起的偶发故障。

商飞发布 SL-22-0003，说明 AP 因故障自动断开的原因包括：AP 应用驻留机柜及板卡故障（IPC 机柜）、FCP 故障、俯仰伺服机构故障、线路故障、AP 计算所需数据源故障、主飞控相关故障，并给出相应维护建议。

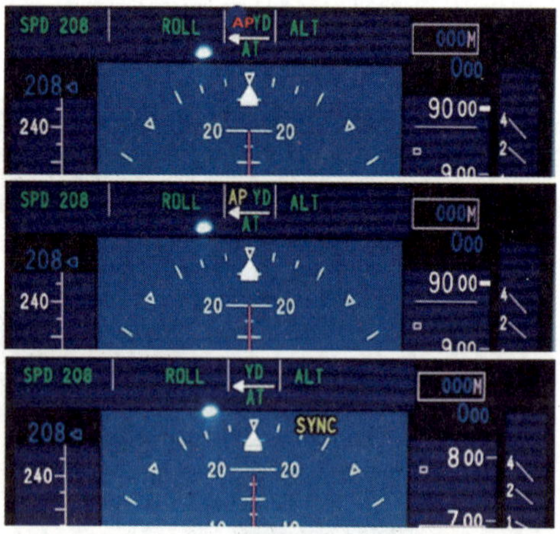

四、工程措施

1. 增加每 4000FH 对飞机 IPC 机柜板卡进行清洁的维护任务。
2. 依据 SL-22-0003_R01 发布关于 AP 自动断开的排故维护提示。

五、参考报告

《ARJ21-22-S-20220602 自动驾驶非指令脱开的工程调查》。

第三节　ATA24 电源系统

类别一　60 Hz 静变流机烧蚀

一、故障现象

某架 ARJ21 飞机机组反映客舱有异味，检查发现 60 Hz 静变流器烧蚀，更换后测试正常。执行空调操作测试，确认无异味。

二、风险等级

较大风险

三、原因分析

检查前附件舱的 60 Hz 静变流机有较重的焦糊味，拆下检查有液体流出静变流机壳体，送修理车间检查发现静变流机内部电容烧蚀。

四、工程措施

1. 对 ARJ21 机队的静变流器进行普查，发现异常立即处理。
2. 在故障原因没有查明之前，将静变流器跳开关拔出，确保隔离静变流器的供电。

五、参考报告

《ARJ21-24-S-20220518 静变流机烧蚀的工程调查》。

第四节　ATA26 防火系统

类别一　火警探测系统故障

一、故障现象

某架 ARJ21 飞机通过高度 3000 m 时，出现 EICAS 琥珀色信息 APU BTL LO（APU 灭火瓶低压），ENG BTL 1 LO（发动机 1 号灭火瓶低压），ENG BTL 2 LO（发动机 2 号灭火瓶低压），FIRE DET SYS FAULT（火警探测系统故障），CARGO BTL LO（货仓灭火瓶低压），约 1 min 后出现青色信息 CAS MISCOMPARE（机组告警系统两侧运算结果不一致），约 1 min 后信息全部消失，机组评估后继续飞行，后续正常。

二、风险等级

低风险

三、原因分析

分析原因为FOCU 内 FIDEX 板卡内部故障，导致 FOCU 没有传送正确的信号给 DCU，因此 DCU 认为 FIDEX 有故障并且触发警告和故障信息。更换 FOCU，检查测试正常。

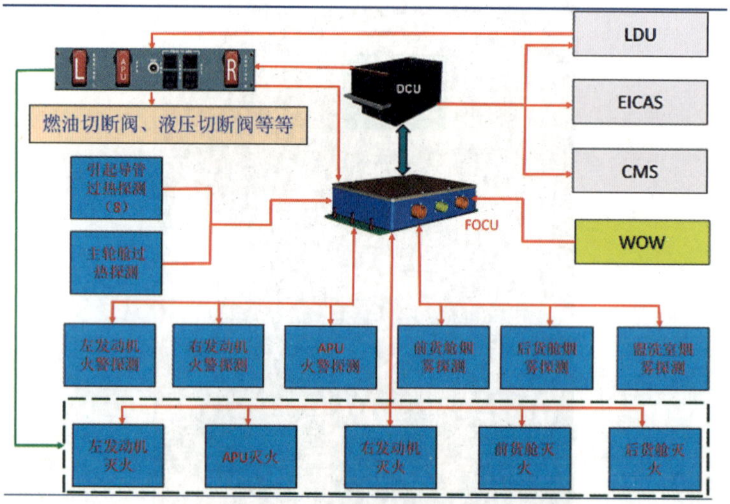

四、工程措施

1. 厂家在 SL-26-0004 中说明新构型的 FOCU（PN：474360-02）部分序号存在问题，跟进本次拆下 FOCU 修理的情况，确认是否与 SL-26-0004 的情况相关。

2. 建议商飞对于 FOCU 故障的现象进行分析集中，改进告警系统，屏蔽相关虚假信息的出现，避免给机组人员造成注意力的过度分散。

五、参考报告

《ARJ21-26-P-20210716 火警探测系统故障工程调查》。

第五节　ATA27 飞行操纵

类别一　飞控不可放

一、故障现象

事件 1：某架 ARJ21 飞机短停，出现飞控不放行信息。多次长时间断电，信息消失，执行飞控复位测试正常。地面 NVM 测试正常，检查 GIOM1/2 与 IPC 之间的相关线路正常，测量线路正常。

事件 2：某架 ARJ21 飞机五边 2000 ft 附近，飞机出现“FLT CTRL LOSS REDUDANCY（飞行操纵余度失去）”提示信息，该信息无检查单与机组动作，机组判断飞机状态稳定，决定继续进近。落地后该提示信息消失，出现“FLT CTRL NO DISPATCH（飞行操纵不放行）”信息。将本机 P-ACE3 与另一架飞机对换使用，校装测试正常，试车检查正常。

事件 3：某架 ARJ21 飞机短停推出起动大发后出现飞控不放行信息，关车后做 NVM 测试，信息消失。操作各个舵面，验证正常。

二、风险等级

一般风险

三、原因分析

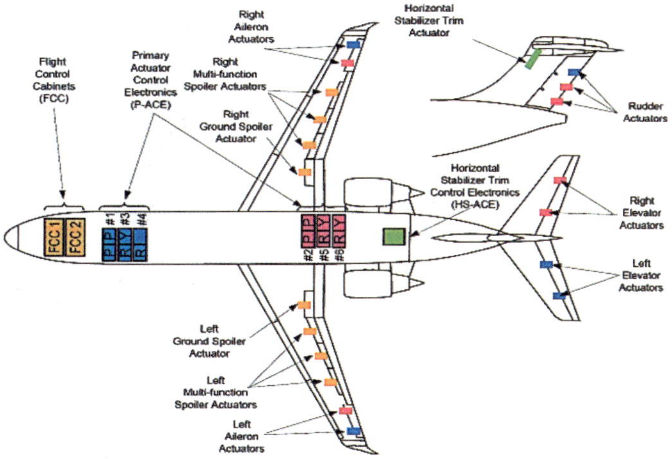

ARJ21-700 多次报告飞控不放行故障，故障原因有：外部接口故障、线路与接头污染故障、操纵设备故障、FCC 故障、软件问题、P-ACE 故障、HS-ACE 故障、主舵面 PCU 故障、扰流板 PCU 故障、水平安定面作动器故障、配平作动器故障等。

四、工程措施

1. 执行主飞控系统 Load 5.2 升级，优化上电自检测的启动方式以及监控器的鲁棒性。

2. 商飞将单个俯仰配平开关失效、压力传感器故障、副翼配平故障改为可派遣项，不触发飞控不派遣。

3. 商飞更改了外部接口故障故障隔离程序，以快速准确定位和排除故障。

4. 商飞优化了 CAN 总线和 ASCB 总线安装方式、维修方法。生产线已优化，随故修复。

五、参考报告

《ARJ21-27-G-20211124 飞控不可放故障工程调查》。

第六节　ATA29 液压系统

类别一　EDP 液压管接头裂纹

一、故障现象

某架 ARJ21 飞机在 3300 m 巡航时，客舱有异味，发现储物柜有少量白雾冒出，随后下降高度至 2400 m，过程中出现 EICAS 提示信息“HYD 2 QTY LO”（2 号液压系统低油量）和故障信息“HYD 2 PRESS LO”（2 号液压系统压力低）。机组执行检查单，关闭 2 号液压电动泵。在五边建立形态中，机组执行正常放起落架程序，起落架未解锁，执行人工放起落架，飞机安全落地。

二、风险等级

较大风险

三、原因分析

检查发现EDP压力油管接头压接口有裂纹导致漏油。分析接头产生裂纹的原因为：

1. 振动疲劳：液压泵压力脉动是引起导管振动的主要因素。另外导管支撑间距不满足，支撑间距过长使导管固有频率降低，若与环境激振频率接近会使振动加剧导致疲劳。

2. 结构周期变形引起的管路疲劳：出现泄漏的管路位于增压舱，增压舱在增压时，结构会出现一定的变形，与结构相连管路受结构的变形影响，管路上会出现一定的应力。

3. 安装制造因素：导管如果带应力安装，或者压接接头压接不当，也可能会影响液压管路寿命，长时间后液压管路可能出现裂纹。

四、工程措施

1. 根据商飞 OIC-A21-29-0006-R00 编写发布一次性检查 EO，对机队其他飞机此位置的管路接头进行普查。

2. 执行商飞发布液压管路更改 SB29-0033。

3. 在改装完成前，按每 7 天或下一次飞行前（后到为准）进行重复检查。

五、参考报告

《ARJ21-29-P-20200806 EDP 液压管接头裂纹漏油的工程调查》。

第七节　ATA31 指示记录

类别一　起飞构型警告

一、故障现象

某架 ARJ21 飞机在起飞速度 20KT 左右，出现 CONFIG SPLRS（起飞构型告警），机组中断起飞。滑出跑道后，机组核实减速板手柄处于 0 位。机务检查各系统正常，机组继续起飞，后续正常。

二、风险等级

低风险

三、原因分析

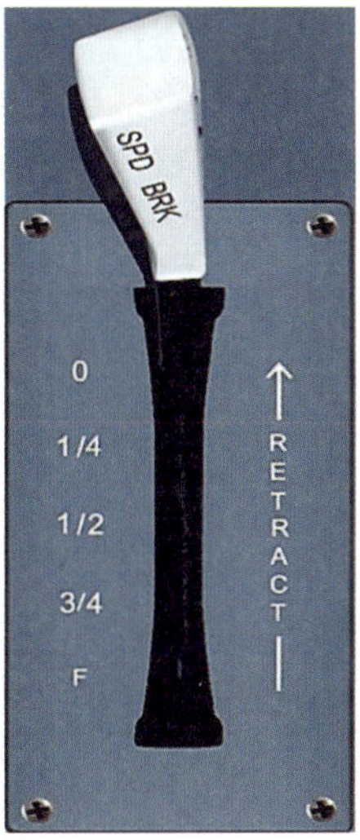

航后测量相关线路正常，减速板操作测试正常，分析为减速板手柄未到达完全 0 位（存在微小虚位），导致减速板手柄输出的位置大于门限 1.26°（实际为 1.88°），当油门杆大于 59°时，触发 CONFIG SPLRS 告警。预防性维护更换减速板手柄，测试正常。

四、工程措施

1. 减速板手柄可能因未完全到 0 位导致触发起飞构型警告。发布机组提示，提示机组在起飞前正常检查过程中，确认减速板手柄在 0 位时，顺带按压减速板手柄，使其回到完全 0 位。

2. 持续跟踪换下减速板手柄的送修情况，以对故障做进一步分析。

五、参考报告

《ARJ21-31-S-20210827 起飞构型警告故障工程调查》。

第八节　ATA32 起落架系统

类别一　机身抖动

一、故障现象

某架 ARJ21 飞机机组反映，飞机起飞和落地滑跑速度小于 80 节时抖动明显，超过 80 节后抖动逐渐减小，向前抵杆时抖动感觉明显，机组也无法判断是纵向还是横向的抖动。

二、风险等级

一般风险

三、原因分析

前起落架扭力臂间隙检查发现垫圈和扭力臂连接孔处衬套间的轴向间隙 0.18 mm 不满足手册要求（不大于 0.05 mm），重新拧紧后恢复在标准范围内，同时更换一对前轮，试飞验证正常。分析本次故障为扭力臂间隙超标以及轮胎磨损不均综合导致。

四、工程措施

1. 供应商 GOODYEAR 调查认为平衡块的脱落是可能造成前轮抖动的原因之一，已对相关工艺进行整改。

2. 跟进商飞对于扭力臂间隙检查标准的调整工作。

五、参考报告

《ARJ21-32-W-20220610 机身抖动工程调查》。

类别二　刹车过热指示

一、故障现象

某架 ARJ21 飞机机组反映到滑行道时出现刹车温度信息，滑回检查，量线正常，更换刹车组件和 BCU（刹车控制组件），测试正常。

二、风险等级

一般风险

三、原因分析

检查 4 号刹车温度显示为 900 °C，但实际温度为 51 °C，与其余刹车温度基本一致；线路正常，更换右外刹车组件（内带刹车温度传感器）和 BCU 后测试正常，判断此次故障为刹车传感器故障引起。

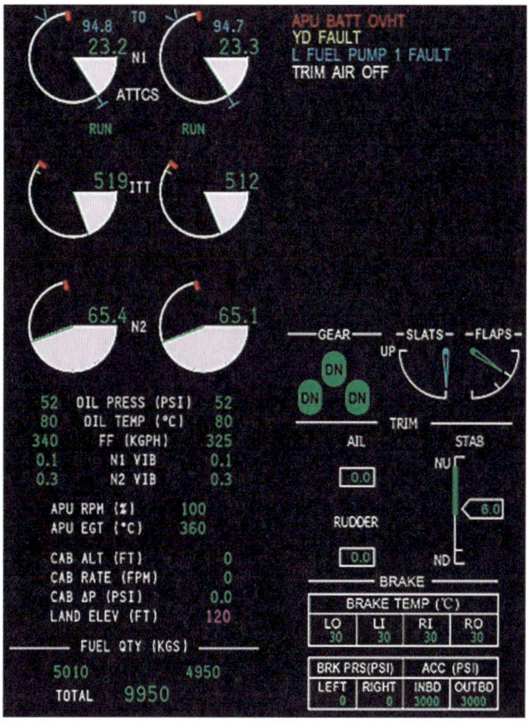

四、工程措施

此故障通常通过清洁温度传感器插头、重装温度传感器、重装 BCU 复位，但至今还无法根除，瞬时故障多，仍在跟商飞探讨故障原因。

五、参考报告

《ARJ21-32-G-20220610 刹车温度高信息》。

第九节　ATA34 导航系统

类别一　ATC 跳变

一、故障现象

某架 ARJ21 飞机巡航阶段，机组发现 ATC1（应答机 1）跳变为 ATC2（应答机 2）主用，且应答机编码显示为 0364（离场放行给的应答机编码为 1011 且 ATC1 一直为主用），RTU（频率调制装置）面板同样跳变为 ATC2 主用但应答机编码为 1011。机组立即向管制员证实应答机编码，管制员回复应答机编码为 1011 且高度正常，机组评估后操作 RTU（频率调制装置）面板，激活 ATC1（应答机 1），余正常。

二、风险等级

一般风险

三、原因分析

分析此故障现象的直接原因为 RTSA 软件故障和可能的 CDU 内部存储故障，RTSA 软件故障主要体现在软件代码部分错误、软件设计逻辑问题以及缓存器错误调用问题。

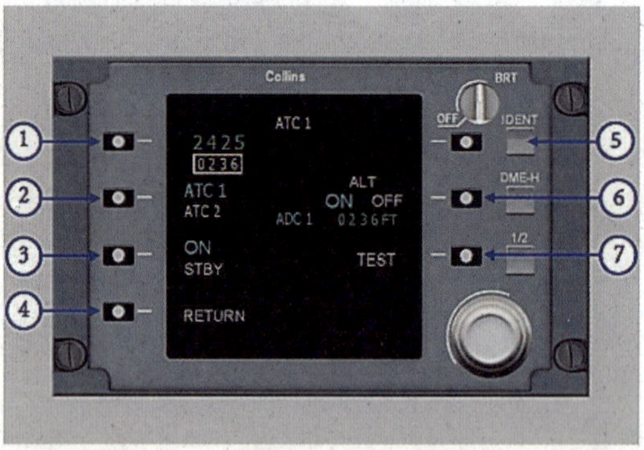

四、工程措施

商飞对航电系统 PTC2.1 版软件进行优化，可解决 ATC 跳变问题，工程编写 EO 执行航电系统 PTC2.1 版本软件改装。

五、参考报告

《ARJ21-34-P-20220414 ATC 跳变的工程调查》。

类别二 TERRAIN（地形）虚警

一、故障现象

某架 ARJ21 飞机自动驾驶接通，在盲降进近过程中，场高 750 ft，速度 138 节，出现语音警告 GPWS“TERRAIN（地形）警戒”，机组执行复飞，加入复飞程序，再次进近落地正常。

二、风险等级

较大风险

三、原因分析

GPS 的垂直精度 VDOP 增大，导致 TAWS 地形功能使用的高度源由 GPS 高度切换为气压高度。此时比较飞机离地高度（气压高度-地形数据库中的地形高度）与无线电高度相差超过一定阈值，导致激活 TAWS 模式 2，地面地形的起伏造成了 TAWS 无线电高度的短时间大幅度的变化，并且这种变化进入了 TAWS 模式 2 告警包线，触发了告警。

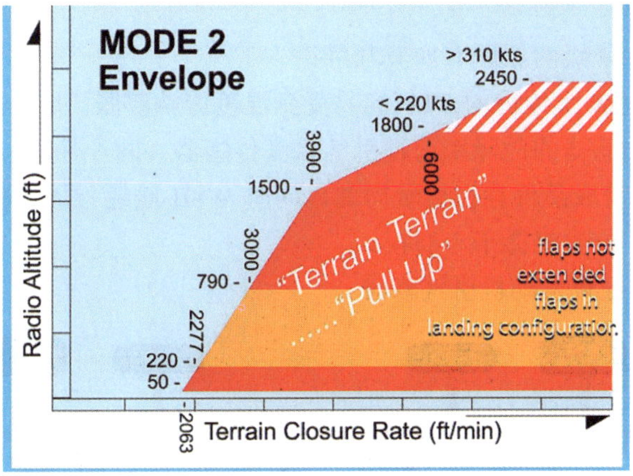

四、工程措施

商飞发布 SB，更新 TAWS APM 模块中的 ASDB 和 ACD 软件，降低 TAWS 地形功能高度源由 GPS 切换到气压高度所需的 VDOP 阈值，增大 TAWS 模式 2 激活所需的飞机高度（GPS、气压高度）与无线电高度加地形高度差值的阈值，以解决进近过程中的 TAWS 模式 2 告警问题。工程评估后决定执行此 SB。

五、参考报告

《ARJ21-34-S-20210301TERRAIN 虚警的工程调查》。

第十节　ATA36 引气系统

类别一　发动机引气降级

一、故障现象

事件 1：某架 ARJ21 飞机在进近区域通过 8900 ft 及 4300 ft 时，出现“L ENG BLEED FAULT（左发动机引气故障）”警戒信息，机组按检查单执行复位程序，复位后故障消失，后续航班正常。

事件 2：另一架 ARJ21 飞机短停出现左发引气降级信息。机组关闭双发，整机断电后重新起动发动机，引气正常。

二、风险等级

较大风险

三、原因分析

导致发动机引气降级的原因有如下几种：

1. 引气温度传感器本体内的 RTV 容易受到温度影响膨胀，损伤内部线路，同时发现空调组件进口温度传感器的故障率远超引气温度传感器（同一件号）。

2. W8B 线缆自身成品件存在质量问题，同时 W8B 线缆与周边附件在发动机振动和高速气流冲击环境下产生轻微干涉磨损。

3. PRSOV 故障导致发动机引气降级。

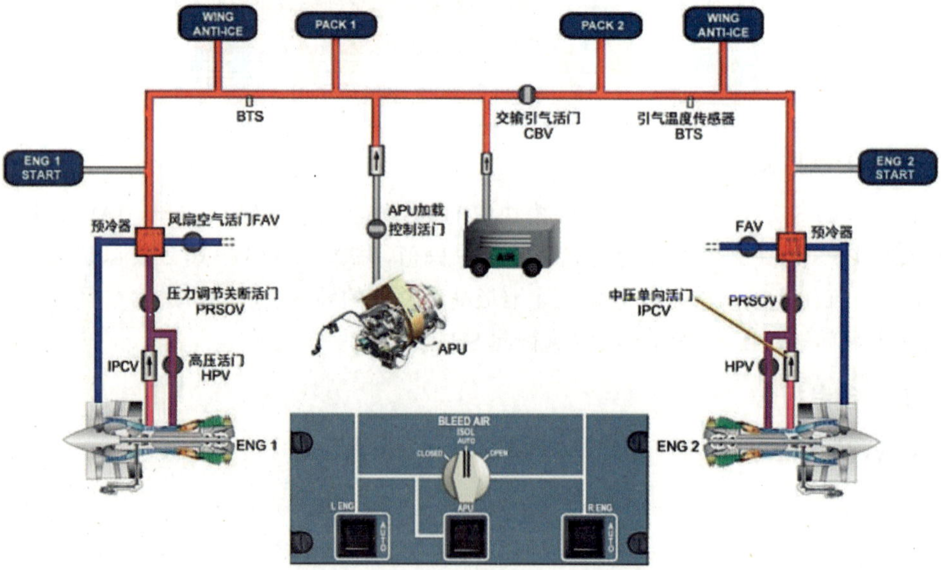

四、工程措施

1. 商飞和利勃海尔正一起研究飞机上的两个位置传感器的环境温度差别与振动差

别，以便尽早制定纠正措施。

2. 将 W8B 线束安装要求加入手册，同时 GE 与上飞院开展 W8B 优化，目标为：在当前间隙要求内不发生磨损，同时解决线缆接头内线绝缘问题。

3. 商飞已和 MRO 开展 PRSOV 多发故障原因分析及优化。

五、参考报告

《ARJ21-36-P-20220131 发动机引气降级的工程调查》。

附　录

附录 A　机队医典原则

故障风险类别，根据失效结果对机组操作的影响来决定：

红色（重大风险）：严重影响飞行安全，必须立即采取措施。

橙色（较大风险）：影响飞行安全与运行，需要采取措施。

黄色（一般风险）：不影响飞行安全，但影响运行，视情采取措施。

蓝色（低风险）：不影响飞行安全与运行，无须采取措施。

机队故障风险分级

故障处置结果分级

故障处置结果分级：根据故障处置结果的有效性，分为：

红色：原因分析不明；

橙色：故障在验证期内；

黄色：工程措施还没有执行完毕；

绿色：故障分析透彻，措施有效。

附录 B　A320S 机队故障风险地图

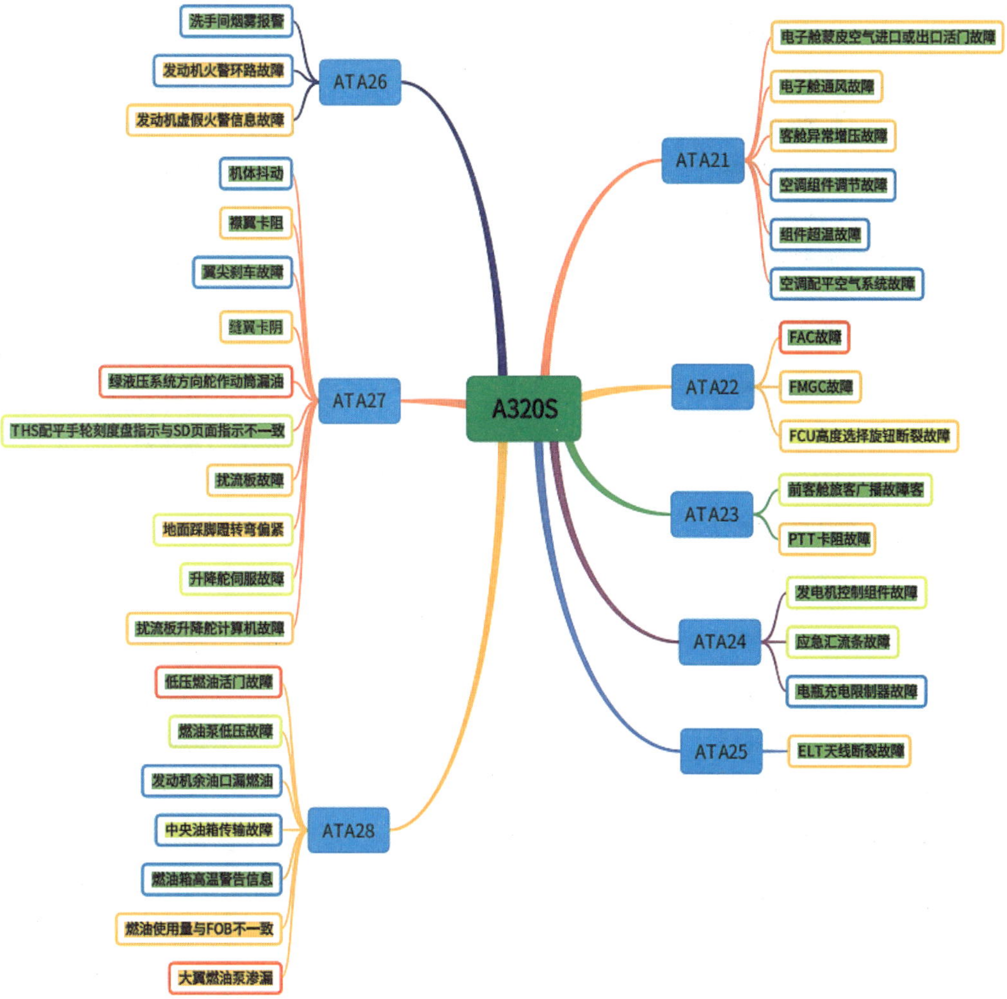

注：

1. 使用节点的外色来表示风险等级：

重大风险；较大风险；一般风险；低风险。

2. 使用节点字体的背景色来表示处置结果等级：

原因分析不明；故障在验证期内；

工程措施还没有执行完毕；故障分析透彻，措施有效。

3. 风险地图更新到 2022 年 6 月 30 日。

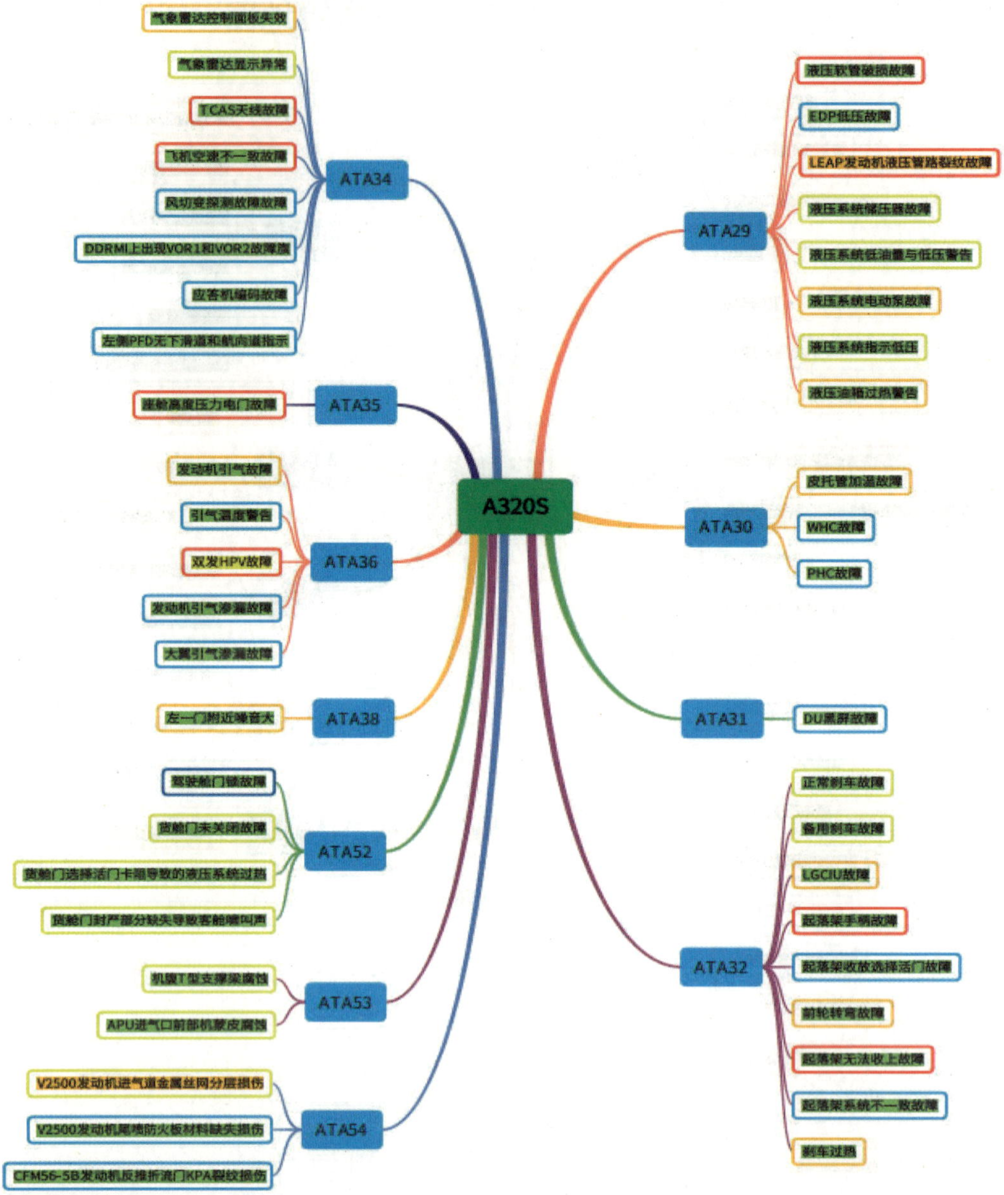

注：

1. 使用节点的外色来表示风险等级：

重大风险；较大风险；一般风险；低风险。

2. 使用节点字体的背景色来表示处置结果等级：

原因分析不明；故障在验证期内；

工程措施还没有执行完毕；故障分析透彻，措施有效。

3. 风险地图更新到 2022 年 6 月 30 日。

附录 C　A330 机队故障风险地图

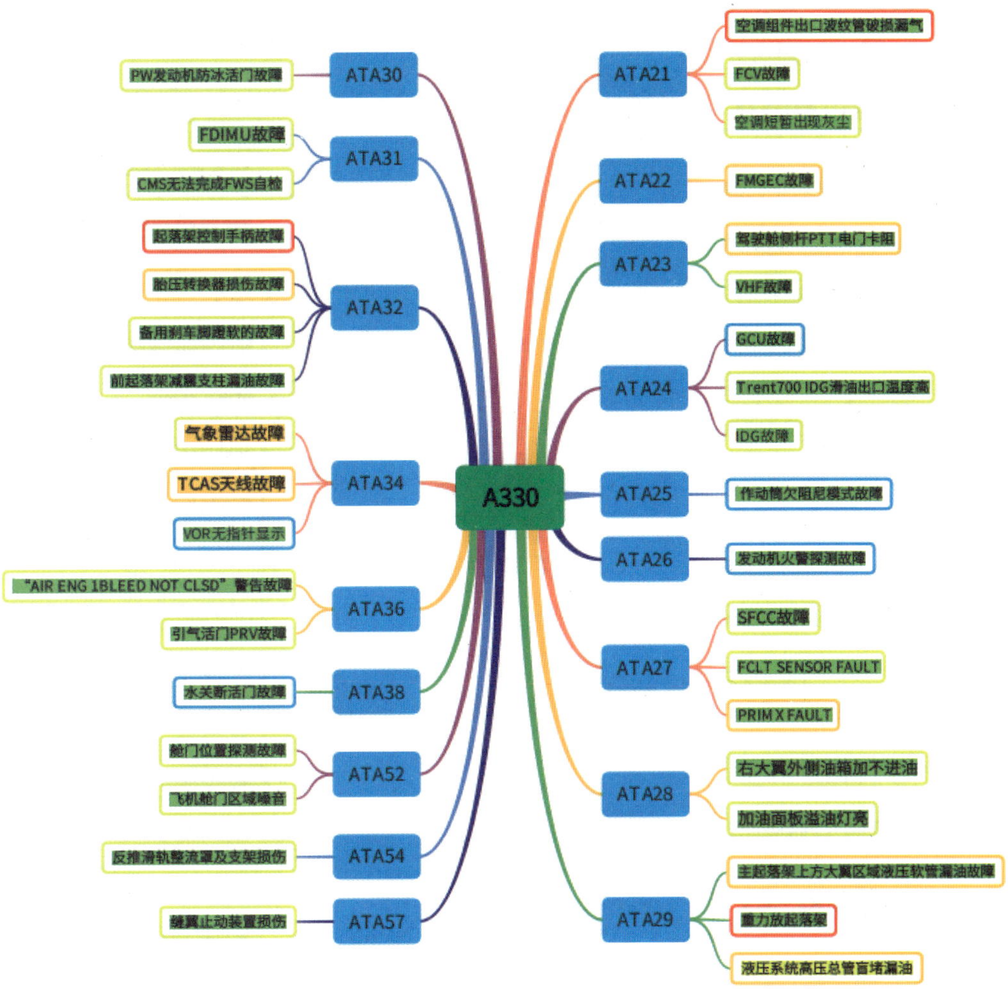

注：

1. 使用节点的外色来表示风险等级：

重大风险；较大风险；一般风险；低风险。

2. 使用节点字体的背景色来表示处置结果等级：

原因分析不明；故障在验证期内；

工程措施还没有执行完毕；故障分析透彻，措施有效。

3. 风险地图更新到 2022 年 6 月 30 日。

附录 D　A350 机队故障风险地图

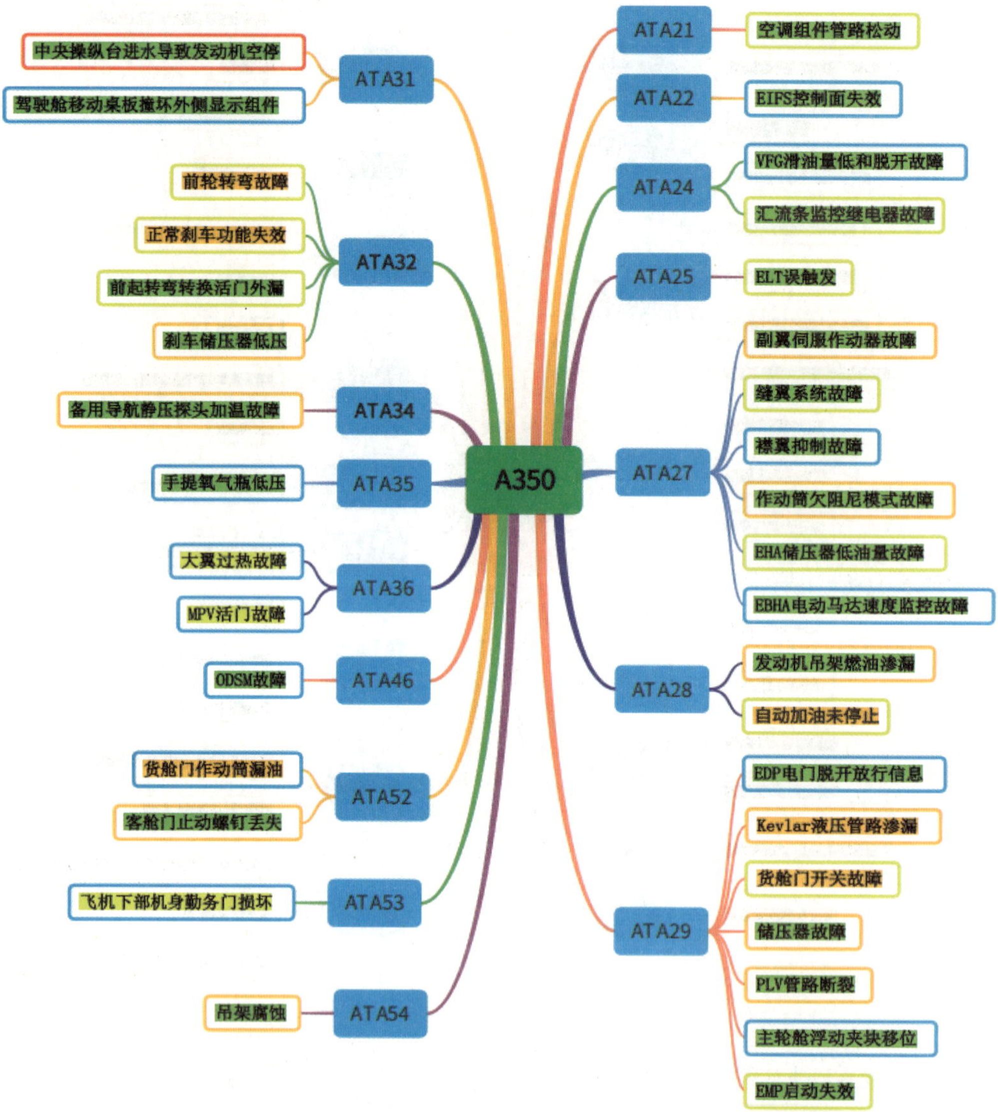

注：

1. 使用节点的外色来表示风险等级：

重大风险；较大风险；一般风险；低风险。

2. 使用节点字体的背景色来表示处置结果等级：

原因分析不明；故障在验证期内；

工程措施还没有执行完毕；故障分析透彻，措施有效。

3. 风险地图更新到 2022 年 6 月 30 日。

附录 E　A380 机队故障风险地图

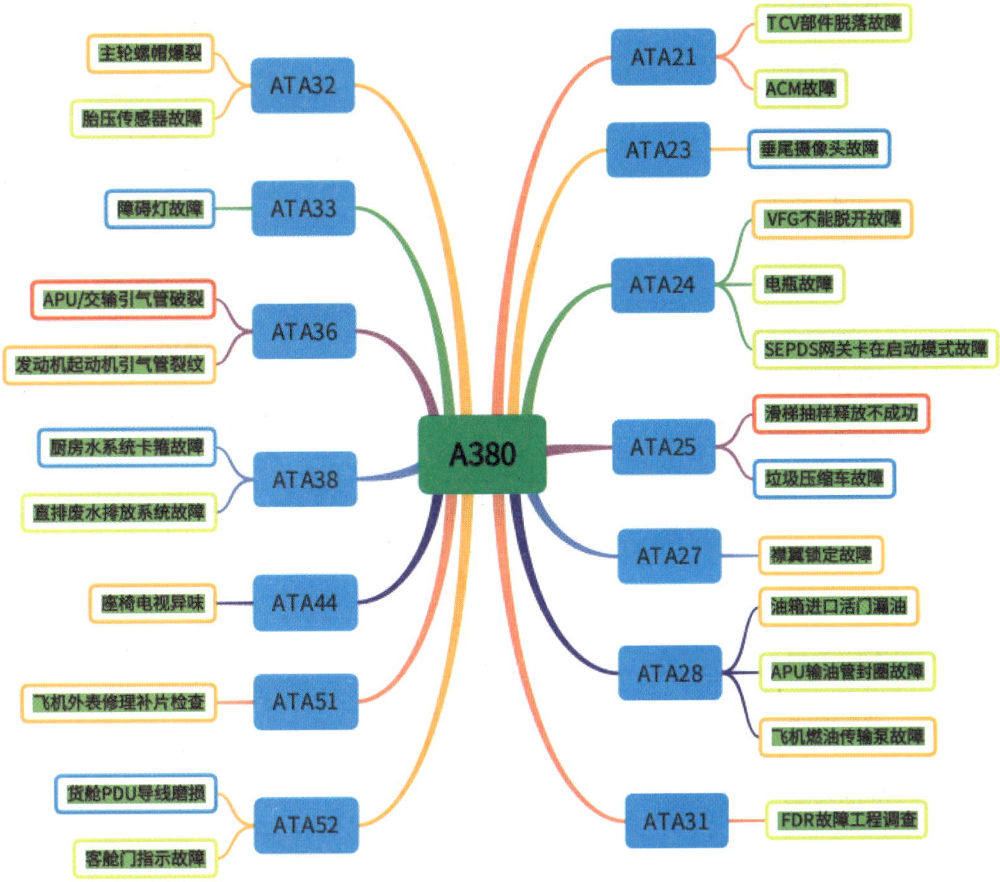

注：

1. 使用节点的外色来表示风险等级：

重大风险；较大风险；一般风险；低风险。

2. 使用节点字体的背景色来表示处置结果等级：

原因分析不明；故障在验证期内；

工程措施还没有执行完毕；故障分析透彻，措施有效。

3. 风险地图更新到 2022 年 6 月 30 日。

附录 F　B737NG 机队故障风险地图

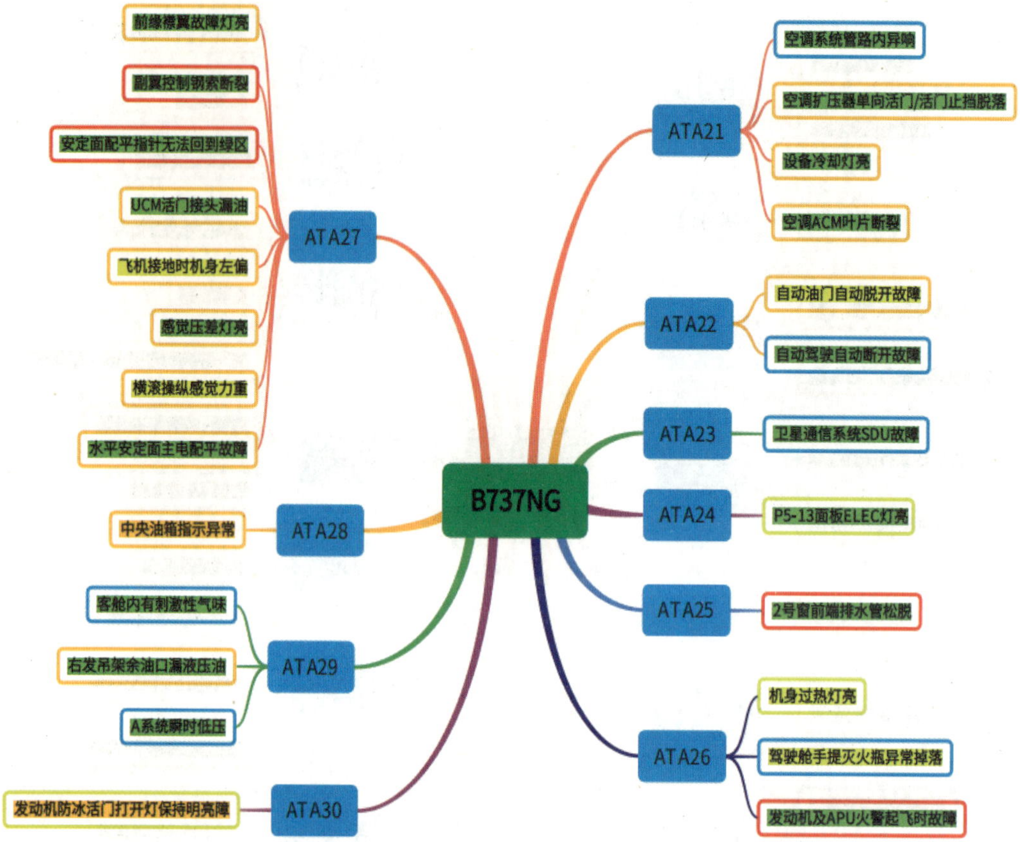

注：

1. 使用节点的外色来表示风险等级：

重大风险；较大风险；一般风险；低风险。

2. 使用节点字体的背景色来表示处置结果等级：

原因分析不明；　故障在验证期内；

工程措施还没有执行完毕；　故障分析透彻，措施有效。

3. 风险地图更新到 2022 年 6 月 30 日。

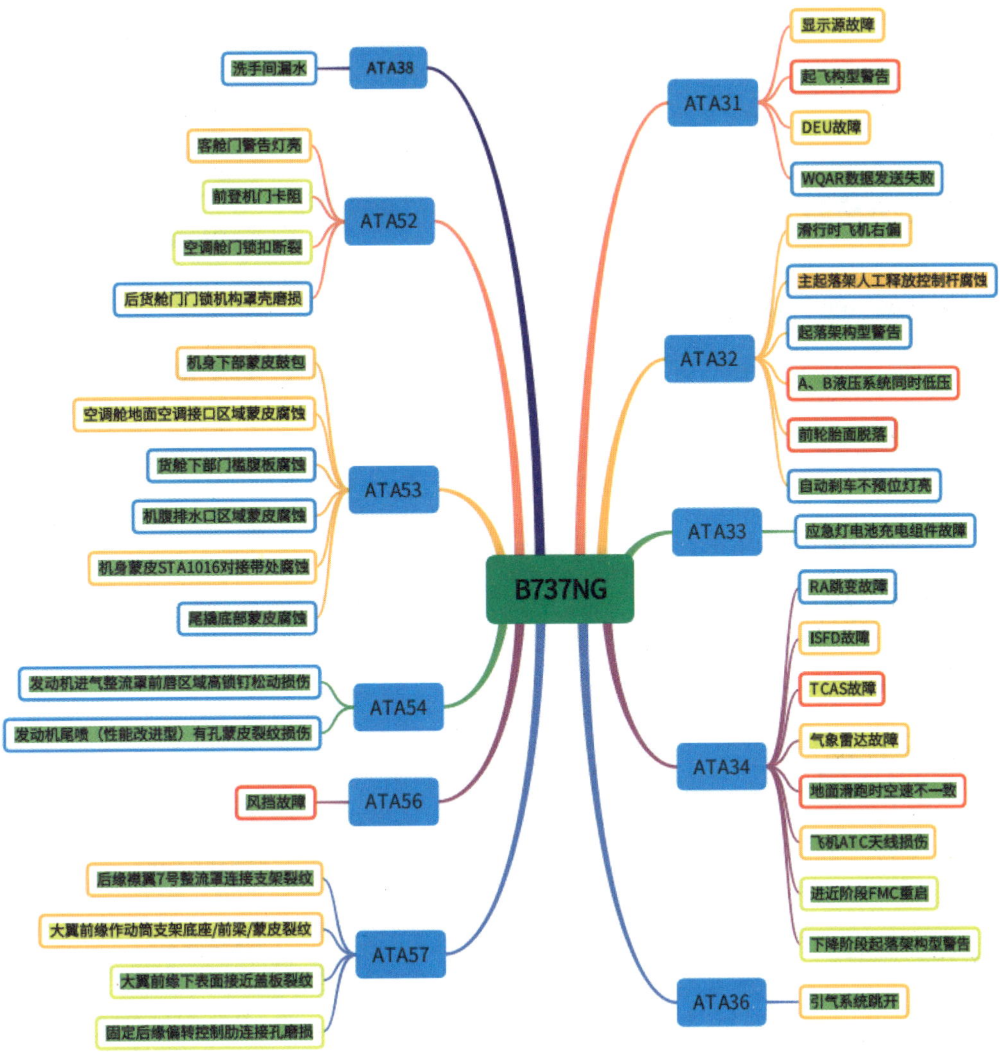

注：

1. 使用节点的外色来表示风险等级：

重大风险；较大风险；一般风险；低风险。

2. 使用节点字体的背景色来表示处置结果等级：

原因分析不明；故障在验证期内；

工程措施还没有执行完毕；故障分析透彻，措施有效。

3. 风险地图更新到 2022 年 6 月 30 日。

附录 G　B777 机队故障风险地图

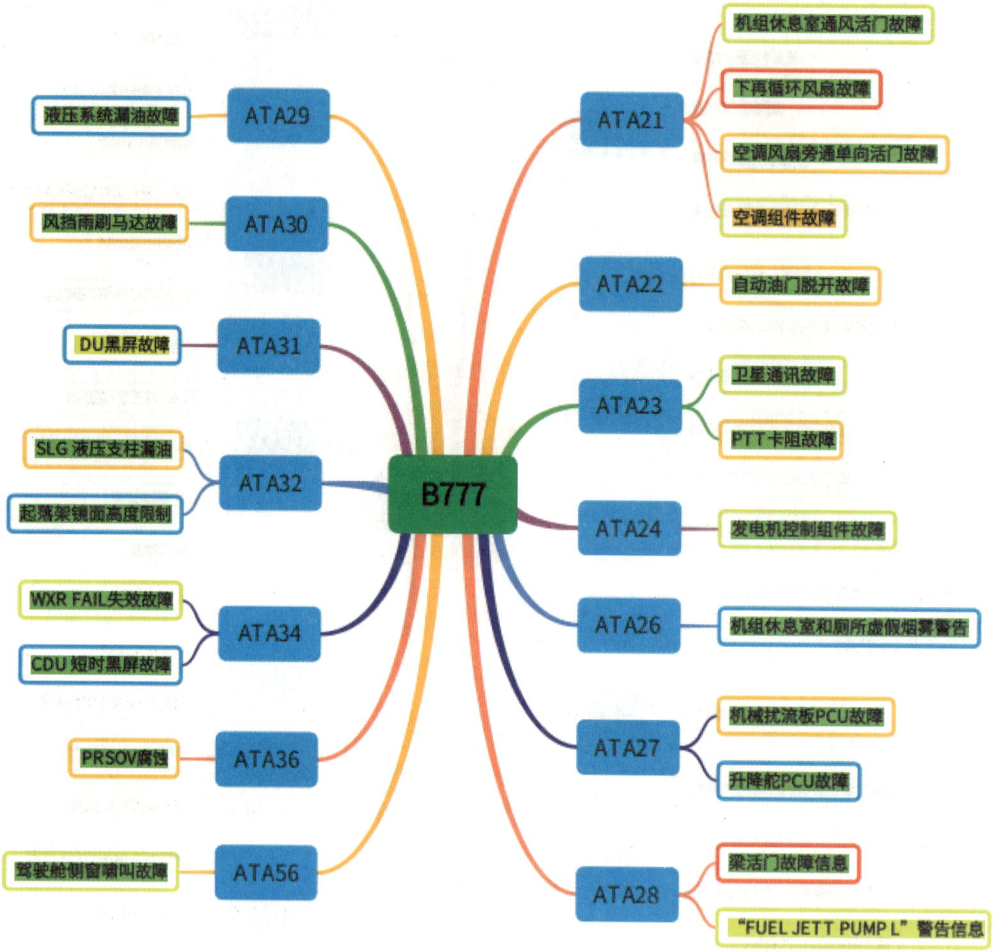

注：

1. 使用节点的外色来表示风险等级：

重大风险；较大风险；一般风险；低风险。

2. 使用节点字体的背景色来表示处置结果等级：

原因分析不明；故障在验证期内；

工程措施还没有执行完毕；故障分析透彻，措施有效。

3. 风险地图更新到 2022 年 6 月 30 日。

附录 H　B787 机队故障风险地图

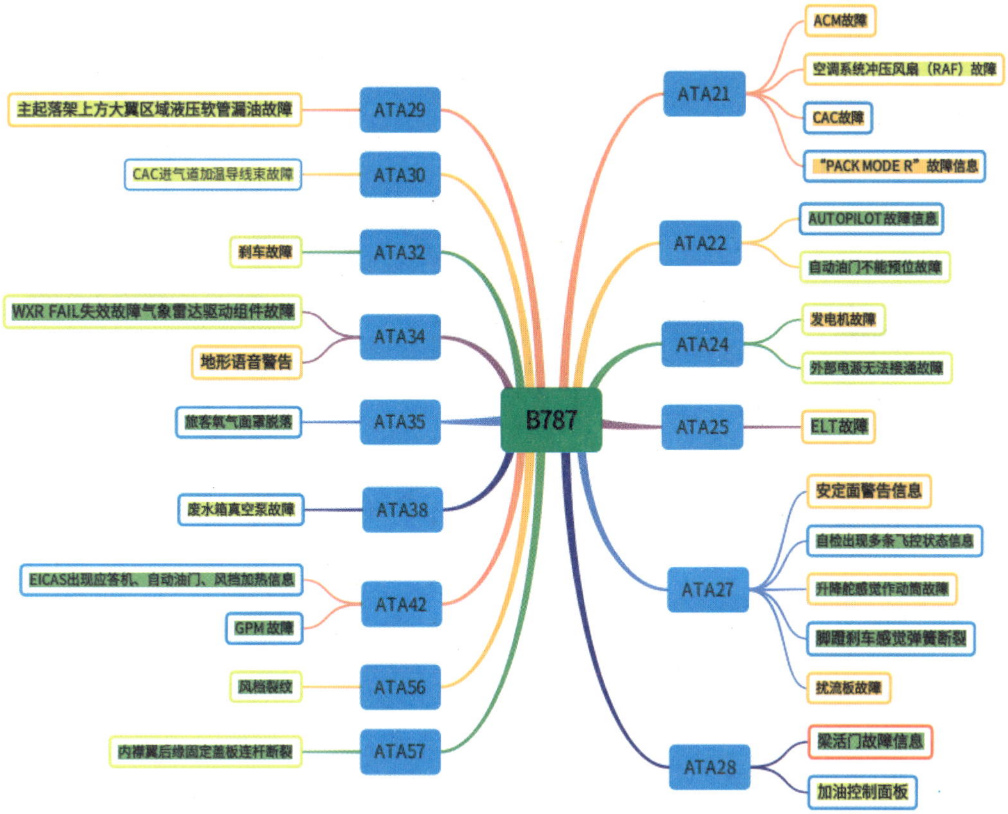

注：

1. 使用节点的外色来表示风险等级：

重大风险；　较大风险；　一般风险；　低风险。

2. 使用节点字体的背景色来表示处置结果等级：

原因分析不明；　故障在验证期内；

工程措施还没有执行完毕；　故障分析透彻，措施有效。

3. 风险地图更新到 2022 年 6 月 30 日。

附录 I　ARJ21 机队故障风险地图

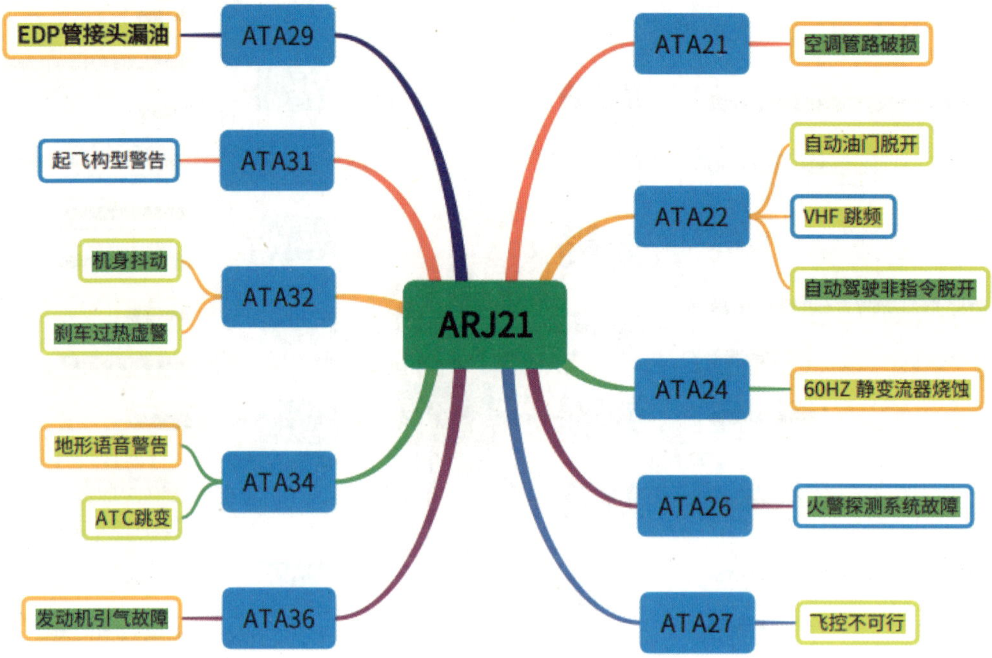

注：

1. 使用节点的外色来表示风险等级

重大风险；较大风险；一般风险；低风险。

2. 使用节点字体的背景色来表示处置结果等级

原因分析不明；故障在验证期内；

工程措施还没有执行完毕；故障分析透彻，措施有效。

3. 风险地图更新到 2022 年 6 月 30 日。

附录 J 缩略语

英文缩写	英文全称	中文翻译
AACU	Anti-skid / Auto brake Control Unit	防滞/自动刹车控制组件
ABCU	Alternate Braking Control Unit	备用刹车控制组件
AC	Alternating Current	交流电
ACM	Air Cycle Machine	空气循环机
ACMP	Alternating Current Motor Pump	交流马达泵
ACMS	Aircraft Condition Monitor System	飞机状态监控系统
ACOC	Air Cooled Oil Cooler	气冷式滑油冷却器
ACP	Audio Control Panel	音频控制面板
ACSC	Air Conditioning System Controller	空调系统控制器
ADF	Automatic Direction Finder	自动定向机
ADM	Air Data Module	大气数据组件
ADR	Air Data Reference	大气数据基准
ADS-B	Automatic Dependent Surveillance-Broadcast	自动相关监视-广播
AEVC	Avionics Equipment Ventilation Computer	电子设备通风计算机
AFDX	Avionics Full Duplex Switched Ethernet	电子设备全双工转换以太网
AFS	Automatic Flight System	自动飞行系统
AFU	Artificial Feel Unit	模拟感觉装置
AGB	Accessory Gearbox	附件齿轮箱
AH	Ampere Hour	安时
AHM	Airplane Health Manager/Management	飞机健康管理系统
AIMS	Airplane Information Management System	飞机信息管理系统
AMM	Aircraft Maintenance Manual	飞机维护手册
AMU	Audio Management Unit	音频管理组件
ANT	Antenna	天线
AOA	Angle of Attack	攻角
AP	Autopilot	自动驾驶
APM	Aircraft Performance Monitoring	飞机性能监控
APPR	Approach	进近
APPU	Asymmetry Position Pick Off Unit	不对称位置传感器组件
APU	Auxiliary Power Unit	辅助动力装置
ASG	APU starter generator	APU 启动发电机
ASPCU	Autonomous Standby Power Supply Unit	自主性备用供电组件
ATC	Air Traffic Control	空中交通管制

续表

英文缩写	英文全称	中文翻译
ATU	Auto Transformer Unit	自动转换单元
ATUPU	ATU Protection Unit	ATU 保护装置
BCL	Battery Charge limiter	电瓶充电限制器
BITE	Built-in Test Equipment	自测设备
BMC	Bleed Monitoring Computer	引气监控计算机
BSCS	Braking and Steering Control System	刹车和转弯控制系统
BSCU	Braking/Steering Control Unit	刹车/转弯控制组件
BTV	Brake To Vacate	刹车脱离
C/B	Circuit Breaker	跳开关
CAC	Cabin Air Compressor	客舱空气压缩机
CAPT	Captain	机长
CCS	Common Core System	通用核心系统
CDL	Configuration Deviation List	外形缺损清单
CDS	Common Display System	通用显示系统
CDU	Control Display Unit	控制显示组件
CFDS	Centralized Fault Display System	集中故障显示系统
CIDS	Cabin Intercommunication Data System	客舱内部通讯数据系统
CMM	Component Maintenance Manual	部件维护手册
CMS	Central Maintenance System	中央维护系统
CPIOM	Core Processing Input/Output Module	核心处理输入/输出组件
CPU	Central Processing Unit	中央处理器
CRDC	Common Remote Data Concentrator	通用远程数据采集器
CSMU	Crash Survivable Memory Unit	抗撞存储器组件
CSN	Cycle Since New	自新时起使用循环数
CSR	Cycle Since Repair	自上次修理之后使用循环数
CSU	Command Sensor Unit	指令传感组件
CTC	Cabin Temperature Controller	客舱温度控制器
CTS	Control Solenoid	控制电磁阀
DDRMI	Digital Distance and Radio Magnetic Indicator	数字式距离和无线电磁指示器
DEU	Decoder/Encoder Unit	译码/编码组件
DEU	Display Electronic Unit	显示电子组件
DFCS	Digital Flight Control System	数字飞行控制系统
DFDAU	Digital Flight Data Acquisition Unit	数字式飞行数据采集组件
DFDR	Digital Flight Data Recorder	数字式飞行数据记录器

续表

英文缩写	英文全称	中文翻译
DIP	Diplexer	双工器
DMC	Display Management Computer	显示管理计算机
DME	Distance Measuring Equipment	测距仪
DU	Display Unit	显示组件
DVV	Duct Vent Valve	管道通气活门
DY	Day	日
EBAC	Electric Brake Actuator Controller	电子刹车作动筒控制器
EBAS	Engine Bleed Air System	发动机引气系统
EBHA	Electrical Backup Hydraulic Actuator	电动备用液压作动器
ECAM	Electronic Centralized Aircraft Monitoring	电子飞机集中显示系统
EDIU	Engine Data Interface Unit	发动机数据接口组件
EDP	Engine Driven Pump	发动机驱动泵
EEC	Electronic Engine Controller	发动机电子控制器
EFCS	Electronic Flight Control System	电子飞行控制系统
EHA	Electro-Hydrostatic Actuator	电子控制液力作动作动器
EICAS	Engine Indication and Crew Alerting System	发动机指示和机组警告系统
EIFS	Electronic Flight Instrument System	电子飞行仪表系统
ELAC	Elevator Aileron Computer	升降舵副翼计算机
ELEC	Electrical	电气
ELT	Emergency Locator Transmitter	应急定位器发射机
EMCU	electric motor control units	电子马达控制组件
EMDP	Electric Motor Driven Pump	电马达驱动泵
EMP	Electronic Motor Pump	电动泵
ENG	Engine	发动机
EO	Engineering Order	工程指令
EPDS	Electronic Processing and Dissemination System	电子处理与分发系统
EPGS	Electrical Power Generation System	电源发电系统
ESS	Essential	重要的
EWD	Engine/Warning Display	发动机/警告显示
F/O	First Officer	副驾驶
FAC	Flight Augmentation Computer	飞行增稳计算机
FAK	Fly-Away Kit	随机维修包
FAP	Forward Attendant Panel	前乘务员面板
FAV	Fan Air Valve	风扇空气活门

续表

英文缩写	英文全称	中文翻译
FBCV	Fan Bypass Check Valve	风扇旁通单向活门
FC	Flight Cycle	飞行循环
FCC	Flight Control Computer	飞行操纵计算机
FCE	Flight Control Electronics	飞行控制电子组件
FCM	Flight Control Module	飞行控制模块
FCMC	Fuel Control and Monitoring Computer	燃油控制和监控计算机
FCOM	Flight Crew Operation Manual	飞行机组操作手册
FCPC	Flight Control Primary Computer	飞行操纵主计算机
FCRM	Flight Control Remote Module	飞行控制远程模块
FCSOV	Flow Control And Shutoff Valve	流量控制和关断活门
FCU	Flight Control Unit	飞行控制组件
FCU	Fuel Control Unit	燃油控制组件
FCV	Flow Control Valve	流量控制活门
FDIMU	Flight Data Interface and Management Unit	飞行数据接口及管理组件
FDR	Flight Data Recorder	飞行数据记录器
FDU	Fire Detection Unit	火警探测组件
FG	Flight Guidance	飞行引导功能
FH	Flight Hour	飞行小时
FIADA	Feeling Information And Diagnosing Aircraft	飞机远程诊断系统
FIM	Fault Isolation Manual	故障隔离手册
FM	Flight Management	飞行管理功能
FMC	Flight Management Computer	飞行管理计算机
FMGC	Flight Management Guidance Computer	飞行管理指引计算机
FMGEC	Flight Management Guidance and Envelope Computer	飞行管理指引与包线计算机
FOB	Fuel On Board	机载燃油量
FOD	Foreign Object Damage	外来物损伤
FPPU	Feedback Position Pick-off Unit	回输位置传感组件
FQIC	Fuel Quantity Indication Computer	燃油量指示计算机
FQIS	Fuel Quantity Indicating System	燃油量指示系统
FQMS	Fuel Quantity and Management System	燃油量和管理系统
FQPU	Fuel Quantity Processor Unit	油量处理器组件
FR	Frame	隔框
FSEU	Flap Slat Electronic Unit	襟翼缝翼电子组件
FTD	Fleet Technical Digest	飞行技术摘要

续表

英文缩写	英文全称	中文翻译
FWC	Flight Warning Computer	飞行警告计算机
FWS	Flight Warning System	飞行警告系统
GCU	Generator Control Unit	发电机控制组件
GPM	General Processing Module	通用处理组件
GPS	Global Positioning System	全球卫星定位系统
GPWS	Ground Proximity Warning System	近地警告系统
GWIV	Gray Water Interface Valve	灰水接口组件
HF	High Frequency	高频
HMCA	Hydraulic Monitoring and Control Application	液压监测控制程序
HP	High Pressure	高压
HPSOV	High Pressure Shutoff Valve	高压关断活门
HPV	High Pressure Valve	高压（引气）活门
IAE	International Aero Engines	国际发动机公司
ICP	Integrated Control Panel	中央操纵台集成控制面板
IDG	Integrated Drive Generator	整体驱动发电机
ILS	Instrument landing System	仪表着陆系统
INR	Integrated Navigation Radio	集成式导航电台
INV	Inverter	静变流机
IP	Intermediate Pressure	中压
IPCV	Intermediate Pressure Check Valve	中压引气单向活门
ISFD	Integrated Standby Flight Display	综合备用飞行显示
ISI	In-Service Information	在役飞机服务信息
ISP	Integrated Static Probe	综合静压管
ISSPU	Integrated Surveillance System Processor Unit	集成监视系统处理器单元
L/G	Landing Gear	主起落架
LDC	Local Door Controller	区域门控制器
LED	Light Emitting Diode	发光二极管
LGCIU	Landing Gear Control and Interface Unit	起落架控制和接口组件
LNA	Low Noise Amplifier	低噪声放大器
LPSOV	Low Pressure Shutoff Valve	低压关断活门
LRRA	low range radio altimeter	低范围无线高度表
LVDT	Linear Variable Differential Transducer	线性可变差动传感器
MCDU	Multipurpose Control and Display Unit	多功能控制显示组件
MCP	Mode Control Panel	模式控制板

续表

英文缩写	英文全称	中文翻译
MCPU	Motor Control and Protection Unit	马达控制保护单元
MEL	Minimum Equipment List	最低设备清单
MFD	Multi-Function Display	多功能显示器
MFP	Multi-Function Probe	多功能探头
MISP	Major In Service Problem	维护问题中的重要事件报告
MMEL	Master Minimum Equipment List	主最低设备清单
MMR	Multi-Mode Receiver	多模式接收机
MO	Month	月
MPD	Maintenance Planning Document	维修计划文件
MRS	MAINTENANCE REQUIREMENTS SYSTEM	维修要求系统
MT	Maintenance Tip	维护提示
N1	Low Pressure Rotor Speed	低压转子转速
N2	High Pressure Rotor Speed	高压转子转速
NAV	Navigation	导航
ND	Navigation Display	导航显示
NEO	New Engine Option	新发动机选项
NFF	No Fault Found	测试无故障
ODSM	Open world Data Storage Module	通用数据储存模块
OIT	Operator Information Telex	用户信息电传
OPS	Operational Program Software	操作程序软件
OPV	Over Pressure Valve	过压活门
PC	pack controller	空调组件控制器
PCU	Power Control Unit	动力控制组件
PDU	Power Drive Unit	动力驱动组件
PFCS	Primary Flight Control System	主飞行控制系统
PFD	Primary Flight Display	主飞行显示
PFR	Post Fight Report	航后报告
PFT	Post Flight Test	航后自测
PHC	Probe Heat Computer	探头加温计算机
PLV	Pressure limiting valve	压力限制活门
PMA	Parts Manufacturer Approval	零部件制造人批准书
PPU	Position Pickoff Unit	位置传感组件
PRIM	Primary	首要的，主要的
PRSOV	Pressure Regulating And Shutoff Valve	压力调节和关断活门

续表

英文缩写	英文全称	中文翻译
PRV	Pressure Regulating Valve	压力调节活门
PSCU	Proximity Switch Control Unit	邻近电门控制组件
PSI	Pound per Square Inch	磅每平方英寸
PSM	Power Supply Module	供电组件
PSU	Passenger Service Unit	旅客服务组件
PTT	Push-to-talk	按压发话电门
PTU	Power Transfer Unit	动力转化单元
PWA	Printed Wiring Assembly	印刷电路板组件
QAR	Quick Access Recorder	快速存储记录器
QRH	Quick Reference Handbook	快速检查手册
RAF	Ram Air Fan	冲压空气风扇
RAI	Ram Air Inlet	冲压空气进口
RCCB	Remote Control Circuit Breaker	远程控制跳开关
RCP	Refuel Control Panel	加油控制面板
RDC	Remote Data Concentrator	远程数据接口
ROLS	Remote Oil Level Sensor	远距离滑油液面感应器
RVSM	Reduced Vertical Separation Minimum	缩小的最低垂直间隔
SB	Service Bulletin	服务通告
SD	System Display	系统显示
SDAC	System Data Acquisition Concentrator	系统数据获取集中器
SDU	Satellite Data Unit	卫星数据组件
SEC	Spoiler Elevator Computer	扰流板升降舵计算机
SFCC	Slat Flap Control Computer	缝翼/襟翼控制计算机
SHED	Shedding	卸载
SLG	Semi-Lever Gear	半连杆式起落架
SPCU	Standby Power Control Unit	备用电源控制组件
SRADA	Smart Ram Air Door Actuator	只能冲压空气门作动筒
SRAM	static random-access memory	静态随机存储器
SSTU	Side Stick Transducer Unit	操纵杆传感器组件
SWPM	Standard Wiring Practices Manual	标准线路施工手册
TA	Technical Assistance	技术支援
TAI	Thermal Anti Icing	热防冰
TAT	Total Air Temperature	大气总温
TCAS	Traffic Alert and Collision Avoidance System	空中交通警告和防撞系统

续表

英文缩写	英文全称	中文翻译
TCT	Temperature Control Thermostat	温度控制恒温器
TCV	Temperature Control Valve	温度控制活门
TFU	Technical Follow-up	技术跟踪
THS	Trimmable Horizontal Stabilizer	可调式水平安定面
TO/GA	Take off/Go Around	起飞/复飞
TRU	Transfer Rectifier Unit	变压整流组件
TSD	Trouble Shooting Data	排故数据
TSM	Trouble Shooting Manual	故障隔离手册
TSN	Time Since New	自新时起使用时间
TSR	Time Since Repair	自上次修理之后使用时间
UCM	Uncommanded Motion	非指令移动
VFG	Variable Frequency Generator	可变频率发电机
VFSG	variable frequency starter generator	变频启动发电机
VHF	Very High Frequency	甚高频
VOR	VHF Omnidirectional Range	甚高频全向信标
VSB	Vendor Service Bulletin	厂家服务通告
WHC	Window Heat Computer	窗户加温计算机
WQAR	Wireless Ground link Quick Access Recorder	地面无线连接快速存取记录器
WTB	Wing Tip Brake	翼尖减速装置
WXR	Weather Radar	气象雷达
YE	Year	年